2025

산업안전기사

[필기]
빈출 1200제

하승만

2025

산업안전기사
[필기] 빈출 1200제

인쇄일 2025년 2월 1일 초판 1쇄 인쇄
발행일 2025년 2월 5일 초판 1쇄 발행
등 록 제17-269호
판 권 시스컴2025

ISBN 979-11-6941-545-3 13530
정 가 24,000원

발행처 시스컴 출판사
발행인 송인식
지은이 하승만

주소 서울시 금천구 가산디지털1로 225, 514호(가산포휴) | **홈페이지** www.nadoogong.com
E-mail siscombooks@naver.com | **전화** 02)866-9311 | **Fax** 02)866-9312

발간 이후 발견된 정오 사항은 홈페이지 도서 정오표에서 알려드립니다(홈페이지 → 자격증 → 도서정오표).

INTRO

산업안전기사는 산업현장의 근로자를 보호하고 근로자들이 안심하고 생산성 향상에 주력할 수 있는 작업환경을 만들기 위하여 전문적인 지식을 가진 기술인력입니다.

산업안전기사는 기계, 금속, 전기, 화학, 목재 등 모든 제조업체, 안전관리 대행업체, 산업안전관리 정부기관, 한국산업안전공단 등에 진출할 수 있습니다. 특히 제조업의 경우 이미 올해 초부터 전년도의 재해율을 상회하고 있어 정부의 적극적인 재해 예방정책 등으로 이 자격증 취득자에 대한 인력수요는 증가 할 것으로 예상됩니다.

이 책의 특징을 정리하면 다음과 같습니다.
첫째, 문제은행식 출제유형에 맞추어 문제를 출제하였습니다.
둘째, 자주 출제되는 빈출문제들로 반복 학습하도록 하였습니다.
셋째, 각 영역 별로 빠짐없이 문제를 수록하였습니다.
넷째, 문제마다 꼼꼼한 해설을 수록하여 풀면서 익히도록 하였습니다.

본 교재는 자격증을 준비하며 어려움을 느끼는 수험생분들께 조금이나마 도움을 드리고자 필기시험에서 빈출되는 문제들을 중심으로 교재를 집필하였습니다. 지난 기출문제를 취합 · 분석하여 출제경향에 맞춰 구성하였기에 본서에 수록된 빈출 모의고사 필기 총 10회분을 반복하여 학습한다면 충분히 합격하실 수 있을 것입니다.

예비 산업안전기사님들의 꿈과 목표를 위한 아낌없는 도전을 응원하며, 시스컴 출판사는 앞으로도 좋은 교재를 집필할 수 있도록 더욱 노력할 것입니다. 모든 수험생 여러분들의 합격을 진심으로 기원합니다.

산업안전기사 시험안내

개요

생산관리에서 안전을 제외하고는 생산성 향상이 불가능하다는 인식 속에서 산업현장의 근로자를 보호하고 근로자들이 안심하고 생산성 향상에 주력할 수 있는 작업환경을 만들기 위하여 전문적인 지식을 가진 기술인력을 양성하고자 자격제도를 제정하였다.

수행직무

제조 및 서비스업 등 각 산업현장에 배속되어 산업재해 예방계획의 수립에 관한 사항을 수행하며, 작업환경의 점검 및 개선에 관한 사항, 유해 및 위험방지에 관한 사항, 사고사례 분석 및 개선에 관한 사항, 근로자의 안전교육 및 훈련에 관한 업무를 수행한다.

실시기관명

한국산업인력공단

실시기관 홈페이지

http://www.q-net.or.kr

진로 및 전망

기계, 금속, 전기, 화학, 목재 등 모든 제조업체, 안전관리 대행업체, 산업안전관리 정부기관, 한국산업안전공단 등에 진출할 수 있다. 선진국의 척도는 안전수준으로 우리나라의 경우 재해율이 아직 후진국 수준에 머물러 있어 이에 대한 계속적 투자와 사회적 인식이 높아가고, 안전인증 대상을 확대하여 프레스, 용접기 등 기계 · 기구에서 이러한 기계 · 기구의 각종 방호장치까지 안전인증을 취득하도록 산업안전보건법 시행규칙의 개정에 따른 고용창출 효과가 기대되고 있다. 또한, 경제회복국면과 안전보건조직 축소가 맞물림에 따라 산업 재해의 증가가 우려되고 있다. 특히 제조업의 경우 이미 올해 초부터 전년도의 재해율을 상회하고 있어 정부의 적극적인 재해 예방정책 등으로 이 자격증 취득자에 대한 인력수요는 증가할 것이다.

관련학과

대학 및 전문대학의 안전공학, 산업안전공학, 보건안전학 관련학과

응시 절차

필기원서 접수

① Q-net을 통한 인터넷 원서접수
② 사진(6개월 이내에 촬영한 3.5cm*4.5cm, 120*160픽셀 사진파일(JPG)) 수수료 전자결제

↓

필기시험

수험표, 신분증, 필기구(흑색 싸인펜등) 지참

↓

합격자 발표

① Q-net을 통한 합격확인(마이페이지 등)
② 응시자격 제한종목은 응시자격 서류제출 기간 이내에 반드시 응시자격 서류를 제출하여야 함

↓

실기원서 접수

① 실기접수기간내 수험원서 인터넷(www.Q-net.or.kr) 제출
② 사진(6개월 이내에 촬영한 3.5cm*4.5cm픽셀 사진파일JPG), 수수료(정액)

↓

실기시험

수험표, 신분증, 필기구 지참

↓

최종합격자 발표

Q-net을 통한 합격확인(마이페이지 등)

↓

자격증 발급

① (인터넷)공인인증 등을 통한 발급, 택배가능
② (방문수령)사진(6개월 이내에 촬영한 3.5cm*4.5cm 사진) 및 신분확인서류

산업안전기사 시험안내

시험과목 및 수수료

구분	시험과목	수수료
필기	1과목: 산업재해 예방 및 안전보건교육(20문항) 2과목: 인간공학 및 위험성 평가 · 관리(20문항) 3과목: 기계 · 기구 및 설비 안전 관리(20문항) 4과목: 전기설비 안전 관리(20문항) 5과목: 화학설비 안전 관리(20문항) 6과목: 건설공사 안전 관리(20문항)	19,400원
실기	산업안전관리실무	34,600원

출제문항수

구분	검정방법	시험시간	문제수
필기	객관식 4지 택일형	180분(과목당 30분)	120문제
실기	복합형	필답형 1시간 30분(55점)	
		작업형 1시간 정도(45점)	

합격기준

필기	실기
100점을 만점으로 하여 과목당 40점 이상 전 과목 평균 60점 이상	100점을 만점으로 하여 60점 이상

종목별 검정현황

· 2024년 합격률은 도서 발행 전에 집계되지 않았습니다.

연도	필기			실기		
	응시	합격	합격률(%)	응시	합격	합격률(%)
2023	80,253	41,014	51.1%	52,776	28,636	54.3%
2022	54,500	26,032	47.8%	32,473	15,681	48.3%
2021	41,704	20,205	48.4%	29,571	15,310	51.8%
2020	33,732	19,655	58.3%	26,012	14,824	57%
2019	33,287	15,076	45.3%	20,704	9,765	47.2%

필기시험 출제기준

(2024.1.1.~2026.12.31. 출제기준)

산업재해 예방 및 안전보건교육(20문항)

주요항목	세부항목	세세항목
1. 산업재해예방 계획 수립	1. 안전관리	① 안전과 위험의 개념, ② 안전보건관리 제이론, ③ 생산성과 경제적 안전도, ④ 재해예방활동기법, ⑤ KOSHA GUIDE, ⑥ 안전보건예산 편성 및 계상
	2. 안전보건관리 체제 및 운용	① 안전보건관리조직 구성, ② 산업안전보건위원회 운영, ③ 안전보건경영시스템, ④ 안전보건관리규정
2. 안전보호구 관리	1. 보호구 및 안전장구 관리	① 보호구의 개요, ② 보호구의 종류별 특성, ③ 보호구의 성능기준 및 시험 방법, ④ 안전보건표지의 종류 · 용도 및 적용, ⑤ 안전보건표지의 색채 및 색도기준
3. 산업안전심리	1. 산업심리와 심리검사	① 심리검사의 종류, ② 심리학적 요인, ③ 지각과 정서, ④ 동기 · 좌절 · 갈등, ⑤ 불안과 스트레스
	2. 직업적성과 배치	① 직업적성의 분류, ② 적성검사의 종류, ③ 직무분석 및 직무평가, ④ 선발 및 배치, ⑤ 인사관리의 기초
	3. 인간의 특성과 안전과의 관계	① 안전사고 요인, ② 산업안전심리의 요소, ③ 착상심리, ④ 착오, ⑤ 착시, ⑥ 착각현상
4. 인간의 행동과학	1. 조직과 인간행동	① 인간관계, ② 사회행동의 기초, ③ 인간관계 메커니즘, ④ 집단행동, ⑤ 인간의 일반적인 행동특성
	2. 재해 빈발성 및 행동과학	① 사고경향, ② 성격의 유형, ③ 재해 빈발성, ④ 동기부여, ⑤ 주의와 부주의
	3. 집단관리와 리더십	① 리더십의 유형, ② 리더십과 헤드십, ③ 사기와 집단역학
	4. 생체리듬과 피로	① 피로의 증상 및 대책, ② 피로의 측정법, ③ 작업강도와 피로, ④ 생체리듬, ⑤ 위험일
5. 안전보건교육의 내용 및 방법	1. 교육의 필요성과 목적	① 교육목적, ② 교육의 개념, ③ 학습지도 이론, ④ 교육심리학의 이해
	2. 교육방법	① 교육훈련기법, ② 안전보건교육방법 (TWI, O.J.T, OFF.J.T 등), ③ 학습목적의 3요소, ④ 교육법의 4단계, ⑤ 교육훈련의 평가방법
	3. 교육실시 방법	① 강의법, ② 토의법, ③ 실연법, ④ 프로그램학습법, ⑤ 모의법, ⑥ 시청각교육법 등
	4. 안전보건교육계획 수립 및 실시	① 안전보건교육의 기본방향, ② 안전보건교육의 단계별 교육과정, ③ 안전보건교육 계획
	5. 교육내용	① 근로자 정기안전보건 교육내용, ② 관리감독자 정기안전보건 교육내용, ③ 신규채용시와 작업내용변경 시 안전보건 교육내용, ④ 특별교육대상 작업별 교육내용
6. 산업안전관계 법규	1. 산업안전보건법령	① 산업안전보건법, ② 산업안전보건법 시행령, ③ 산업안전보건법 시행규칙, ④ 산업안전보건기준에 관한 규칙, ⑤ 관련 고시 및 지침에 관한 사항

산업안전기사 시험안내

인간공학 및 위험성 평가 · 관리(20문항)

주요항목	세부항목	세세항목
1. 안전과 인간공학	1. 인간공학의 정의	① 정의 및 목적, ② 배경 및 필요성, ③ 작업관리와 인간공학, ④ 사업장에서의 인간공학 적용분야
	2. 인간-기계체계	① 인간-기계 시스템의 정의 및 유형, ② 시스템의 특성
	3. 체계설계와 인간요소	① 목표 및 성능명세의 결정, ② 기본설계, ③ 계면설계, ④ 촉진물 설계, ⑤ 시험 및 평가, ⑥ 감성공학
	4 인간요소와 휴먼에러	① 인간실수의 분류, ② 형태적 특성, ③ 인간실수 확률에 대한 추정기법, ④ 인간실수 예방기법
2. 위험성 파악 · 결정	1. 위험성 평가	① 위험성 평가의 정의 및 개요, ② 평가대상 선정, ③ 평가항목, ④ 관련법에 관한 사항
	2. 시스템 위험성 추정 및 결정	① 시스템 위험성 분석 및 관리, ② 위험분석 기법, ③ 결함수 분석, ④ 정성적, 정량적 분석, ⑤ 신뢰도 계산
3. 위험성 감소대책 수립 · 실행	1. 위험성 감소대책 수립 및 실행	① 위험성 개선대책(공학적 · 관리적)의 종류, ② 허용가능한 위험수준 분석, ③ 감소대책에 따른 효과 분석 능력
4. 근골격계질환 예방 관리	1. 근골격계 유해요인	① 근골격계 질환의 정의 및 유형, ② 근골격계 부담작업의 범위
	2. 인간공학적 유해요인 평가	① OWAS, ② RULA, ③ REBA 등
	3. 근골격계 유해요인 관리	① 작업관리의 목적, ② 방법연구 및 작업측정, ③ 문제해결 절차, ④ 작업개선안의 원리 및 도출 방법
5. 유해요인 관리	1. 물리적 유해요인 관리	① 물리적 유해요인 파악, ② 물리적 유해요인 노출기준, ③ 물리적 유해요인 관리대책 수립
	2. 화학적 유해요인 관리	① 화학적 유해요인 파악, ② 화학적 유해요인 노출기준, ③ 화학적 유해요인 관리대책 수립
	3. 생물학적 유해요인 관리	① 생물학적 유해요인 파악, ② 생물학적 유해요인 노출기준, ③ 생물학적 유해요인 관리대책 수립
6. 작업환경 관리	1. 인체계측 및 체계 제어	① 인체계측 및 응용원칙, ② 신체반응의 측정, ③ 표시장치 및 제어장치, ④ 통제표시비, ⑤ 양립성, ⑥ 수공구
	2. 신체활동의 생리학적 측정법	① 신체반응의 측정, ② 신체역학, ③ 신체활동의 에너지 소비, ④ 동작의 속도와 정확성
	3. 작업 공간 및 작업 자세	① 부품배치의 원칙, ② 활동분석, ③ 개별 작업 공간 설계지침
	4. 작업측정	① 표준시간 및 연구, ② work sampling의 원리 및 절차, ③ 표준자료 (MTM, Work factor 등)
	5. 작업환경과 인간공학	① 빛과 소음의 특성, ② 열교환과정과 열압박, ③ 진동과 가속도, ④ 실효온도와 Oxford 지수, ⑤ 이상환경(고열, 한랭, 기압, 고도 등) 및 노출에 따른 사고와 부상, ⑥ 사무/VDT 작업 설계 및 관리
	6. 중량물 취급 작업	① 중량물 취급 방법, ② NIOSH Lifting Equation

기계 · 기구 및 설비 안전 관리(20문항)

주요항목	세부항목	세세항목
1. 기계공정의 안전	1. 기계공정의 특수성 분석	① 설계도(설비 도면, 장비사양서 등) 검토, ② 파레토도, 특성요인도, 클로즈 분석, 관리도, ③ 공정의 특수성에 따른 위험 요인, ④ 설계도에 따른 안전지침, ⑤ 특수 작업의 조건, ⑥ 표준안전작업절차서, ⑦ 공정도를 활용한 공정분석 기술
	2. 기계의 위험 안전조건 분석	① 기계의 위험요인, ② 본질적 안전, ③ 기계의 일반적인 안전사항과 안전조건, ④ 유해위험기계기구의 종류, 기능과 작동원리, ⑤ 기계 위험성, ⑥ 기계 방호장치, ⑦ 유해위험기계기구의 종류와 기능, ⑧ 설비보전의 개념, ⑨ 기계의 위험점 조사 능력, ⑩ 기계 작동원리 분석 기술
2. 기계분야 산업재해 조사 및 관리	1. 재해조사	① 재해조사의 목적, ② 재해조사시 유의사항, ③ 재해발생시 조치사항, ④ 재해의 원인분석 및 조사기법
	2. 산재분류 및 통계 분석	① 산재분류의 이해, ② 재해관련 통계의 정의, ③ 재해관련 통계의 종류 및 계산, ④ 재해손실비의 종류 및 계산
	3. 안전점검 · 검사 · 인증 및 진단	① 안전점검의 정의 및 목적, ② 안전점검의 종류, ③ 안전점검표의 작성, ④ 안전검사 및 안전인증, ⑤ 안전진단
3. 기계설비 위험요인 분석	1. 공작기계의 안전	① 절삭가공기계의 종류 및 방호장치, ② 소성가공 및 방호장치
	2. 프레스 및 전단기의 안	① 프레스 재해방지의 근본적인 대책, ② 금형의 안전화
	3. 기타 산업용 기계 기구	① 롤러기, ② 원심기, ③ 아세틸렌 용접장치 및 가스 집합 용접장치, ④ 보일러 및 압력용기, ⑤ 산업용 로봇, ⑥ 목재 가공용 기계, ⑦ 고속회전체, ⑧ 사출성형기
	4. 운반기계 및 양중기	① 지게차, ② 컨베이어, ③ 양중기(건설용은 제외), ④ 운반 기계
4. 기계안전시설 관리	1. 안전시설 관리 계획하기	① 기계 방호장치, ② 안전작업절차, ③ 공정도를 활용한 공정분석, ④ Fool Proof, ⑤ Fail Safe
	2. 안전시설 설치하기	① 안전시설물 설치기준, ② 안전보건표지 설치기준, ③ 기계 종류별[지게차, 컨베이어, 양중기(건설용은 제외), 운반 기계] 안전장치 설치기준, ④ 기계의 위험점 분석
	3. 안전시설 유지 · 관리하기	① KS B 규격과 ISO 규격 통칙에 대한 지식, ② 유해위험기계기구의 종류 및 특성
3. 설비진단 및 검사	1. 비파괴검사의 종류 및 특징	① 육안검사, ② 누설검사, ③ 침투검사, ④ 초음파검사, ⑤ 자기탐상검사, ⑥ 음향검사, ⑦ 방사선투과검사
	2. 소음 · 진동 방지 기술	① 소음방지 방법, ② 진동방지 방법

산업안전기사 시험안내

전기설비 안전 관리(20문항)

주요항목	세부항목	세세항목
1. 전기안전관리 업무 수행	1. 전기안전관리	① 배(분)전반, ② 개폐기, ③ 보호계전기, ④ 과전류 및 누전 차단기, ⑤ 정격차단용량(kA), ⑥ 전기안전관련 법령
2. 감전재해 및 방지대책	1. 감전재해 예방 및 조치	① 안전전압, ② 허용접촉 및 보폭 전압, ③ 인체의 저항
	2. 감전재해의 요인	① 감전요소, ② 감전사고의 형태, ③ 전압의 구분, ④ 통전전류의 세기 및 그에 따른 영향
	3. 절연용 안전장구	① 절연용 안전보호구, ② 절연용 안전방호구
3. 정전기 장 · 재해 관리	1. 정전기 위험요소 파악	① 정전기 발생원리, ② 정전기의 발생현상, ③ 방전의 형태 및 영향, ④ 정전기의 장해
	2. 정전기 위험요소 제거	① 접지, ② 유속의 제한, ③ 보호구의 착용, ④ 대전방지제, ⑤ 가습, ⑥ 제전기, ⑦ 본딩
4. 전기 방폭 관리	1. 전기방폭설비	① 방폭구조의 종류 및 특징, ② 방폭구조 선정 및 유의사항, ③ 방폭형 전기기기
	2. 전기방폭 사고예방 및 대응	① 전기폭발등급, ② 위험장소 선정, ③ 정전기방지 대책, ④ 절연저항, 접지저항, 정전용량 측정
5. 전기설비 위험요인 관리	1. 전기설비 위험요인 파악	① 단락, ② 누전, ③ 과전류, ④ 스파크, ⑤ 접촉부과열, ⑥ 절연열화에 의한 발열, ⑦ 지락, ⑧ 낙뢰, ⑨ 정전기
	2. 전기설비 위험요인 점검 및 개선	① 유해위험기계기구 종류 및 특성, ② 안전보건표지 설치기준, ③ 접지 및 피뢰설비 점검

화학설비 안전 관리(20문항)

주요항목	세부항목	세세항목
1. 화재 · 폭발 검토	1. 화재 · 폭발 이론 및 발생 이해	① 연소의 정의 및 요소, ② 인화점 및 발화점, ③ 연소 · 폭발의 형태 및 종류, ④ 연소(폭발)범위 및 위험도, ⑤ 완전연소 조성농도, ⑥ 화재의 종류 및 예방대책, ⑦ 연소파와 폭굉파, ⑧ 폭발의 원리
	2. 소화 원리 이해	① 소화의 정의, ② 소화의 종류, ③ 소화기의 종류
	3. 폭발방지대책 수립	① 폭발방지대책, ② 폭발하한계 및 폭발상한계의 계산
2. 화학물질 안전관리 실행	1. 화학물질(위험물, 유해화학물질) 확인	① 위험물의 기초화학, ② 위험물의 정의, ③ 위험물의 종류, ④ 노출기준, ⑤ 유해화학물질의 유해요인
	2. 화학물질(위험물, 유해화학물질) 유해 위험성 확인	① 위험물의 성질 및 위험성, ② 위험물의 저장 및 취급방법, ③ 인화성 가스취급시 주의사항, ④ 유해화학물질 취급시 주의사항, ⑤ 물질안전보건자료(MSDS)
	3. 화학물질 취급설비 개념 확인	① 각종 장치(고정, 회전 및 안전장치 등) 종류, ② 화학장치(반응기, 정류탑, 열교환기 등) 특성, ③ 화학설비(건조설비 등)의 취급시 주의사항, ④ 전기설비(계측설비 포함)
3. 화공안전 비상조치 계획 · 대응	1. 비상조치계획 및 평가	① 비상조치 계획, ② 비상대응 교육 훈련, ③ 자체매뉴얼 개발

4. 화공 안전운전 · 점검	1. 공정안전 기술	① 공정안전의 개요, ② 각종 장치(제어장치, 송풍기, 압축기, 배관 및 피팅류), ③ 안전장치의 종류
	2. 안전 점검 계획 수립	① 안전운전 계획
	3. 공정안전보고서 작성 심사 · 확인	① 공정안전 자료, ② 위험성 평가

건설공사 안전 관리(20문항)

주요항목	세부항목	세세항목
1. 건설공사 특성분석	1. 건설공사 특수성 분석	① 안전관리 계획 수립, ② 공사장 작업환경 특수성, ③ 계약조건의 특수성
	2. 안전관리 고려사항 확인	① 설계도서 검토, ② 안전관리 조직, ③ 시공 및 재해사례 검토
2. 건설공사 위험성	1. 건설공사 유해 · 위험요인파악	① 유해 · 위험요인 선정, ② 안전보건자료, ③ 유해위험방지계획서
	2. 건설공사 위험성 추정 · 결정	① 위험성 추정 및 평가 방법, ② 위험성 결정 관련 지침 활용
3. 건설업 산업안전보건관리비 관리	1. 건설업 산업안전보건관리비 규정	① 건설업산업안전보건관리비의 계상 및 사용기준, ② 건설업산업안전보건관리비 대상액 작성요령, ③ 건설업산업안전보건관리비의 항목별 사용내역
4. 건설현장 안전시설 관리	1. 안전시설 설치 및 관리	① 추락 방지용 안전시설, ② 붕괴 방지용 안전시설, ③ 낙하, 비래방지용 안전시설
	2. 건설공구 및 장비 안전수칙	① 건설공구의 종류 및 안전수칙, ② 건설장비의 종류 및 안전수칙
5. 비계 · 거푸집 가시설 위험 방지	1. 건설 가시설물 설치 및 관리	① 비계, ② 작업통로 및 발판, ③ 거푸집 및 동바리, ④ 흙막이
6. 공사 및 작업 종류별 안전	1. 양중 및 해체 공사	① 양중공사 시 안전수칙, ② 해체공사 시 안전수칙
	2. 콘크리트 및 PC 공사	① 콘크리트공사 시 안전수칙, ② PC공사 시 안전수칙
	3. 운반 및 하역작업	① 운반작업 시 안전수칙, ② 하역작업 시 안전수칙

구성 및 특징

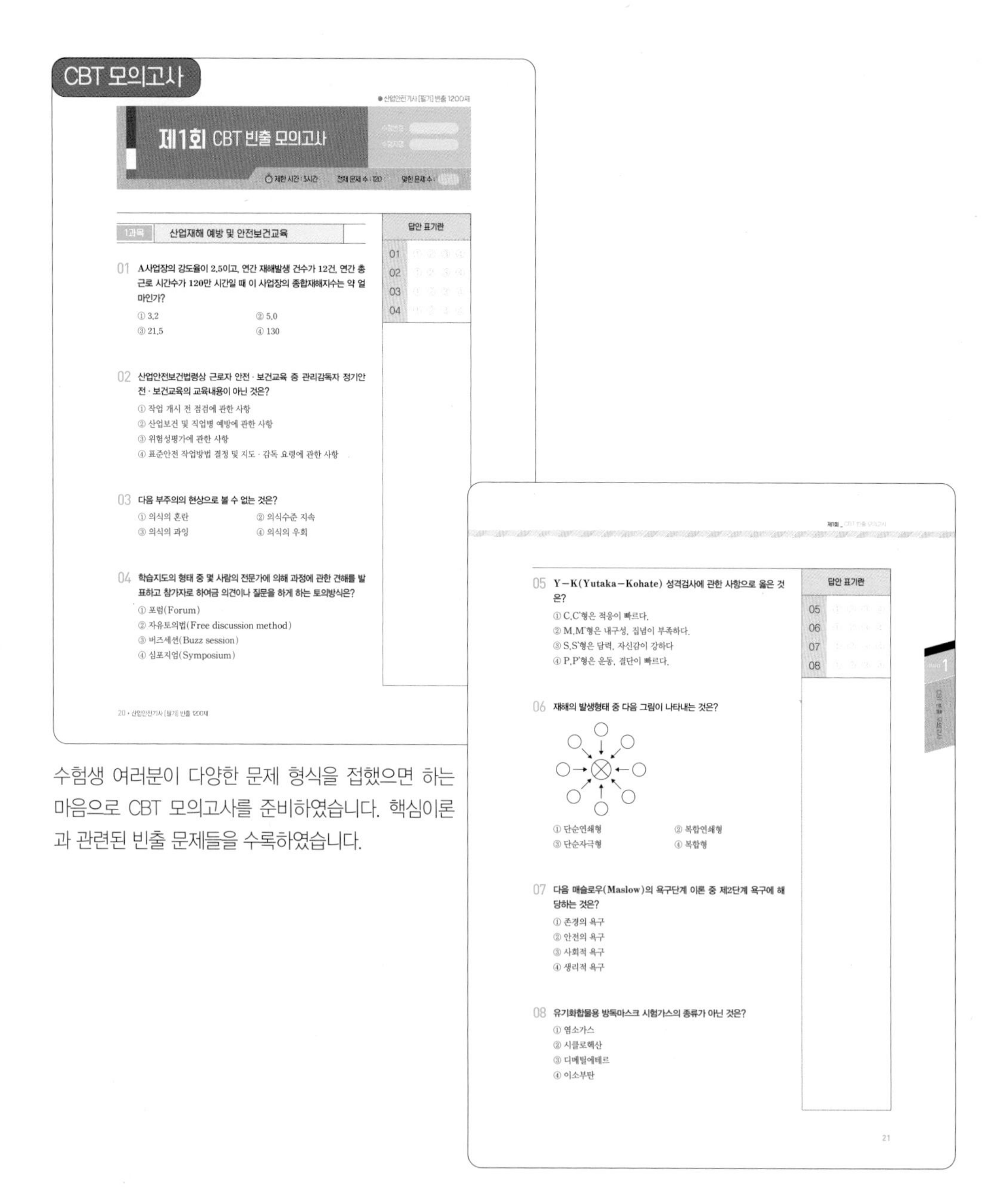

수험생 여러분이 다양한 문제 형식을 접했으면 하는 마음으로 CBT 모의고사를 준비하였습니다. 핵심이론과 관련된 빈출 문제들을 수록하였습니다.

실제 CBT 필기시험과 유사한 형태의 실전모의고사를 통해 실제로 시험을 마주하더라도 문제없이 시험에 응시할 수 있도록 10회분을 실었습니다.

정답 및 해설

제1회 CBT 빈출 모의고사 정답 및 해설

1과목 산업재해 예방 및 안전보건교육

01	②	02	①	03	②	04	④	05	①
06	③	07	②	08	①	09	④	10	③
11	①	12	②	13	①	14	②	15	③
16	②	17	④	18	③	19	①	20	③

2과목 인간공학 및 위험성 평가 · 관리

21	④	22	①	23	③	24	④	25	②
26	③	27	④	28	③	29	①	30	②
31	①	32	④	33	②	34	①	35	②
36	③	37	④	38	③	39	②	40	④

3과목 기계 · 기구 및 설비 안전 관리

41	②	42	④	43	③	44	①	45	②
46	④	47	②	48	③	49	②	50	③
51	②	52	③	53	①	54	①	55	④
56	③	57	①	58	②	59	①	60	③

4과목 전기설비 안전 관리

61	②	62	①	63	②	64	③	65	②
66	①	67	④	68	③	69	②	70	③
71	④	72	①	73	③	74	②	75	①
76	④	77	②	78	①	79	②	80	④

5과목 화학설비 안전 관리

81	④	82	①	83	③	84	①	85	②
86	①	87	④	88	③	89	④	90	②
91	①	92	③	93	②	94	①	95	④
96	③	97	④	98	①	99	③	100	①

6과목 건설공사 안전 관리

101	①	102	④	103	②	104	③	105	①
106	③	107	④	108	②	109	①	110	③
111	②	112	③	113	①	114	③	115	①
116	②	117	③	118	②	119	①	120	④

1과목 산업재해 예방 및 안전보건교육

01 정답

종합재해지수 $FS=\sqrt{도수율 \times 강도율}$

$도수율=\frac{재해발생건수}{연간총근로시간수}\times 1,000,000$

$=\frac{12}{1,200,000}\times 1,000,000=10$

$FS=\sqrt{도수율 \times 강도율}=\sqrt{10\times 2.5}=\sqrt{25}=5$

02 정답

관리감독자 정기안전 · 보건교육의 교육내용(규칙 별표 5)
1. 산업안전 및 사고 예방에 관한 사항
2. 산업보건 및 직업병 예방에 관한 사항
3. 위험성평가에 관한 사항
4. 유해 · 위험 작업환경 관리에 관한 사항
5. 산업안전보건법령 및 산업재해보상보험 제도에 관한 사항
6. 직무스트레스 예방 및 관리에 관한 사항
7. 직장 내 괴롭힘, 고객의 폭언 등으로 인한 건강장해 예방 및 관리에 관한 사항
8. 작업공정의 유해 · 위험과 재해 예방대책에 관한 사항
9. 사업장 내 안전보건관리체제 및 안전 · 보건조치 현황에 관한 사항
10. 표준안전 작업방법 결정 및 지도 · 감독 요령에 관한 사항
11. 현장근로자와의 의사소통능력 및 강의능력 등 안전보건 교육 능력 배양에 관한 사항
12. 비상시 또는 재해 발생 시 긴급조치에 관한 사항
13. 그 밖의 관리감독자의 직무에 관한 사항

322 • 산업안전기사 [필기] 빈출 1200제

03 정답

부주의의 현상 : 의식의 단절, 의식의 우회, 의식수준의 저하, 의식의 과잉, 의식의 혼란

04 정답

④ 심포지엄(Symposium) : 어떤 논제에 대하여 다양한 의견을 가진 전문가나 권위자들이 각각 강연식으로 의견을 발표한 후 청중에게 질문할 기회를 주는 토의방식
① 포럼(Forum) : 새로운 자료나 교재를 제시하여 문제점을 피교육자로 하여금 제기하게 하여 발표하고 토의하는 방법
③ 버즈세션(Buzz session) : 6명씩 소집단으로 구분하고 6분씩 자유토의를 진행하여 의견을 종합하는 토의방법

05 정답

Y-K(Yutaka - Kohate) 성격검사
1. C,C형(담즙질) : 운동, 결단, 기민이 빠르며, 적응이 빠르고, 세심하지 않으며, 내구성과 집념이 부족하다. 또한 진공 자신감이 강하다.
2. M,M형(흑담즙질, 신경질) : 운동성이 느리고 지속성이 풍부하며, 적응이 느리고, 세심하며 억제와 정확성이 특징이다. 또한 내구성 · 집념 · 지속성이 뛰어나며 담력과 자신감도 강하다.
3. S,S형(다형질, 운동성) : C,C형과 유사한 특징을 가지고 있지만, 담력과 자신감이 약하다.
4. P,P형(점액질, 평범 수동) : M,M형과 유사한 특징을 지니며, 보다 수동적인 특징을 보인다.
5. AM형(이상질) : 극도로 나쁜 특징을 보이며, 운동성 · 적응성 · 세심함 · 내구성 및 집념에서 극단적인 모습을 보인다.

06 정답

③ 단순자극형 : 상호자극에 의하여 순간적으로 재해가 발생하는 유형으로 재해가 일어난 장소나 그 시점에 일시적으로 요인이 집중되는 유형
① · ② 연쇄형 : 어느 하나의 사고요인이 또 다른 사고요인을 발생시키면서 재해가 발생하는 유형
④ 복합형 : 단순자극형과 연쇄형이 복합적으로 인하여 재해가 발생하는 유형

07 정답

매슬로우(Maslow)의 욕구단계 이론
1단계 : 생리적 욕구
2단계 : 안전의 욕구
3단계 : 사회적 욕구
4단계 : 존경의 욕구
5단계 : 자아실현의 욕구

08 정답

방독마스크 시험가스(보호구 안전인증고시 별표 5)

종류	시험가스
유기화합물용	시클로헥산(C_6H_{12})
	디메틸에테르(CH_3OCH_3)
	이소부탄(C_4H_{10})
할로겐용	염소가스 또는 증기(Cl_2)
황화수소용	황화수소가스(H_2S)
시안화수소용	시안화수소가스(HCN)
아황산용	아황산가스(SO_2)
암모니아용	암모니아가스(NH_3)

09 정답

사업주는 중대재해가 발생한 사실을 알게 된 경우에는 고용노동부령으로 정하는 바에 따라 지체 없이 고용노동부장관에게 보고하여야 한다. 다만, 천재지변 등 부득이한 사유가 발생한 경우에는 그 사유가 소멸되면 지체 없이 보고하여야 한다(법 제54조 제2항).

10 정답

OJT(On The Job of training) 교육은 현장감독자 등 직속 상사가 작업현장에서 작업을 통해 개별지도 · 교육하는 것으로 동시에 다수의 근로자에게 조직적 훈련은 불가능하고 Off-JT 교육에서 가능하다.

323

빠른 정답 찾기로 문제를 빠르게 채점할 수 있고, 각 문제의 해설을 상세하게 풀어내어 문제 개념을 이해하기 쉽도록 하였습니다.

빈출 개념을 모아서 시험 전 꼭 보고 들어가야 할 1200 문제를 수록하였습니다. 동일 페이지에서 정답을 바로 확인할 수 있도록 우측에 답안을 배치하였습니다.

목 차

PART 1 CBT 빈출 모의고사

PART 2 정답 및 해설

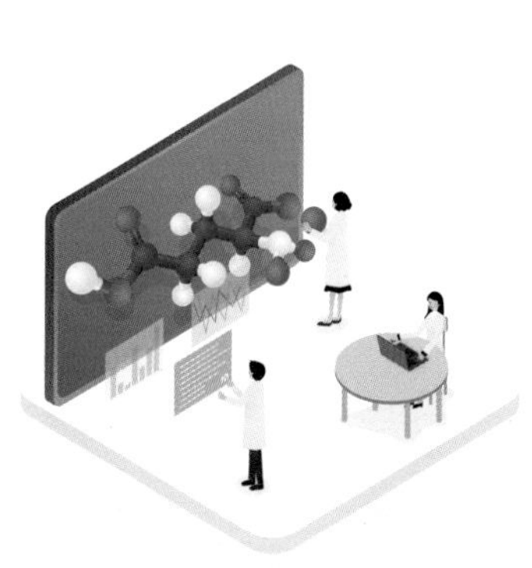

Study Plan

영역		학습일	학습시간	정답 수
CBT 빈출 모의고사	1회			/120
	2회			/120
	3회			/120
	4회			/120
	5회			/120
	6회			/120
	7회			/120
	8회			/120
	9회			/120
	10회			/120

산업안전기사 [필기] 빈출 1200제

Industrial Safety Engineer

PART 1

CBT 빈출 모의고사

INDUSTRIAL
SAFETY
ENGINEER

제1회 CBT 빈출 모의고사

수험번호

수험자명

제한 시간 : 3시간 전체 문제 수 : 120 맞힌 문제 수 :

1과목 산업재해 예방 및 안전보건교육

01 A사업장의 강도율이 2.5이고, 연간 재해발생 건수가 12건, 연간 총 근로 시간수가 120만 시간일 때 이 사업장의 종합재해지수는 약 얼마인가?

① 3.2 ② 5.0
③ 21.5 ④ 130

02 산업안전보건법령상 근로자 안전 · 보건교육 중 관리감독자 정기안전 · 보건교육의 교육내용이 아닌 것은?

① 작업 개시 전 점검에 관한 사항
② 산업보건 및 직업병 예방에 관한 사항
③ 위험성평가에 관한 사항
④ 표준안전 작업방법 결정 및 지도 · 감독 요령에 관한 사항

03 다음 부주의의 현상으로 볼 수 없는 것은?

① 의식의 혼란 ② 의식수준 지속
③ 의식의 과잉 ④ 의식의 우회

04 학습지도의 형태 중 몇 사람의 전문가에 의해 과정에 관한 견해를 발표하고 참가자로 하여금 의견이나 질문을 하게 하는 토의방식은?

① 포럼(Forum)
② 자유토의법(Free discussion method)
③ 버즈세션(Buzz session)
④ 심포지엄(Symposium)

답안 표기란	
01	① ② ③ ④
02	① ② ③ ④
03	① ② ③ ④
04	① ② ③ ④

05 Y－K(Yutaka－Kohate) 성격검사에 관한 사항으로 옳은 것은?

① C,C'형은 적응이 빠르다.
② M,M'형은 내구성, 집념이 부족하다.
③ S,S'형은 담력, 자신감이 강하다
④ P,P'형은 운동, 결단이 빠르다.

06 재해의 발생형태 중 다음 그림이 나타내는 것은?

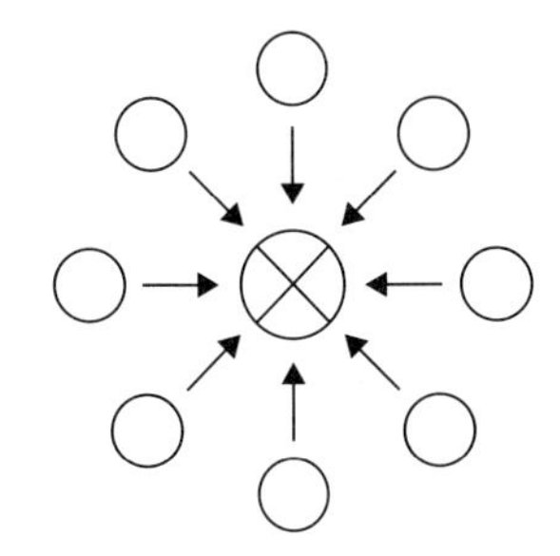

① 단순연쇄형　② 복합연쇄형
③ 단순자극형　④ 복합형

07 다음 매슬로우(Maslow)의 욕구단계 이론 중 제2단계 욕구에 해당하는 것은?

① 존경의 욕구
② 안전의 욕구
③ 사회적 욕구
④ 생리적 욕구

08 유기화합물용 방독마스크 시험가스의 종류가 아닌 것은?

① 염소가스
② 시클로헥산
③ 디메틸에테르
④ 이소부탄

답안 표기란	
05	① ② ③ ④
06	① ② ③ ④
07	① ② ③ ④
08	① ② ③ ④

09 산업안전보건법령에 따라 사업주가 사업장에서 중대재해가 발생한 사실을 알게 된 경우 관할지방고용노동관서의 장에게 보고하여야 하는 시기로 옳은 것은? (단, 천재지변 등 부득이한 사유가 발생한 경우는 제외한다.)

① 48시간 이내
② 12시간 이내
③ 5시간 이내
④ 지체 없이

10 다음 OJT(On Job Training)의 특징에 대한 설명으로 맞는 것은?

① 특별한 교재 · 교구 · 설비 등을 이용하는 것이 가능하다.
② 외부의 전문가를 위촉하여 전문교육을 실시할 수 있다.
③ 직장의 실정에 맞는 구체적이고 실제적인 지도 교육이 가능하다.
④ 다수의 근로자들에게 조직적 훈련이 가능하다.

11 보호구 안전인증 고시에 따른 분리식 방진마스크의 성능기준에서 포집효율이 특급인 경우, 염화나트륨(NaCl) 및 파라핀 오일(Paraffin oil)시험에서의 포집효율은?

① 99.95% 이상
② 99.0% 이상
③ 94.0% 이상
④ 80.0% 이상

12 다음 사고의 원인분석방법에 해당하지 않는 것은?

① 통계적 원인분석
② 종합적 원인분석
③ 클로즈(close)분석
④ 특성요인도

답안 표기란	
09	① ② ③ ④
10	① ② ③ ④
11	① ② ③ ④
12	① ② ③ ④

13 사고예방대책의 기본원리 5단계 중 바르지 않은 것은?

① 1단계 : 안전관리계획
② 2단계 : 현상파악
③ 3단계 : 분석평가
④ 4단계 : 대책의 선정

14 다음 중 안전 · 보건교육의 단계별 교육과정 순서로 바르게 나열한 것은?

① 안전 자세교육 → 안전 지식교육 → 안전 기능교육
② 안전 지식교육 → 안전 기능교육 → 안전 태도교육
③ 안전 기능교육 → 안전 지식교육 → 안전 태도교육
④ 안전 태도교육 → 안전 지식교육 → 안전 기능교육

15 다음 무재해운동의 이념 중 선취의 원칙에 대한 설명으로 적절한 것은?

① 관리감독자 또는 경영층에서의 자발적 참여로 안전 활동을 촉진하는 것
② 근로자 전원이 일체감을 조성하여 참여하는 것
③ 위험요소를 사전에 발견, 파악하여 재해를 예방 또는 방지하는 것
④ 사고의 잠재요인을 사후에 파악하는 것

16 다음 중 안전보건교육의 단계에 해당하지 않는 것은?

① 기능교육
② 시범교육
③ 태도교육
④ 지식교육

답안 표기란				
13	①	②	③	④
14	①	②	③	④
15	①	②	③	④
16	①	②	③	④

17 다음의 스트레스 요인 중 외부적 자극 요인에 해당하지 않는 것은?

① 자신의 건강문제
② 경제적 어려움
③ 가족의 죽음, 질병
④ 좌절감과 자만심

18 A사업장의 2025년 도수율이 10이라 할 때 연천인율은 얼마인가?

① 1.2
② 8
③ 24
④ 36

19 재해 코스트 산정에 있어 시몬즈(R. H. Simonds)방식에 의한 재해코스트 산정법으로 옳은 것은?

① 보험코스트+비보험코스트
② 간접비+비보험코스트
③ 직접비+간접비
④ 보험코스트+사업부보상금 지급액

20 레빈(Lewin)은 인간 행동 특성을 다음과 같이 표현하였다. 변수 'E'가 의미하는 것은?

B=f(P · E)

① 행동
② 성격
③ 환경
④ 소질

답안 표기란

17	①	②	③	④
18	①	②	③	④
19	①	②	③	④
20	①	②	③	④

2과목 인간공학 및 위험성 평가·관리

답안 표기란	
21	① ② ③ ④
22	① ② ③ ④
23	① ② ③ ④
24	① ② ③ ④

21 다음 설비보전을 평가하기 위한 식으로 옳지 않은 것은?

① 성능가동률＝속도가동률×정미가동률
② 시간가동률＝(부하시간－정지시간)/부하시간
③ 설비종합효율＝시간가동률×성능가동률×양품률
④ 정미가동률＝(생산량×기준주기시간)/가동시간

22 산업안전보건법령상 유해 · 위험방지계획서의 심사 결과에 따른 구분 · 판정의 종류에 해당하지 않는 것은?

① 보류 ② 적정
③ 부적정 ④ 조건부 적정

23 초음파 소음(ultrasonic noise)에 대한 설명으로 바른 것은?

① 일반적으로 20Hz 이상이다.
② 1Hz 이상에서 노출 제한은 123dB이다.
③ 소음이 2dB 증가하면 허용기간은 반감한다.
④ 가청영역 위의 주파수를 갖는 소음이다.

24 산업안전보건법령상 유해하거나 위험한 장소에서 사용하는 기계 · 기구 및 설비를 설치 · 이전하는 경우 유해위험방지계획서를 작성 및 제출하여야 하는 대상이 아닌 것은?

① 가스집합 용접장치
② 건조설비
③ 금속 용해로
④ 전기용접장치

PART 1 CBT 빈출 모의고사

25 HAZOP 기법에서 사용하는 가이드워드와 그 의미가 바르지 않은 것은?

① No/Not : 디자인 의도의 완전한 부정
② Other than : 기타 환경적인 요인
③ Reverse : 디자인 의도의 논리적 반대
④ More/Less : 전량적인 증가 또는 감소

26 제한된 실내 공간에서 소음문제의 음원에 관한 대책으로 적절하지 않은 것은?

① 저소음 기계로 대체한다.
② 소음 발생원을 제거한다.
③ 방음 보호구를 착용한다.
④ 소음 발생원을 밀폐한다.

27 어떤 소리가 1000Hz, 60dB인 음과 같은 높이임에도 4배 더 크게 들린다면, 이 소리의 음압수준은?

① 50dB
② 60dB
③ 70dB
④ 80dB

28 다음 양립성(compatibility)에 대한 설명 중 틀린 것은?

① 개념양립성, 운동양립성, 공간양립성 등이 있다.
② 인간의 기대에 맞는 자극과 반응의 관계를 의미한다.
③ 양립성의 효과가 크면 클수록, 코딩의 시간이나 반응의 시간은 길어진다.
④ 양립성이 인간의 예상과 어느 정도 일치하는 것을 의미한다.

답안 표기란	
25	① ② ③ ④
26	① ② ③ ④
27	① ② ③ ④
28	① ② ③ ④

29 섬유유연제 생산 공정이 복잡하게 연결되어 있어 작업자의 불안전한 행동을 유발하는 상황이 발생하고 있다. 이것을 해결하기 위한 위험 처리 기술에 해당하지 않는 것은?

① Rearrange(작업순서의 변경 및 재배열)
② Retention(위험보류)
③ Reduction(위험감축)
④ Avoidance(위험회피)

30 인간과 기계의 신뢰도가 인간 0.40, 기계 0.95인 경우, 병렬작업 할 때의 전체 신뢰도는?

① 0.96
② 0.97
③ 0.98
④ 0.99

31 다음 음량수준을 측정할 수 있는 3가지 척도로 볼 수 없는 것은?

① 럭스
② sone
③ phon
④ 인식소음 수준

32 수리가 가능한 어떤 기계의 가용도(availability)는 0.9이고, 평균수리시간(MTTR)이 2시간일 때, 이 기계의 평균수명(MTBF)은 얼마인가?

① 12시간
② 14시간
③ 16시간
④ 18시간

답안 표기란	
29	① ② ③ ④
30	① ② ③ ④
31	① ② ③ ④
32	① ② ③ ④

33 다음 결함수분석의 기대효과로 보기 어려운 것은?

① 노력과 시간절감
② 시간에 따른 원인 분석
③ 사고원인 규명의 간편화
④ 시스템의 결함진단

34 FT도에 사용하는 기호에서 3개의 입력현상 중 임의의 시간에 2개가 발생하면 출력이 생기는 기호의 명칭은?

① 조합 AND 게이트
② 억제 게이트
③ 우선적 AND 게이트
④ 배타적 OR 게이트

35 다음 작업개선을 위하여 도입되는 원리인 ECRS에 해당하지 않는 것은?

① Simplify
② Standard
③ Eliminate
④ Rearrange

36 다음 인간의 정보처리 과정 3단계에 해당하지 않는 것은?

① 인지 및 정보처리단계
② 행동단계
③ 반응단계
④ 인식 및 감지단계

답안 표기란	
33	① ② ③ ④
34	① ② ③ ④
35	① ② ③ ④
36	① ② ③ ④

37 손이나 특정 신체부위에 발생하는 누적손상장애(CTD)의 발생인자에 해당하지 않은 것은?

① 날카로운 면과의 접촉　　② 반복도가 높은 작업
③ 부적절한 작업자세　　④ 다습한 환경

38 다음 컷셋(cut set)과 패스셋(pass set)에 관한 설명으로 옳은 것은?

① 동일한 시스템에서 패스셋의 개수와 컷셋의 개수는 같다.
② 패스셋은 동시에 발생했을 때 정상사상을 유발하는 사상들의 집합이다.
③ 일반적으로 시스템에서 최소 컷셋의 개수가 늘어나면 위험 수준이 높아진다.
④ 최소 컷셋은 어떤 고장이나 실수를 일으키지 않으면 재해는 일어나지 않는다고 하는 것이다.

39 다음은 유해위험방지계획서의 제출에 관한 설명이다. (　)안에 들어갈 내용을 바르게 나열한 것은?

> 산업안전보건법령상 대통령령으로 정하는 사업의 종류 및 규모에 해당하는 사업으로서 해당 제품의 생산공정과 직접적으로 관련된 건설물 · 기계 · 기구 및 설비 등 일체를 설치 · 이전하거나 그 주요 구조부분을 변경하려는 경우에 해당하는 사업주는 유해위험방지 계획서에 관련 서류를 첨부하여 해당 작업 시작 (㉠)까지 공단에 (㉡)부를 제출하여야 한다.

① ㉠ 7일 전, ㉡ 2　　② ㉠ 15일 전, ㉡ 2
③ ㉠ 7일 전, ㉡ 4　　④ ㉠ 15일 전, ㉡ 4

40 산업안전보건기준에 관한 규칙상 강렬한 소음 작업에 해당하는 기준은?

① 85데시벨 이상의 소음이 1일 4시간 이상 발생하는 작업
② 85데시벨 이상의 소음이 1일 8시간 이상 발생하는 작업
③ 90데시벨 이상의 소음이 1일 4시간 이상 발생하는 작업
④ 90데시벨 이상의 소음이 1일 8시간 이상 발생하는 작업

답안 표기란	
37	① ② ③ ④
38	① ② ③ ④
39	① ② ③ ④
40	① ② ③ ④

3과목 기계·기구 및 설비 안전 관리

답안 표기란	
41	① ② ③ ④
42	① ② ③ ④
43	① ② ③ ④
44	① ② ③ ④

41 보일러에서 프라이밍(Priming)과 포오밍(Foaming)의 발생 원인으로 가장 거리가 먼 것은?

① 기계적 결함이 있을 경우
② 역화가 발생되었을 경우
③ 보일러가 과부하로 사용될 경우
④ 보일러 수에 불순물이 많이 포함되었을 경우

42 범용 수동 선반의 방호조치에 관한 설명으로 바르지 않은 것은?

① 척 가드의 폭은 공작물의 가공작업에 방해가 되지 않는 범위 내에서 척 전체 길이를 방호할 수 있을 것
② 척 가드의 개방 시 스핀들의 작동이 정지되도록 연동회로를 구성할 것
③ 전면 칩 가드는 심압대가 베드 끝단부에 위치하고 있고 공작물 고정 장치에서 심압대까지 가드를 연장시킬 수 없는 경우에는 부착위치를 조정할 수 있을 것
④ 전면 칩 가드의 폭은 새들 폭 이하로 설치할 것

43 보일러에서 압력방출장치가 2개 설치된 경우 최고 사용압력이 1MPa일 때 압력방출장치의 설정 방법으로 가장 적절한 것은?

① 2개 모두 1.1MPa 이하에서 작동되도록 설정하였다.
② 2개 모두 1.05MPa 이하에서 작동되도록 설정하였다.
③ 하나는 1MPa 이하에서 작동되고 나머지는 1.05MPa 이하에서 작동되도록 설정하였다.
④ 하나는 1MPa 이하에서 작동되고 나머지는 1.1MPa 이하에서 작동되도록 설정하였다.

44 아세틸렌 용접장치를 사용하여 금속의 용접 · 용단 또는 가열작업을 하는 경우 아세틸렌을 발생시키는 게이지 압력은 최대 몇 kPa 이하이어야 하는가?

① 127　　② 138　　③ 154　　④ 188

45 급정지기구가 부착되어 있지 않아도 유효한 프레스의 방호장치로 바른 것은?

① 양수기동식 ② 양수조작식
③ 손쳐내기식 ④ 가드식

46 포터블 벨트 컨베이어(potable belt conveyor)의 안전 사항과 관련한 설명으로 바르지 않은 것은?

① 포터블 벨트 컨베이어의 차륜간의 거리는 전도 위험이 최소가 되도록 하여야 한다.
② 전동식의 포터블 벨트 컨베이어에 접속되는 전로에는 감전 방지용 누전차단장치를 접속하여야 한다.
③ 포터블 벨트 컨베이어를 사용하는 경우는 차륜을 고정하여야 한다.
④ 전동식 포터블 벨트 컨베이어를 이동하는 경우는 먼저 전원을 내린 후 컨베이어를 이동시킨 다음 컨베이어를 최저의 위치로 내린다.

47 다음 밀링작업에서 주의해야 할 사항으로 바르지 않은 것은?

① 보안경을 쓴다.
② 일감 절삭 중 치수를 측정한다.
③ 가공 중 기계에 얼굴을 대지 않는다.
④ 테이블 위에 공구나 측정기를 올려놓지 않는다.

48 다음 목재가공용 둥근톱에서 안전을 위해 요구되는 구조로 바르지 않은 것은?

① 둥근톱에는 분할날을 설치하여야 한다.
② 작업 중 근로자의 부주의에도 신체의 일부가 날에 접촉할 염려가 없도록 설계되어야 한다.
③ 덮개 및 지지부는 경량이면서 충분한 강도를 가져야 하며, 외부에서 힘을 가했을 때 쉽게 회전될 수 있는 구조로 설계되어야 한다.
④ 휴대용 둥근톱 가공덮개와 톱날 노출각이 45도 이내이어야 한다.

답안 표기란				
45	①	②	③	④
46	①	②	③	④
47	①	②	③	④
48	①	②	③	④

49 프레스기를 사용하여 작업을 할 때 작업시작 전 점검사항으로 바르지 않은 것은?

① 전단기의 칼날 및 테이블의 상태
② 압력방출장치의 기능
③ 프레스의 금형 및 고정볼트 상태
④ 클러치 및 브레이크의 기능

50 사출성형기에서 동력작동식 금형고정장치의 안전사항에 대한 설명으로 바르지 않은 것은?

① 금형 또는 부품의 낙하를 방지하기 위해 기계적 억제장치를 추가하거나 자체 고정장치(self retain clamping unit) 등을 설치해야 한다.
② 동력작동식 금형고정장치의 움직임에 의한 위험을 방지하기 위해 설치하는 가드는 Ⅱ형식 방호장치의 요건을 갖추어야 한다.
③ 상 · 하(좌 · 우)의 두 금형 중 어느 하나가 위치를 이탈하는 경우 플레이트를 작동시켜야 한다.
④ 전자석 금형 고정장치를 사용하는 경우에는 전자기파에 의한 영향을 받지 않도록 전자파 내성대책을 고려해야 한다.

51 프레스 및 전단기에 사용되는 손쳐내기식 방호장치의 성능기준에 대한 설명 중 옳지 않은 것은?

① 진동각도 · 진폭시험 : 행정길이가 최소일 때 진동각도는 60°~90°이다.
② 진동각도 · 진폭시험 : 행정길이가 최대일 때 진동각도는 30°~60°이다.
③ 완충시험 : 손쳐내기봉에 의한 과도한 충격이 없어야 한다.
④ 무부하 동작시험 : 1회의 오동작도 없어야 한다.

52 다음 컨베이어(conveyor) 역전방지장치의 형식을 기계식과 전기식으로 구분할 때 기계식에 해당하지 않는 것은?

① 웜기어 ② 밴드식
③ 전기브레이크식 ④ 롤러식

답안 표기란	
49	① ② ③ ④
50	① ② ③ ④
51	① ② ③ ④
52	① ② ③ ④

53 가스 용접에 이용되는 아세틸렌가스 용기의 색상은?

① 황색 ② 백색
③ 녹색 ④ 갈색

54 기계설비 구조의 안전화 중 가공결함 방지를 위해 고려할 사항이 아닌 것은?

① 안전율
② 가공경화
③ 열처리
④ 응력집중

55 아세틸렌 용접을 할 때 역류를 방지하기 위하여 설치하여야 하는 것은?

① 유량기
② 발생기
③ 청정기
④ 안전기

56 진동에 의한 1차 설비진단법 중 정상, 비정상, 악화의 정도를 판단하기 위한 방법에 해당하지 않는 것은?

① 상호판단
② 비교판단
③ 평균판단
④ 절대판단

답안 표기란

53	①	②	③	④
54	①	②	③	④
55	①	②	③	④
56	①	②	③	④

57 다음 프레스기의 방호장치 중 위치제한형 방호장치에 해당하는 것은?

① 양수조작식 방호장치
② 광전자식 방호장치
③ 손쳐내기식 방호장치
④ 수인식 방호장치

58 가공기계에 쓰이는 주된 풀 푸르프(Fool Proof)에서 가드(Guard)의 형식이 아닌 것은?

① 고정 가드(Fixed Guard)
② 안내 가드(Guide Guard)
③ 조정 가드(Adjustable Guard)
④ 인터록 가드(Interlock Guard)

59 산업안전보건법령상 승강기의 종류에 해당하지 않는 것은?

① 리프트
② 에스컬레이터
③ 소형화물용 엘리베이터
④ 승객화물용 엘리베이터

60 산업안전보건법령상 양중기를 사용하여 작업하는 운전자 또는 작업자가 보기 쉬운 곳에 해당 양중기에 대해 표시하여야 할 내용이 아닌 것은? (단, 승강기는 제외한다.)

① 정격 하중
② 운전 속도
③ 최대 높이
④ 경고 표시

답안 표기란	
57	① ② ③ ④
58	① ② ③ ④
59	① ② ③ ④
60	① ② ③ ④

4과목 전기설비 안전 관리

답안 표기란	
61	① ② ③ ④
62	① ② ③ ④
63	① ② ③ ④
64	① ② ③ ④

61 인체의 손과 발 사이에 과도전류를 인가한 경우에 파두장 60μ에 따른 전류파고치의 최대값은 약 몇 mA 이하인가?

① 40mA
② 90mA
③ 200mA
④ 400mA

62 정격사용률이 30%, 정격 2차 전류가 300A인 교류아크 용접기를 200A로 사용하는 경우의 허용사용률(%)은?

① 67.5%
② 88.2%
③ 98.1%
④ 113.2%

63 다음 누전차단기를 설치하여야 하는 곳은?

① 기계기구를 건조한 장소에 시설한 경우
② 대지전압이 150V를 초과하는 이동형 또는 휴대형 전기 기계기구
③ 전기용품안전 관리법의 적용을 받는 2중 절연구조의 기계기구
④ 전원측에 절연변압기(2차 전압이 300V 이하)를 시설한 경우

64 다음 방폭전기기기의 온도등급에서 기호 T_2의 의미는?

① 최고표면온도의 허용치가 85℃ 이하인 것
② 최고표면온도의 허용치가 100℃ 이하인 것
③ 최고표면온도의 허용치가 300℃ 이하인 것
④ 최고표면온도의 허용치가 450℃ 이하인 것

65 우리나라의 안전전압 규정은 약 몇 V인가?

① 24V ② 30V
③ 50V ④ 70V

66 조명기구를 사용함에 따라 작업면의 조도가 점차적으로 감소되어가는 원인으로 바르지 않은 것은?

① 조명기구에 붙은 먼지, 오물, 반사면의 변질에 의한 광속 흡수율 감소
② 점등 광원의 노화로 인한 광속의 감소
③ 실내 반사면에 붙은 먼지, 오물, 반사면의 화학적 변질에 의한 광속 반사율 감소
④ 공급전압과 광원의 정격전압의 차이에서 오는 광속의 감소

67 1C을 갖는 2개의 전하가 공기 중에서 1m의 거리에 있을 때 이들 사이에 작용하는 정전력은?

① 1.2×10^{-12}N ② 1.6N
③ 5×10^{3}N ④ 9×10^{9}N

68 교류 아크 용접기의 전격방지장치에서 시동감도를 바르게 나타낸 것은?

① 용접봉을 모재로부터 분리시킨 후 주접점이 개로 되어 용접기의 2차측 전압이 무부하 전압(25V 이하)으로 될 때까지의 시간을 말한다.
② 안전전압(24V 이하)이 2차측 전압(85~95V)으로 얼마나 빨리 전환되는가 하는 것을 말한다.
③ 용접봉을 모재에 접촉시켜 아크를 발생시킬 때 전격방지 장치가 동작할 수 있는 용접기의 2차측 최대저항을 말한다.
④ 용접봉에서 아크를 발생시키고 있을 때 누설전류가 발생하면 전격방지 장치를 작동시켜야 할지 운전을 계속해야 할지를 결정해야 하는 민감도를 말한다.

답안 표기란				
65	①	②	③	④
66	①	②	③	④
67	①	②	③	④
68	①	②	③	④

69 **정전작업을 할 때 작업 전 안전조치사항으로 바르지 않은 것은?**

① 근접활선에 대한 방호
② 절연 보호구 수리
③ 개폐기의 관리
④ 검전기에 의한 정전확인

70 **다음 이상적인 피뢰기가 가져야 할 성능이 아닌 것은?**

① 반복동작이 가능할 것
② 방전 개시 전압이 낮을 것
③ 뇌전류 방전능력이 적을 것
④ 특성이 변하지 않을 것

71 **다음 전기기기 방폭의 기본 개념으로 틀린 것은?**

① 점화원의 방폭적 격리
② 전기기기의 안전도 증강
③ 점화능력의 본질적 억제
④ 전기설비 주위 공기의 절연능력 향상

72 **방폭지역 구분 중 위험분위기가 통상인 상태에 있어서 연속해서 또는 장시간 지속해서 존재하는 장소는?**

① 0종 장소
② 1종 장소
③ 2종 장소
④ 비방폭지역

답안 표기란	
69	① ② ③ ④
70	① ② ③ ④
71	① ② ③ ④
72	① ② ③ ④

73 다음 방폭전기기기의 온도등급의 기호는?

① E ② S
③ T ④ N

74 다음은 과전류차단장치 설치에 관한 내용이다. ( )안에 들어갈 내용으로 알맞은 것은?

> 과전류차단장치는 반드시 접지선이 아닌 전로에 ( )로 연결하여 과전류 발생 시 전로를 자동으로 차단하도록 설치할 것

① 직렬
② 병렬
③ 직 · 병렬
④ 임시

75 다음 정전기의 유동대전에 가장 크게 영향을 미치는 요인은?

① 액체의 유동속도
② 액체의 집적도
③ 액체의 접촉면적
④ 액체의 분출온도

76 지락전류가 거의 0에 가까워서 안정도가 양호하고 무정전의 송전이 가능한 접지방식은?

① 직접접지방식
② 리액터접지방식
③ 저항접지방식
④ 소호리액터접지방식

답안 표기란	
73	① ② ③ ④
74	① ② ③ ④
75	① ② ③ ④
76	① ② ③ ④

77 교류아크 용접기에 전격 방지기를 설치하는 방법으로 바르지 않은 것은?

① 테스트 스위치는 조작이 용이한 곳에 위치시킨다.
② 직각으로만 부착해야 한다.
③ 동작 상태를 알기 쉬운 곳에 설치한다.
④ 이완 방지 조치를 한다.

78 방폭기기에 별도의 주위 온도 표시가 없을 때 방폭기기의 주위 온도 범위는? (단, 기호 'X'의 표시가 없는 기기이다.)

① −20℃~40℃
② −20℃~60℃
③ −10℃~50℃
④ −10℃~60℃

79 전로에 지락이 생겼을 때에 자동적으로 전로를 차단하는 장치를 시설해야하는 전기기계의 사용전압 기준은? (단, 금속제 외함을 가지는 저압의 기계 기구로서 사람이 쉽게 접촉할 우려가 있는 곳에 시설되어 있다.)

① 20V 초과
② 50V 초과
③ 70V 초과
④ 400V 초과

80 다음 접지계통 분류에서 TN접지방식으로 볼 수 없는 것은?

① TN−S 방식
② TN−C 방식
③ TN−C−S 방식
④ TN−T 방식

답안 표기란	
77	① ② ③ ④
78	① ② ③ ④
79	① ② ③ ④
80	① ② ③ ④

5과목 화학설비 안전 관리

답안 표기란	
81	① ② ③ ④
82	① ② ③ ④
83	① ② ③ ④
84	① ② ③ ④

81 마그네슘의 저장 및 취급에 관한 설명으로 바르지 않은 것은?

① 산화제와 접촉을 피한다.
② 고온의 물이나 과열 수증기와 접촉하면 격렬히 반응하므로 주의한다.
③ 분말은 분진폭발성이 있으므로 누설되지 않도록 포장한다.
④ 화재발생시 물의 사용을 금하고, 이산화탄소소화기를 사용하여야 한다.

82 다음 중 분진폭발에 관한 설명으로 바르지 않은 것은?

① 가스폭발에 비교하여 연소시간이 짧고, 발생에너지가 작다.
② 최초의 부분적인 폭발이 분진의 비산으로 2차, 3차 폭발로 파급되어 피해가 커진다.
③ 퇴적분진이 폭풍압력에 의해 떠올라 분진운을 만든다.
④ 폭발시 입자가 비산하므로 이것에 부딪치는 가연물로 국부적으로 탄화를 일으킬 수 있다.

83 산업안전보건법령상 위험물질의 종류를 구분할 때 다음 물질들이 해당하는 것은?

리튬, 칼륨 · 나트륨, 황, 황린, 황화인 · 적린

① 폭발성 물질 및 유기과산화물
② 인화성 액체
③ 물반응성 물질 및 인화성 고체
④ 산화성 액체 및 산화성 고체

84 위험물 또는 위험물이 발생하는 물질을 가열 · 건조하는 경우 내용적이 몇 세제곱미터 이상인 건조설비인 경우 건조실을 설치하는 건축물의 구조를 독립된 단층건물로 하여야 하는가? (단, 건조실을 건축물의 최상층에 설치하거나 건축물이 내화구조인 경우는 제외한다.)

① $1cm^3$ ② $5cm^3$ ③ $10cm^3$ ④ $50cm^3$

85 다음 연소이론에 대한 설명으로 바르지 않은 것은?

① 인화점은 연소가 시작되는 최저온도이다.
② 인화점이 낮은 물질은 반드시 착화점도 낮다.
③ 인화점이 낮을수록 일반적으로 연소위험이 크다.
④ 연소범위가 넓을수록 연소위험이 크다.

86 위험물을 산업안전보건법령에서 정한 기준량 이상으로 제조하거나 취급하는 설비로서 특수화학설비에 해당되는 것은?

① 증류 · 정류 · 증발 · 추출 등 분리를 하는 장치
② 상온에서 게이지 압력으로 200kPa의 압력으로 운전되는 설비
③ 대기압 하에서 섭씨 300℃로 운전되는 설비
④ 흡열반응이 행하여지는 반응설비

87 다음 중 분말 소화약제로 가장 적절한 것은?

① 브롬화메탄
② 사염화탄소
③ 수산화암모늄
④ 제1인산암모늄

88 사업주는 산업안전보건기준에 관한 규칙에서 정한 위험물을 기준량 이상으로 제조하거나 취급하는 특수화학설비를 설치하는 경우에는 내부의 이상 상태를 조기에 파악하기 위하여 필요한 온도계 · 유량계 · 압력계 등의 계측장치를 설치하여야 한다. 이때 위험물질별 기준량으로 옳은 것은?

① 수소 – 25㎥
② 부탄 – 150㎥
③ 시안화수소 – 5kg
④ 니트로글리콜 – 20kg

답안 표기란	
85	① ② ③ ④
86	① ② ③ ④
87	① ② ③ ④
88	① ② ③ ④

89 다음 중 산업안전보건법령상 산화성 액체 또는 산화성 고체에 해당하지 않는 것은?

① 과염소산
② 중크롬산
③ 아염소산
④ 질산에스테르

90 산업안전보건기준에 관한 규칙에서 지정한 '화학설비 및 그 부속설비의 종류' 중 화학설비의 부속설비에 해당하는 것은?

① 응축기 · 냉각기 · 가열기 등의 열교환기류
② 배관 · 밸브 · 관 · 부속류 등 화학물질 이송 관련 설비
③ 펌프류 · 압축기 등의 화학물질 이송 또는 압축설비
④ 반응기 · 혼합조 등의 화학물질 반응 또는 혼합장치

91 분진폭발을 방지하기 위하여 첨가하는 불활성첨가물로 적절하지 않는 것은?

① 마그네슘
② 모래
③ 석분
④ 탄산칼슘

92 고압의 환경에서 장시간 작업하는 경우에 발생할 수 있는 잠함병(潛函病) 또는 잠수병(潛水病)은 다음 중 어떤 물질에 의하여 중독현상이 일어나는가?

① 이산화탄소
② 수소
③ 질소
④ 암모니아

답안 표기란				
89	①	②	③	④
90	①	②	③	④
91	①	②	③	④
92	①	②	③	④

93 산업안전보건법령에 따라 사업주가 특수화학설비를 설치하는 때에 그 내부의 이상상태를 조기에 파악하기 위하여 설치하여야 하는 장치는?

① 긴급차단장치
② 자동경보장치
③ 자동개폐장치
④ 지동송출장치

94 다음 고체의 연소형태 중 분해연소에 속하는 것은?

① 목재
② 나프탈렌
③ TNT
④ 목탄

95 위험물안전관리법령상 제3류 위험물 중 금수성 물질에 대하여 적응성이 있는 소화기는?

① 포소화기
② 이산화탄소소화기
③ 하론소화기
④ 팽창진주암

96 다음 기체의 자연발화온도 측정법에 해당하는 것은?

① 연소법
② 접촉법
③ 예열법
④ 파쇄법

답안 표기란	
93	① ② ③ ④
94	① ② ③ ④
95	① ② ③ ④
96	① ② ③ ④

답안 표기란	
97	① ② ③ ④
98	① ② ③ ④
99	① ② ③ ④
100	① ② ③ ④

97 다음 분진폭발의 발생 순서로바르게 나열한 것은?

① 비산 → 분산 → 퇴적분진 → 발화원 → 2차폭발 → 전면폭발
② 비산 → 퇴적분진 → 분산→ 발화원→ 2차폭발 → 전면폭발
③ 퇴적분진 → 발화원 → 분산→ 비산→ 전면폭발 → 2차폭발
④ 퇴적분진 → 비산 → 분산 → 발화원→ 전면폭발 → 2차폭발

98 다음 소화약제 IG－100의 구성성분은?

① 질소
② 아르곤
③ 이산화탄소
④ 수소

99 다음 중 수분(H_2O)과 반응하여 유독성 가스인 포스핀이 발생되는 물질은?

① 금속나트륨
② 알루미늄 분발
③ 인화칼슘
④ 수소화리튬

100 에틸알코올(C_2H_5OH) 1몰이 완전연소할 때 생성되는 CO_2의 몰수는?

① 2mol
② 3mol
③ 5mol
④ 8mol

6과목 건설공사 안전 관리

답안 표기란	
101	① ② ③ ④
102	① ② ③ ④
103	① ② ③ ④
104	① ② ③ ④

101 산업안전보건관리비계상기준에 따른 일반건설공사(갑), 대상액 5억원 이상~50억원 미만의 비율 및 기초액으로 옳은 것은?

① 비율 : 1.86%, 기초액 : 5,349,000원
② 비율 : 1.91%, 기초액 : 5,419,000원
③ 비율 : 2.26%, 기초액 : 5,470,000원
④ 비율 : 2.59%, 기초액 : 4,621,000원

102 지반조사의 간격 및 깊이에 대한 내용으로 바르지 않은 것은?

① 조사간격은 지층상태, 구조물 규모에 따라 정한다.
② 조사깊이는 액상화 문제가 있는 경우에는 모래층 하단에 있는 단단한 지지층까지 조사한다.
③ 지층이 복잡한 경우에는 기 조사한 간격 사이에 보완조사를 실시한다.
④ 절토, 개착, 터널구간은 기반암의 심도 5~6m까지 확인한다.

103 다음 취급 · 운반의 원칙으로 바르지 않은 것은?

① 운반작업을 집중화시킬 것
② 곡선운반을 할 것
③ 최대한 시간과 경비를 절약할 수 있는 운반방법을 고려할 것
④ 생산을 최고로 하는 운반을 생각할 것

104 건립 중 강풍에 의한 풍압 등 외압에 대한 내력이 설계에 고려되었는지 확인하여야 하는 철골 구조물이 아닌 것은?

① 단면구조에 현저한 차이가 있는 구조물
② 기둥이 타이플레이트형인 구조물
③ 단면이 일정한 구조물
④ 연면적당 철골량이 50킬로그램/평방미터 이하인 구조물

105 선박에서 하역작업 시 근로자들이 안전하게 오르내릴 수 있는 현문 사다리 및 안전망을 설치하여야 하는 것은 선박이 최소 몇 톤급 이상인가?

① 300톤급　　② 400톤급
③ 500톤급　　④ 1000톤급

106 강풍이 불어올 때 타워크레인의 운전작업을 중지하여야 하는 순간풍속의 기준으로 옳은 것은?

① 순간풍속이 초당 5m 초과
② 순간풍속이 초당 10m 초과
③ 순간풍속이 초당 15m 초과
④ 순간풍속이 초당 20m 초과

107 다음은 산업안전보건법령에 따른 달비계를 설치하는 경우에 준수해야 할 사항이다. (　)에 들어갈 내용으로 옳은 것은?

> 작업발판은 폭을 (　) 이상으로 하고 틈새가 없도록 할 것

① 10cm　　② 20cm
③ 30cm　　④ 40cm

108 다음 건설업 산업안전보건관리비 내역 중 계상비용에 해당되지 않는 것은?

① 안전보건교육비 및 행사비
② 외부비계, 작업발판 등의 가설구조물 설치 소요비
③ 안전관리자 등의 인건비 및 각종 업무 수당
④ 건설재해예방 기술지도비

답안 표기란	
105	① ② ③ ④
106	① ② ③ ④
107	① ② ③ ④
108	① ② ③ ④

109 다음 중 건설공사 유해 · 위험방지계획서 제출대상 공사가 아닌 것은?

① 연면적이 3,000㎡인 냉동 · 냉장창고시설의 설비공사
② 다목적댐 건설공사
③ 최대 지간길이가 50m인 교량건설공사
④ 깊이 10미터 이상인 굴착공사

110 잠함 또는 우물통의 내부에서 굴착작업을 할 때의 준수사항으로 바르지 않은 것은?

① 근로자가 안전하게 승강하기 위한 설비를 설치한다.
② 산소 결핍의 우려가 있는 경우에는 산소의 농도를 측정하는 자를 지명하여 측정하도록 한다.
③ 굴착 깊이가 10m를 초과하는 경우에는 해당 작업장소와 외부와의 연락을 위한 통신설비 등을 설치하여야 한다.
④ 측정 결과 산소의 결핍이 인정될 경우에는 송기를 위한 설비를 설치하여 필요한 양의 공기를 공급하여야 한다.

111 건설현장에서 높이 5m 이상인 콘크리트 교량의 설치작업을 하는 경우 재해예방을 위해 준수해야 할 사항으로 바르지 않은 것은?

① 작업을 하는 구역에는 관계 근로자가 아닌 사람의 출입을 금지할 것
② 재료, 기구 또는 공구 등을 올리거나 내릴 경우에는 근로자로 하여금 크레인을 이용하도록 하고, 달줄, 달포대 등의 사용을 금하도록 할 것
③ 중량물 부재를 크레인 등으로 인양하는 경우에는 부재에 인양용 고리를 견고하게 설치하고, 인양용 로프는 부재에 두 군데 이상 결속하여 인양하여야 하며, 중량물이 안전하게 거치되기 전까지는 걸이로프를 해제시키지 아니할 것
④ 자재나 부재의 낙하 · 전도 또는 붕괴 등에 의하여 근로자에게 위험을 미칠 우려가 있을 경우에는 출입금지구역의 설정, 자재 또는 가설시설의 좌굴(挫屈) 또는 변형 방지를 위한 보강재 부착 등의 조치를 할 것

답안 표기란				
109	①	②	③	④
110	①	②	③	④
111	①	②	③	④

112 사질지반을 굴착할 경우 굴착부와 지하수위차가 있을 때 수두차에 의하여 삼투압이 생겨 흙막이벽 근입부분을 침식하는 동시에 모래가 액상화되어 솟아오르는 현상은?

① 동상현상　② 연화현상
③ 보일링현상　④ 히빙현상

113 흙막이 가시설 공사를 하는 경우 사용되는 각 계측기 설치 목적으로 바르지 않은 것은?

① 하중계 – 상부 적재하중 변화 측정
② 수위계 – 지반 내 지하수위의 변화 측정
③ 지표침하계 – 지표면 침하량 측정
④ 지중경사계 – 지중의 수평 변위량 측정

114 다음은 가설통로를 설치하는 경우의 준수사항이다. (　)안에 들어갈 내용으로 옳은 것은?

> 건설공사에 사용하는 높이 8m 이상인 비계다리에는 (　)m 이내마다 계단참을 설치할 것

① 3　② 5　③ 7　④ 10

115 가설통로를 설치하는 경우 준수하여야 할 기준으로 바르지 않은 것은?

① 수직갱에 가설된 통로의 길이가 15m 이상인 때에는 15m 이내마다 계단참을 설치할 것
② 경사가 15°를 초과하는 경우에는 미끄러지지 아니하는 구조로 할 것
③ 추락할 위험이 있는 장소에는 안전난간을 설치할 것
④ 건설공사에 사용하는 높이 8m 이상의 비계다리에는 7m 이내마다 계단참을 설치할 것

답안 표기란				
112	①	②	③	④
113	①	②	③	④
114	①	②	③	④
115	①	②	③	④

116 사업주가 유해위험방지 계획서 제출 후 건설공사 중 6개월 이내마다 안전보건공단의 확인을 받아야 할 내용이 아닌 것은?

① 유해위험방지 계획서의 내용과 실제공사 내용이 부합하는지 여부
② 자율안전관리 업체 유해 · 위험방지 계획서 제출 · 심사 면제
③ 유해위험방지 계획서 변경 내용의 적정성
④ 추가적인 유해 · 위험요인의 존재 여부

117 공정율이 75%인 건설현장의 경우 공사 진척에 따른 산업안전보건관리비의 최소 사용기준은? (단, 공정율은 기성공정율을 기준으로 함)

① 40% 이상
② 50% 이상
③ 70% 이상
④ 90% 이상

118 콘크리트 타설을 위한 거푸집 동바리의 구조검토 시 가장 선행되어야 할 작업은?

① 각 부재에 생기는 응력에 대하여 안전한 단면을 산정한다.
② 가설물에 작용하는 하중 및 외력의 종류, 크기를 산정한다.
③ 하중 및 외력에 의하여 각 부재에 생기는 응력을 구한다.
④ 사용할 거푸집 동바리의 설치간격을 결정한다.

119 본 터널(main tunnel)을 시공하기 전에 터널에서 약간 떨어진 곳에 지질조사, 환기, 배수, 운반 등의 상태를 알아보기 위하여 설치하는 터널은?

① 파일럿(pilot) 터널
② 사이드(side) 터널
③ 쉴드(shield) 터널
④ 프리패브(prefab) 터널

120 다음 중 지하수위를 측정하는 경우 사용하는 계측기는?

① Load Cell
② Inclinometer
③ Extensometer
④ Piezometer

답안 표기란				
116	①	②	③	④
117	①	②	③	④
118	①	②	③	④
119	①	②	③	④
120	①	②	③	④

제2회 CBT 빈출 모의고사

수험번호
수험자명

제한 시간 : 3시간 전체 문제 수 : 120 맞힌 문제 수 :

1과목 산업재해 예방 및 안전보건교육

답안 표기란

01	① ② ③ ④
02	① ② ③ ④
03	① ② ③ ④

01 다음 재해발생시 조치순서 중 재해조사 단계에서 실시하는 내용으로 옳은 것은?

① 사고현장에서 이탈
② 관계자에게 통보
③ 잠재재해 위험요인의 색출
④ 피해자의 구조조치

02 다음 안전점검보고서 작성내용 중 주요 사항이 아닌 것은?

① 안전관리 스텝의 인적사항
② 재해다발요인과 유형분석 및 비교 데이터 제시
③ 작업현장의 현 배치 상태와 문제점
④ 보호구, 방호장치 작업환경 실태와 개선제시

03 다음은 산업안전보건법상 근로시간 연장의 제한 기준에 관한 내용이다. 아래의 ( )안에 알맞은 것은?

> 사업주는 유해하거나 위험한 작업으로서 대통령령으로 정하는 작업에 종사하는 근로자에게는 1일 (㉠)시간, 1주 (㉡)시간을 초과하여 근로하게 하여서는 아니 된다.

① ㉠ 5, ㉡ 30
② ㉠ 6, ㉡ 34
③ ㉠ 7, ㉡ 44
④ ㉠ 8, ㉡ 48

04 산업안전보건법령상 지방고용노동관서의 장이 사업주에게 안전관리자 · 보건관리자 또는 안전보건관리담당자를 정수 이상으로 증원하게 하거나 교체하여 임명할 것을 명할 수 있는 경우의 기준 중 다음 ( ) 안에 알맞은 것은?

- 중대재해가 연간 (㉠)건 이상 발생한 경우
- 해당 사업장의 연간재래율이 같은 업종의 평균재해율의 (㉡)배 이상인 경우

① ㉠ 3, ㉡ 3　② ㉠ 2, ㉡ 3
③ ㉠ 3, ㉡ 2　④ ㉠ 2, ㉡ 2

05 산업안전보건법령상 안전 · 보건표지의 색채와 색도기준의 연결이 바르지 않은 것은? (단, 색도기준은 한국산업표준(KS)에 따른 색의 3속성에 의한 표시방법에 따른다.)

① 빨간색 – 7.5R 4/14
② 노란색 – 5Y 8.5/12
③ 파란색 – 1.5PB 4/10
④ 흰색 – N9.5

06 산업안전보건법령상 근로자에 대한 일반건강진단의 실시 시기 기준으로 옳은 것은?

① 사무직에 종사하는 근로자 : 1년에 1회 이상
② 사무직에 종사하는 근로자 : 2년에 1회 이상
③ 사무직 외의 업무에 종사하는 근로자 : 3월에 1회 이상
④ 사무직 외의 업무에 종사하는 근로자 : 6월에 1회 이상

07 다음 대뇌의 human error로 인한 착오요인이 아닌 것은?

① 행동과정 착오
② 조치과정 착오
③ 판단과정 착오
④ 인지과정 착오

답안 표기란	
04	① ② ③ ④
05	① ② ③ ④
06	① ② ③ ④
07	① ② ③ ④

08 **Line－Staff형 안전보건관리조직에 관한 특징으로 볼 수 없는 것은?**

① 조직원 전원을 자율적으로 안전활동에 참여시킬 수 있다.
② 스탭의 월권행위의 경우가 있으며 라인스탭에 의존 또는 활용치 않는 경우가 있다.
③ 명령계통과 조언 권고적 참여가 혼동되기 쉽다.
④ 생산부문은 안전에 대한 책임과 권한이 없다.

09 **다음 중 할로겐용 방독마스크의 시험가스에 해당하는 것은?**

① 시안화수소가스(HCN)
② 염소가스(Cl_2)
③ 시클로헥산(C_6H_{12})
④ 황화수소가스(H_2S)

10 **연간근로자수가 1000명인 공장의 도수율이 10인 경우 이 공장에서 연간 발생한 재해건수는 몇 건인가?**

① 10건
② 20건
③ 24건
④ 36건

11 **산업안전보건법상 특별안전보건교육에서 방사선 업무에 관계되는 작업을 할 때 교육내용으로 적절하지 않은 것은?**

① 방호거리 · 방호벽 및 방사선물질의 취급 요령에 관한 사항
② 방사선 측정기기 기능의 점검에 관한 사항
③ 안전 · 보건관리에 필요한 사항
④ 산소농도측정 및 작업환경에 관한 사항

답안 표기란	
08	① ② ③ ④
09	① ② ③ ④
10	① ② ③ ④
11	① ② ③ ④

12 하인리히의 재해 코스트 평가방식 중 직접비에 해당하지 않는 것은?

① 산재보상비　② 치료비
③ 여비 및 통신비　④ 휴업보상비

13 다음 연천인율 45인 사업장의 도수율은 얼마인가?

① 9.3　② 18.75
③ 78.6　④ 132.1

14 다음 산업안전보건법령상 안전모의 시험성능기준 항목으로 바르지 않은 것은?

① 내열성　② 내전압성
③ 내관통성　④ 난연성

15 산업안전보건법령상 근로자 안전보건교육 중 작업내용 변경시의 교육을 할 때 일용근로자 및 근로계약기간이 1주일 이하인 기간제근로자를 제외한 근로자의 교육시간으로 옳은 것은?

① 1시간 이상　② 2시간 이상
③ 4시간 이상　④ 8시간 이상

16 다음 위험예지훈련의 문제해결 4라운드에 해당하지 않는 것은?

① 목표설정　② 본질추구
③ 원인결정　④ 대책수립

답안 표기란	
12	① ② ③ ④
13	① ② ③ ④
14	① ② ③ ④
15	① ② ③ ④
16	① ② ③ ④

17 하인리히 방식의 재해코스트 산정에서 간접비에 해당되지 않은 것은?

① 입원 중 잡비
② 여비 및 통신비
③ 장해특별보상비
④ 병상 위문금

18 산업안전보건법령상 산업안전보건위원회의 사용자위원에 해당되지 않는 사람은? (단, 각 사업장은 해당하는 사람을 선임하여야 하는 대상 사업장으로 한다.)

① 안전관리자
② 보건관리자
③ 명예산업안전감독관
④ 사업의 대표자

19 다음 맥그리거(McGregor)의 Y이론, X이론 중 Y이론과 가장 거리가 먼 것은?

① 성선설
② 자아실현 욕구
③ 자율적 규제
④ 후진국형

20 다음 안전교육의 형태 중 OJT(On The Job of training) 교육에 대한 설명으로 바르지 않은 것은?

① 직장의 실정에 맞게 실제적인 훈련이 가능하다.
② 다수의 근로자에게 조직적 훈련이 가능하다.
③ 훈련에 필요한 업무의 지속성이 유지된다.
④ 직장의 직속상사에 의한 교육이 가능하다.

답안 표기란

17	①	②	③	④
18	①	②	③	④
19	①	②	③	④
20	①	②	③	④

2과목 인간공학 및 위험성 평가·관리

답안 표기란	
21	① ② ③ ④
22	① ② ③ ④
23	① ② ③ ④
24	① ② ③ ④

21 "표시장치와 이에 대응하는 조종장치 간의 위치 또는 배열이 인간의 기대와 모순되지 않아야 한다."는 인간공학적 설계원리와 가장 관계가 깊은 것은?

① 개념양립성
② 운동양립성
③ 문화양립성
④ 공간양립성

22 인간공학 연구조사에 사용되는 기준의 구비조건으로 적절하지 않은 것은?

① 민감성
② 다양성
③ 무오염성
④ 기준 척도의 신뢰성

23 다음 에너지 대사율(RMR)에 대한 설명으로 바르지 않은 것은?

① $R = \frac{\text{운동대사량}}{\text{기초대사량}}$
② 가벼운 작업시 RMR은 0~2임
③ 과격 작업 시 RMR은 4~7임
④ $R = \frac{\text{운동시 산소소모량} - \text{안정시 산소소모량}}{\text{기초대사량(산소소비량)}}$

24 다음 동작경제의 원칙으로 바르지 않은 것은?

① 공구의 기능을 각각 분리하여 사용하도록 한다.
② 가급적 적은 운동으로 끝낸다.
③ 동작이 자연스런 리듬으로 할 수 있도록 한다.
④ 양손은 동시에 반대 방향으로, 좌우 대상적으로 운동하도록 한다.

답안 표기란	
25	① ② ③ ④
26	① ② ③ ④
27	① ② ③ ④
28	① ② ③ ④

25 **다음 경계 및 경보신호의 설계지침으로 바르지 않은 것은?**

① 주의를 환기시키기 위하여 변조된 신호를 사용한다.
② 300m 이상의 장거리용으로는 1000Hz를 초과하는 진동수를 사용한다.
③ 귀는 중음역에 민감하므로 500~3000Hz의 진동수를 사용한다.
④ 장애물 및 칸막이 통과시는 500Hz 이하의 진동수를 사용한다.

26 **다음 인간실수확률에 대한 추정기법으로 가장 바르지 않은 것은?**

① FMEA(Failure Mode and Effect Analysis) : 고장형태 영향분석
② CIT(Critical Incident Technique) : 위급사건기법
③ TCRAM(Task Criticality Rating Analysis Method) : 직무위급도 분석법
④ THERP(Technique for Human Error Rate Prediction) : 인간 실수율 예측기법

27 **작업장을 배치할 경우 유의사항으로 적절하지 않은 것은?**

① 작업의 흐름에 따라 기계를 배치한다.
② 비상시에 쉽게 대비할 수 있는 통로를 마련한다.
③ 공장 내외는 안전한 통로를 두어야 한다.
④ 생산효율 증대를 위해 기계설비 주위에 재료나 반제품을 충분히 놓아둔다.

28 **정보처리 과정에서 부적절한 분석이나 의사결정의 오류에 의하여 발생하는 행동은?**

① 무의식에 기초한 행동(unconsciousness－based behavior)
② 기능에 기초한 행동(skill－based behavior)
③ 지식에 기초한 행동(knowledge－based behavior)
④ 규칙에 기초한 행동(rule－based behavior)

29 3개 공정의 소음수준 측정 결과 1공정은 100dB에서 1시간, 2공정은 95dB에서 1시간, 3공정은 90dB에서 1시간이 소요될 때 총 소음량(TND)과 소음설계의 적합성을 맞게 나열한 것은? (단, 90dB에 8시간 노출될 때를 허용기준으로 하며, 5dB증가할 때 허용시간은 1/2로 감소되는 법칙을 적용한다.)

① TND=0.615, 적합
② TND=0.875, 적합
③ TND=0.925, 적합
④ TND=0.975, 부적합

30 의도는 올바른 것이었지만, 행동이 의도한 것과는 다르게 나타나는 오류는?

① 실수(Slip)
② 착오(Mistake)
③ 건망증(Lapse)
④ 위반(Violation)

31 음량수준을 측정할 수 있는 척도 중 1,000Hz의 순음의 음압 레벨 값을 나타내는 것은?

① dB
② 럭스
③ phon
④ sone

32 산업안전보건법령에 따라 제조업 중 유해위험방지계획서 제출대상 사업의 사업주가 유해·위험방지계획서를 제출하고자 할 때 첨부하여야 하는 서류가 아닌 것은? (단, 기타 고용노동부장관이 정하는 도면 및 서류 등은 제외한다.)

① 고용노동부장관이 정하는 도면 및 서류
② 건축물 각 층의 평면도
③ 공사개요서
④ 원재료 및 제품의 취급, 제조 등의 작업방법의 개요

답안 표기란				
29	①	②	③	④
30	①	②	③	④
31	①	②	③	④
32	①	②	③	④

33 다음 인간공학에 대한 설명으로 바르지 않은 것은?

① 인간이 사용하는 물건, 설비, 환경의 설계에 적용된다.
② 인간의 생리적, 심리적인 면에서의 특성이나 한계점을 고려한다.
③ 인간-기계 시스템의 안전성과 편리성, 효율성을 높인다.
④ 인간을 작업과 기계에 맞추는 설계 철학이 바탕이 된다.

34 공정안전관리(process safety management: PSM)의 적용 대상 사업장이 아닌 것은?

① 원유 정제처리업
② 화약 및 불꽃제품 제조업
③ 차량 등의 운송설비업
④ 합성수지 및 기타 플라스틱물질 제조업

35 온도와 습도 및 공기 유동이 인체에 미치는 열효과를 하나의 수치로 통합한 경험적 감각지수로, 상대습도 100%일 때의 건구 온도에서 느끼는 것과 동일한 온감을 의미하는 온열조건의 용어는?

① Oxford 지수
② 실효온도
③ 발한율
④ 열압박지수

36 시각 표시장치보다 청각 표시장치의 사용이 바람직한 경우는?

① 수신장소가 너무 시끄러울 경우
② 전언이 재참조되는 경우
③ 전언이 즉각적인 행동을 요구하는 경우
④ 메시지가 공간적 위치를 다룰 경우

답안 표기란				
33	①	②	③	④
34	①	②	③	④
35	①	②	③	④
36	①	②	③	④

37 인간공학 연구조사에 사용되는 기준의 구비조건이 아닌 것은?

① 개별성
② 민감성
③ 무오염성
④ 신뢰성

38 조종장치를 촉각적으로 식별하기 위하여 사용되는 촉각적 코드화의 방법으로 바르지 않은 것은?

① 표면 촉감을 이용한 코드화
② 크기를 이용한 코드화
③ 조종장치의 형상 코드화
④ 색감을 활용한 코드화

39 눈과 물체의 거리가 23cm, 시선과 직각으로 측정한 물체의 크기가 0.03cm일 때 시각(분)은? (단, 시각은 600 이하이며, radian 단위를 분으로 환산하기 위한 상수값은 57.3과 60을 모두 적용하여 계산하도록 한다.)

① 0.3
② 0.7
③ 4.48
④ 6.13

40 HAZOP 기법에서 사용하는 가이드 워드와 의미가 잘못 연결된 것은?

① Not – 설계 의도의 완전한 부정
② As well as – 정량적인 증가
③ Part of – 성질상의 감소
④ Less – 정량적인 감소

답안 표기란				
37	①	②	③	④
38	①	②	③	④
39	①	②	③	④
40	①	②	③	④

3과목 기계·기구 및 설비 안전 관리

답안 표기란	
41	① ② ③ ④
42	① ② ③ ④
43	① ② ③ ④
44	① ② ③ ④

41 허용응력이 1kN/㎟이고, 단면적이 2㎟인 강판의 극한하중이 4000N이라면 안전율은?

① 1　② 2
③ 5　④ 10

42 다음 중 용접부에 발생한 미세균열, 용입부족, 융합불량의 검출에 가장 적합한 비파괴검사법은?

① 침투탐상 검사
② 방사선투과 검사
③ 자분탐상 검사
④ 초음파탐상 검사

43 다음 중 롤러기에 설치하여야 할 방호장치는?

① 근접예방장치
② 급정지장치
③ 접촉예방장치
④ 파열방지장치

44 산업안전보건법령상 프레스 작업시작 전 점검해야 할 사항으로 적절한 것은?

① 크랭크축 · 플라이휠 · 슬라이드 · 연결봉 및 연결 나사의 풀림 여부
② 승차장치 및 유압장치 기능
③ 권과방지장치 및 그 밖의 경보장치의 기능
④ 언로드 밸브의 기능

45 인장강도가 350MPa인 강판의 안전율이 4라면 허용응력은 몇 N/mm^2인가?

① 87.5　② 91.2
③ 97.9　④ 98.2

46 사람이 작업하는 기계장치에서 작업자가 실수를 하거나 오조작을 하여도 안전하게 유지되게 하는 안전설계방법은?

① Back up　② 다중계화
③ Fool proof　④ Fail Safe

47 작업자의 신체부위가 위험한계 내로 접근하였을 때 기계적인 작용에 의하여 접근을 못하도록 하는 방호장치는?

① 위치제한형 방호장치
② 접근거부형 방호장치
③ 접근반응형 방호장치
④ 감지형 방호장치

48 다음 중 금형 설치 · 해체작업의 일반적인 안전사항으로 바르지 않은 것은?

① 금형을 설치하는 프레스의 T홈 안길이는 설치 볼트 직경 이하로 한다.
② 금형의 설치용구는 프레스의 구조에 적합한 형태로 한다.
③ 금형 고정용 브래킷은 수평이 되게 고정하고, 고정볼트는 수직이 되게 고정하여야 한다.
④ 부적합한 프레스에 금형을 설치하는 것을 방지하기 위하여 금형에 부품번호, 상형중량, 총중량, 다이하이트, 제품소재(재질) 등을 기록하여야 한다.

답안 표기란	
45	① ② ③ ④
46	① ② ③ ④
47	① ② ③ ④
48	① ② ③ ④

답안 표기란	
49	① ② ③ ④
50	① ② ③ ④
51	① ② ③ ④
52	① ② ③ ④

49 다음 중 기계 설비에서 재료 내부의 균열결함을 확인할 수 있는 가장 적절한 검사 방법은?

① 피로검사
② 초음파탐상검사
③ 육안검사
④ 액체침투탐상검사

50 인장강도가 250N/㎟인 강판의 안전율이 4라면 이 강판의 허용응력(N/㎟)은?

① 62.5 ② 72.5
③ 82.5 ④ 92.5

51 다음 중 산업안전보건법령상 연삭숫돌을 사용하는 작업의 안전수칙으로 틀린 것은?

① 연삭숫돌의 최고 사용회전속도를 초과하여 사용하여서는 안 된다.
② 회전 중인 연삭숫돌이 근로자에 위험을 미칠 우려가 있는 경우에 그 부위에 덮개를 설치하여야 한다.
③ 연삭숫돌을 사용하는 경우 작업시작 전과 연삭숫돌을 교체한 후에는 1분 정도 시운전을 통해 이상 유무를 확인한다.
④ 측면을 사용하는 목적으로 하는 연삭숫돌 이외에는 측면을 사용해서는 안 된다.

52 다음 재료의 강도시험 중 항복점을 알 수 있는 시험의 종류는?

① 비파괴시험
② 인장시험
③ 충격시험
④ 피로시험

53 다음 중 비파괴시험의 종류로 볼 수 없는 것은?

① 초음파검사
② 육안검사
③ 와류 탐상시험
④ 샤르피 충격시험

54 다음 중 장갑을 착용해야 하는 작업은?

① 드릴작업
② 용접작업
③ 선반작업
④ 밀링작업

55 연삭기에서 숫돌의 바깥지름이 180mm일 경우 숫돌 고정용 평형 플랜지의 지름으로 적합한 것은?

① 60mm 이상
② 70mm 이상
③ 80mm 이상
④ 100mm 이상

56 둥근톱 기계의 방호장치에서 분할날과 톱날 원주면과의 거리는 몇 mm 이내로 조정, 유지할 수 있어야 하는가?

① 8mm
② 10mm
③ 12mm
④ 14mm

답안 표기란				
53	①	②	③	④
54	①	②	③	④
55	①	②	③	④
56	①	②	③	④

57 프레스 방호장치 중 수인식 방호장치의 일반구조에 대한 사항으로 틀린 것은?

① 각종 레버는 경량이면서 충분한 강도를 가져야 한다.
② 수인끈의 길이는 작업자에 따라 임의로 조정할 수 없도록 해야 한다.
③ 수인끈의 안내통은 끈의 마모와 손상을 방지할 수 있는 조치를 해야 한다.
④ 수인량의 시험은 수인량이 링크에 의해서 조정될 수 있도록 되어야 한다.

58 다음 밀링작업 시 안전수칙으로 바르지 않은 것은?

① 가공할 재료를 바이스에 견고히 고정시킨다.
② 황동등 철가루나 칩이 발생되는 작업에는 반드시 보안경을 착용하여야 한다.
③ 가공 중에는 손으로 가공면을 점검하지 않는다.
④ 면장갑을 착용하여 작업한다.

59 롤러기의 앞면 롤의 지름이 300mm, 분당회전수가 30회일 경우 허용되는 급정지장치의 급정지거리는 약 몇 mm 이내이어야 하는가?

① 302mm ② 314mm
③ 377mm ④ 384mm

60 다음 롤러기의 급정지장치에 관한 설명으로 가장 적절하지 않은 것은?

① 복부 조작식은 조작부 중심점을 기준으로 밑면으로부터 1.2~1.4m 이내의 높이로 설치한다.
② 손 조작식은 조작부 중심점을 기준으로 밑면으로부터 1.8m 이내의 높이로 설치한다.
③ 급정지장치의 조작부에 사용하는 줄은 사용중에 늘어져서는 안 된다.
④ 급정지장치의 조작부에 사용하는 줄은 충분한 인장강도를 가져야 한다.

답안 표기란	
57	① ② ③ ④
58	① ② ③ ④
59	① ② ③ ④
60	① ② ③ ④

4과목 전기설비 안전 관리

61 고압 및 특고압의 전로에 시설하는 피뢰기에 접지공사를 할 때 접지저항의 최대값은 몇 Ω 이하로 해야 하는가?

① 10　　② 20
③ 30　　④ 40

62 어느 변전소에서 고장전류가 유입되었을 때 도전성구조물과 그 부근 지표상의 점과의 사이(약 1m)의 허용접촉전압은 약 몇 V인가?
(단, 심실세동전류 : $I_k = \frac{0.165}{\sqrt{t}}$A, 인체의 저항: 1000Ω, 지표면의 저항률 : 150Ω · m, 통전시간을 1초로 한다.)

① 132V　　② 176V
③ 198V　　④ 202V

63 다음 방폭구조와 기호의 연결이 틀린 것은?

① 충전방폭구조 : q
② 압력방폭구조 : p
③ 안전증방폭구조 : s
④ 본질안전방폭구조 : ia 또는 ib

64 사업장에서 많이 사용되고 있는 이동식 전기기계 · 기구의 안전대책으로 바르지 않은 것은?

① 충전부 전체를 절연한다.
② 절연이 불량인 경우 접지저항을 측정한다.
③ 습기가 많은 장소는 누전차단기를 설치한다.
④ 금속제 외함이 있는 경우 접지를 한다.

답안 표기란				
61	①	②	③	④
62	①	②	③	④
63	①	②	③	④
64	①	②	③	④

PART 1 CBT 빈출 모의고사

65 17kV 충전전로에 대해 필수적으로 작업자와 이격시켜야 하는 접근한계 거리는?

① 30cm ② 60cm
③ 90cm ④ 120cm

66 정전작업 시 정전시킨 전로에 잔류전하를 방전할 필요가 있다. 전원 차단 이후에도 잔류 전하가 남아 있을 가능성이 가장 낮은 것은?

① 용량이 큰 부하기기
② 전력 케이블
③ 전력용 콘덴서
④ 방전 코일

67 다음 고장전류와 같은 대전류를 차단할 수 있는 기기는?

① 차단기(CB)
② 유입 개폐기(OS)
③ 단로기(DS)
④ 선로 개폐기(LS)

68 다음 ( )안에 들어갈 내용으로 바르게 나열한 것은?

> A. 감전 시 인체에 흐르는 전류는 인가전압에 (㉠)하고 인체저항에 (㉡)한다.
> B. 인체는 전류의 열작용이 (㉢)×(㉣)이 어느 정도 이상이 되면 발생한다.

① ㉠ 비례, ㉡ 반비례, ㉢ 전압, ㉣ 시간
② ㉠ 반비례, ㉡ 비례, ㉢ 전류의 세기, ㉣ 시간
③ ㉠ 비례, ㉡ 반비례, ㉢ 전류의 세기, ㉣ 시간
④ ㉠ 반비례, ㉡ 비례, ㉢ 전압, ㉣ 시간

답안 표기란				
65	①	②	③	④
66	①	②	③	④
67	①	②	③	④
68	①	②	③	④

69 **다음 감전사고의 방지 대책으로 적절하지 않은 것은?**

① 안전기(개폐기)에는 반드시 정격퓨즈 사용
② 충전부가 노출된 부분에 절연방호구 사용
③ 전기기기 사용 시 접지
④ 사고발생 시 처리프로세스 작성 및 조치

70 **인체의 전기저항이 5000Ω이고, 세동전류와 통전시간과의 관계를 $I=\frac{165}{\sqrt{t}}$mA라 할 경우, 심실세동을 일으키는 위험 에너지는 약 몇 J인가? (단, 통전시간은 1초로 한다)**

① 12J
② 58J
③ 136J
④ 213J

71 **다음 중 불꽃(spark)방전의 발생 시 공기 중에 생성되는 물질은?**

① O
② O_3
③ H_2
④ N

72 **다음 피뢰기의 구성요소로 옳은 것은?**

① 직렬갭, 특성요소
② 병렬갭, 특성요소
③ 병렬갭, 충격요소
④ 직렬갭, 충격요소

답안 표기란				
69	①	②	③	④
70	①	②	③	④
71	①	②	③	④
72	①	②	③	④

73 산업안전보건기준에 관한 규칙에서 일반 작업장에 전기위험 방지 조치를 취하지 않아도 되는 전압은 몇 V 이하인가?

① 15V　② 24V
③ 30V　④ 45V

74 누전된 전동기에 인체가 접촉하여 500mA의 누전전류가 흘렀고 정격감도전류 500mA인 누전차단기가 동작하였다. 이때 인체전류를 약 10mA로 제한하기 위해서는 전동기 외함에 설치할 접지저항의 크기는 약 몇 Ω인가?(단, 인체저항은 500Ω이며, 다른 저항은 무시한다)

① 7Ω　② 10Ω
③ 20Ω　④ 50Ω

75 과전류에 의해 전선의 허용전류보다 큰 전류가 흐르는 경우 절연물이 화구가 없더라도 자연히 발화하고 심선이 용단되는 인화단계의 전선 전류밀도(A/mm^2)는?

① 40~43A/mm^2　② 43~60A/mm^2
③ 60~120A/mm^2　④ 120A/mm^2 이상

76 다음 피뢰기가 갖추어야 할 특성으로 적절한 것은?

① 충격방전 개시전압이 높을 것
② 제한 전압이 높을 것
③ 상용 주파 방전개시전압이 높을 것
④ 속류를 차단하지 않을 것

답안 표기란				
73	①	②	③	④
74	①	②	③	④
75	①	②	③	④
76	①	②	③	④

77 다음 전기기기의 A종 절연물의 최고 허용온도는?

① 90℃ ② 105℃
③ 120℃ ④ 130℃

78 다음 정전기로 인한 화재 및 폭발을 방지하기 위하여 조치가 필요한 설비가 아닌 것은?

① 위험물저장설비
② 고압가스를 이송하거나 저장 · 취급하는 설비
③ 인화성 고체를 저장하거나 취급하는 설비
④ 위험기구의 제전설비

79 다음 정전용량 $C=20\mu F$, 방전 시 전압 $V=2kV$일 때 정전에너지(J)는 얼마인가?

① 20J ② 40J
③ 100J ④ 200J

80 산업안전보건기준에 관한 규칙에 따라 누전에 의한 감전의 위험을 방지하기 위하여 접지를 하여야 하는 대상으로 바르지 않은 것은? (단, 예외 조건은 고려하지 않는다)

① 금속제 외피 및 철대
② 전기를 사용하지 아니하는 설비 중 전동식 양중기의 프레임과 궤도의 금속체
③ 고정배선에 접속된 전기기계 · 기구 중 사용전압이 대지 전압 100V를 넘는 비충전 금속체
④ 수중펌프를 금속제 물탱크 등의 내부에 설치하여 사용하는 경우 그 탱크

답안 표기란				
77	①	②	③	④
78	①	②	③	④
79	①	②	③	④
80	①	②	③	④

5과목 화학설비 안전 관리

답안 표기란	
81	① ② ③ ④
82	① ② ③ ④
83	① ② ③ ④
84	① ② ③ ④

81 다음 중 상온에서 물과 격렬히 반응하여 수소를 발생시키는 물질은?

① Ag
② K
③ S
④ Au

82 다음 물질 중 인화점이 가장 낮은 물질은?

① 이황화탄소
② 아세톤
③ 크실렌
④ 경유

83 다음 물질 중 물에 가장 잘 용해되는 것은?

① 톨루엔
② 벤젠
③ 아세톤
④ 휘발유

84 다음 공기 중에서 폭발범위가 12.5~74vol%인 일산화탄소의 위험도는?

① 1.24
② 2.42
③ 3.68
④ 4.92

85 다음 아세트알데히드의 연소범위에 가장 가까운 값은?

① 1.9~48%
② 4.1~57%
③ 2.5~81%
④ 2.1~13.5%

86 다음 폭발에 관한 용어 중 "BLEVE"가 의미하는 것은?

① 비등액 팽창증기폭발
② 고농도의 분해폭발
③ 개방계 증기운 폭발
④ 저농도의 분진폭발

87 다음 중 분진폭발이 발생하기 쉬운 조건으로 바르지 않은 것은?

① 산소의 농도가 증가할 때
② 입자의 표면적이 작을 때
③ 수분의 함유량이 적을 때
④ 분진의 초기 온도가 높을 때

88 폭발의 위험성을 고려하기 위해 정전에너지 값을 구하고자 한다. 다음 중 정전에너지를 구하는 식은? (단, E는 정전에너지, C는 정전용량, V는 전압을 의미한다)

① $E=\frac{1}{2}CV^2$
② $E=\frac{1}{2}VC^2$
③ $E=VC^2$
④ $E=\frac{1}{4}VC$

답안 표기란	
85	① ② ③ ④
86	① ② ③ ④
87	① ② ③ ④
88	① ② ③ ④

89 열교환기의 열교환 능률을 향상시키기 위한 방법으로 옳지 않은 것은?

① 유체의 유속을 적절하게 조절한다.
② 열전도율이 높은 재료를 사용한다.
③ 열교환하는 유체의 온도차를 크게 한다.
④ 유체의 흐르는 방향을 병류로 한다.

90 다음 중 반응기를 조작방식에 따라 분류할 때 이에 해당하지 않는 것은?

① 회분식 반응기
② 탑형식 반응기
③ 연속식 반응기
④ 반회분식 반응기

91 다음 중 가연성 가스이며 독성 가스에 해당하는 것은?

① 수소
② 질소
③ 일산화탄소
④ 산소

92 공기 중에서 A가스의 폭발하한계는 2.2vol%이다. 이 폭발하한계 값을 기준으로 하여 표준 상태에서 A가스와 공기의 혼합기체 1㎥에 함유되어 있는 A가스의 질량을 구하면 약 몇 g인가? (단, A가스의 분자량은 26이다.)

① 25.54g
② 28.34g
③ 29.96g
④ 34.12g

답안 표기란				
89	①	②	③	④
90	①	②	③	④
91	①	②	③	④
92	①	②	③	④

93 다음 중 위험물과 그 소화방법이 옳지 않은 것은?

① 아세트알데히드 – 다량의 물에 의한 희석소화
② 마그네슘 – 건조사 등에 의한 질식소화
③ 칼륨 – 이산화탄소에 의한 질식소화
④ 염소산칼륨 – 다량의 물로 냉각소화

94 산업안전보건법령상 부식성 산류에 해당하지 않는 것은?

① 농도 20%인 염산
② 농도 40%인 불산
③ 농도 50%인 황산
④ 농도 60%인 아세트산

95 다음 일산화탄소에 대한 설명으로 옳지 않은 것은?

① 불연성가스로서, 허용농도가 10ppm이다.
② 염소와 촉매 존재 하에 반응하여 포스겐이 된다.
③ 인체 내의 헤모글로빈과 결합하여 산소운반기능을 저하시킨다.
④ 무색 · 무취의 기체이다.

96 프로판가스 1㎥를 완전 연소시키는데 필요한 이론 공기량은 몇 ㎥인가? (단, 공기 중의 산소농도는 20vol%이다.)

① $10m^3$
② $15m^3$
③ $20m^3$
④ $25m^3$

답안 표기란	
93	① ② ③ ④
94	① ② ③ ④
95	① ② ③ ④
96	① ② ③ ④

97 폭발방호대책 중 이상 또는 과잉압력에 대한 안전장치가 아닌 것은?

① 플레임 어레스터(flame arrester)
② 릴리프 밸브(relief valve)
③ 파열판(bursting disk)
④ 안전 밸브(safety valve)

98 다음 중 물과 반응하여 아세틸렌을 발생시키는 물질은?

① Zn
② Mg
③ Al
④ CaC_2

99 대기압에서 사용하나 증발에 의한 액체의 손실을 방지함과 동시에 액면 위의 공간에 폭발성 위험가스를 형성할 위험이 적은 구조의 저장탱크는?

① 원추형 지붕 탱크
② 유동형 지붕 탱크
③ 원통형 저장 탱크
④ 구형 저장탱크

100 다음 중 소화약제로 사용되는 이산화탄소에 관한 설명으로 옳지 않은 것은?

① 주된 소화효과는 억제소화이다.
② 장시간 저장하여도 변화가 없다.
③ 사용 후에 오염의 영향이 거의 없다.
④ 동상의 우려가 있으며 피난이 불편하다.

답안 표기란	
97	① ② ③ ④
98	① ② ③ ④
99	① ② ③ ④
100	① ② ③ ④

6과목 건설공사 안전 관리

답안 표기란	
101	① ② ③ ④
102	① ② ③ ④
103	① ② ③ ④
104	① ② ③ ④

101 이동식비계를 조립하여 작업을 하는 경우에 대한 준수사항으로 옳지 않은 것은?

① 이동식비계의 바퀴에는 뜻밖의 갑작스러운 이동 또는 전도를 방지하기 위하여 브레이크 · 쐐기 등으로 바퀴를 고정시킨 다음 비계의 일부를 견고한 시설물에 고정하거나 아웃트리거를 설치하는 등 필요한 조치를 할 것
② 비계의 최상부에서 작업을 하는 경우에는 안전난간을 설치할 것
③ 작업발판의 최대 적재하중은 400kg을 초과하지 않도록 할 것
④ 작업발판은 항상 수평을 유지하고 작업발판 위에서 안전난간을 딛고 작업을 하거나 받침대 또는 사다리를 사용하여 작업하지 않도록 할 것

102 다음 중 보일링(Boiling) 현상에 관한 설명으로 바르지 않은 것은?

① 보일링 현상에 대한 대책의 일환으로 공사기간 중 지하수위를 일정하게 유지시켜야 한다.
② 지하수위가 높은 모래 지반을 굴착할 때 발생하는 현상이다.
③ 보일링 현상이 발생하는 경우 흙막이 보는 지지력이 저하된다.
④ 아랫 부분의 토사가 수압을 받아 굴착한 곳으로 밀려나와 굴착부분을 다시 메우는 현상이다.

103 건설현장에서 작업 중 물체가 떨어지거나 날아올 우려가 있는 경우에 대한 안전조치에 해당하지 않는 것은?

① 출입금지구역의 설정
② 보호구의 착용
③ 울타리 설치
④ 낙하물 방지망 설치

104 건설업 산업안전보건관리비 중 안전시설비로 사용할 수 없는 것은?

① 안전통로
② 비계에 추가 설치하는 추락방지용 안전난간
③ 틀비계에 별도로 설치하는 안전난간 · 사다리
④ 계단에 추가 설치하는 추락방지용 안전난간

105 타워크레인을 와이어로프로 지지하는 경우에 준수해야 할 사항으로 바르지 않은 것은?

① 서면심사에 관한 서류 또는 제조사의 설치작업설명서 등에 따라 설치할 것
② 와이어로프 설치각도는 수평면에서 60° 이상으로 하되, 지지점은 4개소 미만으로 할 것
③ 와이어로프와 그 고정부위는 충분한 강도와 장력을 갖도록 설치할 것
④ 와이어로프를 고정하기 위한 전용 지지프레임을 사용할 것

106 말비계를 조립하여 사용하는 경우에 지주부재와 수평면의 기울기는 최대 몇 도 이하로 하여야 하는가?

① 10° ② 30° ③ 55° ④ 75°

107 강관틀 비계를 조립하여 사용하는 경우 준수해야 하는 사항으로 바르지 않은 것은?

① 비계기둥의 밑둥에는 밑받침 철물을 사용할 것
② 높이가 20m를 초과하거나 중량물의 적재를 수반하는 작업을 할 경우에는 주틀 간의 간격을 1.8m 이하로 할 것
③ 주틀 간에 교차가새를 설치하고 최상층 및 10층 이내마다 수평재를 설치할 것
④ 밑받침에 고저차가 있는 경우에는 조절형 밑받침철물을 사용하여 각각의 강관틀비계가 항상 수평 및 수직을 유지하도록 할 것

108 다음은 산업안전보건법령에 따른 동바리로 사용하는 파이프 서포트에 관한 사항이다. (   )안에 들어갈 내용을 순서대로 바르게 나열한 것은?

> • 파이프 서포트를 (A) 이상 이어서 사용하지 않도록 할 것
> • 파이프 서포트를 이어서 사용하는 경우에는 (B) 이상의 볼트 또는 전용철물을 사용하여 이을 것

① A 2개, B 2개 ② A 3개, B 4개
③ A 4개, B 3개 ④ A 5개, B 4개

답안 표기란	
105	① ② ③ ④
106	① ② ③ ④
107	① ② ③ ④
108	① ② ③ ④

109 겨울철에 공사중인 건축물의 벽체 콘크리트 타설 시 거푸집이 터져서 콘크리트가 쏟아지는 사고가 발생하였다. 이 사고의 발생 원인으로 추정 가능한 사안은?

① 콘크리트의 타설속도가 빨랐다.
② 응결시간이 빠른 시멘트를 사용하였다.
③ 거푸집 수밀도가 낮았다.
④ 콘크리트의 슬럼프가 작았다.

110 고소작업대를 설치 및 이동하는 경우에 준수하여야 할 사항으로 옳지 않은 것은?

① 와이어로프 또는 체인의 안전율은 3 이상일 것
② 붐의 최대 지면경사각을 초과 운전하여 전도되지 않도록 할 것
③ 고소작업대를 이동하는 경우 작업대를 가장 낮게 내릴 것
④ 작업대에 끼임 · 충돌 등 재해를 예방하기 위한 가드 또는 과상승 방지장치를 설치할 것

111 다음 중량물을 운반할 때의 바른 자세로 적절한 것은?

① 허리를 구부리고 양손으로 들어올린다.
② 중량은 보통 체중의 60%가 적당하다.
③ 물건은 최대한 몸에서 멀리 떨어트려 들어올린다.
④ 길이가 긴 물건은 앞쪽을 높게 하여 운반한다.

112 크레인 또는 데릭에서 붐각도 및 작업반경별로 작용시킬 수 있는 최대하중에서 후크(Hook), 와이어로프 등 달기구의 중량을 공제한 하중은?

① 정격하중　　② 작업하중
③ 이동하중　　④ 적재하중

답안 표기란				
109	①	②	③	④
110	①	②	③	④
111	①	②	③	④
112	①	②	③	④

113 건설현장의 가설단계 및 계단참을 설치하는 경우 얼마 이상의 하중에 견딜 수 있는 강도를 가진 구조로 설치하여야 하는가?

① 400kg/㎡ ② 500kg/㎡
③ 700kg/㎡ ④ 800kg/㎡

114 건설업 산업안전 보건관리비의 사용내역에 대하여 수급인 또는 자기공사자는 공사 시작 후 몇 개월 마다 1회 이상 발주자 또는 감리원의 확인을 받아야 하는가?

① 2개월 ② 4개월
③ 6개월 ④ 12개월

115 온도가 하강함에 따라 토중수가 얼어 부피가 약 9% 정도 증대하게 됨으로써 지표면이 부풀어 오르는 현상은?

① 액상화현상 ② 연화현상
③ 리칭현상 ④ 동상현상

116 철골공사 시 안전작업방법 및 준수사항으로 바르지 않은 것은?

① 강풍, 폭우 등과 같은 악천우시에는 작업을 중지하여야 하며 특히 강풍시에는 높은 곳에 있는 부재나 공구류가 낙하비래하지 않도록 조치하여야 한다.
② 철골부재 반입 시 시공순서가 빠른 부재는 상단부에 위치하도록 한다.
③ 구명줄 설치 시 마닐라 로프 직경 10mm를 기준하여 설치하고 작업방법을 충분히 검토하여야 한다.
④ 철골보의 두 곳을 매어 인양시킬 때 와이어로프의 내각은 60° 이하이어야 한다.

답안 표기란				
113	①	②	③	④
114	①	②	③	④
115	①	②	③	④
116	①	②	③	④

117 해체공사 시 작업용 기계기구의 취급 안전기준에 관한 설명으로 바르지 않은 것은?

① 팽창제 천공간격은 콘크리트 강도에 의하여 결정되나 70~120cm 정도를 유지하도록 한다.
② 철제햄머와 와이어로프의 결속은 경험이 많은 사람으로서 선임된 자에 한하여 실시하도록 하여야 한다.
③ 쐐기타입으로 해체 시 천공구멍은 타입기 삽입부분의 직경과 거의 같아야 한다.
④ 화염방사기로 해체작업 시 용기 내 압력은 온도에 의해 상승하기 때문에 항상 40℃ 이하로 보존해야 한다.

118 다음 중 해체작업용 기계 기구에 해당하지 않은 것은?

① 대형 브레이크　② 팽창제
③ 화염방사기　④ 진동롤러

119 건설재해대책의 사면보호공법 중 식물을 생육시켜 그 뿌리로 사면의 표층토를 고정하여 빗물에 의한 침식, 동상, 이완 등을 방지하고, 녹화에 의한 경관조성을 목적으로 시공하는 것은?

① 쉴드공　② 식생공
③ 뿜어붙이기공　④ 블록공

120 다음 사면보호공법 중 구조물에 의한 보호공법이 아닌 것은?

① 배수공법
② 식생구멍공
③ 뿜어붙이기공법
④ 콘크리트 블록 격자공

답안 표기란	
117	① ② ③ ④
118	① ② ③ ④
119	① ② ③ ④
120	① ② ③ ④

제3회 CBT 빈출 모의고사

수험번호
수험자명

제한 시간 : 3시간　전체 문제 수 : 120　맞힌 문제 수 :

1과목 산업재해 예방 및 안전보건교육

01 다음 중 위치, 순서, 패턴, 형상, 기억오류 등 외부적 요인에 의해 나타나는 것은?

① 메트로놈　② 리스크테이킹
③ 착오　④ 부주의

02 안전교육방법 중 구안법(Project Method)의 4단계의 순서로 바르게 나열한 것은?

① 목적결정 → 계획수립 → 활동 → 평가
② 평가 → 계획수립 → 목적결정 → 활동
③ 활동 → 계획수립 → 목적결정 → 평가
④ 계획수립 → 목적결정 → 활동 → 평가

03 다음 시간의 변화에 따라 야간에 상승하는 생체리듬은 무엇인가?

① 맥박수　② 체온
③ 혈압　④ 염분량

04 하인리히(Heinrich)의 재해구성비율에 따른 29건의 경상이 발생한 경우 무상해 사고는 몇 건이 발생하겠는가?

① 29건　② 58건
③ 300건　④ 600건

답안 표기란

01	①	②	③	④
02	①	②	③	④
03	①	②	③	④
04	①	②	③	④

05 다음의 강도율에 관한 설명 중 틀린 것은?

① 사망 및 영구 전노동불능(신체장해등급 1~3급)의 근로손실일수는 7,500일로 환산한다.
② 신체장애 등급 중 제14급은 근로손실일수를 50일로 환산한다.
③ 일시 전노동 불능은 휴업일수에 300/365을 곱하여 근로손실일수를 환산한다.
④ 영구 일부 노동불능은 신체 장해등급에 따른 근로손실일수에 300/365을 곱하여 환산한다.

06 재해통계에 있어 강도율이 2.0인 경우에 대한 설명으로 적절한 것은?

① 근로시간 1,000시간당 2.0일의 근로손실이 발생하였다.
② 근로자 10,000명당 2.0건의 재해가 발생하였다.
③ 근로시간 1,000시간당 2.0건의 재해가 발생하였다.
④ 한 건의 재해로 인해 전체 작업비용의 2.0%에 해당하는 손실이 발생하였다.

07 다음 중 주의의 수준이 Phase 0인 단계에서의 의식상태로 바른 것은?

① 명료한 상태 ② 의식의 이완 상태
③ 무의식 상태 ④ 과긴장 상태

08 다음 중 집단에서의 인간관계 메커니즘(Mechanism)으로 바르지 않은 것은?

① 투사, 치환 ② 분열, 강박
③ 동일화, 합리화 ④ 보상, 승화

답안 표기란	
05	① ② ③ ④
06	① ② ③ ④
07	① ② ③ ④
08	① ② ③ ④

09 다음 중 안전교육의 학습경험선정 원리에 해당되지 않는 것은?

① 계속성의 원리
② 협동의 원리
③ 동기유발의 원리
④ 기회의 원리

10 산업안전보건법령상 안전검사대상 유해 · 위험 기계 등에 해당하는 것은?

① 정격 하중이 2톤 미만인 크레인
② 특수자동차에 탑재한 고소작업대
③ 형 체결력 294킬로뉴턴(KN) 미만인 사출성형기
④ 이동식 국소 배기장치

11 보호구 안전인증 고시상 전로 또는 평로 등의 작업 시 사용하는 방열두건의 차광도 번호는?

① #2 ~ #3
② #3 ~ #5
③ #6 ~ #8
④ #9 ~ #11

12 안전관리조직의 참모식(staff형) 유형의 장점이 아닌 것은?

① 안전에 관한 명령과 지시가 생산라인을 통해 신속하게 전달된다.
② 사업장 실정에 맞는 안전의 표준화가 가능하다.
③ 경영자에게 지도와 자문역할을 한다.
④ 안전전문가가 안전계획을 세워 문제해결 방안을 모색하고 조치한다.

답안 표기란	
09	① ② ③ ④
10	① ② ③ ④
11	① ② ③ ④
12	① ② ③ ④

13 불안전 상태와 불안전 행동을 제거하는 안전관리 시책에는 적극적인 대책과 소극적인 대책이 있다. 다음 중 소극적인 대책에 해당하는 것은?

① 위험공정의 배제
② 보호구의 사용
③ 위험물질의 격리 및 대체
④ 위험성평가를 통한 작업환경 개선

14 재해통계에 있어 강도율이 3.0인 경우에 대한 설명으로 적절한 것은?

① 재해로 인해 전체 작업비용의 3.0%에 해당하는 손실이 발생하였다.
② 근로자 100명당 3.0건의 재해가 발생하였다.
③ 근로시간 10,000시간당 3.0건의 재해가 발생하였다.
④ 근로시간 1,000시간당 3.0일의 근로손실일수가 발생하였다.

15 적성요인에 있어 직업적성을 검사하는 항목으로 볼 수 없는 것은?

① 운동속도
② 촉각적응력
③ 형태식별능력
④ 언어능력

16 산소결핍이 예상되는 맨홀 내에서 작업을 실시할 때의 사고방지대책으로 옳지 않은 것은?

① 방진마스크의 보급과 착용
② 작업 장소의 입장 및 퇴장 시 인원점검
③ 작업 시작 전 및 작업 중 충분한 환기 실시
④ 작업장과 외부와의 상시 연락을 위한 설비 설치

답안 표기란				
13	①	②	③	④
14	①	②	③	④
15	①	②	③	④
16	①	②	③	④

17 다음 산업안전보건법령상 안전 · 보건표지에 관한 내용이다. ( )에 알맞은 기준은?

> 안전 · 보건표지의 제작에 있어 안전 · 보건표지 속의 그림 또는 부호의 크기는 안전 · 보건표지의 크기와 비례하여야 하며, 안전 · 보건표지 전체 규격의 ( ) 이상이 되어야 한다.

① 10% ② 20%
③ 30% ④ 50%

18 다음 산업안전보건법상 안전관리자의 업무로 적합한 것은?

① 직업성 질환 발생의 원인조사 및 대책수립
② 당해 작업에서 발생한 산업재해에 관한 보고
③ 근로자의 건강장해의 원인조사와 재발방지를 위한 의학적 조치
④ 위험성평가에 관한 보좌 및 지도 · 조언

19 생체 리듬(Bio Rhythm)중 일반적으로 28일을 주기로 반복되며, 주의력 · 창조력 · 예감 및 통찰력 등을 좌우하는 리듬은?

① 감성적 리듬
② 지성적 리듬
③ 육체적 리듬
④ 정신적 리듬

20 다음 중 안전교육의 기본 방향으로 보기 어려운 것은?

① 사고사례중심의 안전교육
② 생산성 향상을 위한 교육
③ 안전작업을 위한 교육
④ 안전의식 향상을 위한 교육

답안 표기란	
17	① ② ③ ④
18	① ② ③ ④
19	① ② ③ ④
20	① ② ③ ④

2과목 인간공학 및 위험성 평가·관리

답안 표기란	
21	① ② ③ ④
22	① ② ③ ④
23	① ② ③ ④
24	① ② ③ ④

21 격렬한 육체적 작업의 작업부담을 평가할 경우 활용되는 주요 생리적 척도로만 이루어진 것은?

① 맥박수, 산소 소비량
② 호흡량, 작업량
③ 점멸융합주파수, 폐활량
④ 작업량, 근전도

22 다음 중 FTA에 대한 설명으로 옳지 않은 것은?

① 비전문가도 쉽게 할 수 있다.
② 하향식(top－down) 방법이다.
③ 짧은 시간에 점검할 수 있다.
④ 정성적 분석만 가능하다.

23 FMEA의 특징에 대한 설명으로 바르지 않은 것은?

① 시스템에 영향을 미치는 전체 요소의 고장을 형별로 분석하여 해석하는 방법이다.
② 서브시스템 분석 시 FTA보다 효과적이다.
③ 각 요소간 영향 해석이 어려워 2가지 이상의 동시 고장은 분석이 곤란하다.
④ 서식이 간단하고 훈련없이 분석이 가능하다.

24 휴먼 에러 예방 대책 중 인적 요인에 대한 대책으로 볼 수 없는 것은?

① 작업에 대한 교육 및 훈련
② 작업에 대한 모의훈련
③ 설비 및 환경 개선
④ 전문인력의 적재적소 배치

25 **다음 중 동작의 합리화를 위한 물리적 조건이 아닌 것은?**

① 고유 진동을 이용한다.
② 접촉 면적을 작게 한다.
③ 대체로 마찰력을 감소시킨다.
④ 인체표면에 가해지는 힘을 크게 한다.

답안 표기란				
25	①	②	③	④
26	①	②	③	④
27	①	②	③	④
28	①	②	③	④

26 **다음 음성통신에 있어 소음환경과 관련하여 성격이 다른 지수는?**

① MAA(Minimum Audible Angle) : 최소가청 각도
② AI(Articulation Index) : 명료도 지수
③ PSIL(Preferred−Octave Speech Interference Level) : 음성간섭수준
④ PNC(Preferred Noise Criteria Curves) : 선호 소음판단 기준곡선

27 **시스템의 수명 및 신뢰성에 관한 설명으로 바르지 않은 것은?**

① 병렬설계 및 디레이팅 기술로 시스템의 신뢰성을 증가시킬 수 있다.
② 직렬시스템에서는 부품들 중 최소 수명을 갖는 부품에 의해 시스템 수명이 정해진다.
③ 수리가 불가능한 구성요소로 병렬구조를 갖는 설비는 중복도가 늘어날수록 시스템 수명이 길어진다.
④ 수리가 가능한 시스템의 평균수명(MTBF)은 평균고장률(λ)과 정비례관계가 성립한다.

28 **다음 중 욕조곡선에 관한 설명으로 옳은 것은?**

① 마모고장 기간의 고장 형태는 감소형이다.
② 우발고장기간은 고장률이 비교적 낮고 일정한 현상이 나타난다.
③ 부식 또는 산화로 인하여 초기고장이 일어난다.
④ 디버깅(Debugging) 기간은 마모고장에 나타난다.

29 인간공학에 있어 기본적인 가정에 관한 설명으로 옳지 않은 것은?

① 인간에게 적절한 동기부여가 된다면 좀 더 나은 성과를 얻게 된다.

② 인간 기능의 효율은 인간-기계 시스템의 효율과 연계된다.

③ 개인이 시스템에서 효과적으로 기능을 하지 못하여도 시스템의 수행도는 변함이 없다.

④ 장비, 물건, 환경 특성이 인간의 수행도와 인간-기계 시스템의 성과에 영향을 준다.

30 다음의 시스템 수명주기 단계 중 마지막 단계는?

① 분석단계 ② 개발단계

③ 운전단계 ④ 폐기단계

31 실린더 블록에 사용하는 가스켓의 수명은 평균 10000시간이며, 표준편차는 200시간으로 정규분포를 따른다. 사용시간이 9600시간일 경우에 신뢰도는 약 얼마인가? (단, 표준정규분포표에서 $\mu 0.8413=1$, $\mu 0.9772=2$이다.)

① 94.16% ② 97.72%

③ 98.12% ④ 99.39%

32 다음 생명유지에 필요한 단위시간당 에너지량은?

① 기초 대사량

② 에너지 소비율

③ 작업 대사량

④ 산소 소비율

답안 표기란	
29	① ② ③ ④
30	① ② ③ ④
31	① ② ③ ④
32	① ② ③ ④

33 빨강, 노랑, 파랑의 3가지 색으로 구성된 교통 신호등이 있다. 신호등은 항상 3가지 색 중 하나가 켜지도록 되어 있다. 1시간 동안 조사한 결과, 파란등은 총 30분 동안, 빨간등과 노란등은 각각 총 15분 동안 켜진 것으로 나타났다. 이 신호등의 총 정보량은 몇 bit인가?

① 1.0
② 1.5
③ 2.0
④ 2.5

34 아령을 사용하여 30분간 훈련한 후, 이두근의 근육 수축작용에 대한 전기적인 신호 데이터를 모았는데 이 데이터들을 이용하여 분석할 수 있는 것은?

① 근육의 질량과 밀도
② 근육의 활성도와 밀도
③ 근육의 피로도와 활성도
④ 근육의 피로도와 질량

35 다음 화학설비의 안전성 평가 5단계 중 4단계에 해당하는 것은?

① 안전대책 수립
② 재해사례에 의한 평가
③ 정량적 평가
④ 관계자료 정비 검토

36 FTA에서 사용하는 수정게이트의 종류 중 3개의 입력현상 중 2개가 발생한 경우에 출력이 생기는 것은?

① 조합 OR 게이트
② 조합 AND 게이트
③ 배타적 OR 게이트
④ 억제 게이트

답안 표기란	
33	① ② ③ ④
34	① ② ③ ④
35	① ② ③ ④
36	① ② ③ ④

37 의자를 설계할 때 고려해야할 일반적인 원리가 아닌 것은?

① 등근육의 정적부하를 감소시킨다.
② 조정이 용이해야 한다.
③ 디스크가 받는 압력을 줄인다.
④ 요추 부위의 후만곡선을 유지한다.

38 휴먼 에러(Human Error)의 요인을 심리적 요인과 물리적 요인으로 구분할 때, 심리적 요인에 해당하는 것은?

① 작업이 너무 단조로운 경우
② 서두르거나 절박한 상황에 놓여있을 경우
③ 동일 형상의 것이 나란히 있을 경우
④ 일의 생산성이 너무 강조될 경우

39 Sanders와 McCormick의 의자 설계의 일반적인 원칙으로 바르지 않은 것은?

① 등근육의 정적부하를 줄인다.
② 자세고정을 줄인다.
③ 요부 후반을 유지한다.
④ 디스크가 받는 압력을 줄인다.

40 인간이 기계보다 우수한 기능으로 바르지 않은 것은? (단, 인공지능은 제외한다.)

① 암호화된 정보를 신속하게 대량으로 보관할 수 있다.
② 사진의 피사체나 말소리처럼 상황에 따라 변화하는 복잡한 자극의 형태를 식별할 수 있다.
③ 관찰을 통해서 일반화하여 귀납적으로 추리한다.
④ 수신 상태가 나쁜 음극선관에 나타나는 영상과 같이 배경 잡음이 심한 경우에도 신호를 인지할 수 있다.

답안 표기란				
37	①	②	③	④
38	①	②	③	④
39	①	②	③	④
40	①	②	③	④

3과목 기계·기구 및 설비 안전 관리

답안 표기란	
41	① ② ③ ④
42	① ② ③ ④
43	① ② ③ ④
44	① ② ③ ④

41 슬라이드 행정수가 100spm 이하이거나, 행정길이가 50mm 이상의 프레스에 설치해야 하는 방호장치 방식은?

① 양수조작식　　② 광전자식
③ 가드식　　④ 수인식

42 다음 설명에 해당하는 기계는 무엇인가?

- chip이 가늘고 예리하여 손을 잘 다치게 한다.
- 주로 평면공작물을 절삭 가공하거나 더브테일 가공이나 나사 등의 복잡한 가공도 가능하다.
- 장갑은 착용을 금하고 보안경을 착용해야 한다.

① 밀링　　② 롤링
③ 연삭기　　④ 선반

43 연삭기의 숫돌 지름이 600mm일 경우 평형 플랜지의 지름은 몇 mm 이상으로 해야 하는가?

① 100mm　　② 150mm
③ 200mm　　④ 250mm

44 다음 중 셰이퍼에서 근로자의 보호를 위한 방호장치가 아닌 것은?

① 울타리　　② 칩받이
③ 방호울　　④ 급속귀환장치

45 다음 중 휴대용 동력 드릴 작업시 안전사항에 관한 설명으로 틀린 것은?

① 드릴의 손잡이를 견고하게 잡고 작업하여 드릴손잡이 부위가 회전하지 않고 확실하게 제어 가능하도록 한다.
② 그릴이나 리머를 고정시키거나 제거하고자 할 때 금속성 망치 등을 사용하여 확실히 고정 또는 제거한다.
③ 절삭하기 위하여 구멍에 드릴날을 넣거나 뺄 때 반발에 의하여 손잡이 부분이 튀거나 회전하여 위험을 초래하지 않도록 팔을 드릴과 직선으로 유지한다.
④ 드릴을 구멍에 맞추거나 스핀들의 속도를 낮추기 위해서 드릴날을 손으로 잡아서는 안 된다.

46 질량 100kg의 화물이 와이어로프에 매달려 $2m/s^2$의 가속도로 권상되고 있다. 이때 와이어로프에 작용하는 장력의 크기는 몇 N인가? (단, 여기서 중력가속도는 $10m/s^2$로 한다.)

① 1,200N ② 1,300N
③ 1,600N ④ 2,000N

47 사업주가 보일러의 폭발사고예방을 위하여 기능이 정상적으로 작동될 수 있도록 유지, 관리할 대상이 아닌 것은?

① 화염검출기 ② 과부하방지장치
③ 압력제한스위치 ④ 고저수위조절장치

48 휴대용 동력드릴의 사용 시 주의해야 할 사항에 대한 설명으로 옳지 않은 것은?

① 고장시 즉시 반납하여 검사 및 수리를 받는다.
② 필요한 경우 적당한 절삭유를 선택하여 사용한다.
③ 드릴이나 리머를 고정하거나 제거할 때는 금속성 망치 등을 사용한다.
④ 작업 중에는 드릴을 구멍에 맞추거나 하기 위해서 드릴 날을 손으로 잡아서는 안된다.

49 다음은 프레스 제작 및 안전기준에 따라 높이 2m 이상인 작업용 발판의 설치 기준을 설명한 것이다. (   )안에 알맞은 말은?

[안전난간 설치기준]
- 상부 난간대는 바닥면으로부터 (㉠) 이상 120cm 이하에 설치하고, 중간 난간대는 상부 난간대와 바닥면 등의 중간에 설치할 것
- 발끝막이판은 바닥면 등으로부터 (㉡) 이상의 높이를 유지할 것

① ㉠ 90cm, ㉡ 10cm
② ㉠ 120cm, ㉡ 10cm
③ ㉠ 90cm, ㉡ 30cm
④ ㉠ 120cm, ㉡ 30cm

50 다음 (   )안에 들어갈 내용으로 알맞은 것은?

롤러기의 급정지장치는 롤러를 무부하로 회전시킨 상태에서 앞면 롤러의 표면속도가 30m/min 미만일 때에는 급정지거리가 앞면 롤러 원주의 (   ) 이내에서 롤러를 정지시킬 수 있는 성능을 보유하여야 한다.

① 1/2
② 1/3
③ 1/4
④ 1/5

51 다음 중 산업용 로봇에 의한 작업 시 안전조치 사항으로 바르지 않은 것은?

① 로봇의 조작방법 및 순서, 작업 주의 매니퓰레이터의 속도 등에 관한 지침에 따라 작업을 하여야 한다.
② 작업을 하고 있는 동안 로봇의 기동스위치 등은 작업에 종사하고 있는 근로자가 아닌 사람이 그 스위치 등을 조작할 수 없도록 필요한 조치를 한다.
③ 로봇이 운전으로 인해 근로자가 로봇에 부딪칠 위험이 있을 때에는 1.8m 이상의 울타리를 설치하여야 한다.
④ 작업에 종사하는 근로자가 이상을 발견하면 관리 감독자에게 우선 보고하고 지시에 따라 로봇의 운전을 정지시킨다.

답안 표기란				
49	①	②	③	④
50	①	②	③	④
51	①	②	③	④

52 **다음 중 프레스를 제외한 사출성형기 · 주형조형기 및 형단조기 등에 관한 안전조치 사항으로 틀린 것은?**

① 게이트가드식 방호장치를 설치할 경우에는 연동구조를 적용하여 문을 닫지 않아도 동작할 수 있도록 한다.
② 근로자의 신체 일부가 말려들어갈 우려가 있는 경우에는 양수조작식 방호장치를 설치하여 사용한다.
③ 주형조형기의 전면에 작업용 발판을 설치할 경우 근로자가 쉽게 미끄러지지 않는 구조여야 한다.
④ 기계의 히터 등의 가열부위, 감전우려가 있는 부위에는 방호덮개를 설치하여 사용한다.

53 **다음 소음에 관한 사항으로 바르지 않은 것은?**

① 소음에는 익숙해지기 쉽다.
② 소음은 귀에 불쾌한 음이나 생활을 방해하는 음을 말한다.
③ 소음의 피해는 정신적, 심리적인 것이 대부분이다.
④ 소음계는 소음에 한하여 계측할 수 있다.

54 **산업용 로봇에 사용되는 안전 매트의 종류 및 일반구조에 관한 설명으로 옳지 않은 것은?**

① 로봇제어시스템에 복귀신호기능을 제공하여야 한다.
② 외함의 전선 접촉부분은 고무 등으로 밀폐되어 물과 먼지 등이 들어가지 않도록 하여야 한다.
③ 감응도 조절장치가 있는 경우 봉인되어 있어야 한다.
④ 감응시간을 조절하는 장치가 부착되어 있어야 한다.

55 **산업안전보건법령에 따라 산업용 로봇의 작동범위에서 교시 등의 작업을 하는 경우에 로봇에 의한 위험을 방지하기 위한 조치사항으로 옳지 않은 것은?**

① 로봇의 조작방법 및 순서를 정한다.
② 작업에 종사하고 있는 근로자가 이상을 발견하면 즉시 안전담당자에게 보고하고 계속해서 로봇을 운전한다.
③ 작업에 종사하고 있는 근로자가 아닌 사람이 그 스위치 등을 조작할 수 없도록 필요한 조치를 한다.
④ 작업 중의 매니플레이터 속도에 관한 지침을 정하고 그 지침에 따라 작업한다.

답안 표기란	
52	① ② ③ ④
53	① ② ③ ④
54	① ② ③ ④
55	① ② ③ ④

56 다음 중 롤러의 급정지 성능으로 바르지 않은 것은?

① 앞면 롤러 표면 원주속도가 25m/min, 앞면 롤러의 원주가 5m 일 때 급정지거리 1.6m 이내
② 앞면 롤러 표면 원주속도가 35m/min, 앞면 롤러의 원주가 7m 일 때 급정지거리 2.8m 이내
③ 앞면 롤러 표면 원주속도가 30m/min, 앞면 롤러의 원주가 6m 일 때 급정지거리 2.6m 이내
④ 앞면 롤러 표면 원주속도가 20m/min, 앞면 롤러의 원주가 8m 일 때 급정지거리 2.6m 이내

57 다음은 산업안전보건법령에 따라 원동기 · 회전축 등의 위험 방지를 위한 내용이다. 설명 중 (　　) 안에 들어갈 내용은?

> 사업주는 회전축 · 기어 · 풀리 및 플라이휠 등에 부속되는 키 · 핀 등의 기계요소는 (　　)으로 하거나 해당 부위에 덮개를 설치하여야 한다.

① 묻힘형　　② 돌출형
③ 개방형　　④ 고정형

58 다음 크레인의 방호장치가 아닌 것은?

① 모멘트 제한장치　　② 트롤리 정지장치
③ 비상정지장치　　④ 자동보수장치

59 어떤 로프의 최대하중이 600N이고, 정격하중은 200N이다. 이 때 안전계수는 얼마인가?

① 2　　② 3　　③ 5　　④ 8

60 연삭기의 안전작업수칙에 대한 설명 중 가장 거리가 먼 것은?

① 숫돌의 정면에 서서 숫돌 원주면을 사용한다.
② 소음이나 진동이 심하면 즉시 작업을 중지한다.
③ 연삭숫돌과 받침대의 간격은 3mm 이내로 유지한다.
④ 작업시 연삭숫돌의 측면사용을 금지한다.

답안 표기란				
56	①	②	③	④
57	①	②	③	④
58	①	②	③	④
59	①	②	③	④
60	①	②	③	④

4과목 전기설비 안전 관리

61 욕실 등 물기가 많은 장소에서 인체감전보호형 누전차단기의 정격감도전류와 동작시간은?

① 정격감도전류 15mA, 동작시간 0.01초 이내
② 정격감도전류 15mA, 동작시간 0.03초 이내
③ 정격감도전류 30mA, 동작시간 0.01초 이내
④ 정격감도전류 30mA, 동작시간 0.03초 이내

62 다음 아크용접 작업 시 감전사고 방지대책으로 바르지 않은 것은?

① 적합한 의복 착용
② 보안경을 착용할 것
③ 세척작업장 근처에서 용접하지 말 것
④ 절연 용접봉의 사용

63 전격에 의해 심실세동이 일어날 확률이 가장 큰 심장 맥동주기 파형의 설명으로 적절한 것은? (단, 심장 맥동주기를 심전도에서 보았을 때의 파형이다.)

① 심실의 팽창에 따른 파형이다.
② 심실의 수축에 따른 파형이다.
③ 심실의 수축 종료 후 심실의 휴식 시 발생하는 파형이다.
④ 심실의 수축 시작 후 심실의 휴식 시 발생하는 파형이다.

64 감전사고를 방지하기 위해 허용보폭전압에 대한 수식으로 맞는 것은?

- E : 허용보폭전압
- R_b: 인체의 저항
- P_s: 지표상층 저항률
- I_k: 심실세동전류

① $E=(R_b+3P_s)I_k$　② $E=(R_b+4P_s)I_k$
③ $E=(R_b+5P_s)I_k$　④ $E=(R_b+6P_s)I_k$

65 다음 중 정전기에 대한 설명으로 가장 적절한 것은?

① 전하의 공간적 이동이 적고, 자계의 효과가 전계에 비해 무시할 정도의 적은 전기
② 전하의 공간적 이동이 크고, 자계의 효과와 전계의 효과를 서로 비교할 수 없는 전기
③ 전하의 공간적 이동이 적고, 전계의 효과와 자계의 효과가 서로 비슷한 전기
④ 전하의 공간적 이동이 크고, 자계의 효과가 전계의 효과에 비해 매우 큰 전기

66 다음 중 이동식 전기기기의 감전사고를 방지하기 위한 가장 적정한 시설은?

① 제동장치
② 긴급설비
③ 접지설비
④ 피뢰기설비

67 금속제 외함을 가지는 기계기구에 전기를 공급하는 전로에 지락이 발생했을 때에 자동적으로 전로를 차단하는 누전차단기 등을 설치하여야 한다. 누전차단기를 설치해야 하는 경우로 옳은 것은?

① 기계기구가 유도전동기의 2차측 전로에 접속된 저항기일 경우
② 철판 · 철골 위 등 도전성이 높은 장소에서 사용하는 전동기계 · 기구를 시설하는 경우
③ 기계기구가 고무, 합성수지 기타 절연물로 피복된 것일 경우
④ 전기용품안전관리법의 적용을 받는 2중절연구조의 기계기구를 시설하는 경우

68 폭발 위험장소 분류 시 분진폭발위험장소의 종류가 아닌 것은?

① 19종 장소
② 20종 장소
③ 21종 장소
④ 22종 장소

답안 표기란	
65	① ② ③ ④
66	① ② ③ ④
67	① ② ③ ④
68	① ② ③ ④

69 위험방지를 위한 전기기계 · 기구의 설치 시 고려할 사항으로 적절하지 않는 것은?

① 전기기계 · 기구의 충분한 전기적 용량 및 기계적 강도
② 습기 · 분진 등 사용장소의 주위 환경
③ 전기기계 · 기구의 안전효율을 높이기 위한 시간 가동율
④ 전기적 · 기계적 방호수단의 적정성

70 다음 정전작업을 할 경우 작업 중의 조치사항으로 적절한 것은?

① 검전기에 의한 정전확인
② 단락접지 실시
③ 잔류전하의 방전
④ 근접활선에 대한 방호

71 감전사고가 발생했을 때 피해자를 구출하는 방법으로 바르지 않은 것은?

① 피해자가 계속하여 전기설비에 접촉되어 있다면 설비의 전원을 신속히 차단한다.
② 충전부에 감전되어 있으면 몸이나 손을 잡고 피해자를 곧바로 이탈시켜야 한다.
③ 피해자의 몸과 충전부가 접촉되어 있는지를 확인한다.
④ 절연 고무장갑, 고무장화 등을 착용한 후에 구출해 준다.

72 내압방폭구조의 필요충분조건에 대한 사항으로 바르지 않은 것은?

① 용기의 외부 표면온도가 외부가스의 발화온도에 달하지 않을 것
② 내부에서 폭발한 경우 그 압력에 견딜 것
③ 습기침투에 대한 보호를 충분히 할 것
④ 내부의 폭발로 말미암아 일어난 불꽃이나 고온 가스가 용기의 접합부분을 통하여 외부의 가스에 점화하지 않을 것

답안 표기란	
69	① ② ③ ④
70	① ② ③ ④
71	① ② ③ ④
72	① ② ③ ④

73 **폭발위험장소에서의 본질안전 방폭구조에 대한 설명으로 틀린 것은?**

① 본질안전 방폭구조의 기본적 개념은 점화능력의 본질적 억제이다.
② 온도, 압력, 액면유량 등의 검출용 측정기는 대표적인 본질 안전 방폭구조의 예이다.
③ 이론적으로는 모든 전기기기를 본질안전 방폭구조를 적용할 수 있으나, 동력을 직접 사용하는 기기는 실제적으로 적용이 곤란하다.
④ 본질안전 방폭구조는 Ex ib는 fault에 대한 2중 안전보장으로 0종~2종 장소에 사용할 수 있다.

74 **다음 중 전기화재의 발생원인으로 바르지 않은 것은?**

① 내화물 ② 발화원
③ 착화물 ④ 출화의 경과

75 **다음 중 방폭구조에 관계있는 위험 특성이 아닌 것은?**

① 폭발등급 ② 폭발한계
③ 화염일주한계 ④ 최소 점화전류

76 **충격전압시험의 경우 표준충격파형을 1.2×50μs로 나타내는 경우 1.2와 50이 뜻하는 것은?**

① 라이징타임 - 충격전압인가시간
② 최초섬락시간 - 최종섬락시간
③ 라이징타임 - 스테이블타임
④ 파두장 - 파미장

답안 표기란				
73	①	②	③	④
74	①	②	③	④
75	①	②	③	④
76	①	②	③	④

77 다음 중 화염일주한계에 대한 설명으로 적절한 것은?

① 폭발성 가스와 공기의 혼합기에 온도를 높인 경우 화염이 발생할 때까지의 시간 한계치
② 폭발성 분위기 속에서 전기불꽃에 의하여 폭발을 일으킬 수 있는 화염을 발생시키기에 충분한 교류파형의 1주기치
③ 폭발성 분위기에 있는 용기의 접합면 틈새를 통해 화염이 내부에서 외부로 전파되는 것을 저지할 수 있는 틈새의 최대 간격치
④ 방폭설비에서 이상이 발생하여 불꽃이 생성된 경우에 그것이 점화원으로 작용하지 않도록 화염 에너지를 억제하여 폭발한계가 되도록 화염 크기를 조정하는 한계치

78 300A의 전류가 흐르는 저압 가공전선로의 1선에서 허용 가능한 누설전류(mA)는?

① 100mA ② 150mA
③ 200mA ④ 250mA

79 전로에 시설하는 기계기구의 금속제 외함에 접지공사를 하지 않아도 되는 경우로 바르지 않은 것은?

① 저압용의 기계기구를 건조한 목재의 마루 위에서 취급하도록 시설한 경우
② 철대 또는 외함의 주위에 적당한 절연대를 설치하는 경우
③ 교류 대지 전압이 300V 이하인 기계기구를 건조한 곳에 시설한 경우
④ 외함을 충전하여 사용하는 기계기구에 사람이 접촉할 우려가 없도록 시설하거나 절연대를 시설하는 경우

80 교류아크용접기의 자동전격방지장치는 전격의 위험을 방지하기 위하여 아크 발생이 중단된 후 약 1초 이내에 출력 측 무부하 전압을 자동적으로 몇 V 이하로 저하시켜야 하는가?

① 25V ② 30V
③ 50V ④ 75V

답안 표기란	
77	① ② ③ ④
78	① ② ③ ④
79	① ② ③ ④
80	① ② ③ ④

5과목 화학설비 안전 관리

답안 표기란	
81	① ② ③ ④
82	① ② ③ ④
83	① ② ③ ④
84	① ② ③ ④

81 산업안전보건법령상 안전밸브 등의 전단 · 후단에는 차단밸브를 설치하여서는 아니되지만 다음 중 자물쇠형 또는 이에 준하는 형식의 차단밸브를 설치할 수 있는 경우로 바르지 않은 것은?

① 예비용 설비를 설치하고 각각의 설비에 안전밸브 등이 설치되어 있는 경우
② 안전밸브 등의 배출용량의 4분의 1 이상에 해당하는 용량의 자동압력조절밸브와 안전밸브 등이 직렬로 연결된 경우
③ 화학설비 및 그 부속설비에 안전밸브 등이 복수방식으로 설치되어 있는 경우
④ 열팽창에 의하여 상승된 압력을 낮추기 위한 목적으로 안전밸브가 설치된 경우

82 다음의 2가지 물질을 혼합 또는 접촉하였을 때 발화 또는 폭발의 위험성이 가장 낮은 것은?

① 황화인과 유기인산
② 칼륨과 물
③ 염소산칼륨과 유황
④ 니트로셀룰로오스와 물

83 다음 중 최소발화에너지가 가장 작은 가연성 가스는?

① 수소 ② 메탄
③ 에탄 ④ 프로판

84 다음 중 숯, 코크스, 목탄의 대표적인 연소 형태는?

① 폭발연소 ② 증발연소
③ 표면연소 ④ 확산연소

85 다음 중 물과 반응하였을 때 흡열반응을 나타내는 것은?

① 탄화칼슘
② 질산암모늄
③ 나트륨
④ 염화칼슘

86 다음 중 인화점이 가장 낮은 물질은?

① CS_2
② C_2H_5OH
③ CH_3COCH_3
④ $CH_3COOC_2H_5$

87 폭발 또는 화재가 발생할 우려가 있는 건조설비의 구조로 바르지 않은 것은?

① 위험물 건조설비의 열원으로서 직화를 사용하지 아니할 것
② 건조설비의 바깥 면은 불연성 재료로 만들 것
③ 위험물 건조설비의 측벽이나 바닥은 견고한 구조로 할 것
④ 위험물 건조설비는 상부를 무거운 재료로 만들고 폭발구를 설치할 것

88 다음 중 유류화재에 해당하는 화재의 급수는?

① A급
② B급
③ C급
④ K급

답안 표기란				
85	①	②	③	④
86	①	②	③	④
87	①	②	③	④
88	①	②	③	④

답안 표기란	
89	① ② ③ ④
90	① ② ③ ④
91	① ② ③ ④
92	① ② ③ ④

89 다음 중 고체의 연소방식에 관한 설명으로 옳은 것은?

① 자기연소는 공기 중 산소를 필요로 하지 않고 자신이 분해되며 타는 것을 말한다.

② 표면연소는 고체가 가열되어 열분해가 일어나고 가연성 가스가 공기 중의 산소와 타는 것을 말한다.

③ 분해연소는 고체가 표면의 고온을 유지하며 타는 것을 말한다.

④ 분무연소는 고체가 가열되어 가연성가스를 발생시키며 타는 것을 말한다.

90 물과 반응하여 수소가스를 발생할 위험이 가장 낮은 물질은?

① Na

② Zn

③ Cu

④ Mg

91 다음 중 위험물질을 저장하는 방법으로 바르지 않은 것은?

① 황인은 물 속에 저장한다.

② 리튬은 물 속에 저장한다.

③ 칼륨은 석유 속에 저장한다.

④ 나트륨은 석유 속에 저장한다.

92 20℃, 1기압의 공기를 5기압으로 단열압축하면 공기의 온도는 약 몇 ℃가 되겠는가? (단, 공기의 비열비는 1.4이다.)

① 22 ℃

② 67 ℃

③ 126 ℃

④ 191 ℃

93 다음 중 산화성 물질이 아닌 것은?

① 질산칼륨(KNO_3)
② 염소산암모늄(NH_4ClO_3)
③ 황화린(P_4S_3)
④ 질산(HNO_3)

94 뜨거운 금속에 물이 닿으면 튀는 현상과 같이 핵비등(nucleate boiling) 상태에서 막비등(film boiling)으로 이행하는 온도는?

① Burn－out point
② Leidenfrost point
③ Entrainment point
④ Sub－cooling boiling point

95 금속의 용접 · 용단 또는 가열에 사용되는 가스 등의 용기를 취급할 때의 준수사항으로 틀린 것은?

① 충격을 가하지 않도록 한다.
② 용기의 부식 · 마모 또는 변형상태를 점검한 후 사용한다.
③ 사용하는 경우에는 용기의 마개에 부착되어 있는 유류 및 먼지를 제거한다.
④ 용기의 온도를 섭씨 60도 이하로 유지한다.

96 다음의 관(pipe) 부속품 중 관로의 방향을 변경하기 위하여 사용하는 부속품은?

① 니플(nipple)
② 엘보우(elbow)
③ 플랜지(flange)
④ 유니온(union)

답안 표기란				
93	①	②	③	④
94	①	②	③	④
95	①	②	③	④
96	①	②	③	④

97 다음 인화성 가스로 가장 가벼운 물질은?

① 수소 ② 일산화탄소
③ 부탄 ④ 에틸렌

98 가열 · 마찰 · 충격 또는 다른 화학물질과의 접촉 등으로 인하여 산소나 산화제의 공급이 없더라도 폭발 등 격렬한 반응을 일으킬 수 있는 물질은?

① 메틸알코올 ② 인화성 고체
③ 디아조화합물 ④ 테레핀유

99 자동화재탐지설비의 감지기 종류 중 열감지기가 아닌 것은?

① 차동식 ② 정온식
③ 보상식 ④ 적외선식

100 사업주는 가스폭발 위험장소 또는 분진폭발 위험장소에 설치되는 건축물 등에 대해서는 규정에서 정한 부분을 내화구조로 하여야 한다. 다음 중 내화구조로 하여야 하는 부분에 대한 기준이 틀린 것은?

① 건축물의 기둥 : 지상 2층(지상 2층의 높이가 10미터를 초과하는 경우에는 10미터)까지
② 위험물 저장 · 취급용기의 지지대(높이가 30센티미터 이하인 것은 제외) : 지상으로부터 지지대의 끝부분까지
③ 건축물의 보 : 지상1층(지상 1층의 높이가 6미터를 초과하는 경우에는 6미터)까지
④ 배관 · 전선관 등의 지지대 : 지상으로부터 1단(1단의 높이가 6미터를 초과하는 경우에는 6미터)까지

답안 표기란	
97	① ② ③ ④
98	① ② ③ ④
99	① ② ③ ④
100	① ② ③ ④

6과목 건설공사 안전 관리

101 항타기 또는 항발기의 권상용 와이어로프의 절단하중이 100ton일 때 와이어로프에 걸리는 최대하중은?

① 10ton ② 20ton
③ 30ton ④ 50ton

102 철골구조의 앵커볼트매립과 관련된 준수사항으로 옳지 않은 것은?

① 기둥중심은 기준선 및 인접기둥의 중심에서 5mm 이상 벗어나지 않을 것
② 앵커 볼트는 매립 후에 수정하지 않도록 설치할 것
③ 베이스플레이트의 하단은 기준 높이 및 인접기둥의 높이에서 3mm 이상 벗어나지 않을 것
④ 앵커 볼트는 기둥중심에서 5mm 이상 벗어나지 않을 것

103 유해위험방지계획서를 제출해야 할 건설공사 대상 사업장 기준으로 옳지 않은 것은?

① 저수용량 2천만톤 이상의 용수 전용 댐 공사
② 지상높이가 20m 이상인 건축물
③ 연면적 3만제곱미터 이상인 건축물
④ 깊이 10m 이상인 굴착공사

104 터널 등의 건설작업을 하는 경우에 낙반 등에 의하여 근로자가 위험해질 우려가 있는 경우에 필요한 조치와 가장 거리가 먼 것은?

① 터널 지보공을 설치한다.
② 록볼트를 설치한다.
③ 부석을 제거한다.
④ 환기시설을 설치한다.

답안 표기란				
101	①	②	③	④
102	①	②	③	④
103	①	②	③	④
104	①	②	③	④

105 **터널붕괴를 방지하기 위한 지보공에 대한 점검사항이 아닌 것은?**

① 부재의 접속부 및 교차부의 상태
② 부재의 손상 · 변형 · 부식 · 변위 탈락의 유무 및 상태
③ 경보장치의 작동상태
④ 기둥침하의 유무 및 상태

106 **추락의 위험이 있는 개구부에 대한 방호조치와 거리가 먼 것은?**

① 수직형 추락방망은 성능기준에 적합한 것을 사용해야 한다.
② 덮개를 설치하는 경우에는 뒤집히거나 떨어지지 않도록 설치하여야 한다.
③ 어두운 장소에서도 식별이 가능한 개구부 주의 표지를 부착한다.
④ 폭 50cm 이상의 발판을 설치한다.

107 **철골기둥, 빔 및 트러스 등의 철골구조물을 일체화 또는 지상에서 조립하는 이유로 가장 타당한 것은?**

① 고소작업의 감소
② 운반물량의 감소
③ 구조체 강성 증가
④ 화기사용의 감소

108 **다음 화물취급 작업 시 준수사항으로 옳지 않은 것은?**

① 꼬임이 끊어지거나 심하게 부식된 섬유로프는 화물운반용으로 사용해서는 아니 된다.
② 차량 등에서 화물을 내리는 작업을 하는 경우에 해당 작업에 종사하는 근로자에게 쌓여 있는 화물의 중간에서 필요한 화물을 빼낼 수 있도록 허용한다.
③ 섬유로프 등을 사용하여 화물취급작업을 하는 경우에 해당 섬유로프 등을 점검하고 이상을 발견한 섬유로프 등을 즉시 교체하여야 한다.
④ 하역작업을 하는 장소에서 작업장 및 통로의 위험한 부분에는 안전하게 작업할 수 있는 조명을 유지한다.

답안 표기란				
105	①	②	③	④
106	①	②	③	④
107	①	②	③	④
108	①	②	③	④

109 다음 중 운반작업 시 주의사항으로 바르지 않은 것은?

① 운반 시의 시선은 진행방향을 향한다.
② 무게 중심이 높은 화물은 인력으로 운반하지 않는다.
③ 어깨높이보다 높은 위치에서 화물을 들고 운반하여서는 안 된다.
④ 단독으로 긴 물건을 어깨에 메고 운반할 때에는 뒤쪽을 위로 올린 상태로 운반한다.

110 항타기 또는 항발기의 권상장치 드럼축과 권상장치로부터 첫 번째 도르래의 축 간의 거리는 권상장치 드럼폭의 몇 배 이상으로 하여야 하는가?

① 10배
② 15배
③ 20배
④ 25배

111 다음 중 방망에 표시해야할 사항으로 볼 수 없는 것은?

① 방망의 신축성
② 그물코
③ 신품인 때의 방망의 강도
④ 재봉 치수

112 차량계 하역운반기계를 사용하는 작업을 할 때 그 기계가 넘어지거나 굴러 떨어짐으로써 근로자에게 위험을 미칠 우려가 있는 경우에 우선적으로 조치하여야 할 사항이 아닌 것은?

① 도로 폭의 유지
② 경보 장치 설치
③ 갓길 붕괴 방지 조치
④ 지반의 부동침하 방지 조치

답안 표기란	
109	① ② ③ ④
110	① ② ③ ④
111	① ② ③ ④
112	① ② ③ ④

답안 표기란				
113	①	②	③	④
114	①	②	③	④
115	①	②	③	④
116	①	②	③	④

113 터널굴착작업을 하는 때 미리 작성하여야 하는 작업계획서에 포함되어야 할 사항으로 적절하지 않은 것은?

① 굴착의 방법
② 터널지보공의 시공방법과 용수의 처리방법
③ 조명시설을 설치할 때에는 그 방법
④ 토석의 분할방법

114 콘크리트 타설 시 거푸집 측압에 관한 설명으로 바르지 않은 것은?

① 타설속도가 빠를수록 측압이 커진다.
② 거푸집의 투수성이 낮을수록 측압은 커진다.
③ 콘크리트의 온도가 높을수록 측압이 커진다.
④ 타설높이가 높을수록 측압이 커진다.

115 강관틀비계를 조립하여 사용하는 경우 준수해야할 기준으로 바르지 않은 것은?

① 높이가 20m를 초과하거나 중량물의 적재를 수반하는 작업을 할 경우에는 주틀 간의 간격을 2.4m 이하로 할 것
② 비계기둥의 밑둥에는 밑받침 철물을 사용하여야 하며 밑받침에 고저차가 있는 경우에는 조절형 밑받침철물을 사용하여 각각의 강관틀비계가 항상 수평 및 수직을 유지하도록 할 것
③ 길이가 띠장 방향으로 4m 이하이고 높이가 10m를 초과하는 경우에는 10m 이내마다 띠장 방향으로 버팀기둥을 설치할 것
④ 주틀 간에 교차 가새를 설치하고 최상층 및 5층 이내마다 수평재를 설치할 것

116 지면보다 낮은 땅을 파는데 적합하고 수중굴착도 가능한 굴착기계는?

① 파워쇼벨
② 백호우
③ 가이데릭
④ 파일드라이버

117 **고소작업대를 설치 및 이동하는 경우에 준수하여야 할 사항으로 옳지 않은 것은?**

① 와이어로프 또는 체인의 안전율은 3 이상일 것
② 붐의 최대 지면경사각을 초과 운전하여 전도되지 않도록 할 것
③ 고소작업대를 이동하는 경우 작업대를 가장 낮게 내릴 것
④ 작업대에 끼임 · 충돌 등 재해를 예방하기 위한 가드 또는 과상승 방지장치를 설치할 것

118 **다음은 말비계를 조립하여 사용하는 경우에 관한 준수사항이다. ( ) 안에 들어갈 내용으로 옳은 것은?**

> • 지주부재와 수평면의 기울기를 (㉠)° 이하로 하고 지주부재와 지주부재 사이를 고정시키는 보조부재를 설치할 것
> • 말비계의 높이가 2m를 초과하는 경우에는 작업 발판의 폭을 (㉡)cm 이상으로 할 것

① ㉠ 70, ㉡ 30　② ㉠ 75, ㉡ 40
③ ㉠ 80, ㉡ 50　④ ㉠ 85, ㉡ 60

119 **다음 산업안전보건법령에 따른 양중기의 종류에 해당하지 않는 것은?**

① 승강기　② 곤돌라
③ 클램쉘　④ 이동식 크레인

120 **안전계수가 5이고 1000MPa의 인장강도를 갖는 강선의 최대허용 응력은?**

① 200MPa　② 500MPa
③ 1000MPa　④ 1500MPa

답안 표기란				
117	①	②	③	④
118	①	②	③	④
119	①	②	③	④
120	①	②	③	④

제4회 CBT 빈출 모의고사

수험번호
수험자명

제한 시간 : 3시간 전체 문제 수 : 120 맞힌 문제 수 :

1과목 산업재해 예방 및 안전보건교육

01 다음의 학습지도 형태 중 토의법 유형은?

> 6-6회의라고도 하며 6명씩 소집단으로 구분하고 집단별로 각각의 사회자를 선발하여 6분간씩 자유토의를 행하여 의견을 종합하는 방법

① 버즈세션(Buzz session)
② 패널 디스커션(Panel discussion)
③ 심포지엄(Symposium)
④ 포럼(Forum)

02 보호구 안전인증 고시에 따른 방음용 귀마개 또는 귀덮개와 관련된 용어의 정의 중 다음 ( )안에 알맞은 것은?

> 음압수준이란 음압을 다음 식에 따라 데시벨(dB)로 나타낸 것을 말하며 적분평균소음계(KSC1505) 또는 소음계(KSC1502)에서 규정하는 소음계의 ( ) 특성을 기준으로 한다.

① A ② B ③ C ④ D

03 다음 중 성인학습의 원리에 해당하지 않는 것은?

① 참여교육의 원리 ② 자발학습의 원리
③ 다양성의 원리 ④ 간접경험의 원리

04 상해 정도별 분류 중 의사의 진단으로 일정 기간 정규 노동에 종사할 수 없는 상해에 해당하는 것은?

① 영구 일부노동 불능상해
② 일시 전노동 불능상해
③ 영구 전노동 불능상해
④ 구급처치 상해

답안 표기란

01	①	②	③	④
02	①	②	③	④
03	①	②	③	④
04	①	②	③	④

05 산업안전보건법령상 안전 · 보건표지의 종류 중 경고표지의 기본모형이 다른 것은?

① 폭발성물질 경고
② 고압전기 경고
③ 매달린 물체 경고
④ 방사성물질 경고

06 다음 Off JT(Off the Job Training)의 특징으로 적절한 것은?

① 상호신뢰 및 이해도가 높아진다.
② 훈련에만 전념할 수 있다.
③ 개개인에게 적절한 지도훈련이 가능하다.
④ 직장의 실정에 맞게 실제적 훈련이 가능하다.

07 다음 생체리듬의 변화에 대한 설명으로 옳지 않은 것은?

① 맥박수는 주간에 상승하고 야간에 감소한다.
② 야간에는 말초운동 기능 저하된다.
③ 혈압은 주간에 상승하고 야간에 감소한다.
④ 혈액의 수분과 염분량은 주간에 증가하고 야간에 감소한다.

08 산업안전보건법령에 따른 안전보건관리규정에 포함되어야 할 세부내용이 아닌 것은?

① 안전보건관리규정 작성의 목적 및 적용 범위에 관한 사항
② 사업주 및 근로자의 재해 예방 책임 및 의무 등에 관한 사항
③ 질병자의 근로 금지 및 취업 제한 등에 관한 사항
④ 물질안전보건자료에 관한 사항

답안 표기란	
05	① ② ③ ④
06	① ② ③ ④
07	① ② ③ ④
08	① ② ③ ④

09 다음 재해사례연구의 진행순서로 옳은 것은?

① 재해 상황 파악 → 사실의 확인 → 문제점 발견 → 근본적 문제점 결정 → 대책 수립
② 사실의 확인 → 문제점 발견 → 재해 상황 파악 → 근본적 문제점 결정 → 대책 수립
③ 근본적 문제점 결정 → 재해 상황 파악 → 사실의 확인 → 문제점 발견 → 대책 수립
④ 문제점 발견 → 사실의 확인 → 재해 상황 파악 → 근본적 문제점 결정 → 대책 수립

10 다음 안전교육 방법의 4단계의 순서로 옳은 것은?

① 적용 → 도입 → 확인 → 제시
② 도입 → 제시 → 적용 → 확인
③ 제시 → 도입 → 적용 → 확인
④ 확인 → 제시 → 도입 → 적용

11 한 사람, 한 사람의 위험에 대한 감수성 향상을 도모하기 위하여 삼각 및 원 포인트 위험예지훈련을 통합한 활용기법은?

① 1인 위험예지훈련
② 시나리오 역할연기훈련
③ 자문자답 위험예지훈련
④ TBM 위험예지훈련

12 산업안전보건법령상 의무안전인증대상 기계 · 기구 및 설비가 아닌 것은?

① 사출성형기
② 곤돌라
③ 연삭기
④ 크레인

답안 표기란	
09	① ② ③ ④
10	① ② ③ ④
11	① ② ③ ④
12	① ② ③ ④

13 안전조직 중에서 라인-스탭(Line-Staff) 조직의 특징으로 옳지 않은 것은?

① 라인형과 스탭형의 장점을 취한 절충식 조직형태이다.
② 중규모 사업장에 적합하다.
③ 라인의 관리, 감독자에게도 안전에 관한 책임과 권한이 부여된다.
④ 안전보건업무와 생산업무가 균형을 유지할 수 있는 이상적인 조직이다.

14 다음 중 산업안전심리의 5대 요소에 해당하지 않는 것은?

① 기질
② 동기
③ 습성
④ 지능

15 다음 라인(Line)형 안전관리조직에 대한 설명으로 옳은 것은?

① 명령계통과 조언이나 권고적 참여가 혼동되기 쉽다.
② 생산부서와의 마찰이 일어나기 쉽다.
③ 명령계통이 간단명료하다.
④ 생산부분에는 안전에 대한 책임과 권한이 없다.

16 다음 안전교육방법 중 강의법에 대한 설명으로 바르지 않은 것은?

① 단기간의 교육 시간 내에 많은 내용을 전달할 수 있다.
② 다수의 수강자를 동시에 교육할 수 있다.
③ 다른 교육방법에 비해 수강자의 참여가 제한적이다.
④ 수강자 개개인의 학습진도를 조절할 수 있다.

답안 표기란				
13	①	②	③	④
14	①	②	③	④
15	①	②	③	④
16	①	②	③	④

17 산업안전보건법령상 주로 고음을 차음하고, 저음은 차음하지 않는 방음보호구의 기호로 옳은 것은?

① EP－1
② EP－2
③ NRR
④ EM

18 어느 사업장에서 물적손실이 수반된 무상해 사고가 120건 발생하였다면 중상은 몇 건이나 발생할 수 있는가? (단, 버드의 재해구성 비율법칙에 따른다.)

① 4건
② 8건
③ 10건
④ 20건

19 다음 중 재해예방의 4원칙이 아닌 것은?

① 예방가능의 원칙
② 대책선정의 원칙
③ 원인연계의 원칙
④ 손실가능의 원칙

20 다음에서 설명한 학습지도 형태는 어떤 토의법인가?

> 새로운 자료나 교재를 제시하여 문제점을 피교육자로 하여금 제기하게 하여 발표하고 토의하는 방법

① 포럼(Forum)
② 버즈세션(Buzz session)
③ 케이스 메소드(case method)
④ 패널 디스커션(Panel Discussion)

답안 표기란	
17	① ② ③ ④
18	① ② ③ ④
19	① ② ③ ④
20	① ② ③ ④

2과목	인간공학 및 위험성 평가·관리

답안 표기란	
21	① ② ③ ④
22	① ② ③ ④
23	① ② ③ ④
24	① ② ③ ④

21 산업안전보건기준에 관한 규칙상 작업장의 작업면에 따른 적정 조명 수준은 초정밀 작업에서 (㉠)lux 이상이고, 보통작업에서는 (㉡) lux 이상이다. (　　)안에 들어갈 내용은?

① ㉠ 75, ㉡ 100
② ㉠ 150, ㉡ 150
③ ㉠ 300, ㉡ 100
④ ㉠ 750, ㉡ 150

22 4m 또는 그보다 먼 물체만을 잘 볼 수 있는 원시 안경은 몇 D인가? (단, 명시거리는 25cm로 한다.)

① 0.75D
② 3.75D
③ 6.75D
④ 9.75D

23 A사의 안전관리자는 자사 화학설비의 안전성 평가를 위해 제2단계인 정성적 평가를 진행하기 위하여 평가 항목 대상을 분류하였다. 주요 평가 항목 중에서 설계관계항목이 아닌 것은?

① 소방설비
② 공장 내 배치
③ 공정기기
④ 입지조건

24 다음 시스템에 대하여 톱사상(top event)에 도달할 수 있는 최소 컷셋(minimal cutsets)을 구할 때 올바른 집합은? (단, X_1, X_2, X_3, X_4는 각 부품의 고장확률을 의미하며 집합$\{X_1, X_2\}$는 X_1부품과 X_2부품이 동시에 고장 나는 경우를 의미한다.)

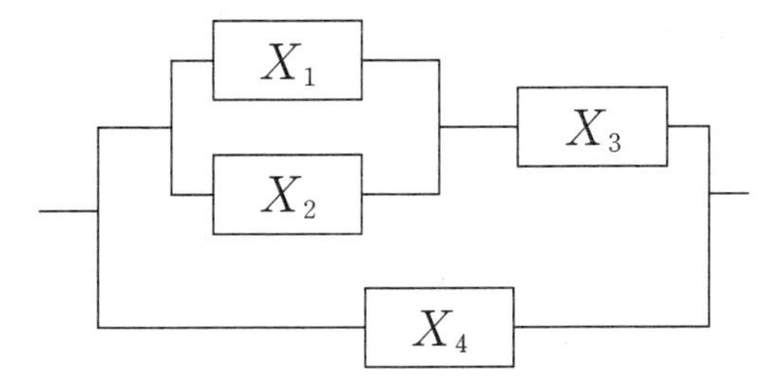

① $\{X_1, X_2\}, \{X_3, X_4\}$
② $\{X_1, X_2, X_4\}, \{X_3, X_4\}$
③ $\{X_1, X_3\}, \{X2, X_4\}$
④ $\{X_1, X_3, X_4\}, \{X_2, X_3, X_4\}$

25 **다음 중 정량적 표시장치에 관한 설명으로 맞는 것은?**

① 동목(moving scale)형 아날로그 표시장치는 표시장치의 면적을 최소화할 수 있는 장점이 있다.
② 정확한 값을 읽어야 하는 경우 일반적으로 디지털보다 아날로그 표시장치가 유리하다.
③ 연속적으로 변화하는 양을 나타내는 데에는 일반적으로 아날로그보다 디지털 표시장치가 유리하다.
④ 동침(moving pointer)형 아날로그 표시장치는 바늘의 진행 방향과 증감 속도에 대한 인식적인 암시 신호를 얻는 것이 불가능한 단점이 있다.

26 **A회사는 새로운 기계를 설계하면서 레버를 위로 올리면 압력이 올라가도록 하고, 오른쪽 스위치를 눌렀을 때 오른쪽 전등이 켜지도록 하였다면, 이것은 각각 어떤 유형의 양립성을 고려한 것인가?**

① 레버 – 공간양립성, 스위치 – 개념양립성
② 레버 – 운동양립성, 스위치 – 개념양립성
③ 레버 – 운동양립성, 스위치 – 공간양립성
④ 레버 – 개념양립성, 스위치 – 운동양립성

27 **다음 스트레스에 반응하는 신체의 변화로 적절한 것은?**

① 더 많은 산소를 얻기 위해 호흡이 느려진다.
② 혈소판이나 혈액응고 인자가 증가한다.
③ 중요한 장기인 뇌 · 심장 · 근육으로 가는 혈류가 감소한다.
④ 상황 판단과 빠른 행동 대응을 위해 감각기관은 매우 둔감해진다.

28 **다음 시력에 대한 설명으로 적절한 것은?**

① 배열시력(vernier acuity) – 배경과 구별하여 탐지할 수 있는 최소의 점
② 동적시력(dynamic visual acuity) – 비슷한 두 물체가 다른 거리에 있다고 느껴지는 시차각의 최소차로 측정되는 시력
③ 입체시력(stereoscopic acuity) – 거리가 있는 한 물체에 대한 약간 다른 상이 두 눈의 망막에 맺힐 때 이것을 구별하는 능력
④ 최소지각시력(minimum perceptible acuity) – 하나의 수직선이 중간에서 끊겨 아래 부분이 옆으로 옮겨진 경우에 탐지할 수 있는 최소 측변방위

답안 표기란				
25	①	②	③	④
26	①	②	③	④
27	①	②	③	④
28	①	②	③	④

29 다음 중 안전성 평가의 기본원칙 6단계에 해당되지 않는 것은?

① 재해정보에 의한 재평가
② 작업환경 평가
③ 정성적 평가
④ FTA에 의한 재평가

30 FTA에서 시스템의 기능을 살리는데 필요한 최소 요인의 집합을 무엇이라 하는가?

① minimal path
② minimal gate
③ critical set
④ Boolean indicated cut set

31 음압수준이 100dB인 경우, 1000Hz에서 순음의 phon 값은?

① 70phon
② 80phon
③ 90phon
④ 100phon

32 다음의 각 단계를 결함수분석법(FTA)에 의한 재해사례의 연구 순서대로 나열한 것은?

> ㉠ 정상사상의 선정
> ㉡ FT도 작성 및 분석
> ㉢ 개선 계획의 작성
> ㉣ 각 사상의 재해원인 규명

① ㉡ → ㉠ → ㉢ → ㉣
② ㉠ → ㉣ → ㉡ → ㉢
③ ㉡ → ㉠ → ㉢ → ㉣
④ ㉠ → ㉣ → ㉢ → ㉡

답안 표기란				
29	①	②	③	④
30	①	②	③	④
31	①	②	③	④
32	①	②	③	④

33 다음과 같은 실내 표면에서 일반적으로 추천반사율의 크기를 바르게 나열한 것은?

> ㉠ 바닥 ㉡ 천장 ㉢ 가구 ㉣ 벽

① ㉠<㉣<㉢<㉡
② ㉣<㉠<㉡<㉢
③ ㉠<㉢<㉣<㉡
④ ㉣<㉡<㉠<㉢

34 착석식 작업대의 높이 설계를 할 경우 고려해야 할 사항으로 적절하지 않은 것은?

① 의자의 높이
② 대퇴 여유
③ 작업의 성격
④ 작업대의 재질

35 다음 중 양립성의 종류에 포함되지 않는 것은?

① 양식 양립성
② 형태 양립성
③ 개념 양립성
④ 공간 양립성

36 인간의 신뢰도가 0.5, 기계의 신뢰도가 0.8이다. 인간과 기계가 직렬체제로 작업할 때의 신뢰도는?

① 0.21
② 0.34
③ 0.40
④ 0.62

답안 표기란				
33	①	②	③	④
34	①	②	③	④
35	①	②	③	④
36	①	②	③	④

37 반사율이 85%, 글자의 밝기가 400cd/㎡인 VDT 화면에 350lux의 조명이 있다면 대비는 약 얼마인가?

① −1.3
② −2.7
③ −3.9
④ −4.2

38 적절한 온도의 작업환경에서 추운 환경으로 온도가 변할 때 우리의 신체가 수행하는 조절작용이 아닌 것은?

① 발한(發汗)이 시작된다.
② 피부의 온도가 내려간다.
③ 직장(直腸)온도가 약간 올라간다.
④ 혈액의 많은 양이 몸의 중심부를 위주로 순환한다.

39 다음 중 후각적 표시장치(olfactory display)와 관련된 설명으로 바르지 않은 것은?

① 시각적 표시장치에 비해 널리 사용되지 않는다.
② 냄새의 확산을 통제할 수 있다.
③ 냄새에 대한 민감도의 개별적 차이가 존재한다.
④ 경보 장치로 가스 누출, 광산의 갱 탈출 등 특정한 용도에만 사용하고 있다.

40 다음 FTA에서 사용되는 최소 컷셋에 대한 설명으로 바르지 않은 것은?

① Fussell Algorithm을 이용한다.
② 정상사상(Top event)을 일으키는 최소한의 집합이다.
③ 반복되는 사건이 많은 경우 Limnios와 Ziani Algorithm을 이용하는 것이 유리하다.
④ 시스템에 고장이 발생하지 않도록 하는 모든 사상의 집합이다.

답안 표기란	
37	① ② ③ ④
38	① ② ③ ④
39	① ② ③ ④
40	① ② ③ ④

PART 1 CBT 빈출 모의고사

3과목 기계·기구 및 설비 안전 관리

답안 표기란	
41	① ② ③ ④
42	① ② ③ ④
43	① ② ③ ④
44	① ② ③ ④

41 **강렬한 소음작업은 90dB 이상의 소음이 1일 몇 시간 이상 발생되는 작업을 말하는가?**

① 4시간 ② 8시간
③ 10시간 ④ 16시간

42 **취성재료의 극한강도가 128MPa이며, 허용응력이 32MPa일 경우 안전계수는?**

① 1 ② 2
③ 4 ④ 8

43 **기계설비에 대한 본질적인 안전화 방안의 하나인 풀 프루프(Fool Proof)에 관한 설명으로 옳지 않은 것은?**

① 계기나 표시를 보기 쉽게 하거나 이른바 인체공학적 설계도 넓은 의미의 풀 프루프에 해당된다.
② 조작순서가 잘못되어도 올바르게 작동한다.
③ 인간이 에러를 일으키기 어려운 구조나 기능을 가진다.
④ 설비 및 기계장치의 일부가 고장이 난 경우 기능의 저하는 가져오나 전체 기능은 정지하지 않는다.

44 **지게차 및 구내 운반차의 작업시작 전 점검 사항으로 볼 수 없는 것은?**

① 버킷, 디퍼 등의 이상 유무
② 제동장치 및 조종장치 기능의 이상 유무
③ 바퀴의 이상 유무
④ 충전장치를 포함한 홀더 등의 결합상태의 이상 유무

45 보일러에서 폭발사고를 미연에 방지하기 위해 화염 상태를 검출할 수 있는 장치가 필요하다. 이 중 바이메탈을 이용하여 화염을 검출하는 것은?

① 프레임 아이　　② 스택 스위치
③ 프레임 로드　　④ 전자 개폐기

46 방사선 투과검사에서 투과사진의 상질을 점검할 때 확인해야 할 항목이 아닌 것은?

① 주파수의 범위
② 시험부의 사진농도 범위
③ 계조계의 값
④ 투과도계의 식별도

47 산업안전보건법령에 따라 프레스 등을 사용하여 작업을 하는 경우 작업시작 전 점검사항이 아닌 것은?

① 크랭크축 · 플라이휠 · 슬라이드 · 연결봉 및 연결 나사의 풀림 여부
② 1행정 1정지기구 · 급정지장치 및 비상정지장치의 기능
③ 슬라이드 또는 칼날에 의한 위험방지 기구의 기능
④ 전자밸브, 압력조정밸브 기타 공압 계통의 이상 유무

48 방호장치를 분류할 때는 크게 위험장소에 대한 방호장치와 위험원에 대한 방호장치로 구분할 수 있는데, 다음 중 위험장소에 대한 방호장치가 아닌 것은?

① 위치제한형 방호장치
② 감지형 방호장치
③ 접근반응형 방호장치
④ 접근거부형 방호장치

답안 표기란	
45	① ② ③ ④
46	① ② ③ ④
47	① ② ③ ④
48	① ② ③ ④

49 **산업안전보건법령상 보일러 및 압력용기에 관한 사항으로 바르지 않은 것은?**

① 공정안전보고서 제출 대상으로서 이행상태 평가결과가 우수한 사업장의 경우 보일러의 압력방출장치에 대하여 2년에 1회 이상으로 설정압력에서 압력방출장치가 적정하게 작동하는지를 검사할 수 있다.
② 보일러의 안전한 가동을 위하여 보일러 규격에 맞는 압력방출장치를 1개 이상 설치하고 최고사용압력 이하에서 작동되도록 하여야 한다.
③ 보일러의 과열을 방지하기 위하여 최고사용압력과 상용압력 사이에서 보일러의 버너 연소를 차단할 수 있도록 압력제한스위치를 부착하여 사용하여야 한다.
④ 압력용기에서는 이를 식별할 수 있도록 하기 위하여 그 압력용기의 최고사용압력, 제조연월일, 제조회사명이 지워지지 않도록 각인(刻印) 표시된 것을 사용하여야 한다.

50 **다음 중 휴대용 연삭기 덮개의 개방부 각도는 몇 도 이내이어야 하는가?**

① 90°
② 120°
③ 180°
④ 270°

51 **다음 중 산업안전보건법령상 안전인증대상 방호장치에 해당하지 않는 것은?**

① 연삭기 덮개
② 압력용기 압력방출용 파열판
③ 압력용기 압력방출용 안전밸브
④ 방폭구조 전기기계 · 기구 및 부품

52 **다음 중 자분탐사검사에서 사용하는 자화방법으로 바르지 않은 것은?**

① 프로드법(Prod)
② 중앙전도체법
③ 극간법
④ 임피던스법

답안 표기란				
49	①	②	③	④
50	①	②	③	④
51	①	②	③	④
52	①	②	③	④

53 다음 중 와이어로프의 꼬임에 관한 설명으로 바르지 않은 것은?

① 랭꼬임은 보통꼬임에 비하여 마모에 대한 저항성이 우수하다.
② 보통꼬임은 스트랜드의 꼬임방향과 로프의 꼬임방향이 반대로 된 것을 말한다.
③ 랭꼬임은 로프의 끝이 자유로이 회전하는 경우나 킹크가 생기기 쉬운 곳에 적당하다.
④ 보통꼬임에는 S꼬임이나 Z꼬임이 있다.

54 다음 중 지게차의 방호장치인 헤드가드에 대한 설명으로 옳은 것은?

① 상부틀의 각 개구의 폭 또는 길이는 16센티미터 미만일 것
② 운전자가 앉아서 조작하는 방식의 지게차의 경우 운전자의 좌석 윗면에서 헤드가드의 상부틀 아랫면까지의 높이는 1.5미터 이상일 것
③ 지게차에 최대하중의 4배에 해당하는 등분포정하중에 견딜 수 있는 강도의 헤드가드를 설치할 것
④ 운전자가 서서 조작하는 방식의 지게차의 경우 운전석의 바닥면에서 헤드가드의 상부틀 하면까지의 높이는 5미터 이상일 것

55 기분무부하 상태에서 지게차 주행 시의 좌우 안정도 기준은? (단, V는 구내최고속도(km/h)이다.)

① $(10+1.0\times V)\%$ 이내
② $(15+1.1\times V)\%$ 이내
③ $(20+1.5\times V)\%$ 이내
④ $(25+1.8\times V)\%$ 이내

56 다음 중 드릴 작업의 안전수칙으로 가장 적절한 것은?

① 손을 보호하기 위하여 장갑을 착용한다.
② 드릴을 회전 후 테이블을 고정시킨다.
③ 큰 구멍을 뚫을 때는 먼저 작업을 시작한 후 작은 구멍을 뚫는다.
④ 작업시작 전 척 렌치(chuck wrench)를 반드시 제거하고 작업한다.

답안 표기란				
53	①	②	③	④
54	①	②	③	④
55	①	②	③	④
56	①	②	③	④

57 다음 공기압축기의 방호장치에 해당하지 않은 것은?

① 드레인 밸브
② 언로드 밸브
③ 수봉식 안전기
④ 회전부의 덮개 및 울

58 무부하 상태에서 지게차로 20km/h의 속도로 주행할 때, 좌우 안정도는 몇 % 이내이어야 하는가?

① 21%
② 37%
③ 49%
④ 54%

59 설비의 진단방법에 있어 비파괴 시험이나 검사에 해당하지 않는 것은?

① 피로시험
② 누설비파괴검사
③ 방사선투과시험
④ 와전류비파괴검사

60 지게차의 포크에 적재된 화물이 마스트 후방으로 낙하함으로서 근로자에게 미치는 위험을 방지하기 위하여 설치하는 방호장치는?

① 헤드가드
② 과부하방지장치
③ 낙하방지장치
④ 백레스트

답안 표기란	
57	① ② ③ ④
58	① ② ③ ④
59	① ② ③ ④
60	① ② ③ ④

4과목 전기설비 안전 관리

답안 표기란	
61	① ② ③ ④
62	① ② ③ ④
63	① ② ③ ④
64	① ② ③ ④

61 다음 중 전압을 바르게 구분한 것은?

① 특고압은 7,000V를 초과하는 전압을 말한다.
② 고압은 교류 5,000V 이하, 직류 5,500V 이하의 전압을 말한다.
③ 저압은 교류 800V 이하, 직류는 교류의 4배 이하인 전압을 말한다.
④ 고압은 교류, 직류 모두 7,500V를 넘지 않는 전압을 말한다.

62 다음 중 인체저항에 대한 설명으로 바르지 않은 것은?

① 인체저항은 접촉면적에 따라 변한다.
② 피부저항은 물에 젖어 있는 경우 건조시의 약 1/12로 저하된다.
③ 인체저항은 한 개의 단일 저항체로 보아 최악의 상태를 적용한다.
④ 인체에 전압이 인가되면 체내로 전류가 흐르게 되어 전격의 정도를 결정한다.

63 화재 · 폭발 위험분위기의 생성방지 방법이 아닌 것은?

① 폭발성 가스의 누설 방지
② 가연성 가스의 방출 방지
③ 폭발성 가스의 체류 방지
④ 가연성 가스의 실내 체류

64 저압전로의 절연성능 시험에서 전로의 사용전압이 250V인 경우 전로의 전선 상호간 및 전로와 대지 사이의 절연저항은 최소 몇 MΩ 이상이어야 하는가?

① 0.1MΩ　　② 0.3MΩ
③ 1.0MΩ　　④ 1.1MΩ

65 인체저항을 500Ω이라 한다면, 심실세동을 일으키는 위험 한계 에너지는 약 몇 J인가? (단, 심실세동전류값 $I = \frac{0.165}{\sqrt{t}}$mA의 Dalziel의 식을 이용하며, 통전시간은 1초로 한다.)

① 10.2J
② 11.7J
③ 12.2J
④ 13.6J

66 인체의 피부 전기저항은 여러 가지 제반조건에 의해 변화를 일으키는데 그 제반조건으로써 가장 가까운 것은?

① 접촉면적
② 피부의 노화
③ 피부의 청결
④ 통전경로

67 다음 중 전기화재의 경로별 원인으로 적절하지 않은 것은?

① 과전류
② 정전기 스파크
③ 저전압
④ 단락

68 다음 중 분진폭발 방지대책으로 적절하지 않은 것은?

① 작업장은 분진이 퇴적하지 않는 형상으로 한다.
② 분진 폭발의 우려가 있는 작업장에는 감독자를 상주시킨다.
③ 분체 프로세스 장치는 밀폐화하고 누설이 없도록 한다.
④ 분진 취급 장치에는 유효한 집진 장치를 설치한다.

답안 표기란				
65	①	②	③	④
66	①	②	③	④
67	①	②	③	④
68	①	②	③	④

69 200A의 전류가 흐르는 단상 전로의 한 선에서 누전되는 최소 전류(mA)의 기준은?

① 100mA
② 200mA
③ 300mA
④ 400mA

70 다음 중 자동전격방지장치에 대한 설명으로 옳지 않은 것은?

① 무부하 전압을 안전전압 이하로 저하시킨다.
② 무부하시 전력손실를 줄인다.
③ 용접을 할 때에만 용접기의 주회로를 개로(OFF)시킨다.
④ 교류아크용접기의 안전장치로서 용접기의 1차 또는 2차측에 부착한다.

71 샤워시설이 있는 욕실에 콘센트를 시설하고자 한다. 이때 설치되는 인체감전보호용 누전차단기의 정격감도전류는 몇 mA 이하인가?

① 10mA
② 15mA
③ 90mA
④ 100mA

72 다음 교류아크용접기의 허용사용률(%)은? (단, 정격사용률은 20%, 2차 정격전류는 500A, 교류아크용접기의 사용전류는 250A이다.)

① 20%
② 40%
③ 60%
④ 80%

답안 표기란	
69	① ② ③ ④
70	① ② ③ ④
71	① ② ③ ④
72	① ② ③ ④

73 **다음 중 감전사고를 방지하기 위한 대책으로 바르지 않은 것은?**

① 전기설비에 대한 충전부 격리
② 전기기기에 대한 정격 표시
③ 전기설비에 대한 절연변압기 채용
④ 충전부가 노출된 부분에는 절연 방호구 사용

74 **사용전압이 550V인 전동기 전로에서 절연저항은 몇 MΩ 이상이어야 하는가?**

① 0.1MΩ
② 0.5MΩ
③ 1.0MΩ
④ 1.5MΩ

75 **다음 중 금속관의 방폭형 부속품에 대한 설명으로 옳지 않은 것은?**

① 완성품은 유입방폭구조의 폭발압력시험에 적합할 것
② 안쪽 면 및 끝부분은 전선의 피복을 손상하지 않도록 매끈한 것일 것
③ 전선관과의 접속부분의 나사는 5턱 이상 완전히 나사결합이 될 수 있는 길이일 것
④ 재료는 아연도금을 하거나 녹이 스는 것을 방지하도록 한 강 또는 가단주철일 것

76 **다음 중 활선 작업 시 사용할 수 없는 전기작업용 안전장구는?**

① 절연화
② 절연장갑
③ 고무소매
④ 승주용 가제

답안 표기란	
73	① ② ③ ④
74	① ② ③ ④
75	① ② ③ ④
76	① ② ③ ④

답안 표기란	
77	① ② ③ ④
78	① ② ③ ④
79	① ② ③ ④
80	① ② ③ ④

77 **다음 중 폭발위험이 있는 장소의 설정 및 관리와 가장 관계가 없는 것은?**

① 종이 등 가연성 물질 취급
② 인화성 가스 등을 제조 · 취급하는 장소
③ 인화성 고체를 제조 · 사용하는 장소
④ 인화성 액체의 증기 사용

78 **산업안전보건기준에 관한 규칙에 따라 감전될 우려가 있는 장소에서 작업을 하기 위해서는 전로를 차단하여야 한다. 전로 차단을 위한 시행 절차로 바르지 않은 것은?**

① 차단장치나 단로기 등에 잠금장치 및 꼬리표 부착
② 각 단로기를 개방한 후 전원 차단
③ 검전기를 이용하여 작업 대상 기기가 충전되었는지를 확인
④ 전기기기 등이 다른 노출 충전부와의 접촉, 유도 또는 예비동력원의 역송전 등으로 전압이 발생할 우려가 있는 경우에는 충분한 용량을 가진 단락 접지기구를 이용하여 접지

79 **고압가스 용기 파열사고의 주요 원인 중 하나는 용기의 내압력(capacity to resist pressure)부족이다. 다음 중 내압력 부족의 원인으로 거리가 먼 것은?**

① 용기 내벽의 부식
② 용접 불량
③ 과잉 충전
④ 강재 피로

80 **KS C IEC 60079－6에 따른 유입방폭구조 "o" 방폭장비의 최소 IP 등급은?**

① IP66
② IP55
③ IP44
④ IP33

5과목 화학설비 안전 관리

답안 표기란				
81	①	②	③	④
82	①	②	③	④
83	①	②	③	④
84	①	②	③	④

81 **압축기와 송풍의 관로에 심한 공기의 맥동과 진동을 발생하면서 불안정한 운전이 되는 서어징(surging) 현상의 방지법으로 바르지 않은 것은?**

① 양정흡입을 적게 한다.
② 흡수관경을 펌프구경보다 크게 한다.
③ 교축밸브를 기계에서 멀리 설치한다.
④ 토출가스를 흡입측에 바이패스 시키거나 방출밸브에 의해 대기로 방출시킨다.

82 **폭발을 기상폭발과 응상폭발로 분류할 때 기상폭발에 속하지 않는 것은?**

① 중합폭발　② 혼합가스폭발
③ 분진폭발　④ 수증기폭발

83 **안전설계의 기초에 있어 기상폭발대책을 예방대책, 긴급대책, 방호대책으로 나눌 때, 다음 중 방호대책과 가장 관계가 있는 것은?**

① 가연조건의 억제
② 발화의 저지
③ 방폭벽 설치와 안전거리 유지
④ 경보기 설치

84 **자연발화가 가장 쉽게 일어나기 위한 조건에 적합한 것은?**

① 축적된 열량이 큰 경우
② 저온, 건조한 환경
③ 표면적이 작은 물질
④ 공기의 이동이 많은 장소

85 다음 중 노출기준(TWA)이 가장 낮은 물질은?

① 에탄올
② 암모니아
③ 염소
④ 메탄올

86 다음 중 아세틸렌을 압축할 때 사용되는 희석제로 적당하지 않은 것은?

① 프로판
② 산소
③ 일산화탄소
④ 에틸렌

87 위험물안전관리법령에 의한 위험물의 분류 중 제1류 위험물에 해당하는 것은?

① 무기과산화물
② 질산에스테르
③ 금속칼륨
④ 나트륨

88 다음 중 할론 소화약제인 Halon 2402의 화학식으로 옳은 것은?

① $C_2Br_4F_2$
② $C_2H_4Br_2$
③ $C_2Br_4H_2$
④ $C_2F_4Br_2$

답안 표기란				
85	①	②	③	④
86	①	②	③	④
87	①	②	③	④
88	①	②	③	④

89 **사업주는 안전밸브 등의 전단 · 후단에 차단밸브를 설치해서는 아니 된다. 다만, 별도로 정한 경우에 해당할 때는 자물쇠형 또는 이에 준하는 형식의 차단밸브를 설치할 수 있다. 이에 해당하는 경우가 아닌 것은?**

① 인접한 화학설비 및 그 부속설비에 안전밸브 등이 각각 설치되어 있고, 해당 화학설비 및 그 부속설비의 연결배관에 차단밸브가 없는 경우
② 안전밸브 등의 배출용량의 2분의 1 이상에 해당하는 용량의 자동압력조절밸브와 안전밸브 등이 병렬로 연결된 경우
③ 파열판과 안전밸브를 직렬로 설치한 경우
④ 하나의 플레어 스택(flare stack)에 둘 이상의 단위공정의 플레어 헤더(flare header)를 연결하여 사용하는 경우로서 각각의 단위공정의 플레어헤더에 설치된 차단밸브의 열림 · 닫힘 상태를 중앙제어실에서 알 수 있도록 조치한 경우

90 **가연성 물질이 연소하기 쉬운 조건으로 바르지 않은 것은?**

① 열전도율이 작을 것
② 점화에너지가 작을 것
③ 건조가 양호할 것
④ 입자의 표면적이 작을 것

91 **다음 중 위험물질을 저장하는 방법으로 바르지 않은 것은?**

① 리튬은 물속에 저장
② 나트륨은 석유 속에 저장
③ 칼륨은 석유 속에 저장
④ 황인은 물속에 저장

92 **가연성물질을 취급하는 장치를 퍼지하고자 할 때 바르지 않은 것은?**

① 장치내부를 세정한 후 퍼지용 가스를 송입한다.
② 사용하는 불활성가스의 물성을 파악한다.
③ 퍼지용 가스를 가능한 한 빠른 속도로 단시간에 다량 송입한다.
④ 대상물질의 물성을 파악한다.

답안 표기란	
89	① ② ③ ④
90	① ② ③ ④
91	① ② ③ ④
92	① ② ③ ④

93 **위험물안전관리법령상 제4류 위험물 중 제2석유류로 분류되는 물질은?**

① 실린더유 ② 등유
③ 휘발유 ④ 아세톤

94 **다음의 위험물 취급에 관한 설명으로 바르지 않은 것은?**

① 도전성이 나쁜 액체는 정전기 발생을 방지하기 위한 조치를 취한다.
② 산화성 물질의 경우 가연물과의 접촉을 피해야 한다.
③ 가스 누설의 우려가 있는 장소에서는 점화원의 철저한 관리가 필요하다.
④ 모든 폭발성 물질은 석유류에 침지시켜 보관해야 한다.

95 **산업안전보건법령상 건조설비를 사용하여 작업을 하는 경우 폭발 또는 화재를 예방하기 위하여 준수하여야 하는 사항으로 바르지 않은 것은?**

① 건조설비(바깥 면이 현저히 고온이 되는 설비만 해당)에 가까운 장소에는 인화성 액체를 두지 않도록 할 것
② 위험물 건조설비를 사용하는 경우에는 건조로 인하여 발생하는 가스 · 증기 또는 분진에 의하여 폭발 · 화재의 위험이 있는 물질을 안전한 장소로 배출시킬 것
③ 위험물 건조설비를 사용하여 가열건조하는 건조물은 쉽게 이탈되도록 할 것
④ 고온으로 가열건조한 가연성 물질은 발화의 위험이 없는 온도로 냉각한 후에 격납시킬 것

96 **산업안전보건기준에 관한 규칙상 국소배기장치의 후드 설치 기준으로 적합하지 않은 것은?**

① 유해물질이 발생하는 곳마다 설치할 것
② 후드의 개구부 면적은 가능한 한 크게 할 것
③ 유해인자의 발생형태와 비중, 작업방법 등을 고려하여 해당 분진 등의 발산원을 제어할 수 있는 구조로 설치할 것
④ 후드 형식은 가능하면 포위식 또는 부스식 후드를 설치할 것

답안 표기란				
93	①	②	③	④
94	①	②	③	④
95	①	②	③	④
96	①	②	③	④

97 가연성 가스 및 증기의 위험도에 따른 방폭전기기기의 분류로 폭발등급을 사용하는데, 이러한 폭발등급을 결정하는 것은?

① 발화도
② 최소발화에너지
③ 폭발한계
④ 화염일주한계

98 다음 중 압축기를 운전할 경우 토출압력이 갑자기 증가하는 이유는?

① 토출관 내에 저항 발생
② 피스톤 링의 가스 누설
③ 윤활유의 과다
④ 저장조 내 가스압의 감소

99 산업안전보건법령에서 규정하고 있는 위험물질의 종류 중 부식성 염기류로 분류되기 위하여 농도가 40% 이상이어야 하는 물질은?

① 황산
② 수산화나트륨
③ 에틸에테르
④ 아세트산

100 다음 물질 중 인화점이 가장 낮은 물질은?

① 크실렌
② 아세톤
③ 이황화탄소
④ 경유

답안 표기란	
97	① ② ③ ④
98	① ② ③ ④
99	① ② ③ ④
100	① ② ③ ④

6과목 건설공사 안전 관리

101 공사현장에서 가설계단을 설치하는 경우 높이가 3m를 초과하는 계단에는 높이 3m 이내마다 진행방향으로 최소 얼마 이상의 너비를 가진 계단참을 설치하여야 하는가?

① 1.0m ② 1.2m
③ 1.5m ④ 2.0m

102 토사붕괴 재해를 방지하기 위한 흙막기 지보공설비를 구성하는 부재가 아닌 것은?

① 턴버클 ② 버팀대
③ 띠장 ④ 말뚝

103 흙막이 지보공을 조립하는 경우 미리 조립도를 작성하여야 하는데 이 조립도에 명시되어야 할 사항이 아닌 것은?

① 흙막이판 ② 버팀대
③ 부재의 긴압정도 ④ 설치방법과 순서

104 강관을 사용하여 비계를 구성하는 경우 준수해야할 사항으로 바르지 않은 것은?

① 비계기둥의 간격은 띠장 방향에서는 1.5m 이하, 장선 방향에서는 1.0m 이하로 할 것
② 띠장 간격은 2.0m 이하로 할 것
③ 비계기둥의 제일 윗부분으로부터 31m되는 지점 밑부분의 비계기둥은 2개의 강관으로 묶어 세울 것
④ 비계기둥 간의 적재하중은 400kg을 초과하지 않도록 할 것

답안 표기란				
101	①	②	③	④
102	①	②	③	④
103	①	②	③	④
104	①	②	③	④

105 작업중이던 미장공이 상부에서 떨어지는 공구에 의해 상해를 입었다면 어느 부분에 대한 결함인가?

① 작업대 설치 ② 낙하물 방지시설 설치
③ 지보공 설치 ④ 작인원의 배치

106 로프길이 2m의 안전대를 착용한 근로자가 추락으로 인한 부상을 당하지 않기 위한 지면으로부터 안전대 고정점가지의 높이(H)의 기준으로 옳은 것은? (단, 로프의 신율 30%, 근로자의 신장 180cm)

① H>1.0m ② H>1.5m
③ H>2.5m ④ H>3.5m

107 다음 중 압쇄기를 사용하여 건물을 해체할 경우 그 순서를 바르게 나열한 것은?

A : 보, B : 기둥, C : 슬래브, D : 벽체

① A → B → C → D
② B → A → C → D
③ C → A → D → B
④ D → C → B → A

108 시스템 비계를 사용하여 비계를 구성하는 경우의 준수사항으로 바르지 않은 것은?

① 수직재 · 수평재 · 가새재를 견고하게 연결하는 구조가 되도록 할 것
② 수평재는 수직재와 직각으로 설치하여야 하며, 체결 후 흔들림이 없도록 견고하게 설치할 것
③ 수직재와 수직재의 연결철물은 이탈되지 않도록 견고한 구조로 할 것
④ 벽 연결재의 설치간격은 시공자가 안전을 고려하여 임의대로 결정한 후 설치할 것

답안 표기란				
105	①	②	③	④
106	①	②	③	④
107	①	②	③	④
108	①	②	③	④

답안 표기란	
109	① ② ③ ④
110	① ② ③ ④
111	① ② ③ ④
112	① ② ③ ④

109 다음 중 직접기초의 터파기 공법으로 볼 수 없는 것은?

① 어스앵커공법
② 시트 파일 공법
③ 트렌치 컷 공법
④ 오픈 컷

110 다음 중 토사붕괴의 원인으로 바르지 않은 것은?

① 경사 및 기울기 증가
② 간극수압 상승
③ 굴착 후 장기간 방치에 의한 토사 이완에 따른 점착력 감소
④ 토사중량의 감소

111 다음 중 강관비계 조립시의 준수사항으로 바르지 않은 것은?

① 강관의 접속부 또는 교차부는 적합한 부속철물을 사용하여 접속하거나 단단히 묶어야 한다.
② 지상높이 4층 이하 또는 12m 이하인 건축물의 해체 및 조립 등의 작업에서만 사용한다.
③ 교차가새로 보강한다.
④ 가공전로에 근접하여 비계를 설치하는 경우에는 가공전로를 이설하거나 가공전로에 절연용 방호구를 장착하는 등 가공전로와의 접촉을 방지하기 위한 조치를 하여야 한다.

112 경암이 건조된 지반을 흙막이지보공 없이 굴착하려 할 때 굴착면의 기울기 기준으로 옳은 것은?

① 1 : 1.8
② 1 : 1.5
③ 1 : 0.5
④ 1 : 1.2

113 근로자에게 작업 중 또는 통행 시 전락(轉落)으로 인하여 근로자가 화상 · 질식 등의 위험에 처할 우려가 있는 케틀(kettle), 호퍼(hopper), 피트(pit) 등이 있는 경우에 그 위험을 방지하기 위하여 최소 높이 얼마 이상의 울타리를 설치하여야 하는가?

① 90cm 이상
② 85cm 이상
③ 80cm 이상
④ 75cm 이상

114 권상용 와이어로프의 절단하중이 100ton일 때 와이어로프에 걸리는 최대하중은? (단, 안전계수는 5임)

① 10ton
② 20ton
③ 50ton
④ 100ton

115 건설현장에서 달비계를 설치하여 작업 시 달비계에 사용가능한 와이어로프는?

① 꼬인 것
② 와이어로프의 한 꼬임에서 끊어진 소선의 수가 7%인 것
③ 지름의 감소가 공칭지름의 10%인 것
④ 이음매가 있는 것

116 콘크리트 타설 시 거푸집 측압에 관한 설명으로 옳지 않은 것은?

① 온도가 높을수록 측압은 크다.
② 타설속도가 클수록 측압은 크다.
③ 슬럼프가 클수록 측압은 크다.
④ 습도가 낮을수록 측압은 작다.

답안 표기란	
113	① ② ③ ④
114	① ② ③ ④
115	① ② ③ ④
116	① ② ③ ④

답안 표기란	
117	① ② ③ ④
118	① ② ③ ④
119	① ② ③ ④
120	① ② ③ ④

117 다음 중 사면지반 개량공법으로 옳지 않은 것은?

① 주입공법
② 석회 안정처리공법
③ 이온교환공법
④ 옹벽 공법

118 터널작업을 할 경우 자동경보장치에 대하여 당일의 작업시작 전 점검하여야 할 사항으로 바르지 않은 것은?

① 검지부의 이상 유무
② 조명시설의 이상 유무
③ 경보장치의 작동 상태
④ 계기의 이상 유무

119 다음의 표준관입시험에 관한 설명으로 옳지 않은 것은?

① N치(N－value)는 지반을 30cm 굴진하는데 필요한 타격횟수를 의미한다.
② 사질지반에 적용하며, 점토지반에서는 편차가 커서 신뢰성이 떨어진다.
③ 63.5kg 무게의 추를 76cm 높이에서 자유낙하하여 타격하는 시험이다.
④ N치 4~10일 경우 모래의 상대밀도는 매우 단단한 편이다.

120 터널공사의 전기발파작업에 관한 설명으로 옳지 않은 것은?

① 발파 후 발파기와 발파모선의 연결을 유지한 채 그 단부를 절연시킨 후 재점화가 되지 않도록 한다.
② 점화는 충분한 허용량을 갖는 발파기를 사용하고 규정된 스위치를 반드시 사용하여야 한다.
③ 전선은 점화하기 전에 화약류를 충진한 장소로부터 30m 이상 떨어진 안전한 장소에서 도통시험 및 저항시험을 하여야 한다.
④ 점화는 선임된 발파책임자가 행하고 발파기의 핸들을 점화할 때 이외는 시건장치를 하거나 모선을 분리하여야 하며 발파책임자의 엄중한 관리하에 두어야 한다.

제5회 CBT 빈출 모의고사

수험번호
수험자명

제한 시간 : 3시간　　전체 문제 수 : 120　　맞힌 문제 수 :

1과목 산업재해 예방 및 안전보건교육

01 하인리히의 재해발생 이론을 다음과 같이 표현할 때, 다음 중 α가 의미하는 것은?

> 재해의 발생＝물적 불안전 상태＋인적불안전행위＋α
> ＝설비적 결함＋관리적 결함＋α

① 위험이 노출된 상태　② 재해의 직접원인
③ 재해의 간접원인　④ 잠재된 위험의 상태

02 다음의 무재해운동 추진기법 중 위험예지훈련 4라운드 기법에 해당하지 않는 것은?

① 안전평가　② 행동 목표설정
③ 요인조사　④ 현상파악

03 다음의 기업 내 정형교육 중 TWI(Training Within Industry)의 교육내용에 해당하지 않는 것은?

① Job Method Training
② Job Standardization Training
③ Job Instruction Training
④ Job Safety Training

04 데이비스(Davis)의 동기부여 이론 중 동기유발에 관한 등식을 바르게 나타낸 것은?

① 지식×기능　② 능력×동기유발
③ 인간의 성과×물질의 성과　④ 상황×태도

답안 표기란

01	① ② ③ ④
02	① ② ③ ④
03	① ② ③ ④
04	① ② ③ ④

답안 표기란

05	①	②	③	④
06	①	②	③	④
07	①	②	③	④
08	①	②	③	④

05 석면 취급장소에서 사용하는 방진마스크의 등급으로 옳은 것은?

① 특급 ② 1급
③ 2급 ④ 3급

06 산업안전보건법령상 안전 · 보건표지의 종류 중에서 다음 안전 · 보건 표지의 명칭은?

① 화물적재금지 ② 차량통행금지
③ 물체이동금지 ④ 화물반입금지

07 A사업장의 상시근로자 1000명이 작업 중 2명의 사망자와 의사진단에 의한 휴업일수 90일의 손실을 가져온 경우의 강도율은? (단, 1일 8시간, 연 300일 근무)

① 6.28
② 7.17
③ 8.56
④ 9.28

08 안전교육 중 프로그램 학습법의 장점으로 볼 수 없는 것은?

① 수강생들이 학습이 가능한 시간대의 폭이 넓다.
② 여러 가지 수업 매체를 동시에 다양하게 활용할 수 있다.
③ 지능, 학습속도 등 개인차를 충분히 고려할 수 있다.
④ 수업의 모든 단계에서 적용이 가능하다.

09 부주의에 대한 사고방지대책 중 기능 및 작업측면의 대책으로 볼 수 없는 것은?

① 적응력 향상
② 적성배치
③ 직업의식 고취
④ 안전작업 방법 습득

10 관리 그리드 이론에서 인간관계 유지에는 낮은 관심을 보이지만 과업에 대해서는 높은 관심을 가지는 리더십의 유형은?

① 1.1형
② 1.9형
③ 9.9형
④ 9.1형

11 다음 중 재해예방의 4원칙에 관한 설명으로 바르지 않은 것은?

① 재해는 원인 제거가 불가능하므로 예방만이 최선이다.
② 재해의 발생과 손실의 발생은 우연적이다.
③ 재해를 예방할 수 있는 안전대책은 반드시 존재한다.
④ 재해의 발생에는 반드시 원인이 존재한다.

12 안전교육방법 중 학습자가 이미 설명을 듣거나 시범을 보고 알게 된 지식이나 기능을 강사의 감독 아래 직접적으로 연습하여 적용할 수 있도록 하는 교육방법은?

① 반복법
② 토의법
③ 실연법
④ 모의법

답안 표기란				
09	①	②	③	④
10	①	②	③	④
11	①	②	③	④
12	①	②	③	④

13 다음 중 브레인스토밍(Brain Storming)의 4원칙을 바르게 나열한 것은?

① 소량발언, 자유발언, 비판금지, 수정발언
② 비판자유, 소량발언, 자유발언, 수정발언
③ 대량발언, 비판자유, 자유발언, 수정발언
④ 자유발언, 비판금지, 대량발언, 수정발언

14 다음의 교육훈련 방법 중 OJT(On the Job Training)의 특징으로 바르지 않은 것은?

① 개개인에게 적절한 지도 훈련이 가능하다.
② 동시에 다수의 근로자들을 조직적으로 훈련이 가능하다.
③ 훈련효과에 의해 상호 신뢰 및 이해도가 높아진다.
④ 직장의 실정에 맞게 실제적 훈련이 가능하다.

15 새로 손을 얹고 팀의 행동구호를 외치는 무재해 운동 추진 기법의 하나로, 스킨십(Skinship)에 바탕을 두고 팀 전원의 일체감, 연대감을 느끼게 하며, 대뇌피질에 안전태도 형성에 좋은 이미지를 심어주는 기법은?

① Touch and call
② Error cause removal
③ Brain Storming
④ Safety training observation program

16 다음 적응기제의 형태 중 방어적 기제가 아닌 것은?

① 저항
② 투사적 동일시
③ 퇴행
④ 합리화

답안 표기란	
13	① ② ③ ④
14	① ② ③ ④
15	① ② ③ ④
16	① ② ③ ④

17 산업재해의 기본원인 중 "에러를 일으키는 인적 요인"으로 분류되는 항목은?

① Man
② Media
③ Machine
④ Management

18 다음 안전보건교육 계획에 포함해야 할 사항이 아닌 것은?

① 교육의 과목 및 교육내용
② 교육목표 및 목적
③ 교육장소
④ 교육지도안

19 관리감독자를 대상으로 교육하는 TWI의 교육내용이 아닌 것은?

① 작업안전훈련
② 문제해결훈련
③ 인간관계훈련
④ 작업방법훈련

20 산업안전보건법령상 안전보건관리책임자 등에 대한 교육시간 기준으로 틀린 것은?

① 안전검사기관, 자율안전검사기관의 종사자 신규교육 : 34시간 이상
② 안전관리자, 안전관리전문기관의 종사자 보수교육 : 24시간 이상
③ 석면조사기관의 종사자 신규교육 : 34시간 이상
④ 건설재해예방전문지도기관의 종사자 신규교육 : 24시간 이상

답안 표기란				
17	①	②	③	④
18	①	②	③	④
19	①	②	③	④
20	①	②	③	④

2과목 인간공학 및 위험성 평가·관리

답안 표기란	
21	① ② ③ ④
22	① ② ③ ④
23	① ② ③ ④
24	① ② ③ ④

21 FTA 결과 다음과 같은 패스셋을 구하였다. X_4가 중복사상인 경우, 최소 패스셋(minimal path sets)으로 맞는 것은?

$\{X_2, X_3, X_4\}$
$\{X_1, X_3, X_4\}$
$\{X_3, X_4\}$

① $\{X_3, X_4\}$
② $\{X_1, X_3, X_4\}$
③ $\{X_2, X_3, X_4\}$
④ $\{X_2, X_3, X_4\}$와 $\{X_3, X_4\}$

22 다음 중 작업공간 설계에 있어 "접근제한요건"에 대한 설명으로 옳은 것은?

① 조절식 의자와 같이 누구나 사용할 수 있도록 설계한다.
② 박물관의 미술품 전시와 같이 장애물 뒤의 타겟과의 거리를 확보하여 설계한다.
③ 트럭운전이나 수리작업을 위한 공간을 확보하여 설계한다.
④ 비상벨의 위치를 작업자의 신체조건에 맞추어 설계한다.

23 다음의 기계설비 고장 유형 중 기계의 초기결함을 찾아내 고장률을 안정시키는 기간은?

① 마모고장 기간
② 에이징(aging) 기간
③ 우발고장 기간
④ 디버깅(debugging) 기간

24 운동관계의 양립성을 고려하여 동목(moving scale)형 표시장치를 바람직하게 설계한 것은?

① 눈금과 손잡이가 같은 방향으로 회전하도록 설계한다.
② 눈금의 숫자는 우측으로 증가하도록 설계한다.
③ 꼭지의 시계 방향 회전이 지시치를 증가시키도록 설계한다.
④ 위의 세 가지 요건을 동시에 만족시키도록 설계한다.

25 다음 중 사업장에서 인간공학의 적용분야로 볼 수 없는 것은?

① 작업환경 개선　② 설비의 고장률
③ 작업공간 설계　④ 장비 · 공구 · 설비의 배치

26 입력 B_1과 B_2의 어느 한쪽이 일어나면 출력 A가 생기는 경우를 논리합의 관계라 한다. 이때 입력과 출력 사이에는 무슨 게이트로 연결되는가?

① 부정 게이트　② 억제 게이트
③ AND 게이트　④ OR 게이트

27 산업안전보건법령에 따라 제조업 등 유해위험방지계획서를 작성하고자 할 때 관련 규정에 따라 1명 이상 포함시켜야 하는 사람의 자격으로 적합하지 않은 것은?

① 관련분야 산업기사 자격을 취득한 사람으로서 해당 분야에서 2년 이상 근무한 경력이 있는 사람
② 기계, 재료, 화학, 전기, 전자, 안전관리 또는 환경분야 기술사 자격을 취득한 사람
③ 관련분야 기사 자격을 취득한 사람으로서 해당 분야에서 3년 이상 근무한 경력이 있는 사람
④ 전문계 고등학교 이상의 학교를 졸업하고 해당 분야에서 9년 이상 근무한 경력이 있는 사람

28 다음 중 인간의 귀의 구조에 대한 설명으로 옳지 않는 것은?

① 내이는 신체의 평형감각수용기인 반규관과 청각을 담당하는 전정기관 및 와우로 구성되어 있다.
② 고막은 중이와 내이의 경계부위에 위치해 있으며 음파를 진동으로 바꾼다.
③ 중이에는 인두와 교통하여 고실 내압을 조절하는 유스타키오관이 존재한다.
④ 외이는 귓바퀴와 외이도로 구성된다.

답안 표기란				
25	①	②	③	④
26	①	②	③	④
27	①	②	③	④
28	①	②	③	④

29 다음 중 ( )안에 들어갈 내용을 순서대로 정리한 것은?

> 근섬유의 수축단위는 (㉠)(이)라 하는데 이것은 두 가지 기본형의 단백질 필라멘트로 구성되어 있으며, (㉡)(이)가 (㉢) 사이로 미끄러져 들어가는 현상으로 근육의 수축을 설명하기도 한다.

① ㉠ 근막, ㉡ 글로불린, ㉢ 액틴
② ㉠ 근막, ㉡ 액틴, ㉢ 글로불린
③ ㉠ 근원섬유, ㉡ 액틴, ㉢ 마이오신
④ ㉠ 근원섬유, ㉡ 근막, ㉢ 근섬유

30 다음 중 쾌적한 환경에서 추운환경으로 변화할 경우 신체의 조절작용이 아닌 것은?

① 직장온도가 약간 내려간다.
② 피부온도가 내려간다.
③ 몸이 떨리고 소름이 돋는다.
④ 피부를 경유하는 혈액 순환량이 감소한다.

31 인체계측자료의 응용원칙 중 조절 범위에서 수용하는 통상의 범위는?

① 1~99%tile
② 5~95%tile
③ 10~90%tile
④ 20~70%tile

32 다음 중 인간-기계시스템의 연구 목적으로 가장 적절한 것은?

① 시스템의 신뢰성 극대화
② 운전시 피로의 평준화
③ 정보이용의 활성화
④ 안전성 향상과 사고방지

답안 표기란				
29	①	②	③	④
30	①	②	③	④
31	①	②	③	④
32	①	②	③	④

33 산업안전보건법령에 따라 유해위험방지계획서의 제출대상 사업은 해당 사업으로서 전기 계약용량이 얼마 이상이 사업인가?

① 100kW ② 200kW
③ 300kW ④ 400kW

34 작업의 강도는 에너지대사율(RMR)에 따라 분류되는데 분류 기간 중, 중(中)작업의 에너지 대사율은?

① 0~2RMR ② 2~4RMR
③ 4~7RMR ④ 7RMR 이상

35 다음의 설명에 해당하는 설비보전방식의 유형은 무엇인가?

> 설비보전 정보와 신기술을 기초로 신뢰성, 조작성, 보전성, 안전성, 경제성 등이 우수한 설비의 선정, 조달 또는 설계를 통하여 궁극적으로 설비의 설계, 제작 단계에서 보전활동이 불필요한 체제를 목표로 한 설비보전 방법을 말한다.

① 개량보전 ② 일상보전
③ 사후보전 ④ 보전예방

36 국소진동에 지속적으로 노출된 근로자에게 발생할 수 있으며, 말초혈관 장해로 손가락이 창백해지고 동통을 느끼는 질환은?

① 레이노 병(Raynaud's phenomenon)
② 파킨슨 병(Parkinson's disease)
③ C5−dip 현상
④ 규폐증

답안 표기란				
33	①	②	③	④
34	①	②	③	④
35	①	②	③	④
36	①	②	③	④

37 다음의 화학설비에 대한 안전성 평가 중 정량적 평가항목이 아닌 것은?

① 조작
② 건조물
③ 압력
④ 화학설비용량

38 시스템안전 MIL-STD-882B 분류기준의 위험성 평가 매트릭스에서 발생빈도에 속하지 않는 것은?

① 가끔 발생하는(Occasional)
② 보통 발생하는(reasonably probable)
③ 전혀 발생하지 않는(impossible)
④ 자주 발생하는(Frequent)

39 NOISH lifting guideline에서 권장무게한계(RWL) 산출에 사용되는 계수가 아닌 것은?

① 휴식계수
② 거리계수
③ 빈도계수
④ 비대칭 계수

40 직무에 대하여 청각적 자극 제시에 대한 음성 응답을 하도록 할 때 가장 관련 있는 양립성은?

① 개념적 양립성
② 양식 양립성
③ 운동 양립성
④ 공간적 양립성

답안 표기란	
37	① ② ③ ④
38	① ② ③ ④
39	① ② ③ ④
40	① ② ③ ④

3과목 기계·기구 및 설비 안전 관리

답안 표기란	
41	① ② ③ ④
42	① ② ③ ④
43	① ② ③ ④
44	① ② ③ ④

41 보일러에서 압력이 규정 압력 이상으로 상승하여 과열되는 원인으로 바르지 않은 것은?

① 수관 및 본체의 청소 불량
② 제한 압력을 초과하여 사용할 경우
③ 절탄기의 미부착
④ 부식, 급수의 질이 나쁜 경우

42 프레스기에 금형 설치 및 조정 작업을 하는 경우 준수하여야 할 안전수칙으로 바르지 않은 것은?

① 슬라이드의 불시하강을 방지하기 위하여 안전블록을 제거한다.
② 금형의 체결은 올바른 치공구를 사용하고 균등하게 체결한다.
③ 금형은 하형부터 잡고 무거운 금형의 받침은 인력으로 하지 않는다.
④ 금형을 부착하기 전에 하사점을 확인한다.

43 로봇의 작동범위 내에서 그 로봇에 관하여 교시 등의 작업을 행할 때 작업시작 전 점검 사항으로 적절한 것은?

① 과부하방지장치의 이상 유무
② 외부전선의 피복 또는 외장의 손상 유무
③ 강관비계의 이상 유무
④ 권과방지장치의 이상 유무

44 다음 중 선반에서 절삭가공 시 가공물의 돌출부에 작업자가 접촉하지 않도록 설치하는 덮개는?

① 칩 커터
② 칩 받침
③ 칩 쉴드
④ 칩 브레이커

45 **밀링작업을 할 때의 안전수칙에 관한 설명으로 바르지 않은 것은?**

① 칩은 기계를 정지시킨 다음에 브러시 등으로 제거한다.
② 가공 중에는 손으로 가공면을 점검하지 않는다.
③ 커터는 될 수 있는 한 컬럼에서 멀게 설치한다.
④ 가공 중에 얼굴을 기계에 접근시키지 않는다.

46 **양중기의 과부하장치에서 요구하는 일반적인 성능기준으로 바르지 않은 것은?**

① 과부하방지장치 작동 시 경보음과 경보램프가 작동되어야 하며 양중기는 작동이 되지 않아야 한다.
② 크레인은 과부하 상태 해지를 위하여 권상된 만큼 권하시킬 수 있다.
③ 외함의 전선 접촉부분은 고무 등으로 밀폐되어 물과 먼지 등이 들어가지 않도록 한다.
④ 방호장치의 기능을 제거하더라도 양중기는 원활하게 작동시킬 수 있는 구조여야 한다.

47 **숫돌 바깥지름이 180mm일 경우 평형 플랜지의 지름은 최소 몇 mm 이상이어야 하는 가?**

① 60mm　② 70mm
③ 90mm　④ 100mm

48 **다음 (　)안의 ㉠과 ㉡의 내용을 바르게 나타낸 것은?**

> 아세틸렌용접장치의 관리상 발생기에서 (㉠)m 이내 또는 발생기실에서 (㉡)m 이내의 장소에서 흡연, 화기의 사용 또는 불꽃이 발생할 위험한 행위를 금지해야 한다.

① ㉠ 3, ㉡ 1　② ㉠ 5, ㉡ 3
③ ㉠ 7, ㉡ 5　④ ㉠ 10, ㉡ 9

답안 표기란	
45	① ② ③ ④
46	① ② ③ ④
47	① ② ③ ④
48	① ② ③ ④

49 **목재가공용 둥근톱 기계에서 가동식 접촉예방장치에 대한 요건으로 옳지 않은 것은?**

① 절단작업을 하고 있지 않을 때에는 톱날에 접촉되는 것을 방지할 수 있어야 한다.
② 절단작업 중 가공재의 절단에 필요한 날 이외의 부분을 항상 자동적으로 덮을 수 있는 구조여야 한다.
③ 지지부는 덮개의 위치를 조정할 수 있어야 한다.
④ 톱날이 보이지 않게 완전히 가려진 구조이어야 한다.

50 **다음 중 롤러기 급정지장치 조작부에 사용하는 로프의 성능 기준으로 적합한 것은? (단, 로프의 재질은 관련 규정에 적합한 것으로 본다.)**

① 지름 2mm 이상의 와이어로프
② 지름 3mm 이상의 합성섬유로프
③ 지름 4mm 이상의 와이어로프
④ 지름 5mm 이상의 합성섬유로프

51 **다음 중 압력용기 등에 설치하는 안전밸브에 관한 설명으로 바르지 않은 것은?**

① 안전밸브의 배출용량은 그 작동원인에 따라 각각의 소요분출량을 계산하여 가장 큰 수치를 해당 안전밸브의 배출용량으로 하여야 한다.
② 급성 독성물질이 지속적으로 외부에 유출될 수 있는 화학설비 및 그 부속설비에는 파열판과 안전밸브를 병렬로 설치한다.
③ 안전밸브는 보호하려는 설비의 최고사용압력 이하에서 작동되도록 하여야 한다.
④ 안지름이 150mm를 초과하는 압력용기에 대해서는 과압에 따른 폭발을 방지하기 위하여 규정에 맞는 안전밸브를 설치해야 한다.

52 **다음 중 소성가공을 열간가공과 냉간가공으로 분류하는 가공온도의 기준은?**

① 재결정 온도　　② 공석점 온도
③ 공정점 온도　　④ 융해점 온도

답안 표기란	
49	① ② ③ ④
50	① ② ③ ④
51	① ② ③ ④
52	① ② ③ ④

53 구내운반차의 제동장치 준수사항에 대한 설명으로 바르지 않은 것은?

① 긴급한 상황에 대비하기 위하여 경음기를 갖출 것
② 운전석이 차 실내에 있는 것은 좌우에 한 개씩 방향지시기를 갖출 것
③ 주행을 제동하거나 정지상태를 유지하기 위하여 유효한 제동장치를 갖출 것
④ 핸들의 중심에서 차체 바깥 측까지의 거리가 50센티미터 이상일 것

54 다음 중 프레스기에 설치하는 방호장치에 관한 설명으로 바르지 않은 것은?

① 양수조작식 방호장치는 1행정마다 누름버튼에서 양손을 떼지 않으면 다음 작업의 동작을 할 수 없는 구조이어야 한다.
② 수인식 방호장치의 수인끈 재료는 합성섬유로 직경이 4mm 이상이어야 한다.
③ 광전자식 방호장치는 정상동작표시램프는 적색, 위험표시램프는 녹색으로 하며, 쉽게 근로자가 볼 수 있는 곳에 설치해야 한다.
④ 손쳐내기식 방호장치는 슬라이드 하행정거리의 3/4 위치에서 손을 완전히 밀어내야 한다.

55 산업안전보건법령에 따라 사다리식 통로를 설치하는 경우 준수해야 할 기준으로 바르지 않은 것은?

① 사다리식 통로의 기울기는 90°이하로 할 것
② 발판과 벽과의 사이는 15센티미터 이상의 간격을 유지할 것
③ 사다리의 상단은 걸쳐놓은 지점으로부터 60센티미터 이상 올라가도록 할 것
④ 폭은 30센티미터 이상으로 할 것

56 산업안전보건법령에 따라 레버풀러(lever puller) 또는 체인블록(chain block)을 사용하는 경우 훅의 입구(hook mouth) 간격이 제조자가 제공하는 제품사양서 기준으로 몇 % 이상 벌어진 것은 폐기하여야 하는가?

① 5%　② 10%　③ 15%　④ 20%

답안 표기란	
53	① ② ③ ④
54	① ② ③ ④
55	① ② ③ ④
56	① ② ③ ④

57 **산업안전보건법령상 로봇에 설치되는 제어장치의 조건으로 적합하지 않은 것은?**

① 누름버튼은 오작동 방지를 위한 가드를 설치하는 등 불시기동을 방지할 수 있는 구조로 제작 · 설치되어야 한다.
② 조작버튼 및 선택스위치 등 제어장치에는 해당 기능을 명확하게 구분할 수 있도록 표시해야 한다.
③ 전원공급램프, 자동운전, 결함검출 등 작동제어의 상태를 확인할 수 있는 표시장치를 설치해야 한다.
④ 로봇에는 외부 보호 장치와 연결하기 위해 하나 이상의 보호정지회로를 구비해야 한다.

58 **선반가공을 할 때 연속적으로 발생되는 칩으로 인해 작업자가 다치는 것을 방지하기 위하여 칩을 짧게 절단시켜주는 안전장치는?**

① 칩 받침 ② 칩 커터
③ 칩 브레이커 ④ 칩 쉴드

59 **연삭기에서 숫돌의 바깥지름이 150mm일 경우 평형플랜지 지름은 몇 mm 이상이어야 하는가?**

① 40 ② 50
③ 60 ④ 100

60 **산업안전보건법령상 프레스 및 전단기에서 안전 블록을 사용해야 하는 작업으로 바르지 않은 것은?**

① 금형 해체작업
② 금형 설치작업
③ 금형 부착작업
④ 금형 조정작업

답안 표기란	
57	① ② ③ ④
58	① ② ③ ④
59	① ② ③ ④
60	① ② ③ ④

4과목 전기설비 안전 관리

답안 표기란	
61	① ② ③ ④
62	① ② ③ ④
63	① ② ③ ④
64	① ② ③ ④

61 다음 중 단로기를 사용하는 주된 목적으로 옳은 것은?

① 과부하 차단
② 무부하 선로의 개폐
③ 이상전압의 차단
④ 변성기의 개폐

62 다음 저압방폭전기의 배관방법에 대한 설명으로 옳지 않은 것은?

① 전선관용 부속품은 관용 평행나사로 완전나사부에 3산 이상 결합시킨다.
② 전선관용 부속품은 내압방폭구조를 사용한다.
③ 배선에서 케이블의 표면온도가 대상하는 발화온도에 충분한 여유가 있도록 한다.
④ 가요성 피팅(Fitting)은 방폭 구조를 이용하되 내측 반경을 5배 이상으로 한다.

63 우리나라에서 사용하고 있는 전압을 크기에 따라 구분한 것으로 알맞은 것은?

① 저압 : 직류는 1kV 이하
② 저압 : 교류는 1.5kV 이하
③ 고압 : 교류는 1kV를 초과하고 7kV 이하인 것
④ 특고압 : 5kV를 초과하는 것

64 다음 중 방폭전기기기의 등급에서 위험장소의 등급분류가 아닌 것은?

① 0종 장소
② 1종 장소
③ 2종 장소
④ 3종 장소

65 다음 중 전기기기의 충격 전압시험을 할 때 사용하는 표준충격파형(Tf, Tt)은?

① $1.2 \times 50\mu s$

② $1.5 \times 50\mu s$

③ $2.1 \times 100\mu s$

④ $2.8 \times 100\mu s$

66 자동차가 통행하는 도로에서 고압의 지중전선로를 직접 매설식으로 시설할 때 사용되는 전선은?

① 비닐 외장 케이블

② 폴리스티렌 외장 케이블

③ 콤바인 덕트 케이블

④ 클로로프렌 외장 케이블

67 내압 방폭구조는 다음 중 어디에 가장 가까운가?

① 전기설비의 밀봉화

② 점화원의 방폭적 격리

③ 전기설비의 안전도 증강

④ 점화능력의 본질적 억제

68 다음 중 화염일주한계에 대해 가장 바르게 설명한 것은?

① 화염이 발화온도로 전파될 가능성의 한계값이다.

② 폭발성 분위기가 전기 불꽃에 의하여 화염을 일으킬 수 있는 최소의 한계값이다.

③ 폭발성 가스와 공기가 혼합되어 폭발한계 내에 있는 상태를 유지하는 한계값이다.

④ 화염이 전파되는 것을 저지할 수 있는 틈새의 최대 간격치이다.

답안 표기란	
65	① ② ③ ④
66	① ② ③ ④
67	① ② ③ ④
68	① ② ③ ④

답안 표기란	
69	① ② ③ ④
70	① ② ③ ④
71	① ② ③ ④
72	① ② ③ ④

69 **정전기 방전에 의한 폭발로 추정되는 사고를 조사함에 있어서 필요한 조치가 아닌 것은?**

① 사고현장의 방전흔적 조사
② 사고의 성격 및 특징 규명
③ 사고재발방지 대책 강구
④ 전하발생 부위 및 축적 기구 규명

70 **인체의 전기저항 R을 1,000Ω이라고 할 때, 심실세동을 일으키는 위험 한계 에너지의 최저는 약 몇 J인가? (단, 통전 시간은 1초이고, 심실세동전류 $I=\frac{0.165}{\sqrt{t}}$mA이다.)**

① 7.23J ② 17.23J
③ 27.23J ④ 67.23J

71 **인체의 저항을 500Ω이라 할 때 단상 440V의 회로에서 누전으로 인한 감전재해를 방지할 목적으로 설치하는 누전 차단기의 규격은?**

① 10mA, 0.01초 ② 30mA, 0.03초
③ 50mA, 0.1초 ④ 90mA, 0.3초

72 **전력용 피뢰기에서 직렬 갭을 사용하는 주된 목적은?**

① 충격방전 개시전압을 높게 하기 위하여
② 방전내량을 크게 하고 장시간 사용 시 열화를 적게 하기 위하여
③ 이상전압 발생 시 신속히 대지로 방류함과 동시에 속류를 즉시 차단하기 위하여
④ 충격파 침입시에 대지로 흐르는 방전전류를 크게 하여 제한전압을 낮게 하기 위하여

73 다음 중 인체 피부의 전기저항에 영향을 주는 주요인자가 아닌 것은?

① 접촉 전압
② 인가전압의 크기
③ 습기
④ 통전경로

74 다음 중 밸브 저항형 피뢰기의 구성요소로 옳은 것은?

① 직렬갭, 특성요소
② 병렬갭, 특성요소
③ 직렬갭, 충격요소
④ 병렬갭, 충격요소

75 다음 중 접지의 목적과 효과로 볼 수 없는 것은?

① 대지전압의 상승
② 보호계전기의 신속한 작동
③ 이상전압의 억제
④ 낙뢰에 의한 피해방지

76 피뢰침의 제한전압이 400kV, 충격절연강도가 600kV라 할 때, 보호여유도는 몇 %인가?

① 20%
② 50%
③ 65%
④ 70%

답안 표기란	
73	① ② ③ ④
74	① ② ③ ④
75	① ② ③ ④
76	① ② ③ ④

77 다음의 전자파 중에서 광량자 에너지가 가장 큰 것은?

① 가시광선
② 마이크로파
③ 자외선
④ 적외선

답안 표기란	
77	① ② ③ ④
78	① ② ③ ④
79	① ② ③ ④
80	① ② ③ ④

78 자격자가 아닌 근로자가 방호되지 않은 충전전로 인근의 높은 곳에서 작업할 때에 근로자의 몸은 충전전로에서 몇 cm 이내로 접근할 수 없도록 하여야 하는가? (단, 대지전압이 50kV이다.)

① 100cm
② 150cm
③ 250cm
④ 300cm

79 작업자가 교류전압 7000V 이하의 전로에 활선 근접작업시 감전사고 방지를 위한 절연용 보호구는?

① 절연안전모
② 절연장갑
③ 안전화
④ 고무절연관

80 20Ω의 저항 중에 5A의 전류를 3분간 흘렸을 때의 발열량(cal)은?

① 12,000cal
② 21,600cal
③ 72,000cal
④ 84,560cal

5과목 화학설비 안전 관리

답안 표기란	
81	① ② ③ ④
82	① ② ③ ④
83	① ② ③ ④
84	① ② ③ ④

81 다음 물질 중 폭발 범위가 넓은 것부터 좁은 순서로 바르게 배열한 것은?

H_2 C_3H_8 CH_4 CO

① $CO > H_2 > C_3H_8 > CH_4$
② $H_2 > CO > CH_4 > C_3H_8$
③ $C_3H_8 > CO > CH_4 > H_2$
④ $CH_4 > H_2 > CO > C_3H_8$

82 다음의 물질 중에서 공기 폭발상한계 값이 가장 큰 것은?

① 사이클로헥산
② 이황화탄소
③ 수소
④ 산화에틸렌

83 공정안전보고서 중 공정안전자료에 포함하여야 할 세부내용에 해당하는 것은?

① 비상조치계획에 따른 교육계획
② 사고발생 시 각 부서 · 관련 기관과의 비상연락체계
③ 취급 · 저장하고 있거나 취급 · 저장하려는 유해 · 위험물질의 종류 및 수량
④ 작업자 실수 분석(HEA)

84 다음 위험물에 관한 설명으로 옳지 않은 것은?

① 황린은 물속에 저장한다.
② 과염소산은 쉽게 연소되는 가연성 물질이다.
③ 이황화탄소의 인화점은 −50℃ 보다 높다.
④ 알킬알루미늄은 물과 격렬하게 반응한다.

85 다음 중 가연성 물질과 산화성 고체가 혼합하고 있을 때 연소에 미치는 현상으로 옳은 것은?

① 최소점화에너지가 감소하며, 폭발의 위험성이 증가한다.
② 연소를 일으킬 수 있는 온도의 하한값인 착화온도가 높아진다.
③ 가연성 증기의 경우 공기혼합보다 연소범위가 축소된다.
④ 공기 중에서보다 산화작용이 약하게 발생하여 연소속도가 늦어진다.

86 수분을 함유하는 에탄올에서 순수한 에탄올을 얻기 위해 벤젠과 같은 물질은 첨가하여 수분을 제거하는 증류 방법은?

① 가압증류
② 추출증류
③ 공비증류
④ 감압증류

87 산업안전보건법령상 위험물질의 종류에서 "폭발성 물질 및 유기과산화물"에 해당하는 것은?

① 니트로소 화합물
② 알킬알루미늄
③ 차아염소산
④ 셀룰로이드류

88 다음 중 위험물의 저장방법으로 바르지 않은 것은?

① 황린은 물속에 저장한다.
② 벤젠은 산화성 물질과 격리시킨다.
③ 금속나트륨은 물속에 저장한다.
④ 탄화칼슘은 건조한 곳에 보관한다.

답안 표기란	
85	① ② ③ ④
86	① ② ③ ④
87	① ② ③ ④
88	① ② ③ ④

89 다음 중 위험물안전관리법령에서 정한 제3류 위험물이 아닌 것은?

① 금속의 인화물
② 알킬알루미늄
③ 알칼리토금속
④ 니트로글리세린

90 열교환기의 보수에 있어 일상점검항목과 정기적 개방점검항목으로 구분할 때 일상점검항목이 아닌 것은?

① 생성물에 의한 오염의 상황
② 도장의 노후 상황
③ 보온재, 보냉재의 파손 여부
④ 기초볼트의 체결 정도

91 다음 중 인화성 가스가 아닌 것은?

① 아세틸렌
② 프로판
③ 산소
④ 황화수소

92 다음 물질 중 물과 접촉하였을 때 위험성이 가장 낮은 것은?

① 칼륨
② 이황화탄소
③ 메틸리튬
④ 알킬알루미늄

답안 표기란				
89	①	②	③	④
90	①	②	③	④
91	①	②	③	④
92	①	②	③	④

93 산업안전보건법령상 사업주가 인화성액체 위험물을 액체상태로 저장하는 저장탱크를 설치하는 경우에는 위험물질이 누출되어 확산되는 것을 방지하기 위하여 설치하는 것은?

① 화염방지기
② 계측장치
③ 긴급차단장치
④ 방유제

94 다음 중 이상반응 또는 폭발로 인하여 발생되는 압력의 방출장치가 아닌 것은?

① 파열판
② 브리더 밸브
③ 화염방지기
④ 릴리프 해치

95 유류저장탱크에서 화염의 차단을 목적으로 외부에 증기를 방출하기도 하고 탱크 내 외기를 흡입하기도 하는 부분에 설치하는 안전장치는?

① flame arrester
② safety valve
③ gate valve
④ vent stack

96 다음 중 자연발화성을 가진 물질이 자연발화를 일으키는 원인이 아닌 것은?

① 산화열
② 증발열
③ 분해열
④ 중합열

답안 표기란	
93	① ② ③ ④
94	① ② ③ ④
95	① ② ③ ④
96	① ② ③ ④

답안 표기란				
97	①	②	③	④
98	①	②	③	④
99	①	②	③	④
100	①	②	③	④

97 **다음 중 중탄산나트륨에 의한 소화효과를 가진 분말소화약제의 종류는?**

① 제1종 분말소화약제
② 제2종 분말소화약제
③ 제3종 분말소화약제
④ 제4종 분말소화약제

98 **진한 질산이 공기 중에서 햇빛에 의해 분해되었을 때 발생하는 갈색 증기는?**

① N_2
② NO_2
③ NH_2
④ NH_3

99 **다음 중 인화점이 각 온도 범위와 다른 물질은?**

① −30℃ 미만 : 디에틸에테르
② −30℃ 이상 0℃ 미만 : 아세톤
③ 0℃ 이상 30℃ 미만 : 벤젠
④ 30℃ 이상 65℃ 이하 : 아세트산

100 **물의 소화력을 높이기 위하여 물에 탄산칼륨(K_2CO_3)과 같은 염류를 첨가한 소화약제는?**

① 강화액 소화약제
② 분말 소화약제
③ 포 소화약제
④ 산알칼리 소화약제

6과목 건설공사 안전 관리

답안 표기란	
101	① ② ③ ④
102	① ② ③ ④
103	① ② ③ ④
104	① ② ③ ④

101 터널 지보공을 조립하는 경우에는 미리 그 구조를 검토한 후 조립도를 작성하고, 그 조립도에 따라 조립하도록 하여야 하는데 이 조립도에 명시하여야 할 사항이 아닌 것은?

① 설치간격 ② 단면규격
③ 재료의 재질 ④ 재료의 가격

102 옥외에 설치되어 있는 주행크레인에 대하여 이탈방지장치를 작동시키는 등 이탈 방지를 위한 조치를 하여야 하는 풍속기준으로 옳은 것은?

① 순간풍속이 20m/sec를 초과할 때
② 순간풍속이 30m/sec를 초과할 때
③ 순간풍속이 40m/sec를 초과할 때
④ 순간풍속이 50m/sec를 초과할 때

103 미리 작업장소의 지형 및 지반상태 등에 적합한 제한속도를 정하지 않아도 되는 차량계 건설기계의 속도 기준은?

① 최대 제한 속도가 10km/h 이하
② 최대 제한 속도가 30km/h 이하
③ 최대 제한 속도가 50km/h 이하
④ 최대 제한 속도가 80km/h 이하

104 다음 중 법면 붕괴에 의한 재해 예방조치로 옳은 것은?

① 절토 및 성토높이를 증가시킨다.
② 법면의 경사를 높인다.
③ 경사면의 하단부를 압성토로 보강한다.
④ 토질의 상태에 관계없이 구배조건을 일정하게 한다.

105 **다음 중 이동식 크레인을 사용하여 작업을 할 때 작업시작 전 점검사항이 아닌 것은?**

① 권과방지장치나 그 밖의 경보장치의 기능
② 주행로의 상측 및 트롤리가 횡행하는 레일의 상태
③ 브레이크 · 클러치 및 조정장치의 기능
④ 와이어로프가 통하고 있는 곳 및 작업장소의 지반상태

106 **다음 중 가설구조물의 문제점으로 옳지 않은 것은?**

① 구조물이라는 통상의 개념이 확고하지 않으며 조립의 정밀도가 낮다.
② 추락재해 가능성이 크다.
③ 부재의 결합이 간단하나 연결부가 견고하다.
④ 도괴재해의 가능성이 크다.

107 **다음 중 흙의 간극비를 나타낸 식으로 바른 것은?**

① (공기+물의 체적)/(흙+물의 체적)
② (공기+물의 체적)/(공기+흙+물의 체적)
③ 물의체적/(물+흙의 체적)
④ (공기+물의 체적)/흙의 체적

108 **다음의 건설공사 위험성평가에 관한 내용으로 바르지 않은 것은?**

① 건설물, 기계 · 기구, 설비 등에 의한 유해 · 위험요인을 찾아내어 위험성을 결정하고 그 결과에 따른 조치를 하는 것을 말한다.
② 위험성평가 기록물에는 평가대상의 유해 · 위험요인, 위험성결정의 내용 등이 포함된다.
③ 위험성평가 기록물의 보존기간은 5년이다.
④ 사업주는 위험성평가의 실시내용 및 결과를 기록 · 보존하여야 한다.

답안 표기란				
105	①	②	③	④
106	①	②	③	④
107	①	②	③	④
108	①	②	③	④

109 **건설재해대책의 사면보호공법 중 식물을 생육시켜 그 뿌리로 사면의 표층토를 고정하여 빗물에 의한 침식, 동상, 이완 등을 방지하고, 녹화에 의한 경관조성을 목적으로 시공하는 것은?**

① 지보공
② 식생공
③ 뿜어 붙이기공
④ 블록공

110 **다음 중 건설현장에서 근로자의 추락재해를 예방하기 위한 안전난간을 설치하는 경우 그 구성요소가 아닌 것은?**

① 사다리
② 중간 난간대
③ 난간기둥
④ 상부 난간대

111 **사다리식 통로 등을 설치하는 경우 고정식 사다리식 통로의 기울기는 최대 몇 도 이하로 하여야 하는가?**

① 60도
② 90도
③ 120도
④ 150도

112 **다음 중 차량계 하역운반기계 등에 화물을 적재하는 경우 준수해야 할 사항이 아닌 것은?**

① 운전자의 시야를 가리지 않도록 화물을 적재할 것
② 화물의 붕괴 또는 낙하에 의한 위험을 방지하기 위하여 화물에 로프를 거는 등 필요한 조치를 할 것
③ 화물을 가급적 뒤쪽에 적재하여 하중이 차량 후미에 위치하도록 할 것
④ 최대적재량을 초과하지 않도록 할 것

답안 표기란				
109	①	②	③	④
110	①	②	③	④
111	①	②	③	④
112	①	②	③	④

113 다음 중 거푸집 해체작업을 할 경우 유의사항으로 바르지 않은 것은?

① 일반적으로 수평부재의 거푸집은 연직부재의 거푸집보다 빨리 떼어낸다.
② 해체된 거푸집이나 각목 등에 박혀있는 못은 즉시 제거하여야 한다.
③ 상하 동시 작업은 원칙적으로 금지한다.
④ 거푸집 해체작업장 주위에는 관계자를 제외하고는 출입을 금지시켜야 한다.

114 선창의 내부에서 화물취급작업을 하는 근로자가 안전하게 통행할 수 있는 설비를 설치하여야 하는 기준은 갑판의 윗면에서 선창 밑바닥까지의 깊이가 최소 얼마를 초과할 때인가?

① 1.0m ② 1.5m
③ 2.0m ④ 2.5m

115 다음의 토질시험(soil test)방법 중 전단시험에 해당하지 않는 것은?

① 3축 압축시험
② KO압밀시험
③ 베인 테스트
④ 투수시험

116 다음 중 강관비계의 수직방향 벽이음 조립간격(m)으로 옳은 것은? (단, 틀비계이며 높이가 5m 이상일 경우)

① 1m ② 3m
③ 6m ④ 9m

답안 표기란	
113	① ② ③ ④
114	① ② ③ ④
115	① ② ③ ④
116	① ② ③ ④

117 다음은 안전대와 관련된 설명이다. 무엇에 해당되는 것인가?

> 로프 또는 레일 등과 같은 유연하거나 단단한 고정줄로서 추락발생시 추락을 저지시키는 추락방지대를 지탱해 주는 줄모양의 부품

① 죔줄 ② 수직구명줄
③ 안전블록 ④ 보조죔줄

118 운반작업을 인력운반작업과 기계운반작업으로 분류할 때 기계운반 작업으로 실시하기에 적합하지 않은 것은?

① 규격화 되어 단순하고 반복적인 작업
② 표준화되어 있어 지속적이고 운반량이 많은 작업
③ 취급물의 형상, 성질, 크기 등이 다양한 작업
④ 화물이 중량인 작업

119 다음 중 도심지 폭파해체공법에 관한 설명으로 바르지 않은 것은?

① 주위의 구조물에 끼치는 영향이 적다.
② 해체 속도가 빠르다.
③ 발생하는 진동, 소음이 적다.
④ 많은 분진이 발생할 우려가 있다.

120 발파구간 인접구조물에 대한 피해 및 손상을 예방하기 위한 건물기초에서의 허용진동치(cm/sec) 기준으로 옳지 않은 것은? (단, 기존 구조물에 금이 가 있거나 노후구조물인 경우 등은 고려하지 않는다.)

① 문화재 : 0.2cm/sec
② 주택, 아파트 : 1.5cm/sec
③ 상가 : 1.0cm/sec
④ 철골콘크리트 빌딩 : 1.0 ~ 4.0cm/sec

답안 표기란				
117	①	②	③	④
118	①	②	③	④
119	①	②	③	④
120	①	②	③	④

제6회 CBT 빈출 모의고사

수험번호
수험자명

제한 시간 : 3시간 전체 문제 수 : 120 맞힌 문제 수 :

답안 표기란	
01	① ② ③ ④
02	① ② ③ ④
03	① ② ③ ④

1과목 산업재해 예방 및 안전보건교육

01 브레인스토밍(Brain–storming) 기법의 4원칙에 관한 설명으로 옳지 않은 것은?

① 의견을 발언할 때에는 주어진 주제에 맞추어 발언한다.
② 타인의 의견을 수정하여 발언할 수 있다.
③ 타인의 의견에 대하여 비판 · 비평하지 않는다.
④ 한 사람이 다양한 의견을 제시할 수 있다.

02 다음 그림과 같은 안전관리 조직의 특징으로 옳지 않은 것은?

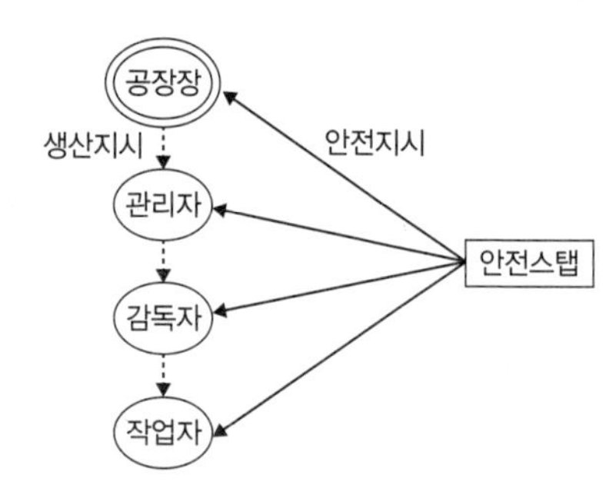

① 생산부분은 안전에 대한 책임과 권한이 없다.
② 1000명 이상의 대규모 사업장에 적합하다.
③ 사업장의 특수성에 적합한 기술연구를 전문적으로 할 수 있다.
④ 권한 다툼이나 조정 때문에 통제수속이 복잡해지며, 시간과 노력이 소모된다.

03 다음 재해사례연구의 진행단계 중 ( ) 안에 알맞은 것은?

> 재해 상황의 파악 → (㉠) → (㉡) → 근본적 문제점의 결정 → (㉢)

① ㉠ 문제점의 발견, ㉡ 대책수립, ㉢ 사실의 확인
② ㉠ 문제점의 발견, ㉡ 사실의 확인, ㉢ 대책수립
③ ㉠ 사실의 확인, ㉡ 대책수립, ㉢ 문제점의 발견
④ ㉠ 사실의 확인, ㉡ 문제점의 발견, ㉢ 대책수립

04 다음 안전보건관리조직의 유형 중 스탭형(Staff) 조직의 특징이 아닌 것은?

① 생산부문은 안전에 대한 책임과 권한이 없다.
② 명령 계통과 조언 권고적 참여가 혼동되기 쉽다.
③ 생산부분에 협력하여 안전명령을 전달, 실시하므로 안전지시가 용이하지 않다.
④ 권한 다툼이나 조정 때문에 통제수속이 복잡해지며 시간과 노력이 소모된다.

05 다음의 적응기제 중 도피기제의 유형이 아닌 것은?

① 간접적 공격
② 백일몽
③ 퇴행
④ 고립

06 AE형 안전모에 있어 내전압성이란 최대 몇 V 이하의 전압에 견디는 것인가?

① 1,000V
② 3,000V
③ 5,000V
④ 7,000V

07 다음 교육심리학의 기본이론 중 학습지도의 원리로 볼 수 없는 것은?

① 자발성의 원리
② 목적의 원리
③ 계속성의 원리
④ 과학성의 원리

08 산업안전보건법령에 따른 근로자 안전보건교육 중 근로자 정기 안전보건교육의 교육내용에 해당하지 않는 것은? (단, 산업안전보건법 및 일반관리에 관한 사항은 제외한다.)

① 위험성 평가에 관한 사항
② 직무스트레스 예방 및 관리에 관한 사항
③ 직장 내 괴롭힘, 고객의 폭언 등으로 인한 건강장해 예방 및 관리에 관한 사항
④ 작업공정의 유해 · 위험과 재해 예방대책에 관한 사항

답안 표기란	
04	① ② ③ ④
05	① ② ③ ④
06	① ② ③ ④
07	① ② ③ ④
08	① ② ③ ④

09 버드(Bird)의 신연쇄성 이론 중 재해발생의 근원적 원인에 해당하는 것은?

① 관리의 부족
② 징후 발생
③ 접촉 발생
④ 상해 발생

10 제일선의 감독자를 교육대상으로 하고, 작업을 지도하는 방법, 작업 개선방법 등의 주요 내용을 다루는 기업내 교육방법은?

① ATT
② MTP
③ TWI
④ CCS

11 적응기제(Adjustment Mechanism)의 종류 중 도피적 기제(행동)가 아닌 것은?

① 반동형성
② 합리화
③ 백일몽
④ 퇴행

12 산업안전보건법상의 안전 · 보건표지 종류 중 관계자외 출입금지표지에 해당되는 것은?

① 산화성물질 경고
② 폭발성물질 취급 중
③ 방사성물질 경고
④ 발암물질 취급 중

답안 표기란	
09	① ② ③ ④
10	① ② ③ ④
11	① ② ③ ④
12	① ② ③ ④

13 다음의 수업매체별 장 · 단점 중 컴퓨터 수업(computer assisted instruction)의 특징이 아닌 것은?

① 학습자의 개인차를 최대한 고려할 수 있다.
② 학습자가 능동적으로 참여하므로 실패율이 낮다.
③ 교사와 학습자가 시간을 효과적으로 이용할 수 없다.
④ 학습자의 학습과 과정의 평가를 과학적으로 할 수 있다.

14 다음 기술교육의 형태 중 존 듀이(J. Dewey)의 사고과정 5단계에 해당하지 않는 것은?

① 행동에 의하여 가설을 검토한다.
② 가슴으로 생각한다.
③ 가설을 설정한다.
④ 시사를 받는다.

15 안전점검의 종류 중 태풍이나 폭우 등의 천재지변이 발생한 후에 실시하는 기계, 기구 및 설비 등에 대한 점검의 명칭은?

① 정기점검
② 수시점검
③ 임시점검
④ 특별점검

16 다음 중 부주의의 발생원인이 아닌 것은?

① 의식의 지배
② 의식의 혼란
③ 의식수준의 저하
④ 의식의 과잉

답안 표기란	
13	① ② ③ ④
14	① ② ③ ④
15	① ② ③ ④
16	① ② ③ ④

17 **산업안전보건법령상 안전보건표지의 종류 중 경고표지에 해당하지 않는 것은?**

① 고압전기 경고
② 몸균형 상실 경고
③ 차량통행 경고
④ 고온 경고

18 **Y · G 성격검사에서 "안전, 적응, 적극형"에 해당하는 유형은?**

① A형
② B형
③ C형
④ D형

19 **다음 중 위험예지훈련 4R(라운드) 기법의 진행방법에서 3R은?**

① 대책수립
② 목표설정
③ 본질추구
④ 현상파악

20 **다음 재해예방의 4원칙과 관련이 가장 적은 것은?**

① 재해예방을 위한 가능한 안전대책은 반드시 존재한다.
② 재해손실은 사고가 발생할 때 사고 대상의 조건에 따라 달라진다.
③ 모든 재해의 발생 원인은 우연적인 상황에서 발생한다.
④ 재해는 원칙적으로 원인만 제거되면 예방이 가능하다.

답안 표기란				
17	①	②	③	④
18	①	②	③	④
19	①	②	③	④
20	①	②	③	④

2과목 인간공학 및 위험성 평가·관리

21 인간-기계 통합 체계의 인간 또는 기계에 의해서 수행되는 기본기능의 유형에 해당하지 않는 것은?

① 정보입력
② 주변환경
③ 의사결정
④ 정보보관

22 다음 인간의 에러 중 불필요한 작업 또는 절차를 수행함으로써 기인한 에러는?

① Omission error
② Sequential error
③ Extraneous error
④ Commission error

23 들기 작업을 할 경우 요통재해예방을 위하여 고려할 요소와 가장 거리가 먼 것은?

① 수평거리
② 작업자 신장
③ 이동거리
④ 허리 비대칭 각도

24 신뢰성과 보전성 개선을 목적으로 한 효과적인 보전기록자료에 해당하는 것은?

① 자재관리표
② MTBF 분석표
③ 재고관리표
④ 주유지시서

답안 표기란

21	①	②	③	④
22	①	②	③	④
23	①	②	③	④
24	①	②	③	④

25 다음 중 결함수분석법(FTA)의 특징이 아닌 것은?

① 휴먼 에러 검축 어려움
② 특정사상에 대한 해석
③ 비전문가도 짧은 훈련으로 사용 가능
④ 정량적 해석의 불가능

26 다음 중 작업공간의 포락면에 대한 설명으로 맞는 것은?

① 개인이 그 안에서 일하는 일차원 공간이다.
② 작업복 등은 포락면에 영향을 미치지 않는다.
③ 작업의 성질에 따라 포락면의 경계가 달라진다.
④ 가장 작은 포락면은 몸통을 움직이는 공간이다.

27 다음 그림과 같은 직·병렬 시스템의 신뢰도는? (단, 병렬 각 구성요소의 신뢰도는 R이고, 직렬 구성요소의 신뢰도는 M이다.)

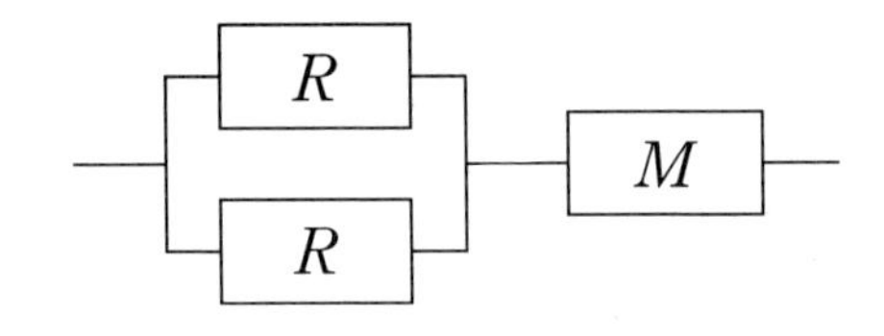

① MR^3
② $R^2(1-MR)$
③ $M(R^2+R)-1$
④ $M(2R-R^2)$

28 FTA를 수행함에 있어 기본사상들의 발생이 서로 독립인가 아닌가의 여부를 파악하기 위해서는 다음 중 어느 값을 계산해 보는 것이 가장 적절한가?

① 공분산
② 분산
③ 고장률
④ 발생확률

답안 표기란	
25	① ② ③ ④
26	① ② ③ ④
27	① ② ③ ④
28	① ② ③ ④

29 다음 중 소음 발생에 있어 음원에 대한 대책이 아닌 것은?

① 설비의 격리
② 귀마개 사용
③ 저소음 설비 사용
④ 적절한 재배치

30 염산을 취급하는 A업체에서는 신설 설비에 관한 안전성 평가를 실시해야 하는데, 다음 중 정성적 평가단계의 주요 진단 항목에 해당하는 것은?

① 재평가 방법
② 제조공정의 개요
③ 입지조건
④ 보건교육 훈련계획

31 다음 중 동작 경제 원칙에 해당하지 않는 것은?

① 신체사용에 관한 원칙
② 사용자 요구 조건에 관한 원칙
③ 작업장 배치에 관한 원칙
④ 공구 및 설비 디자인에 관한 원칙

32 화학설비에 대한 안정성 평가(safety assessment)에서 정량적 평가항목이 아닌 것은?

① 설비
② 온도
③ 압력
④ 조작

답안 표기란	
29	① ② ③ ④
30	① ② ③ ④
31	① ② ③ ④
32	① ② ③ ④

33 인간의 오류모형에서 "알고 있음에도 의도적으로 따르지 않거나 무시한 경우"를 무엇이라 하는가?

① 착오(Mistake)
② 실수(Slip)
③ 건망증(Lapse)
④ 위반(Violation)

34 다음 중 플레이너 작업을 하는 경우의 안전대책이 아닌 것은?

① 베드 위에 다른 물건을 올려놓지 않는다.
② 칩 브레이커를 사용하여 칩이 길게 되도록 한다.
③ 프레임 내의 피트(pit)에는 뚜껑을 설치한다.
④ 바이트는 되도록 짧게 나오도록 설치한다.

35 원자력 산업과 같이 상당한 안전이 확보되어 있는 장소에서 추가적인 고도의 안전 달성을 목적으로 하고 있으며, 관리, 설계, 생산, 보전 등 광범위한 안전을 도모하기 위하여 개발된 분석기법은?

① DT
② FTA
③ MORT
④ THERP

36 다음 중 암호체계 사용상의 일반적인 지침에 해당하지 않는 것은?

① 부호의 양립성
② 암호의 변별성
③ 부호의 표준화
④ 암호의 단일 차원화

답안 표기란	
33	① ② ③ ④
34	① ② ③ ④
35	① ② ③ ④
36	① ② ③ ④

37 산업안전보건법령상 사업주가 유해위험방지 계획서를 제출할 때에는 사업장 별로 관련 서류를 첨부하여 해당 작업 시작 며칠 전까지 해당 기관에 제출하여야 하는가?

① 15일
② 30일
③ 90일
④ 180일

38 FTA에 의한 재해사례 연구순서 중 3단계에 해당하는 것은?

① 사상의 재해원인 규명
② FT도의 작성
③ 개선계획의 작성
④ 톱 사상의 선정

39 다음 중 인간공학을 기업에 적용할 때의 기대효과가 아닌 것은?

① 노사 간의 신뢰 저하
② 기업 이미지와 상품선호도 향상
③ 작업손실 시간의 감소
④ 생산원가의 절감

40 컴퓨터 스크린 상에 있는 버튼을 선택하기 위해 커서를 이동시키는 데 걸리는 시간을 예측하는 가장 적합한 법칙은?

① Hick의 법칙
② Lewin의 법칙
③ Fitts의 법칙
④ Weber의 법칙

답안 표기란

37	①	②	③	④
38	①	②	③	④
39	①	②	③	④
40	①	②	③	④

3과목 기계·기구 및 설비 안전 관리

답안 표기란	
41	① ② ③ ④
42	① ② ③ ④
43	① ② ③ ④
44	① ② ③ ④

41 다음 중 크레인에서 일반적인 권상용 와이어로프 및 권상용 체인의 안전율 기준은?

① 1 이상
② 2 이상
③ 3 이상
④ 5 이상

42 다음 중 컨베이어 작업시작 전 점검사항이 아닌 것은?

① 브레이크 및 클러치 기능의 이상 유무
② 원동기 · 회전축 · 기어 및 풀리 등의 덮개 또는 울 등의 이상 유무
③ 이탈 등의 방지장치 기능의 이상 유무
④ 원동기 및 풀리 기능의 이상 유무

43 방사선 투과검사에서 투과사진에 영향을 미치는 인자 중 투과사진의 콘트라스트(명암도)에 영향을 미치는 인자에 속하지 않는 것은?

① 방사선의 선질
② 초점－필름간 거리
③ 현상액의 강도
④ 스크린의 종류

44 아세틸렌 용접장치에 사용하는 역화방지기에서 요구되는 일반적인 구조로 옳지 않은 것은?

① 재사용 시 안전에 우려가 있으므로 역화방지 후 바로 폐기하도록 해야 한다.
② 다듬질 면이 매끈하고 사용상 지장이 있는 부식, 흠, 균열 등이 없어야 한다.
③ 토치 입구에 사용하는 역화방지기는 방출장치를 생략할 수 있다.
④ 역화방지기의 구조는 소염소자, 역화방지장치 및 방출장치 등으로 구성되어야 한다.

45 다음 중 방호장치의 기본목적이 아닌 것은?

① 작업자 보호
② 기계기능의 향상
③ 인적 · 물적 손실의 방지
④ 가공물 등의 낙하에 의한 위험방지

46 프레스 작업에서 제품 및 스크랩을 자동적으로 위험한계 밖으로 배출하기 위한 장치가 아닌 것은?

① 공기 분사 장치
② 키커
③ 피더
④ 이젝터

47 다음 중 아세틸렌 용접장치의 역화 원인으로 볼 수 없는 것은?

① 아세틸렌의 공급 과다
② 팁과 모재의 접촉
③ 토치의 성능불량
④ 토치 팁에 이물질이 묻은 경우

48 크레인의 로프에 질량 100kg인 물체를 $5m/s^2$의 가속도로 감아올릴 때, 로프에 걸리는 하중은 약 몇 N인가?

① 500N
② 762N
③ 1,230N
④ 1,480N

답안 표기란	
45	① ② ③ ④
46	① ② ③ ④
47	① ② ③ ④
48	① ② ③ ④

49 다음 중 기계설비에서 반대로 회전하는 두 개의 회전체가 맞닿는 사이에 발생하는 위험점은?

① 협착점(squeeze point)
② 물림점(nip point)
③ 접선물림점(tangential point)
④ 회전말림점(trapping point)

50 다음의 공장 소음에 대한 방지계획에 있어 소음원에 대한 대책이 아닌 것은?

① 세대별 내부흡음
② 설비실의 차음벽 시공
③ 작업자의 보호구 착용
④ 공장 내부 흡음공사

51 유해 · 위험기계 · 기구 중에서 진동과 소음을 동시에 수반하는 기계설비가 아닌 것은?

① 가스 용접기
② 사출 성형기
③ 컨베이어
④ 공기 압축기

52 다음 중 컨베이어를 설치할 경우의 주의사항에 관한 설명으로 바르지 않은 것은?

① 컨베이어에 설치된 보도 및 운전실 상면은 가능한 수평이어야 한다.
② 근로자가 컨베이어를 횡단하는 곳에는 바닥면 등으로부터 90cm 이상 120cm 이하에 상부난간대를 설치하고, 바닥면과의 중간에 중간난간대가 설치된 건널다리를 설치한다.
③ 보도, 난간, 계단, 사다리의 설치 시 컨베이어를 가동시킨 후에 설치하면서 설치상황을 확인한다.
④ 폭발의 위험이 있는 가연성 분진 등을 운반하는 컨베이어 또는 폭발의 위험이 있는 장소에 사용되는 컨베이어의 전기기계 및 기구는 방폭구조이어야 한다.

답안 표기란	
49	① ② ③ ④
50	① ② ③ ④
51	① ② ③ ④
52	① ② ③ ④

답안 표기란	
53	① ② ③ ④
54	① ② ③ ④
55	① ② ③ ④
56	① ② ③ ④

53 프레스 방호장치 중 광전자식 방호장치에 관한 설명으로 옳지 않은 것은?

① 행정수가 빠른 기계에도 사용이 가능하다.
② 핀클러치 구조의 프레스에 사용할 수 있다.
③ 기계적 고장에 의한 슬라이드 불시하강에 방호효과가 없다.
④ 시계를 차단하지 않기 때문에 작업에 지장을 주지 않는다.

54 다음 중 위험장소에 대한 방호장치가 아닌 것은?

① 접근거부형 방호장치
② 위치제한형 방호장치
③ 접근반응형 방호장치
④ 포집형 방호장치

55 다음 중 산업안전보건법령에 따른 승강기의 종류에 해당하지 않는 것은?

① 리프트
② 에스컬레이터
③ 소형화물용 엘리베이터
④ 화물용 승강기

56 금형의 설치, 해체, 운반 시 안전사항에 관한 설명으로 틀린 것은?

① 금형의 설치용구는 프레스의 구조에 적합한 형태로 한다.
② 금형을 설치하는 프레스의 T홈 안길이는 설치 볼트 지름의 1/2배 이하로 한다.
③ 고정볼트는 고정 후 가능하면 나사산이 3~4개 정도 짧게 남겨 슬라이드 면과의 사이에 협착이 발생하지 않도록 해야 한다.
④ 부적합한 프레스에 금형을 설치하는 것을 방지하기 위하여 금형에 부품번호, 상형중량, 총중량, 다이하이트, 제품소재(재질) 등을 기록 하여야 한다.

57 **컨베이어의 제작 및 안전기준 상 작업구역 및 통행구역에 덮개, 울 등을 설치해야 하는 부위이 아닌 것은?**

① 운반되는 재료 또는 컨베이어가 화상 등을 일으킬 수 있는 구간
② 컨베이어의 동력전달 부분
③ 컨베이어의 제동장치 부분
④ 컨베이어 벨트, 풀리, 롤러, 체인, 스프라켓, 스크류 등

58 **다음 중 금속 등의 도체에 교류를 통한 코일을 접근시켰을 때, 결함이 존재하면 코일에 유기되는 전압이나 전류가 변하는 것을 이용한 검사방법은?**

① 와류탐상검사　② 초음파탐상검사
③ 자분탐상검사　④ 침투형광탐상검사

59 **다음 중 프레스 금형의 파손에 의한 위험방지 방법이 아닌 것은?**

① 스프링의 파손에 의해 부품이 튀어나올 우려가 있는 장소에는 덮개 등을 설치할 것
② 금형에 사용하는 스프링은 반드시 인장형으로 할 것
③ 금형의 조립에 이용하는 볼트 및 너트는 스프링 워셔, 조립너트 등에 의해 이완방지를 할 것
④ 금형은 그 하중중심이 원칙적으로 프레스 기계의 하중중심에 맞는 것으로 할 것

60 **다음 중 기계 설비의 안전조건에서 안전화의 종류로 적절하지 않은 것은?**

① 외형의 안전화　② 기계장치의 안전화
③ 작업점의 안전화　④ 재질의 안전화

답안 표기란	
57	① ② ③ ④
58	① ② ③ ④
59	① ② ③ ④
60	① ② ③ ④

4과목 전기설비 안전 관리

답안 표기란	
61	① ② ③ ④
62	① ② ③ ④
63	① ② ③ ④
64	① ② ③ ④

61 다음 중 전격의 위험을 결정하는 주된 인자로 볼 수 없는 것은?

① 전원의 종류
② 통전전압
③ 전압의 크기
④ 주파수 및 파형

62 다음 중 전동기용 퓨즈 사용의 목적으로 가장 적절한 것은?

① 과전압 차단
② 과전류 차단
③ 누설과전류 차단
④ 회로에 흐르는 과전류 차단

63 다음 중 내압방폭구조의 주요 시험항목이 아닌 것은?

① 폭발인화시험
② 폭발압력시험
③ 절연시험
④ 기계적 강도시험

64 다음에서 설명하는 현상은 무엇인가?

> 전위차가 있는 2개의 대전체가 특정거리에 접근하게 되면 등전위가 되기 위하여 전하가 절연공간을 깨고 순간적으로 빛과 열을 발생하며 이동하는 현상

① 방전　② 충전
③ 대전　④ 전도

답안 표기란	
65	① ② ③ ④
66	① ② ③ ④
67	① ② ③ ④
68	① ② ③ ④

65 **다음 중 심실세동 전류를 의미하는 것은?**

① 최소 감지전류
② 치사적 전류
③ 최대 한계전류
④ 감전 허용전류

66 **다음 중 산업안전보건법상 안전인증 대상 보호구가 아닌 것은?**

① 차광보안경
② 안전장갑
③ 고무장화
④ 방음용 귀마개

67 **인입개폐기를 개방하지 않고 전등용 변압기 1차측 COS만 개방 후, 전등용 변압기의 접속용 볼트 작업 중 동력용 COS에 접촉 · 사망한 사고에 대한 원인이 아닌 것은?**

① 전등용 변압기 2차측 COS 미개방
② 동력용 변압기 COS 미개방
③ 안전장구 미사용
④ 인입구 개폐기를 미개방한 상태에서의 작업

68 **다음 중 정전기 발생의 일반적인 종류가 아닌 것은?**

① 충돌
② 진동
③ 박리
④ 중화

69 감전쇼크에 의해 호흡이 정지되었을 경우 일반적으로 약 몇 분 이내에 응급처치를 개시하면 95% 정도를 소생시킬 수 있는가?

① 30초 이내
② 1분 이내
③ 5분 이내
④ 10분 이내

70 다음 중 전기화재가 발생되는 비중이 가장 큰 발화원은?

① 정전기
② 이동식 전열기구
③ 전기배선 및 배선기구
④ 무선 전기기계 및 기구

71 다음 중 접지의 종류와 목적이 바르게 연결되지 않은 것은?

① 기능용 접지 – 피뢰기 등의 기능손상을 방지하기 위하여
② 지락검출용 접지 – 차단기의 동작을 확실하게 하기 위하여
③ 계통접지 – 고압전로와 저압전로가 혼촉되었을 때의 감전이나 화재 방지를 위하여
④ 등전위 접지 – 병원에서 의료기기의 사용시 안전을 위하여

72 방전전극에 약 7000V의 전압을 인가하면 공기가 전리되어 코로나 방전을 일으킴으로서 발생한 이온으로 대전체의 전하를 중화시키는 방법을 이용한 제전기는?

① 자기방전식 제전기
② 전압인가식 제전기
③ 이온스프레이식 제전기
④ 이온식 제전기

답안 표기란	
69	① ② ③ ④
70	① ② ③ ④
71	① ② ③ ④
72	① ② ③ ④

답안 표기란	
73	① ② ③ ④
74	① ② ③ ④
75	① ② ③ ④
76	① ② ③ ④

73 다음 중 전동기를 운전하고자 할 때 개폐기의 조작순서로 옳은 것은?

① 분전반 스위치 → 전동기용 스위치 → 메인 스위치
② 분전반 스위치 → 메인 스위치 → 전동기용 개폐기
③ 전동기용 개폐기 → 분전반 스위치 → 메인 스위치
④ 메인 스위치 → 분전반 스위치 → 전동기용 개폐기

74 동작 시 아크를 발생하는 고압용 개폐기 · 차단기 · 피뢰기 등은 목재의 벽 또는 천장 기타의 가연성 물체로부터 몇 m 이상 떼어놓아야 하는가?

① 0.5m
② 0.7m
③ 1.0m
④ 2.0m

75 다음 중 1종 위험장소로 분류되지 않는 것은?

① 인화성 액체 탱크 내의 액면 상부의 공간부
② 탱크류의 벤트(Vent) 개구부 부근
③ 점검수리 작업에서 가연성 가스 또는 증기를 방출하는 경우의 밸브 부근
④ 탱크롤리, 드럼관 등이 인화성 액체를 충전하고 있는 경우의 개구부 부근

76 다음 중 감전사고를 일으키는 주된 형태가 아닌 것은?

① 벗겨지거나 망가진 코드, 플러그를 사용하는 경우
② 이중절연 구조로 된 전기 기계 · 기구를 사용하는 경우
③ 전선에 접촉할 우려가 있는 금속제 사다리를 사용하는 경우
④ 충전 전기회로에 인체가 단락회로의 일부를 형성하는 경우

77 폭발위험장소에 전기설비를 설치할 때 전기적인 방호조치로 바르지 않은 것은?

① 다상 전기기기는 결상운전으로 인한 과열방지 조치를 한다.
② 배선은 단락 · 지락 사고시의 영향과 과부하로부터 보호한다.
③ 단락보로는 고장상태에서 자동복구 되도록 한다.
④ 자동차단이 점화의 위험보다 클 때는 경보장치를 사용한다.

78 가스(발화온도 120℃)가 존재하는 지역에 방폭기기를 설치하고자 할 경우 설치가 가능한 기기의 온도 등급은?

① T_2 ② T_3
③ T_4 ④ T_5

79 방폭전기기기에 "Ex ia ⅡC T_4 Ga"라고 표시되어 있다. 해당 기기에 대한 설명으로 옳지 않은 것은?

① 정상 작동, 예상된 오작동 또는 드문 오작동 중에 점화원이 될 수 없는 "매우 높은" 보호등급의 기기이다.
② 온도 등급이 T_4이므로 최고표면온도가 150℃를 초과해서는 안 된다.
③ 본질안전 방폭구조로 0종 장소에서 사용이 가능하다.
④ 수소 및 아세틸렌 등의 가스가 존재하는 곳에 사용이 가능하다.

80 다음에서 설명하고 있는 것은 어떤 방전인가?

> 정전기가 대전되어 있는 부도체에서 접지체가 접근한 경우 대전물체와 접지체 사이에 발생하는 방전과 동시에 부도체의 표면을 따라서 발생하는 나뭇가지 형태의 발광을 수반하는 방전

① 연면방전 ② 뇌상 방전
③ 코로나 방전 ④ 불꽃 방전

답안 표기란				
77	①	②	③	④
78	①	②	③	④
79	①	②	③	④
80	①	②	③	④

5과목 화학설비 안전 관리

81 다음 중 산업안전보건법령상 위험물질의 종류와 해당 물질이 바르게 연결된 것은?

① 부식성 산류 – 아세트산(농도 90%)
② 부식성 염기류 – 아세톤(농도 90%)
③ 인화성 가스 – 이황화탄소
④ 인화성 가스 – 수산화칼륨

82 다음 중 자연발화에 대한 설명으로 바르지 않은 것은?

① 축적된 열량이 큰 경우 자연발화를 일으킬 수 있는 인자이다.
② 입자의 표면적이 넓을수록 자연발화가 발생하기 쉽다.
③ 자연발화가 발생하지 않기 위해 습도를 가능한 한 높게 유지시킨다.
④ 휘발성이 낮은 액체는 자연발화가 발생할 수 있다.

83 다음 중 물질에 대한 저장방법으로 바르지 않은 것은?

① 나트륨 – 유동 파라핀 속에 저장
② 칼륨 – 등유 속에 저장
③ 적린 – 냉암소에 격리 저장
④ 니트로글리세린 – 강산화제 속에 저장

84 다음 중 물과 반응하여 가연성 기체를 발생하는 것은?

① 칼륨
② 이황화탄소
③ 질산칼륨
④ 과산화수소

답안 표기란				
81	①	②	③	④
82	①	②	③	④
83	①	②	③	④
84	①	②	③	④

85 다음 중 유류화재에 해당하는 것은?

① A급 ② B급
③ C급 ④ D급

86 벤젠(C_6H_6)의 공기 중 폭발하한계값(vol%)에 가장 가까운 것은?

① 0.5 ② 1.0
③ 1.5 ④ 2.0

87 다음 중 축류식 압축기에 대한 설명으로 옳은 것은?

① 실린더 내에서 피스톤을 왕복시켜 이것에 따라 개폐하는 흡입밸브 및 배기밸브의 작용에 의해 기체를 압축하는 방식이다.
② Casing 내에 1개 또는 수 개의 회전체를 설치하여 이것을 회전시킬 때 Casing과 피스톤 사이의 체적이 감소해서 기체를 압축하는 방식이다.
③ Casing 내에 넣어진 날개바퀴를 회전시켜 기체에 작용하는 원심력에 의해서 기체를 압송하는 방식이다.
④ 프로펠러의 회전에 의한 추진력에 의해 기체를 압송하는 방식이다.

88 다음 중 산업안전보건법령상 공정안전보고서의 안전운전계획에 포함되지 않는 항목은?

① 도급업체 안전관리계획
② 가동 전 점검지침
③ 비상조치계획에 따른 교육계획
④ 근로자 등 교육계획

답안 표기란	
85	① ② ③ ④
86	① ② ③ ④
87	① ② ③ ④
88	① ② ③ ④

89 다음 중 ABC급 분말 소화약제의 주성분은?

① $NH_4H_2PO_4$
② K_2CO_3
③ Na_2SO_3
④ Na_2CO_3

90 헥산 1vol%, 메탄 2vol%, 에틸렌 2vol%, 공기 95vol%로 된 혼합가스의 폭발하한계 값(vol%)은 약 얼마인가? (단, 헥산, 메탄, 에틸렌의 폭발하한계 값은 각각 1.1, 5.0, 2.7vol%이다.)

① 1.23vol%
② 2.44vol%
③ 7.12vol%
④ 11.18vol%

91 화성 가스가 발생할 우려가 있는 지하작업장에서 작업을 할 경우 폭발이나 화재를 방지하기 위한 조치사항 중 가스의 농도를 측정하는 기준으로 적절하지 않은 것은?

① 매일 작업을 시작하기 전에 측정한다.
② 가스의 누출이 의심되는 경우에 측정한다.
③ 장시간 작업할 때에는 매 2시간마다 측정한다.
④ 가스가 발생할 위험이 있는 장소에 대하여 측정한다.

92 폭발원인물질의 물리적 상태에 따라 구분할 때, 기상폭발(gas explosion)에 해당되지 않는 것은?

① 분진폭발
② 증기폭발
③ 분무폭발
④ 가스폭발

답안 표기란	
89	① ② ③ ④
90	① ② ③ ④
91	① ② ③ ④
92	① ② ③ ④

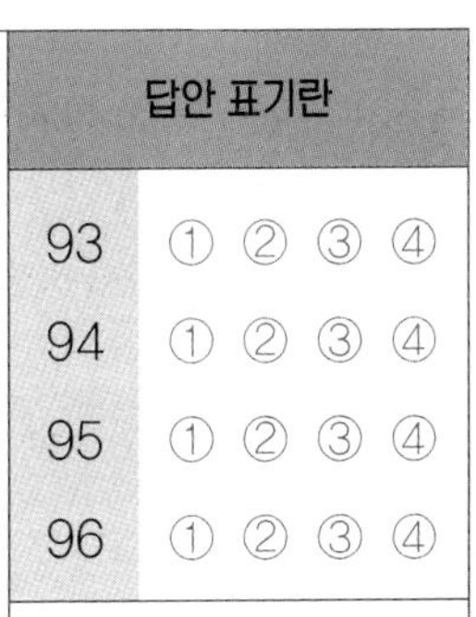

93 **건조설비를 사용하여 작업을 하는 경우에 폭발이나 화재를 예방하기 위하여 준수하여야 하는 사항으로 옳지 않은 것은?**

① 위험물 건조설비를 사용하여 가열건조하는 건조물은 쉽게 이탈되도록 할 것
② 위험물 건조설비를 사용하는 경우에는 건조로 인하여 발생하는 가스 · 증기 또는 분진에 의하여 폭발 · 화재의 위험이 있는 물질을 안전한 장소로 배출시킬 것
③ 고온으로 가열건조한 인화성 액체는 발화의 위험이 없는 온도로 냉각한 후에 격납시킬 것
④ 바깥 면이 현저히 고온이 되는 건조설비에 가까운 장소에는 인화성 액체를 두지 않도록 할 것

94 **다음 중 분진폭발의 특징으로 옳은 것은?**

① 가스 폭발보다 연소시간은 짧고 발생에너지는 작다.
② 완전연소로 가스중독의 위험이 작다.
③ 화염의 파급속도보다 압력의 파급속도가 크다.
④ 연소속도가 가스폭발보다 크다.

95 **다음 공기와 혼합할 경우 최소착화에너지 값이 가장 작은 것은?**

① CH_4　② C_3H_8
③ C_6H_6　④ H_2

96 **반응성 화학물질의 위험성은 실험에 의한 평가 대신 문헌조사 등을 통해 계산에 의해 평가하는 방법을 사용할 수 있는데, 이에 관한 설명으로 바르지 않은 것은?**

① 계산에 의한 위험성 예측은 모든 물질에 대해 정확성이 있으므로 더 이상의 실험을 필요로 하지 않는다.
② 연소열, 분해열, 폭발열 등의 크기에 의해 그 물질의 폭발 또는 발화의 위험예측이 가능하다.
③ 계산에 의한 평가를 하기 위해서는 폭발 또는 분해에 따른 생성물의 예측이 이루어져야 한다.
④ 위험성이 너무 커서 물성을 측정할 수 없는 경우 계산에 의한 평가 방법을 사용할 수도 있다.

97 다음 중 파열판에 관한 설명으로 옳지 않은 것은?

① 안전밸브의 작동이 곤란하게 되는 경우에 이용된다.
② 한번 파열되면 재사용할 수 없다.
③ 한번 부착한 후에는 교환할 필요가 없다.
④ 순간적인 방출을 필요로 하는 경우에 이용된다.

98 다음 중 고온에서 완전 열분해하였을 때 산소를 발생하는 물질은?

① 황화수소
② 과염소산칼륨
③ 질산칼륨
④ 황린

99 다음 중 산업안전보건법령상 화학설비의 부속설비로만 이루어진 것은?

① 배관 · 밸브 · 관 · 부속류 등 화학물질 이송 관련 설비
② 혼합기, 발포기, 압출기 등 화학제품 가공설비
③ 고로 등 점화기를 직접 사용하는 열교환기류
④ 응축기, 냉각기, 가열기, 증발기 등 열교환기류

100 다음 중 분진의 폭발위험성을 증대시키는 조건에 해당하는 것은?

① 분진의 온도가 낮을수록
② 분위기 중 산소 농도가 작을수록
③ 분진 내의 수분농도가 클수록
④ 분진의 표면적이 입자체적에 비교하여 클수록

답안 표기란	
97	① ② ③ ④
98	① ② ③ ④
99	① ② ③ ④
100	① ② ③ ④

6과목 건설공사 안전 관리

답안 표기란	
101	① ② ③ ④
102	① ② ③ ④
103	① ② ③ ④
104	① ② ③ ④

101 재해사고를 방지하기 위하여 크레인에 설치된 방호장치로 옳지 않은 것은?

① 공기정화장치 ② 속도조절기
③ 비상정지장치 ④ 권과방지장치

102 비계의 높이가 2m 이상인 작업장소에 작업발판을 설치할 경우 준수하여야 할 기준으로 바르지 않은 것은?

① 작업발판의 폭은 30cm 이상으로 한다.
② 발판재료 간의 틈은 3cm 이하로 한다.
③ 추락의 위험성이 있는 장소에는 안전난간을 설치한다.
④ 발판재료는 뒤집히거나 떨어지지 않도록 2개 이상의 지지물에 연결하거나 고정시킨다.

103 다음 중 터널공사에서 발파작업을 할 때의 안전대책으로 옳지 않은 것은?

① 발파 후 암석표면을 검사하고 필요시 망 · 록볼트로 조인다.
② 모든 동력선은 발원점으로부터 최소한 15m 이상 후방으로 옮긴다.
③ 발파용 점화회선은 타동력선 및 조명회선과 한 곳으로 통합하여 관리한다.
④ 작업원이 모두 나온 후 발파

104 유해 · 위험 방지를 위한 방호조치를 하지 않고도 양도, 대여, 설치 또는 사용에 제동하거나, 양도 · 대여를 목적으로 진열해서는 안 되는 기계 · 기구에 해당하지 않는 것은?

① 덤프트럭 ② 래핑기
③ 원심기 ④ 금속절단기

PART 1 CBT 빈출 모의고사

105 발파작업 시 암질변화 구간 및 이상암질의 출현 시 반드시 암질판별을 실시하여야 하는데, 이와 관련된 암질판별기준과 가장 거리가 먼 것은?

① R.Q.D(%)
② 탄성파속도(m/sec)
③ 전단강도(kg/㎠)
④ 일축 압축강도

106 터널 지보공을 조립하거나 변경하는 경우에 조치하여야 하는 사항으로 옳지 않은 것은?

① 목재의 터널 지보공은 그 터널 지보공의 각 부재에 작용하는 긴압정도를 체크하여 그 정도가 최대한 차이나도록 할 것
② 목재 지주식 지보공의 양끝에는 받침대를 설치할 것
③ 기둥에는 침하를 방지하기 위하여 받침목을 사용하는 등의 조치를 할 것
④ 강아치 지보공 및 목재지주식 지보공 외의 터널 지보공에 대해서는 터널 등의 출입구 부분에 받침대를 설치할 것

107 부두 · 안벽 등 하역작업을 하는 장소에서 부두 또는 안벽의 선을 따라 통로를 설치하는 경우에는 그 폭을 최소 얼마 이상으로 하여야 하는가?

① 50cm
② 60cm
③ 80cm
④ 90cm

108 철골작업에서의 승강로 설치기준 중 ( )안에 알맞은 것은?

> 사업주는 근로자가 수직방향으로 이동하는 철골부재에는 답단 간격이 ( ) 이내인 고정된 승강로를 설치하여야 한다.

① 20cm
② 30cm
③ 50cm
④ 100cm

답안 표기란				
105	①	②	③	④
106	①	②	③	④
107	①	②	③	④
108	①	②	③	④

109 다음 중 훅걸이용 와이어로프 등이 훅으로부터 벗겨지는 것을 방지하기 위한 장치는?

① 해지장치 ② 권과방지장치
③ 제어장치 ④ 비상정지장치

110 달비계의 구조에서 달비계 작업발판의 폭은 최소 얼마 이상이어야 하는가?

① 20cm ② 30cm
③ 40cm ④ 90cm

111 부두 · 안벽 등 하역작업을 하는 장소에서 부두 또는 안벽의 선을 따라 통로를 설치하는 경우에는 폭을 최소 얼마 이상으로 해야 하는가?

① 20cm ② 50cm
③ 70cm ④ 90cm

112 다음은 산업안전보건법령에 따른 화물자동차의 승강설비에 관한 사항이다. ( )안에 알맞은 내용으로 옳은 것은?

> 사업주는 바닥으로부터 짐 윗면까지의 높이가 ( ) 이상인 화물자동차에 짐을 싣는 작업 또는 내리는 작업을 하는 경우에는 근로자의 추가 위험을 방지하기 위하여 해당 작업에 종사하는 근로자가 바닥과 적재함의 짐 윗면 간을 안전하게 오르내리기 위한 설비를 설치하여야 한다.

① 2m ② 8m
③ 10m ④ 20m

답안 표기란

109	①	②	③	④
110	①	②	③	④
111	①	②	③	④
112	①	②	③	④

113 유한사면에서 원형활동면에 의해 발생하는 일반적인 사면 파괴의 종류에 해당하지 않는 것은?

① 사면저부파괴(Base failure)
② 사면선단파괴(Toe failure)
③ 사면인장파괴(Tension failure)
④ 사면내파괴(Slope failure)

114 다음 중 굴착기계의 운행 시 안전대책으로 바르지 않은 것은?

① 장비의 부속장치를 교환하거나 수리할 때에는 안전담당자가 점검하여야 한다.
② 운전반경 내에 사람이 있을 때 회전은 10rpm 정도의 느린 속도로 하여야 한다.
③ 장비의 주차 시 경사지나 굴착작업장으로부터 충분히 이격시켜 주차한다.
④ 장비는 당해 작업목적 이외에는 사용하여서는 안 된다.

115 다음 중 철골 건립기계를 선정할 경우 사전 검토사항이 아닌 것은?

① 건립기계로 인한 일조권 침해
② 건립기계의 소음영향
③ 기계조립에 필요한 면적
④ 이동식 크레인의 주행통로 유무

116 다음 중 굴착과 싣기를 동시에 할 수 있는 토공기계가 아닌 것은?

① Power shovel
② Tractor shovel
③ Back hoe
④ Motor grader

답안 표기란	
113	① ② ③ ④
114	① ② ③ ④
115	① ② ③ ④
116	① ② ③ ④

117 크레인의 운전실 또는 운전대를 통하는 통로의 끝과 건설물 등의 벽체의 간격은 최대 얼마 이하로 하여야 하는가?

① 0.3m
② 0.5m
③ 1.0m
④ 1.5m

118 다음 중 장비 자체보다 높은 장소의 땅을 굴착하는 데 적합한 장비는?

① 불도저(Bulldozer)
② 파워 쇼벨(Power Shovel)
③ 드래그라인(Drag line)
④ 클램쉘(Clam Shell)

119 NATM공법 터널공사의 경우 록 볼트 작업과 관련된 계측결과에 해당되지 않은 것은?

① 지중변위측정 결과
② 천단침하 측정 결과
③ 내공변위측정 결과
④ 진동측정 결과

120 지하수위 상승으로 포화된 사질토 지반의 액상화 현상을 방지하기 위한 가장 직접적이고 효과적인 대책은?

① well point 공법 적용
② 입도가 불량한 재료를 입도가 양호한 재료로 치환
③ 동다짐 공법 적용
④ 밀도를 증가시켜 한계간극비 이하로 상대밀도를 유지하는 방법 강구

답안 표기란	
117	① ② ③ ④
118	① ② ③ ④
119	① ② ③ ④
120	① ② ③ ④

제7회 CBT 빈출 모의고사

수험번호
수험자명

제한 시간 : 3시간 전체 문제 수 : 120 맞힌 문제 수 :

1과목 산업재해 예방 및 안전보건교육

01 재해원인 분석방법의 통계적 원인분석 중 사고의 유형, 기안물 등 분류항목을 큰 순서대로 도표화한 것은?

① 파레토도 ② 관리도
③ 크로스도 ④ 특성요인도

02 인간의 행동특성과 관련한 레빈(Lewin)의 법칙 중 P가 의미하는 것은?

B=f(P · E)

① 인간의 행동
② 사람의 경험, 성격 등
③ 심리에 영향을 주는 인간관계
④ 심리에 영향을 미치는 함수관계

03 다음 중 교육심리학의 학습이론에 관한 설명으로 옳은 것은?

① 파블로프(Pavlov)의 조건반사설은 맹목적 시행을 반복하는 가운데 자극과 반응이 결합하여 행동하는 것이다.
② 레빈(Lewin)의 장설은 후천적으로 얻게 되는 반사작용으로 행동을 발생시킨다는 것이다.
③ 톨만(Tolman)의 기호형태설은 학습자의 머리 속에 인지적 지도 같은 인지구조를 바탕으로 학습하려는 것이다.
④ 손다이크(Thomdike)의 시행착오설은 내적, 외적의 전체구조를 새로운 시점에서 파악하여 행동하는 것이다.

답안 표기란

01	①	②	③	④
02	①	②	③	④
03	①	②	③	④

04 자율검사프로그램을 인정받기 위해 보유하여야 할 검사장비의 이력카드 작성, 교정주기와 방법 설정 및 관리 등의 관리 주체는?

① 사업주 ② 안전관리책임자
③ 안전관리전문기관 ④ 보건관리책임자

05 생체 리듬(Bio Rhythm) 중 일반적으로 33일을 주기로 반복되며 상상력, 사고력, 기억력 또는 의지, 판단 및 비판력 등과 깊은 관련성을 갖는 리듬은?

① 육체적 리듬 ② 생활 리듬
③ 감성적 리듬 ④ 지성적 리듬

06 안전점검의 종류 중 태풍, 폭우 등에 의한 침수, 지진 등의 천재지변이 발생한 경우나 이상사태 발생 시 관리자나 감독자가 기계 · 기구, 설비 등의 기능상 이상 유무에 대하여 점검하는 것은?

① 일상점검 ② 특별점검
③ 정기점검 ④ 임시점검

07 다음 중 안전보건교육 계획에 포함하여야 할 사항이 아닌 것은?

① 교육담당자 및 강사 ② 교육의 과목 및 내용
③ 교육지도안 ④ 교육기간 및 시간

08 최대사용전압이 교류(실효값) 1,000V 또는 직류 1,500V인 내전압용 절연장갑의 등급은?

① 0등급 ② 1등급
③ 3등급 ④ 4등급

답안 표기란	
04	① ② ③ ④
05	① ② ③ ④
06	① ② ③ ④
07	① ② ③ ④
08	① ② ③ ④

09 다음 중 브레인스토밍(Brain-storming) 기법의 4원칙에 관한 설명으로 옳은 것은?

① 주제와 관련이 없는 내용은 발표할 수 없다.
② 동료의 의견에 대하여 좋고 나쁨을 평가할 수 있다.
③ 발표는 순서를 정하여 하고, 기회는 동일하게 부여한다.
④ 다른 사람의 의견에 대하여는 수정하여 발표할 수 있다.

10 안전검사기관 및 자율검사프로그램 인정기관은 고용노동부장관에게 그 실적을 보고하도록 되어 있는데 그 주기는?

① 매월
② 격월
③ 분기
④ 매년

11 다음 중 인간오류에 관한 분류로 독립행동에 의한 분류가 아닌 것은?

① 불필요한 행동오류
② 명령오류
③ 실행오류
④ 순서오류

12 국제노동기구(ILO)의 산업재해 정도 구분에서 부상 결과 근로자가 신체장해등급 제12급 판정을 받았다면 이는 어느 정도의 부상인가?

① 영구 일부노동불능
② 영구 전노동불능
③ 일시 전노동불능
④ 일시 일부노동불능

답안 표기란				
09	①	②	③	④
10	①	②	③	④
11	①	②	③	④
12	①	②	③	④

13 산업안전보건법령상 산업안전보건위원회의 구성에서 사용자위원 구성원이 아닌 것은? (단, 해당 위원이 사업장에 선임이 되어 있는 경우에 한한다.)

① 해당 사업의 대표자
② 보건관리자
③ 안전관리자
④ 명예산업안전감독관

14 다음 허츠버그(Herzberg)의 일을 통한 동기부여 원칙으로 옳지 않은 것은?

① 새롭고 어려운 업무의 부여
② 교육을 통한 간접적 정보제공
③ 자기과업을 위한 작업자의 책임감 증대
④ 작업자에게 승진의 기회 부여

15 다음 중 하인리히의 안전론에서 ( )안에 들어갈 단어로 적절한 것은?

> 안전은 사고예방이며, 사고예방은 ( )와(과) 인간 및 기계의 관계를 통제하는 과학이자 기술이다.

① 물리적 환경 ② 화학적 환경
③ 위험요인 제거 ④ 사고 및 재해의 배제

16 다음의 안전교육 훈련에 있어서 동기부여 방법에 대한 설명으로 볼 수 없는 것은?

① 안전의 근본이념을 강조한다.
② 결과의 가치를 공유한다.
③ 상과 벌을 준다.
④ 동기유발 수준을 과도하게 높인다.

답안 표기란	
13	① ② ③ ④
14	① ② ③ ④
15	① ② ③ ④
16	① ② ③ ④

PART 1
CBT 빈출 모의고사

17 몇 사람의 전문가에 의하여 과제에 관한 견해를 발표한 뒤 참가자로 하여금 의견이나 질문을 하게 하는 토의 방법을 무엇이라 하는가?

① 버즈 세션(buzz session)
② 심포지움(symposium)
③ 케이스 메소드(case method)
④ 패널 디스커션(panel discussion)

18 다음 중 안전교육에 대한 설명으로 옳은 것은?

① 사례중심과 실연을 통하여 기능적 이해를 돕는다.
② 사무직과 기능직은 그 업무가 다르므로 분리하여 교육한다.
③ 현장 작업자는 이해력이 낮아 단순반복 및 암기를 시킨다.
④ 안전교육에 건성으로 하는 것을 막기 위하여 인사고과에 필히 반영한다.

19 무재해운동의 기본이념 3원칙 중 다음에서 설명하는 것은?

> 직장 내의 모든 잠재위험요인을 적극적으로 사전에 발견, 파악, 해결함으로서 뿌리에서부터 산업재해를 제거하는 것

① 확인의 원칙
② 안전제일의 원칙
③ 참여의 원칙
④ 무의 원칙

20 인간의 동작특성 중 판단과정의 착오요인이 아닌 것은?

① 능력부족
② 합리적 조치의 미숙
③ 작업조건불량
④ 정보부족

답안 표기란	
17	① ② ③ ④
18	① ② ③ ④
19	① ② ③ ④
20	① ② ③ ④

2과목 인간공학 및 위험성 평가·관리

21 시스템 안전부문 중 시스템의 운용단계에서 이루어져야 할 작업이 아닌 것은?

① 운용, 보전 및 위급 시 절차를 평가하여 설계시 고려사항과 같은 타당성 여부 식별
② 안전성 손상 없이 사용설명서의 변경과 수정 평가
③ 안전성 수준유지를 보증하기 위한 안전성 검사
④ 생산시스템 분석 및 효율성 검토

22 다음의 화학설비에 대한 안전성 평가에서 정성적 평가항목이 아닌 것은?

① 공정기기
② 취급물질
③ 공장 내 배치
④ 소방설비

23 다음 중 작업장에서 구성요소를 배치할 때, 공간의 배치원칙에 속하지 않는 것은?

① 사용빈도의 원칙
② 사용순서의 원칙
③ 공정개선의 원칙
④ 중요도의 원칙

24 다음의 실내 면에서 빛의 반사율이 낮은 곳에서부터 높은 순서대로 나열한 것은?

A : 바닥 B : 천장 C : 가구 D : 벽

① A<C<D<B
② B<A<C<D
③ A<B<C<D
④ C<A<D<B

답안 표기란				
21	①	②	③	④
22	①	②	③	④
23	①	②	③	④
24	①	②	③	④

25 **음향기기 부품 생산공장에서 안전업무를 담당하는 홍길동 대리는 공장 내부에 경보등을 설치하는 과정에서 도움이 될 만한 몇 가지 지식을 적용하고자 한다. 다음 중 적용 지식으로 옳은 것은?**

① 신호 대 배경의 휘도대비가 작을 때는 백색신호가 효과적이다.
② 광원의 노출시간이 1초보다 작으면 광속발산도는 작아야 한다.
③ 표적의 크기가 커짐에 따라 광도의 역치가 안정되는 노출시간은 증가한다.
④ 배경광 중 점멸 잡음광의 비율이 10% 이상이면 점멸등은 사용하지 않는 것이 좋다.

26 **다음에서 작업자가 범한 오류와 이와 같은 사고 예방을 위해 적용된 안전설계 원칙으로 가장 적합한 것은?**

> 안전교육을 받지 못한 신입직원이 작업 중 전극을 반대로 끼우려고 시도했으나, 플러그의 모양이 반대로 끼울 수 없도록 설계되어 있어서 사고를 예방할 수 있었다.

① 누락(omission) 오류, fail safe 설계원칙
② 누락(omission) 오류, fool proof 설계원칙
③ 작위(commission) 오류, fool proof 설계원칙
④ 작위(commission) 오류, fail safe 설계원칙

27 **현재 시험문제와 같이 4지 택일형 문제의 정보량은?**

① 2bit　　② 4bit
③ 16bit　　④ 32bit

28 **산업안전보건법령에 따라 제출된 유해위험방지계획서의 심사 결과에 따른 구분 · 판정결과에 해당하지 않는 것은?**

① 조건부 적정　　② 일부 적정
③ 부적정　　④ 적정

답안 표기란	
25	① ② ③ ④
26	① ② ③ ④
27	① ② ③ ④
28	① ② ③ ④

29 **다음 중 인간공학적 의자 설계의 원리로 적합하지 않은 것은?**

① 요추의 전만곡선을 유지해야 한다.
② 등근육의 정적부하를 줄인다.
③ 디스크 압력을 줄인다.
④ 자세고정 시간을 늘인다.

30 **인간-기계시스템의 설계를 6단계로 구분할 때 첫 번째 단계에서 시행하는 것은?**

① 보조수단 설계
② 인터페이스 설계
③ 시스템의 목표와 성능명세 결정
④ 시스템 정의

31 **다음의 정신적 작업 부하에 관한 생리적 척도에 해당하지 않는 것은?**

① 중추신경계 활동 측정
② 근전도
③ 부정맥 지수
④ 호흡속도

32 **다음 중 신체 부위의 운동에 대한 설명으로 바르지 않은 것은?**

① 굴곡(flexion)은 부위간의 각도가 증가하는 신체의 움직임을 의미한다.
② 외전(abduction)은 신체 중심선으로부터 이동하는 신체의 움직임을 의미한다.
③ 외선(lateral rotation)은 신체의 중심선으로부터 회전하는 신체의 움직임을 의미한다.
④ 내전(adduction)은 신체의 외부에서 중심선으로 이동하는 신체의 움직임을 의미한다.

답안 표기란	
29	① ② ③ ④
30	① ② ③ ④
31	① ② ③ ④
32	① ② ③ ④

33 **다음의 소음방지 대책에 있어 가장 효과적인 방법은 무엇인가?**

① 전파경로에 대한 대책
② 귀마개 및 귀덮개에 대한 대책
③ 음원에 대한 대책
④ 거리감쇠와 지향성에 대한 대책

34 **인간의 실수 중 수행해야 할 작업 및 단계를 생략하여 발생하는 오류는?**

① timing error
② commission error
③ sequence error
④ omission error

35 **다음 결함수분석(FTA)에 관한 설명으로 옳지 않은 것은?**

① 정성적 분석이 가능하다.
② 버텀－업(Bottom－Up)방식이다.
③ 기능적 결함의 원인을 분석하는데 용이하다.
④ 연역적 방법이다.

36 **다음 중 인체 계측 자료의 응용원칙으로 볼 수 없는 것은?**

① 기존 동일 제품을 기준으로 한 설계
② 평균치를 기준으로 한 설계
③ 조절범위를 기준으로 한 설계
④ 최대치수와 최소치수를 기준으로 한 설계

답안 표기란				
33	①	②	③	④
34	①	②	③	④
35	①	②	③	④
36	①	②	③	④

37 **인간-기계 시스템을 설계할 때에는 특정 기능을 기계에 할당하거나 인간에게 할당하게 되는데 기능할당과 관련된 사항으로 옳지 않은 것은? (단, 인공지능과 관련된 사항은 제외한다.)**

① 인간은 원칙을 적용하여 다양한 문제를 해결하는 능력이 기계에 비해 우월하다.
② 기계는 장시간 일관성이 있는 작업을 수행하는 능력이 인간에 비해 우월하다.
③ 인간은 주위가 이상하거나 예기치 못한 사건을 감지하여 대처하는 능력이 기계에 비해 우월하다.
④ 인간은 소음, 이상온도 등의 환경에서 작업을 수행하는 능력이 기계에 비해 우월하다.

38 **다음 중 화학설비의 안전성 평가에서 정량적 평가 항목이 아닌 것은?**

① 온도　　② 입지조건
③ 취급물질　　④ 화학설비용량

39 **THERP(Technique for Human Error Rate Prediction)의 특징에 대한 설명으로 옳은 것을 모두 고르면?**

> ㉠ 인간-기계 계(SYSTEM)에서 여러 가지 인간의 에러와 이에 의해 발생할 수 있는 위험성의 예측과 개선을 위한 기법이다.
> ㉡ 인간의 과오를 정성적으로 평가하기 위하여 개발된 기법이다.
> ㉢ 가지처럼 갈라지는 형태의 논리구조와 나무형태의 그래프를 이용한다.

① ㉠, ㉡　　② ㉡, ㉢
③ ㉠, ㉢　　④ ㉠, ㉡, ㉢

40 **설비의 고장과 같이 발생확률이 낮은 사건의 특정시간 또는 구간에서의 발생횟수를 측정하는 데 가장 적합한 확률분포는?**

① 푸아송분포(Poisson distribution)
② 이항분포(Binomial distribution)
③ 와이블분포(Weibulll distribution)
④ 지수분포(Exponential distribution)

답안 표기란				
37	①	②	③	④
38	①	②	③	④
39	①	②	③	④
40	①	②	③	④

3과목 기계·기구 및 설비 안전 관리

답안 표기란	
41	① ② ③ ④
42	① ② ③ ④
43	① ② ③ ④
44	① ② ③ ④

41 **컨베이어에 사용되는 방호장치와 그 목적에 관한 설명으로 옳지 않은 것은?**

① 낙하물에 의한 위험 방지를 위한 덮개 또는 울을 설치한다.
② 근로자의 신체 일부가 말려들 위험이 있을 때 이를 즉시 정지시키기 위한 비상정지장치를 설치한다.
③ 정전, 전압강하 등에 따른 화물 이탈을 방지하기 위해 이탈 및 역주행 방지장치를 설치한다.
④ 운전 중인 컨베이어 등의 위로 넘어가고자 할 때를 위하여 급정지장치를 설치한다.

42 **다음 중 크레인의 방호장치에 대한 설명으로 옳지 않은 것은?**

① 권과방지장치를 설치하지 않은 크레인에 대해서는 권상용 와이어로프에 위험표시를 한다.
② 크레인을 필요한 상황에서는 저속으로 중지시킬 수 있도록 브레이크장치와 충돌 시 충격을 완화시킬 수 있는 완충장치를 설치한다.
③ 운반물의 중량이 초과되지 않도록 과부하방지장치를 설치하여야 한다.
④ 작업 중에 긴급히 정지시켜야 할 경우에 비상정지장치를 사용할 수 있도록 설치하여야 한다.

43 **다음과 같은 기계요소가 단독으로 발생시키는 위험점은 무엇인가?**

> 밀링커터, 둥근톱날

① 물림점　　② 끼임점
③ 절단점　　④ 협착점

44 **다음 중 초음파 탐상법에 해당하지 않는 것은?**

① 침투식　　② 투과식
③ 공진식　　④ 펄스반사식

45 연삭숫돌의 상부를 사용하는 것을 목적으로 하는 탁상용 연삭기에서 안전덮개의 노출부위 각도는 몇 ° 이내이어야 하는가?

① 90° 이내 ② 80° 이내
③ 70° 이내 ④ 60° 이내

46 용접장치에서 안전기의 설치 기준에 관한 설명으로 옳지 않은 것은?

① 아세틸렌 용접장치에 대하여는 각 취관마다 안전기를 설치하여야 한다.
② 아세틸렌 용접장치의 안전기는 가스용기와 발생기가 분리되어 있는 경우 발생기와 가스용기 사이에 설치한다.
③ 가스집합 용접장치의 안전기 설치는 화기사용설비로부터 3m이상 떨어진 곳에 설치한다.
④ 가스집합 용접장치에서는 주관 및 분기관에 안전기를 설치한다.

47 설비의 고장형태를 크게 초기고장, 우발고장, 마모고장으로 구분할 때 다음 중 마모고장과 가장 거리가 먼 것은?

① 순간적 폭발에 의한 파손
② 열화에 생기는 고장
③ 부품, 부재의 반복피로
④ 부품, 부재의 마모

48 다음의 침투탐상검사에서 일반적인 작업 순서로 옳은 것은?

① 전처리 → 세척처리 → 침투처리 → 현상처리 → 관찰 → 후처리
② 전처리 → 침투처리 → 세척처리 → 현상처리 → 관찰 → 후처리
③ 전처리 → 현상처리 → 침투처리 → 세척처리 → 관찰 → 후처리
④ 전처리 → 침투처리 → 현상처리 → 세척처리 → 관찰 → 후처리

답안 표기란	
45	① ② ③ ④
46	① ② ③ ④
47	① ② ③ ④
48	① ② ③ ④

49 롤러의 가드 설치방법 중 안전한 작업공간에서 사고를 일으키는 공간함정(trap)을 막기 위해 확보해야할 신체 부위별 최소 틈새로 바른 것은?

① 다리 : 200mm
② 손목 : 130mm
③ 손가락 : 25mm
④ 발 : 150mm

50 다음 중 랭 꼬임과 비교하여 보통 꼬임의 특징에 관한 설명으로 옳지 않은 것은?

① 취급이 쉬우며 모양이 잘 흐트러지지 않는다.
② 스트랜드의 꼬임 방향과 로프의 꼬임 방향이 반대이다.
③ 로프의 변형이나 하중을 걸었을 때 저항성이 크다.
④ 내마모성, 유연성, 저항성이 우수하다.

51 기능의 안전화 방안을 소극적 대책과 적극적 대책으로 구분할 때, 적극적 대책에 해당하는 것은?

① 기계의 이상을 확인하고 수리하였다.
② 기계음이 좋지 않아 급유를 하였다.
③ 회로를 개선하여 오동작을 방지하도록 하였다.
④ 기계를 볼트와 너트가 이완되지 않도록 다시 조립하였다.

52 다음 용접 결함에 해당하지 않는 것은?

① 비드(bead)
② 슬래그(slag)
③ 언더컷(under cut)
④ 용입 불량(incomplete penetration)

답안 표기란	
49	① ② ③ ④
50	① ② ③ ④
51	① ② ③ ④
52	① ② ③ ④

답안 표기란	
53	① ② ③ ④
54	① ② ③ ④
55	① ② ③ ④
56	① ② ③ ④

53 다음의 용접 중 불꽃 온도가 가장 높은 것은?

① 산소－메탄 용접
② 산소－아세틸렌 용접
③ 산소－프로판 용접
④ 산소－수소 용접

54 회전 중인 연삭숫돌이 근로자에게 위험을 미칠 우려가 있을 시 덮개를 설치하여야 할 연삭숫돌의 최소 지름은?

① 지름이 1cm 이상인 것
② 지름이 3cm 이상인 것
③ 지름이 5cm 이상인 것
④ 지름이 10cm 이상인 것

55 재료가 변형 시에 외부응력이나 내부의 변형과정에서 방출되는 낮은 응력파(stress wave)를 감지하여 측정하는 비파괴시험은?

① 와류탐상 시험
② 침투탐상 시험
③ 방사선투과 시험
④ 음향탐상 시험

56 다음 중 밀링작업의 안전조치에 대한 설명으로 옳지 않은 것은?

① 절삭 중의 칩 제거는 칩 브레이커로 한다.
② 사용 전 반드시 기계 및 공구를 점검하고 시운전을 한다.
③ 황동 등 철가루나 칩이 발생되는 작업에는 반드시 보안경을 착용한다.
④ 가공할 재료를 바이스에 견고히 고정시킨다.

57 산업안전보건법령상 탁상용 연삭기의 덮개는 작업 받침대와 연삭숫돌과의 간격을 몇 mm 이하로 유지하여야 하는가?

① 1mm
② 3mm
③ 5mm
④ 10mm

58 동력전달부분의 전방 35cm 위치에 일반 평형보호망을 설치하고자 한다. 보호망의 최대 구멍의 크기는 몇 mm인가?

① 21mm
② 31mm
③ 41mm
④ 51mm

59 기계설비의 작업능률과 안전을 위해 공장의 설비 배치 3단계를 순서대로 나열한 것은?

① 지역배치 → 건물배치 → 기계배치
② 건물배치 → 지역배치 → 기계배치
③ 기계배치 → 건물배치 → 지역배치
④ 지역배치 → 기계배치 → 건물배치

60 다음 중 비파괴검사법으로 옳지 않은 것은?

① 자분탐상검사
② 방사선투과검사
③ 초음파탐상검사
④ 침투탐상검사

답안 표기란	
57	① ② ③ ④
58	① ② ③ ④
59	① ② ③ ④
60	① ② ③ ④

4과목 전기설비 안전 관리

답안 표기란	
61	① ② ③ ④
62	① ② ③ ④
63	① ② ③ ④
64	① ② ③ ④

61 감전되어 사망하는 주된 메커니즘으로 보기 어려운 것은?

① 심장부에 전류가 흘러 심실세동이 발생하여 혈액순환기능이 상실되어 일어난 것
② 흉부에 전류가 흘러 흉부수축에 의한 질식으로 일어난 것
③ 뇌의 호흡중추 신경에 전류가 흘러 호흡기능이 정지되어 일어난 것
④ 손에 전류가 흘러 혈압이 약해져 뇌에 산소 공급기능이 정지되어 일어난 것

62 다음 누전으로 인한 화재의 3요소에 대한 요건이 아닌 것은?

① 출화점
② 충돌점
③ 누전점
④ 접지점

63 교류아크용접기의 접점방식(Magnet식)의 전격방지장치에서 지동시간과 용접기 2차측 무부하전압(V)을 바르게 표현한 것은?

① 1±0.3초 이내, 25V 이하
② 2±0.3초 이내, 25V 이하
③ 3±0.3초 이내, 50V 이하
④ 5±0.3초 이내, 50V 이하

64 교류아크용접기의 자동전격장치는 전격의 위험을 방지하기 위하여 아크 발생이 중단된 후 약 1초 이내에 출력 측 무부하전압을 자동적으로 몇 V 이하로 저하시켜야 하는가?

① 15V
② 20V
③ 25V
④ 50V

65 인체의 전기저항을 $0.5\text{k}\Omega$이라고 하면 심실세동을 일으키는 위험한계 에너지는 몇 J인가? (단, 심실세동전류값 $I=\dfrac{0.165}{\sqrt{t}}\text{mA}$의 Dalziel 식을 이용하며, 통전시간은 1초로 한다.)

① 10.6J ② 13.6J
③ 16.6J ④ 18.6J

66 감전사고로 인한 호흡이 정지한 경우 구강대 구강법에 의한 인공호흡의 매분 회수와 시간은 어느 정도 하는 것이 가장 바람직한가?

① 매분 12~15회, 30분 이상
② 매분 15~20회, 30분 이상
③ 매분 20~30회, 30분 이상
④ 매분 30회 이상, 30분 이상

67 인체통전으로 인한 전격(electric shock)의 정도를 정함에 있어 그 인자가 아닌 것은?

① 전류의 크기
② 인체의 저항
③ 전압의 크기
④ 전격 시 심장맥동위상

68 전기기계 · 기구의 조작 시 안전조치로서 사업주는 근로자가 안전하게 작업할 수 있도록 전기기계 · 기구로부터 폭 얼마 이상의 작업공간을 확보하여야 하는가?

① 20cm ② 30cm
③ 50cm ④ 70cm

답안 표기란				
65	①	②	③	④
66	①	②	③	④
67	①	②	③	④
68	①	②	③	④

답안 표기란				
69	①	②	③	④
70	①	②	③	④
71	①	②	③	④
72	①	②	③	④

69 다음 중 방폭구조가 아닌 것은?

① 특수방폭구조
② 고압방폭구조
③ 안전증방폭구조
④ 유입방폭구조

70 역률개선용 커패시터(capacitor)가 접속되어 있는 전로에서 정전작업을 할 경우 다른 정전작업과는 달리 주의 깊게 취해야 할 조치사항으로 옳은 것은?

① 잔류전하 방전
② 개폐기 전원투입 금지
③ 안전표지 부착
④ 활선 근접작업에 대한 방호

71 방폭 기기－일반요구사항(KS C IEC 60079－0) 규정에서 제시하고 있는 방폭기기를 설치할 경우 표준환경조건이 아닌 것은?

① 압력 : 80~110kpa
② 산소 함유율 : 21%v/v의 공기
③ 주위온도 : －20~40℃
④ 상대습도 : 20~50%

72 다음 중 내압 방폭구조에서 안전간극(safe gap)을 적게 하는 이유로 옳은 것은?

① 최소점화에너지를 낮게 하기 위해
② 폭발압력에 견디고 파손되지 않도록 하기 위해
③ 폭발화염이 외부로 전파되지 않도록 하기 위해
④ 설치류가 전선 등을 훼손하지 않도록 하기 위해

73 다음 중 정전기 발생현상에 해당되지 않는 것은?

① 진동대전
② 유체대전
③ 박리대전
④ 충돌대전

74 6600/100V, 15kVA의 변압기에서 공급하는 저압 전선로의 허용 누설전류는 몇 A를 넘지 않아야 하는가?

① 0.015A
② 0.035A
③ 0.055A
④ 0.075A

75 다음 중 기중 차단기의 기호로 옳은 것은?

① ACB
② MCCB
③ OCB
④ VCB

76 다음 중 정전기로 인한 화재 폭발 위험이 가장 높은 것은?

① 가습기
② 농작물 건조기
③ 드라이클리닝설비
④ 전동기

답안 표기란	
73	① ② ③ ④
74	① ② ③ ④
75	① ② ③ ④
76	① ② ③ ④

77 다음 중 감전사고 방지대책으로 옳지 않은 것은?

① 설비의 필요한 부분에 보호접지 실시
② 안전전압 이하의 전기기기 사용
③ 전기기기 및 설비의 정비
④ 노출된 충전부에 통전망 설치

78 다음 중 제전기가 아닌 것은?

① 전압인가식 제전기
② 정전식 제전기
③ 방사선식 제전기
④ 자기방전식 제전기

79 다음 중 전기기계 · 기구의 기능 설명으로 옳은 것은?

① CB는 부하전류를 개폐시킬 수 있다.
② 피뢰침은 뇌나 계통의 개폐에 의해 발생하는 이상 전압을 대지로 방전시킨다.
③ DS는 회로의 개폐 및 대용량부하를 개폐시킨다.
④ ACB는 진공 중에서 차단동작을 한다.

80 가연성 가스가 있는 곳에 저압 옥내전기설비를 금속관 공사에 의해 시설하고자 한다. 관 상호 간 또는 관과 전기기계 · 기구와는 몇 턱 이상 나사조임으로 접속하여야 하는가?

① 1턱
② 2턱
③ 4턱
④ 5턱

답안 표기란	
77	① ② ③ ④
78	① ② ③ ④
79	① ② ③ ④
80	① ② ③ ④

5과목 화학설비 안전 관리

답안 표기란				
81	①	②	③	④
82	①	②	③	④
83	①	②	③	④
84	①	②	③	④

81 다음 중 화재가 발생한 경우 주수에 의해 오히려 위험성이 증대되는 물질은?

① 에틸에테르
② 니트로셀룰로오스
③ 금속나트륨
④ 크릴렌

82 반응성 화학물질의 위험성은 실험에 의한 평가 대신 문헌조사 등을 통해 계산에 의해 평가하는 방법을 사용할 수 있는데, 이에 관한 설명으로 옳지 않은 것은?

① 계산에 의한 위험성 예측은 모든 물질에 대해 정확성이 있으므로 더 이상의 실험을 필요로 하지 않는다.
② 연소열, 분해열, 폭발열 등의 크기에 의해 그 물질의 폭발 또는 발화의 위험예측이 가능하다.
③ 계산에 의한 평가를 하기 위해서는 폭발 또는 분해에 다른 생성물의 예측이 이루어져야 한다.
④ 위험성이 너무 커서 물성을 측정할 수 없는 경우 계산에 의한 평가 방법을 사용할 수도 있다.

83 다음의 화학설비 중 분체화학물질 분리장치가 아닌 것은?

① 탈습기
② 분쇄기
③ 유동탑
④ 결정조

84 프로판(C_3H_8)의 연소하한계가 2.2vol%일 때 연소를 위한 최소산소농도(MOC)는 몇 vol%인가?

① 7.0vol%
② 8.0vol%
③ 11.0vol%
④ 15.0vol%

85 사업주는 산업안전보건법령에서 정한 설비에 대해서는 과압에 따른 폭발을 방지하기 위하여 안전밸브 등을 설치하여야 하는데 이에 해당하는 설비가 아닌 것은?

① 배관
② 정변위 압축기
③ 압력용기
④ 원심펌프

86 다음 중 퍼지의 종류에 해당하지 않는 것은?

① 가열퍼지
② 진공퍼지
③ 스위프 퍼지
④ 사이폰 퍼지

87 다음에서 설명하는 화염방지기의 설치 위치로 옳은 것은?

> 사업주는 인화성 액체 및 인화성 가스를 저장 취급하는 화학설비에서 증기나 가스를 대기로 방출하는 경우에는 외부로부터의 화염을 방지하기 위하여 화염방지기를 설치하여야 한다.

① 설비의 하단
② 설비의 상단
③ 설비의 측면
④ 설비의 입구

88 다음 중 마그네슘의 저장 및 취급에 관한 설명으로 옳지 않은 것은?

① 화기를 엄금하고 가열, 충격, 마찰을 피한다.
② 분말이 비산하지 않도록 밀봉하여 저장한다.
③ 일단 연소하면 소화가 곤란하지만 초기 소화 또는 소규모 화재 시 물, CO_2 소화설비를 이용하여 소화한다.
④ 제6류 위험물과 같은 산화제와 혼합되지 않도록 격리, 저장한다.

답안 표기란	
85	① ② ③ ④
86	① ② ③ ④
87	① ② ③ ④
88	① ② ③ ④

89 **다음은 안전장치에 관한 내용이다. 설명에 해당하는 안전장치는?**

> 대형 반응기, 탑, 탱크 등에서 이상상태가 발생할 때 밸브를 정지시켜 원료공급을 차단하기 위한 안전장치로 공기압식, 유압식, 전기식 등이 있다.

① 긴급차단장치　② 안전밸브
③ 스팀트랩　④ 안전판

90 **다음 중 이산화탄소소화약제의 특징이 아닌 것은?**

① 피연소물에 피해가 적고 증거보존이 용이하다.
② 기화상태에서 부식성이 매우 강하다.
③ 액체로 저장할 경우 자체 압력으로 방사할 수 있다.
④ 고압가스이므로 저장, 취급시 주의가 필요하다.

91 **다음 중 가연성가스가 밀폐된 용기 안에서 폭발할 때 최대폭발압력에 영향을 주는 인자가 아닌 것은?**

① 가연성가스의 강도
② 가연성가스의 초기온도
③ 가연성가스의 유속
④ 가연성가스의 유량

92 **공정안전보고서에 포함하여야 할 세부 내용 중 공정안전자료의 세부 내용이 아닌 것은?**

① 설비점검 · 검사 및 보수계획, 유지계획 및 지침서
② 유해하거나 위험한 설비의 목록 및 사양
③ 취급 · 저장하고 있거나 취급 · 저장하려는 유해 · 위험물질의 종류 및 수량
④ 위험설비의 안전설계 · 제작 및 설치 관련 지침서

답안 표기란				
89	①	②	③	④
90	①	②	③	④
91	①	②	③	④
92	①	②	③	④

93 가솔린(휘발유)의 일반적인 연소범위에 가장 가까운 값은?

① 5.1~18.2vol% ② 3.4~11.8vol%
③ 2.5~16.2vol% ④ 1.4~7.6vol%

94 다음 중 독성가스에 속하지 않은 것은?

① 암모니아 ② 질소
③ 시안화수소 ④ 아황산가스

95 펌프의 사용 시 공동현상(cavitation)을 방지하고자 할 때의 조치사항으로 옳지 않은 것은?

① 펌프의 회전수를 높인다.
② 펌프 흡입압력을 유체의 증기압보다 높게 한다.
③ 펌프의 흡입관의 두(head) 손실을 줄인다.
④ 펌프의 설치위치를 수원보다 낮게 한다.

96 압축기와 송풍의 관로에 심한 공기의 맥동과 진동을 발생하면서 불안정한 운전이 되는 서징(surging) 현상의 방지법으로 옳지 않은 것은?

① 토출가스를 흡입측에 바이패스 시키거나 방출밸브에 의해 대기로 방출시킨다.
② 임펠러의 회전수를 변경시킨다.
③ 교축밸브를 압축기 가까이 설치하여 부하에 따라 풍량을 적절히 조절하여야 한다.
④ 풍량을 증가시킨다.

답안 표기란	
93	① ② ③ ④
94	① ② ③ ④
95	① ② ③ ④
96	① ② ③ ④

97 공기 중에서 폭발범위가 12.5~74vol%인 일산화탄소의 위험도는?

① 2.16 ② 3.58
③ 4.92 ④ 6.09

98 다음 중 분진폭발에 관한 설명으로 옳지 않은 것은?

① 폭발한계 내에서 분진의 휘발성분이 많으면 폭발 위험성이 높다.
② 가스폭발과 비교하여 연소의 속도나 폭발의 압력이 크고, 연소시간이 짧으며, 발생에너지가 작다.
③ 분진이 발화 폭발하기 위한 조건은 가연성, 미분상태, 공기 중에서의 교반과 유동 및 점화원의 존재이다.
④ 폭발한계는 입자의 크기, 입도분포, 산소농도, 함유수분, 가연성가스의 혼입 등에 의해 같은 물질의 분진에서도 달라진다.

99 다음 중 밀폐 공간 내 작업 시의 조치사항으로 옳지 않은 것은?

① 산소결핍이나 유해가스로 인한 질식의 우려가 있으면 진행 중인 작업에 방해되지 않도록 주의하면서 환기를 강화하여야 한다.
② 그 작업장과 외부의 감시인 간에 항상 연락을 취할 수 있는 설비를 설치하여야 한다.
③ 그 장소에 근로자를 입장시킬 때와 퇴장시킬 때마다 인원을 점검하여야 한다.
④ 해당 작업장을 적정한 공기상태로 유지되도록 환기하여야 한다.

100 다음 중 관의 지름을 변경하는데 사용되는 관의 부속품으로 가장 적합한 것은?

① 유니온(Union) ② 커플링(Coupling)
③ 엘보우(Elbow) ④ 리듀서(Reducer)

답안 표기란	
97	① ② ③ ④
98	① ② ③ ④
99	① ② ③ ④
100	① ② ③ ④

6과목 건설공사 안전 관리

답안 표기란	
101	① ② ③ ④
102	① ② ③ ④
103	① ② ③ ④
104	① ② ③ ④

101 작업장소의 지형 및 지반 상태 등에 적합한 제한속도를 미리 정하지 않아도 되는 차량계 건설기계는 최대제한속도가 시속 얼마 이하인 것을 의미하는가?

① 10km/hr 이하 ② 20km/hr 이하
③ 30km/hr 이하 ④ 40km/hr 이하

102 다음은 산업안전보건법령에 따른 항타기 또는 항발기에 권상용 와이어로프를 사용하는 경우에 준수하여야 할 사항이다. ( )안에 알맞은 내용으로 옳은 것은?

> 권상용 와이어로프는 추 또는 해머가 최저의 위치에 있을 때 또는 널말뚝을 빼내기 시작할 때를 기준으로 권상장치의 드럼에 적어도 ( ) 감기고 남을 수 있는 충분한 길이일 것

① 1회 ② 2회
③ 4회 ④ 6회

103 달비계의 최대 적재하중을 정함에 있어서 활용하는 안전계수의 기준으로 적합한 것은? (단, 곤돌라의 달비계를 제외한다.)

① 달기 와이어로프 : 15 이상 ② 달기 강선 : 20 이상
③ 달기 체인 : 5 이상 ④ 달기 훅 : 10 이상

104 다음의 화물운반하역 작업 중 걸이작업에 관한 설명으로 옳지 않은 것은?

① 밑에 있는 물체를 걸고자 할 때에는 위의 물체를 제거한 후에 하여야 한다.
② 매다는 각도는 60° 이상으로 하여야 한다.
③ 인양 물체의 안정을 위하여 2줄 걸이 이상을 사용하여야 한다.
④ 근로자를 매달린 물체 위에 탑승시키지 않아야 한다.

105 **흙 속의 전단응력을 증대시키는 원인에 해당하지 않는 것은?**

① 지진, 폭파에 의한 진동 및 충격
② 함수비의 감소에 따른 흙의 단위체적 중량의 감소
③ 사면의 구배가 자연구배보다 급경사일 경우
④ 자연 또는 인공에 의한 지하공동의 형성

106 **콘크리트 타설작업 시 안전에 대한 유의사항으로 바르지 않은 것은?**

① 진동기를 가능한 한 많이 사용할수록 거푸집에 작용하는 측압상 안전하다.
② 높은 곳으로부터 콘크리트를 타설할 때는 호퍼로 받아 거푸집내에 꽂아 넣는 슈트를 통해서 부어 넣어야 한다.
③ 콘크리트를 치는 도중에는 지보공 · 거푸집 등의 이상 유무를 확인한다.
④ 콘크리트를 한 곳에만 치우쳐서 타설하지 않도록 주의한다.

107 **다음 중 사면 보호공법으로 구조물에 의한 보호공법에 해당되지 않는 것은?**

① 현장타설 콘크리트 격자공
② 콘크리트 붙이기공
③ 돌망태공
④ 식생구멍공

108 **사다리식 통로 등을 설치하는 경우 폭은 최소 얼마 이상으로 하여야 하는가?**

① 10cm
② 20cm
③ 30cm
④ 50cm

답안 표기란				
105	①	②	③	④
106	①	②	③	④
107	①	②	③	④
108	①	②	③	④

109 다음 중 장비가 위치한 지면보다 낮은 장소를 굴착하는 데 적합한 것은?

① 트럭크레인 ② 백호우
③ 파워쇼벨 ④ 진폴

110 차량계 건설기계를 사용하여 작업을 하는 경우 작업계획서 내용에 포함되지 않는 것은?

① 차량계 건설기계의 유지보수방법
② 차량계 건설기계의 운행경로
③ 차량계 건설기계에 의한 작업방법
④ 사용하는 차량계 건설기계의 종류 및 성능

111 건설작업장에서 근로자가 상시 작업하는 장소의 작업면 조도기준으로 틀린 것은? (단, 갱내 작업장과 감광재료를 취급하는 작업장의 경우는 제외)

① 초정밀 작업 : 750럭스 이상
② 정밀작업 : 300럭스 이상
③ 보통작업 : 150럭스 이상
④ 초정밀, 정밀, 보통작업을 제외한 기타 작업 : 100럭스 이상

112 버팀보, 앵커 등의 축하중 변화상태를 측정하여 이들 부재의 지지효과 및 그 변화 추이를 파악하는데 사용되는 계측기기는?

① water level meter
② piezo meter
③ load cell
④ strain gauge

답안 표기란				
109	①	②	③	④
110	①	②	③	④
111	①	②	③	④
112	①	②	③	④

113 안전대의 종류는 사용구분에 따라 벨트식과 안전그네식으로 구분되는데, 이 중 안전그네식에만 적용하는 것은?

① 1개 걸이용, U자 걸이용
② 추락방지대, 안전블록
③ 1개 걸이용, 추락방지대
④ U자 걸이용, 추락방지대

114 다음의 침투수가 옹벽의 안정에 미치는 영향으로 옳지 않은 것은?

> 폭우 시 옹벽 배면의 배수시설이 취약하면 옹벽 저면을 통하여 침투수(seepage)의 수위가 올라간다.

① 옹벽 배면토의 단위수량 감소로 인한 수직 저항력 증가
② 흙의 포화, 함수량 증가로 토압증가
③ 전도, 활동 발생으로 옹벽 불안정
④ 포화 또는 부분 포화에 따른 뒷채움용 흙무게의 증가

115 다음 중 감전재해의 직접적인 요인이 아닌 것은?

① 통전전류의 크기　② 통전전압의 크기
③ 통전전원의 종류　④ 통전경로

116 구축물에 안전진단 등 안전성 평가를 실시하여 근로자에게 미칠 위험성을 미리 제거하여야 하는 경우가 아닌 것은?

① 구축물 등의 인근에서 굴착 · 항타작업 등으로 침하 · 균열 등이 발생하여 붕괴의 위험이 예상될 경우
② 구축물 등에 지진, 동해, 부동침하 등으로 균열 · 비틀림 등이 발생했을 경우
③ 오랜 기간 사용하지 않던 구축물 등을 재사용하게 되어 안전성을 검토해야 하는 경우
④ 구축물의 구조체가 안전측으로 과도하게 설계가 되었을 경우

답안 표기란				
113	①	②	③	④
114	①	②	③	④
115	①	②	③	④
116	①	②	③	④

117 건설현장에서 사용되는 작업발판 일체형 거푸집의 종류에 해당되지 않는 것은?

① 터널 라이닝 폼(tunnel lining form)
② 유로폼(euro form)
③ 클라이밍 폼(climbing form)
④ 거푸집과 작업발판이 일체로 제작된 거푸집

118 토질시험 중 연약한 점토 지반의 점착력을 판별하기 위하여 실시하는 현장시험은?

① 하중재하시험
② 표준관입시험(SPT)
③ 베인테스트(Vane Test)
④ 삼축압축시험

119 흙막이 공법을 흙막이 지지방식에 의한 분류와 구조방식에 의한 분류로 나눌 때, 다음 중 지지방식에 의한 분류에 해당하는 것은?

① 경사 버팀대식 흙막이 공법
② Top down method 공법
③ 구체 흙막이 공법
④ slurry wall 공법

120 크레인 등 건설장비의 가공전선로 접근 시 안전대책으로 옳지 않은 것은?

① 안전 이격거리를 유지하고 작업한다.
② 장비를 가공전선로 밑에 보관한다.
③ 절연용 방호구를 설치 후 작업한다.
④ 작업 전에 울타리를 설치하고 감시인을 배치한다.

답안 표기란				
117	①	②	③	④
118	①	②	③	④
119	①	②	③	④
120	①	②	③	④

제8회 CBT 빈출 모의고사

수험번호
수험자명

제한 시간 : 3시간 전체 문제 수 : 120 맞힌 문제 수 :

1과목 산업재해 예방 및 안전보건교육

답안 표기란	
01	① ② ③ ④
02	① ② ③ ④
03	① ② ③ ④
04	① ② ③ ④

01 산업안전보건법령상 안전 · 보건표지의 종류 중 안내표지에 해당하지 않은 것은?

① 녹십자표지 ② 비상용기구
③ 출입구 ④ 응급구호표지

02 안전교육의 단계에 있어 교육대상자가 스스로 행함으로서 습득하게 하는 교육은?

① 기능교육 ② 의식교육
③ 인성교육 ④ 태도교육

03 레빈(Lewin)의 법칙 $B=f(P \cdot E)$ 중 B가 의미하는 것은?

① 성격 ② 인간의 행동
③ 환경 ④ 함수관계

04 다음의 방진마스크 형태로 옳은 것은?

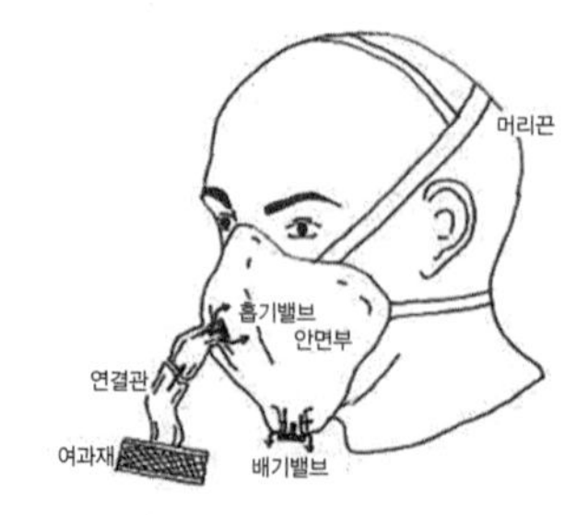

① 직결식 전면형 ② 직결식 반면형
③ 격리식 전면형 ④ 격리식 반면형

05 6~12명의 구성원으로 타인의 비판 없이 자유로운 토론을 통하여 다량의 독창적인 아이디어를 이끌어내고, 대안적 해결안을 찾기 위한 집단적 사고기법은?

① Brain storming
② Role playing
③ Action playing
④ Fish Bowl playing

06 재해발생의 직접원인 중 불안전한 상태가 아닌 것은?

① 자세 및 동작의 불안전
② 복장, 보호구의 결함
③ 결함 있는 기계설비
④ 생산공정의 결함

07 인간관계의 매커니즘 중 다른 사람의 행동양식이나 태도를 투입시키거나 다른 사람 가운데서 자기와 비슷한 것을 발견하는 것은?

① 투사
② 일체화
③ 동일화
④ 공감

08 산업재해 기록 · 분류에 관한 지침에 따른 분류기준 중 다음의 ( ) 안에 알맞은 것은?

> 재해자가 넘어짐으로 인하여 기계의 동력 전달 부위 등에 끼이는 사고가 발생하여 신체부위가 절단되는 경우는 ( )으로 분류한다.

① 넘어짐　　② 끼임
③ 깔림　　④ 전도

답안 표기란

05	①	②	③	④
06	①	②	③	④
07	①	②	③	④
08	①	②	③	④

09 다음 중 주의의 특성으로 적합하지 않은 것은?

① 선택성　　② 변동성
③ 방향성　　④ 기능성

10 다음의 재해사례에 해당하는 기인물은?

> 기계작업에 배치된 작업자가 반장의 자시를 받기 전에 정지된 선반을 운전시키면서 변속치차의 덮개를 벗겨내고 치차를 저속으로 운전하면서 급유하려고 할 때 오른손이 변속치차에 맞물려 손가락이 절단되었다.

① 변속치차　　② 급유
③ 선반　　④ 덮개

11 다음 중 안전보건교육 계획을 수립할 때 고려할 사항으로 볼 수 없는 것은?

① 정부 규정에 의한 교육에 한정하여 실시한다.
② 대상자의 필요한 정보를 수집한다.
③ 법 규정에 의한 교육에만 그치지 않는다.
④ 안전교육 시행체계와의 연관성을 고려한다.

12 다음 중 특정과업에서 에너지 소비수준에 영향을 미치는 인자가 아닌 것은?

① 작업자세
② 작업속도
③ 작업관리
④ 도구설계

답안 표기란	
09	① ② ③ ④
10	① ② ③ ④
11	① ② ③ ④
12	① ② ③ ④

13 다음 중 상황성 누발자의 재해유발원인으로 옳지 않은 것은?

① 작업의 난이성
② 도덕성의 결함
③ 기계설비의 결함
④ 환경상 주의력의 집중 혼란

14 산업안전보건법상 환기가 극히 불량한 좁고 밀폐된 장소에서 용접작업을 하는 근로자 대상의 특별안전보건교육 내용에 해당하지 않는 것은? (단, 기타 안전 · 보건관리에 필요한 사항은 제외한다.)

① 작업순서, 안전작업방법 및 수칙에 관한 사항
② 작업환경 점검에 관한 사항
③ 전격 방지 및 보호구 착용에 관한 사항
④ 화재예방 및 초기대응에 관한 사항

15 1년간 80건의 재해가 발생한 A사업장은 1000명의 근로자가 1주일당 48시간, 1년간 52주를 근무하고 있다. A사업장의 도수율은? (단, 근로자들은 재해와 관련 없는 사유로 연간 노동시간의 3%를 결근하였다.)

① 33.04
② 35.05
③ 36.06
④ 37.07

16 보호구 자율안전확인 고시상 자율안전확인 보호구에 표시하여야 하는 사항을 모두 고른 것은?

㉠ 형식 또는 모델명	㉡ 규격 또는 등급
㉢ 사용기간	㉣ 자율안전확인 번호

① ㉠, ㉡, ㉢
② ㉠, ㉡, ㉣
③ ㉠, ㉢, ㉣
④ ㉡, ㉢, ㉣

답안 표기란	
13	① ② ③ ④
14	① ② ③ ④
15	① ② ③ ④
16	① ② ③ ④

17 작업을 하고 있을 때 긴급 이상상태 또는 돌발 사태가 되면 순간적으로 긴장하게 되어 판단능력의 둔화 또는 정지상태가 되는 것은?

① 의식의 우회
② 의식의 단절
③ 의식의 과잉
④ 의식의 수준저하

18 크레인, 리프트 및 곤돌라는 사업장에 설치가 끝난 날부터 몇 년 이내에 최초의 안전검사를 실시해야 하는가? (단, 이동식 크레인, 이삿짐운반용 리프트는 제외한다.)

① 3년
② 4년
③ 5년
④ 10년

19 방진마스크의 사용 조건 중 산소농도의 최소기준은?

① 8%
② 18%
③ 21%
④ 26%

20 다음의 재해분석도구 중 재해발생의 유형을 어골상(魚骨像)으로 분류하여 분석하는 것은?

① 파레토도
② 클로즈분석
③ 관리도
④ 특성요인도

답안 표기란				
17	①	②	③	④
18	①	②	③	④
19	①	②	③	④
20	①	②	③	④

2과목 인간공학 및 위험성 평가·관리

답안 표기란				
21	①	②	③	④
22	①	②	③	④
23	①	②	③	④
24	①	②	③	④

21 다음 중 인체측정치의 응용원리에 해당하지 않는 것은?

① 조절식 설계 ② 극단치 설계
③ 다차원식 설계 ④ 평균치 설계

22 다음 중 청각에 관한 설명으로 옳지 않은 것은?

① 인간에게 음의 높고 낮은 감각을 주는 것은 음의 진폭이다.
② 복합음은 여러 주파수대의 강도를 표현한 주파수별 분포를 사용하여 나타낸다.
③ 음이 한 옥타브 높아지면 진동수는 2배 높아진다.
④ 1000Hz 순음의 가청최소음압을 음의 강도 표준치로 사용한다.

23 반사율이 60%인 작업 대상물에 대하여 근로자가 검사작업을 수행할 때 휘도(luminance)가 90fL이라면 이 작업에서의 소요조명(fc)은 얼마인가?

① 75 ② 100
③ 125 ④ 150

24 다음 중 FTA(Fault Tree Analysis)에 사용되는 논리 기호와 명칭이 올바른 것은?

①  : 전이기호
② 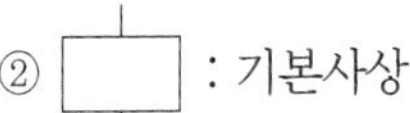 : 기본사상
③ 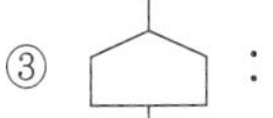 : 통상사상
④ 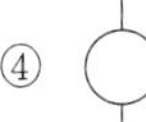 : 결함사상

25 **인간이 기계화 비교하여 정보처리 및 결정의 측면에서 상대적으로 우수한 것은? (단, 인공지능은 제외한다.)**

① 정보의 분석
② 정량적 정보의 처리
③ 연역적 추리
④ 정보의 신속한 처리

26 **FMEA에서 고장 평점을 결정하는 5가지 평가요소가 아닌 것은?**

① 신규설계의 정도
② 생산능력의 한계
③ 고장방지의 가능성
④ 기능적 고장 영향의 중요도

27 **고용노동부에서 고시한 근골격계부담작업의 범위에 대한 설명으로 틀린 것은?**

① 하루에 4시간 이상 집중적으로 자료입력 등을 위해 키보드 또는 마우스를 조작하는 작업
② 하루에 10회 이상 25kg 이상의 물체를 드는 작업
③ 지지되지 않은 상태이거나 임의로 자세를 바꿀 수 없는 조건에서, 하루에 총 5시간 이상 목이나 허리를 구부리거나 트는 상태에서 이루어지는 작업
④ 하루에 총 2시간 이상 지지되지 않은 상태에서 4.5kg 이상의 물건을 한 손으로 들거나 동일한 힘으로 쥐는 작업

28 **다음 중 기계가 인간보다 우월한 기능에 해당되는 것은? (단, 인공지능은 제외한다.)**

① 명시된 절차에 따라 신속하고, 정량적인 정보처리를 한다.
② 원칙을 적용하여 다양한 문제를 해결한다.
③ 다양한 경험을 토대로 의사결정을 한다.
④ 귀납적으로 추리한다.

답안 표기란	
25	① ② ③ ④
26	① ② ③ ④
27	① ② ③ ④
28	① ② ③ ④

29 **FTA에서 사용되는 논리게이트 중 입력과 반대되는 현상으로 출력되는 것은?**

① 억제 게이트
② 부정 게이트
③ 배타적 OR 게이트
④ 우선적 AND 게이트

30 **점광원으로부터 0.3m 떨어진 구면에 비추는 광량이 5루멘(Lumen)일 때, 조도는 약 몇 럭스(Lux)인가?**

① 1.16Lux
② 12.9Lux
③ 35.78Lux
④ 55.6Lux

31 **다음 중 FMEA의 장점에 해당하는 것은?**

① 물적, 인적요소 모두가 분석대상이 된다.
② 분석방법에 대한 논리적 배경이 강하다.
③ 서식이 간단하고 비교적 적은 노력으로 분석이 가능하다.
④ 두 가지 이상의 요소가 동시에 고장 나는 경우에도 분석이 용이하다.

32 **다음 중 인간 전달 함수(Human Transfer Function)의 결점으로 볼 수 없는 것은?**

① 정신운동의 집적
② 시점적 제약성
③ 입력의 협소성
④ 불충분한 직무 묘사

답안 표기란	
29	① ② ③ ④
30	① ② ③ ④
31	① ② ③ ④
32	① ② ③ ④

답안 표기란	
33	① ② ③ ④
34	① ② ③ ④
35	① ② ③ ④
36	① ② ③ ④

33 다음 중 정성적 표시장치에 대한 설명으로 옳지 않은 것은?

① 연속적으로 변하는 변수의 대략적인 값이나 변화추세, 변화율 등을 알고자 할 때 사용된다.
② 전력계에서와 같이 기계적 혹은 전자적으로 숫자가 표시된다.
③ 색채 부호가 부적합한 경우에는 계기판 표시 구간을 형상 부호화하여 나타낸다.
④ 정성적 표시장치의 근본 자료 자체는 정량적인 것이다.

34 다음 중 각각의 고장형태와 그 예방대책에 관한 연결이 틀린 것은?

① 초기고장 – 감소형 – 번인(Burn in)
② 초기고장 – 감소형 – 디버깅(debugging)
③ 마모고장 – 증가형 – 예방보전(PM)
④ 마모고장 – 증가형 – 스크리닝(screening)

35 다음 중 조종–반응비(Control–Response Ratio, C/R비)에 대한 설명으로 옳지 않은 것은?

① C/R비가 클수록 조종장치는 민감하다.
② 조종장치와 표시장치의 이동 거리 비율을 의미한다.
③ 최적 C/R비는 조정시간과 이동시간의 교점이다.
④ 이동시간과 조정시간을 감안하여 최적 C/R비를 구할 수 있다.

36 다음 중 인체에서 뼈의 주요 기능으로 볼 수 없는 것은?

① 혈액세포 생산
② 장기의 보호
③ 근육의 대사
④ 골수의 조혈

37 **모든 시스템 안전분석에서 제일 첫번째 단계의 분석으로, 실행되고 있는 시스템을 포함한 모든 것의 상태를 인식하고 시스템의 개발단계에서 시스템 고유의 위험상태를 식별하여 예상되고 있는 재해의 위험수준을 결정하는 것을 목적으로 하는 위험분석 기법은?**

① 결함위험분석(FHA : Fault Hazard Analysis)
② 예비위험분석(PHA : Preliminary Hazard Analysis)
③ 시스템위험분석(SHA : System Hazard Analysis)
④ 운용위험분석(OHA : Operating Hazard Analysis)

38 **다음 중 인간 에러(human error)에 관한 설명으로 옳지 않은 것은?**

① omission error : 필요한 작업 또는 절차를 수행하지 않는데 기인한 에러
② sequential error : 필요한 작업 또는 절차의 순서 착오로 인한 에러
③ extraneous error : 불필요한 작업 또는 절차를 수행함으로써 기인한 에러
④ commission error : 필요한 작업 또는 절차의 수행지연으로 인한 에러

39 **다음 중 차폐효과에 대한 설명으로 바르지 않은 것은?**

① 차폐효과는 어느 한 음 때문에 다른 음에 대한 감도가 증가되는 현상이다.
② 헤어드라이어 소음 때문에 전화 음을 듣지 못한 것과 관련이 있다.
③ 유의적 신호와 배경 소음의 차이를 신호/소음(S/N) 비로 나타낸다.
④ 차폐음과 배음의 주파수가 가까울 때 차폐효과가 크다.

40 **다음 중 인체측정에 대한 설명으로 옳은 것은?**

① 인체측정학은 인체의 생화학적 특징을 다룬다.
② 인체측정은 동적측정과 정적측정이 있다.
③ 자세에 따른 인체지수의 변화는 없다고 가정한다.
④ 측정항목에 무게, 둘레, 두께, 길이는 포함되지 않는다.

답안 표기란				
37	①	②	③	④
38	①	②	③	④
39	①	②	③	④
40	①	②	③	④

3과목 기계·기구 및 설비 안전 관리

답안 표기란	
41	① ② ③ ④
42	① ② ③ ④
43	① ② ③ ④
44	① ② ③ ④

41 **연삭숫돌의 지름이 20cm이고, 원주속도가 250m/min일 때 연삭숫돌의 회전수는 약 몇 rpm인가?**

① 237rpm ② 333rpm
③ 398rpm ④ 462rpm

42 **다음 연삭숫돌의 파괴원인 중 가장 적절하지 않은 것은?**

① 플랜지의 직경이 숫돌 직경의 1/3 이상으로 고정된 경우
② 숫돌의 균형이나 베어링 마모에 의한 진동이 있을 경우
③ 숫돌 자체에 균열 및 파손이 있는 경우
④ 작업에 부적당한 숫돌을 사용할 경우

43 **화물중량이 200kgf, 지게차의 중량이 400kgf, 앞바퀴에서 화물의 무게중심까지의 최단거리가 1m일 때 지게차가 안정되기 위하여 앞바퀴에서 지게차의 무게중심까지 최단거리는 최소 몇 m를 초과해야 하는가?**

① 0.1m ② 0.5m
③ 1m ④ 5m

44 **다음 중 목재가공용 기계에 사용되는 방호장치의 연결이 바르지 않은 것은?**

① 둥근톱기계 : 톱날접촉예방장치
② 모떼기기계 : 날접촉예방장치
③ 띠톱기계 : 날접촉예방장치
④ 동력식 수동대패기계 : 반발예방장치

45 다음 중 산업안전보건법령상 아세틸렌 가스용접장치에 관한 기준으로 틀린 것은?

① 아세틸렌 용접장치를 사용하여 금속의 용접 · 용단 또는 가열작업을 하는 경우에는 게이지 압력이 127kPa을 초과하는 압력의 아세틸렌을 발생시켜 사용해서는 아니된다.
② 전용의 발생기실을 옥외에 설치한 경우에는 그 개구부를 다른 건축물로부터 1.5m 이상 떨어지도록 하여야 한다.
③ 전용의 발생기실은 건물의 최상층에 위치하여야 하며, 화기를 사용하는 설비로부터 1m를 초과하는 장소에 설치하여야 한다.
④ 전용의 발생기실을 설치하는 경우 벽은 불연성 재료로 하고 철근 콘크리트 또는 그 밖에 이와 동등 하거나 그 이상의 강도를 가진 구조로 하여야 한다.

46 산업안전보건법령상 압력용기에서 안전인증된 파열판에 안전인증 표시 외에 추가로 표시해야 하는 사항이 아닌 것은?

① 분출차(%)
② 파열판의 재질
③ 설정파열압력(MPa) 및 설정온도(℃)
④ 유체의 흐름방향 지시

47 와이어로프 호칭이 '6×19'라고 할 때 숫자 '6'이 의미하는 것은?

① 소선의 지름(mm)
② 꼬임의 수량(strand수)
③ 소선의 수량(wire수)
④ 로프의 최대인장강도(MPa)

48 다음 중 선반에서 사용하는 바이트와 관련된 방호장치는?

① 심압대
② 받침대
③ 주축대
④ 칩 브레이커

답안 표기란	
45	① ② ③ ④
46	① ② ③ ④
47	① ② ③ ④
48	① ② ③ ④

49 **지게차가 부하상태에서 수평거리가 12m이고, 수직높이가 1.5m인 오르막길을 주행할 때 이 지게차의 전후 안정도와 지게차 안정도 기준의 전후 안정도와 지게차 안정도 기준의 만족 여부로 옳은 것은?**

① 지게차 전후 안정도는 15%이고 안정도 기준을 만족한다.
② 지게차 전후 안정도는 19%이고 안정도 기준을 만족한다.
③ 지게차 전후 안정도는 20%이고 안정도 기준을 만족한다.
④ 지게차 전후 안정도는 25%이고 안정도 기준을 만족한다.

50 **다음 중 보일러 등에 사용하는 압력방출장치를 봉인하는 것은?**

① 구리　　② 철사
③ 납　　④ 알루미늄 실(seal)

51 **프레스기의 비상정지스위치 작동 후 슬라이드가 하사점까지 도달시간이 0.20초 걸렸다면 양수기동식 방호장치의 안전거리는 최소 몇 cm 이상이어야 하는가?**

① 24cm　　② 32cm
③ 45cm　　④ 50cm

52 **다음 중 컨베이어 방호장치에 대한 설명으로 옳은 것은?**

① 구동부 측면에 로울러 안내가이드 등의 이탈방지장치를 설치한다.
② 작업자가 임의로 작업을 중단할 수 없도록 비상정지장치를 부착하지 않는다.
③ 역전방지장치에 롤러식, 라쳇식, 권과방지식, 전기브레이크식 등이 있다.
④ 롤러컨베이어의 롤 사이에 방호판을 설지할 때 롤과의 최대간격은 8mm이다.

답안 표기란	
49	① ② ③ ④
50	① ② ③ ④
51	① ② ③ ④
52	① ② ③ ④

53 다음 중 선반 작업 시 지켜야 할 안전수칙으로 옳지 않은 것은?

① 절삭작업 중에는 반드시 보안경을 착용하여 눈을 보호할 것
② 가공물이나 척에 말리지 않도록 옷소매를 단정히 할 것
③ 상의의 옷자락은 안으로 넣고, 끈을 이용하여 소맷자락을 묶어 작업을 준비할 것
④ 긴 물체를 가공할 때는 반드시 방진구를 사용할 것

54 기계설비의 정비 · 청소 · 급유 · 검사 · 수리 등의 작업 시 근로자가 위험해질 우려가 있는 경우 필요한 조치와 거리가 먼 것은?

① 작업지휘자를 배치하여 갑작스러운 기계가동에 대비한다.
② 근로자의 위험방지를 위하여 해당 기계를 정지시킨다.
③ 기계 내부에 압출된 기체나 액체가 불시에 방출될 수 있는 경우에는 사전에 방출조치를 실시한다.
④ 기계 운전을 정지한 경우에는 기동장치에 잠금장치를 하고 다른 작업자가 그 기계를 임의 조작할 수 있도록 열쇠를 찾기 쉬운 곳에 보관한다.

55 선반에서 일감의 길이가 지름에 비하여 상당히 길 때 사용하는 부속품으로 절삭 시 절삭저항에 의한 일감의 진동을 방지하는 장치는?

① 방진구 ② 척 커버
③ 칩 브레이커 ④ 실드

56 산업안전보건법령에 따라 아세틸렌 용접장치의 아세틸렌 발생기를 설치하는 경우, 발생기실의 설치장소에 대한 설명 중 ㉠, ㉡에 들어갈 내용으로 옳은 것은?

- 발생기실은 건물의 최상층에 위치하여야 하며, 화기를 사용하는 설비로부터 (㉠)를 초과하는 장소에 설치하여야 한다.
- 발생기실을 옥외에 설치한 경우에는 그 개구부를 다른 건축물로부터 (㉡) 이상 떨어지도록 하여야 한다.

① ㉠ 1.5m, ㉡ 3m ② ㉠ 2m, ㉡ 4m
③ ㉠ 3m, ㉡ 1.5m ④ ㉠ 4m, ㉡ 2m

답안 표기란	
53	① ② ③ ④
54	① ② ③ ④
55	① ② ③ ④
56	① ② ③ ④

57 회전축, 커플링 등 회전하는 물체에 작업복 등이 말려드는 위험을 초래하는 위험점은 무엇인가?

① 협착점
② 회전말림점
③ 절단점
④ 접선물림점

58 프레스 양수조작식 방호장치 누름버튼의 상호간 내측거리는 몇 mm 이상인가?

① 100mm
② 200mm
③ 300mm
④ 500mm

59 다음 중 연삭 숫돌의 파괴원인이 아닌 것은?

① 플랜지가 현저히 클 경우
② 숫돌 자체에 균열 및 파손이 있는 경우
③ 작업에 부적당한 숫돌을 사용할 경우
④ 숫돌의 치수 특히 내경의 크기가 적당하지 않을 경우

60 연강의 인장강도가 360MPa이고, 허용응력이 120MPa이라면 안전율은?

① 1
② 2
③ 3
④ 4

답안 표기란	
57	① ② ③ ④
58	① ② ③ ④
59	① ② ③ ④
60	① ② ③ ④

4과목 전기설비 안전 관리

답안 표기란	
61	① ② ③ ④
62	① ② ③ ④
63	① ② ③ ④
64	① ② ③ ④

61 다음 중 설비의 이상현상에 나타나는 아크(Arc)의 종류가 아닌 것은?

① 단락에 의한 아크
② 섬락에 의한 아크
③ 차단기에서의 아크
④ 저항에 의한 아크

62 다음 사항은 어떤 시점에서 그 기능이 발휘되어야 하는가?

> 교류아크 용접기의 자동전격 방지장치란 용접기의 2차전압을 25V 이하로 자동조절하여 안전을 도모하려는 것이다.

① 작업시간 전체 동안
② 용접작업 중단 직후부터 다음 아크 발생 시까지
③ 용접작업을 진행하고 있는 동안만
④ 아크를 발생시킬 때만

63 다음 중 누전차단기의 시설방법으로 옳지 않은 것은?

① 시설장소는 배전반 또는 분전반 내에 설치한다.
② 정격전류용량은 해당 전로의 부하전류 값 이상이어야 한다.
③ 인체감전보호형은 0.05초 이내에 동작하는 고감도고속형이어야 한다.
④ 정격감도전류는 정상의 사용상태에서 불필요하게 동작하지 않도록 한다.

64 다음 중 인체의 대부분이 수중에 있는 상태에서 허용접촉전압은 몇 V 이하인가?

① 2.5V　　② 25V
③ 50V　　④ 제한없음

65 **다음 중 감전사고로 인한 적격사의 메카니즘과 거리가 먼 것은?**

① 흉부에 전류가 흘러 흉부수축에 의한 질식
② 장파열에 의한 소화기계통의 기능상실
③ 심실세동에 의한 혈액순환기능의 상실
④ 호흡중추신경 마비에 따른 호흡기능 상실

66 **다음 중 누전차단기의 구성요소로 볼 수 없는 것은?**

① 누전검출부
② 영상변류기
③ 전력퓨즈
④ 차단장치

67 **심장의 맥동주기 중 어느 때에 전격이 인가되면 심실세동을 일으킬 확률이 크고 위험한가?**

① 심실의 수축이 있을 때
② 심방의 수축이 있을 때
③ 심실의 수축이 있고 심방의 휴식이 있을 때
④ 심실의 수축 종료 후 심실의 휴식이 있을 때

68 **다음 중 가수전류(Let-go Current)에 대한 설명으로 옳은 것은?**

① 충전부로부터 인체가 자력으로 이탈할 수 있는 전류
② 전격을 일으킨 전류가 교류인지 직류인지 구별할 수 없는 전류
③ 마이크 사용 중 전격으로 사망에 이른 전류
④ 몸이 물에 젖어 전압이 낮은 데도 전격을 일으킨 전류

답안 표기란	
65	① ② ③ ④
66	① ② ③ ④
67	① ② ③ ④
68	① ② ③ ④

답안 표기란	
69	① ② ③ ④
70	① ② ③ ④
71	① ② ③ ④
72	① ② ③ ④

69 **다음 중 전선의 절연 피복이 손상되어 동선이 서로 직접 접촉한 경우는?**

① 절연
② 누전
③ 단락
④ 접지

70 **다음 중 감전사고를 방지하기 위한 방법으로 옳지 않은 것은?**

① 전기기기 및 설비의 위험부에 위험표지
② 전기기에 대한 정격표시
③ 전기설비에 대한 누전차단기 설치
④ 무자격자는 전기기계 및 기구에 전기적인 접촉 금지

71 **정격감도전류에서 동작시간이 가장 짧은 누전차단기는?**

① 시연형 누전차단기
② 반한시형 누전차단기
③ 고속형 누전차단기
④ 감전보호용 누전차단기

72 **정전작업을 할 경우 작업 전 조치하여야 할 실무사항으로 틀린 것은?**

① 개로개폐기의 잠금 또는 표시
② 단락 접지기구의 철거
③ 검전기에 의한 정전확인
④ 잔류전하의 방전

73 **다음 중 전기기기, 설비 및 전선로 등의 충전 유무 등을 확인하기 위한 장비는?**

① 위상검출기
② 디스콘 스위치
③ 저압 및 고압용 검전기
④ 입자 검출기

74 **다음 중 정전기 발생에 대한 방지대책으로 옳지 않은 것은?**

① 화학섬유의 작업복을 착용한다.
② 배관 내 액체의 유속을 제한한다.
③ 가스용기, 탱크 등의 도체부는 전부 접지한다.
④ 대전 방지제 또는 습기를 부여한다.

75 **다음 중 누전사고가 발생될 수 있는 취약 개소가 아닌 것은?**

① 나선으로 접속된 분기회로의 접속점
② 전선의 열화가 발생한 곳
③ 리드선과 단자와의 접속이 불량한 곳
④ 부도체를 사용하여 이중절연이 되어 있는 곳

76 **다음 중 정전기에 관한 설명으로 옳은 것은?**

① 정전기 발생은 고체의 분쇄공정에서 가장 많이 발생한다.
② 정전기는 발생에서부터 억제－축적방지－안전한 방전이 재해를 방지할 수 있다.
③ 액체의 이송시는 그 속도를 7m/s 이상 빠르게 하여 정전기의 발생을 억제한다.
④ 접지 값은 10Ω 이하로 하되 플라스틱 같은 절연도가 높은 부도체를 사용한다.

답안 표기란	
73	① ② ③ ④
74	① ② ③ ④
75	① ② ③ ④
76	① ② ③ ④

77 다음 중 피뢰기가 구비하여야 할 조건으로 옳지 않은 것은?

① 제한전압이 높아야 한다.
② 상용 주파 방전 개시 전압이 높아야 한다.
③ 충격방전 개시전압이 낮아야 한다.
④ 속류 차단 능력이 충분하여야 한다.

78 다음 중 정전기 방전현상에 해당하지 않는 것은?

① 불꽃방전
② 코로나 방전
③ 스팀방전
④ 브러시 방전

79 다음은 KS C IEC 60079－0에 따른 방폭기기에 대한 설명이다. 빈칸에 들어갈 알맞은 용어는?

> (㉠)은/는 EPL로 표현되며 점화원이 될 수 있는 가능성에 기초하여 기기에 부여된 보호등급이다. EPL의 등급 중 (㉡)은/는 정상작동, 예상된 오작동, 드문 오작동 중에 점화원이 될 수 없는 매우 높은 보호 등급의 기기이다.

① ㉠ Explosion Protection Level, ㉡ EPL Ga
② ㉠ Equipment Protection Level, ㉡ EPL Ga
③ ㉠ Explosion Protection Level, ㉡ EPL Gc
④ ㉠ Equipment Protection Level, ㉡ EPL Gc

80 다음 중 전기시설의 직접 접촉에 의한 감전방지 방법으로 적합하지 않은 것은?

① 전주 위 및 철탑 위 등 격리되어 있는 장소로서 관계 근로자가 아닌 사람이 접근할 우려가 없는 장소에 충전부를 설치할 것
② 충전부는 내구성이 있는 절연물로 완전히 덮어 감쌀 것
③ 발전소 · 변전소 및 개폐소 등 구획되어 있는 장소로서 관계 근로자가 아닌 사람의 출입이 금지되는 장소에 충전부를 설치하고, 위험표시 등의 방법으로 방호를 강화할 것
④ 충전부는 출입이 용이한 전개된 장소에 설치하고, 위험표시 등의 방법으로 방호를 강화할 것

답안 표기란	
77	① ② ③ ④
78	① ② ③ ④
79	① ② ③ ④
80	① ② ③ ④

5과목 화학설비 안전 관리

81 다음 중 물과 탄화칼슘이 반응하여 생성되는 가스는?

① 염소가스
② 아세틸렌가스
③ 수성가스
④ 아황산가스

82 다음 중 유체의 역류를 방지하기 위해 설치하는 밸브는?

① 체크밸브
② 대기밸브
③ 게이트밸브
④ 글로브밸브

83 다음 중 위험물질에 대한 설명으로 옳지 않은 것은?

① 과산화나트륨에 물이 접촉하는 것은 위험하다.
② 황린은 물속에 저장한다.
③ 염소산나트륨은 물과 반응하여 폭발성의 수소기체를 발생한다.
④ 아세트알데히드는 0℃ 이하의 온도에서도 인화할 수 있다.

84 다음 중 유기과산화물로 분류되는 것은?

① 메틸에틸케톤
② 아세틸퍼옥사이드
③ 과산화마그네슘
④ 과망간산칼륨

답안 표기란	
81	① ② ③ ④
82	① ② ③ ④
83	① ② ③ ④
84	① ② ③ ④

85 다음 중 니트로셀룰로오스의 취급 및 저장방법에 관한 설명으로 옳지 않은 것은?

① 저장 중 충격과 마찰 등을 방지하여야 한다.
② 화재 시 질식소화는 적응성이 없으므로 냉각소화를 한다.
③ 자연발화 방지를 위하여 안전용제를 사용한다.
④ 물과 격렬히 반응하여 폭발함으로 습기를 제거하고, 건조 상태를 유지한다.

86 공업용 용기의 몸체 도색에서 가스명과 도색명이 바르게 연결된 것은?

① 액화암모니아 – 청색
② 질소 – 백색
③ 수소 – 주황색
④ 아세틸렌 – 회색

87 다음 중 자연발화가 쉽게 일어나는 조건이 아닌 것은?

① 표면적이 작을수록
② 축적된 열량이 큰 경우
③ 고온다습한 경우
④ 휘발성이 낮은 액체

88 다음 중 분진이 발화 폭발하기 위한 조건이 아닌 것은?

① 미분상태
② 난연성질
③ 점화원의 존재
④ 지연성가스 중에서의 교반과 운동

답안 표기란	
85	① ② ③ ④
86	① ② ③ ④
87	① ② ③ ④
88	① ② ③ ④

89 위험물 또는 가스에 의한 화재를 경보하는 기구에 필요한 설비가 아닌 것은?

① 간이완강기
② 누전감지기
③ 자동화재속보설비
④ 비상방송설비

90 다음 중 디에틸에테르의 연소범위에 가장 가까운 값은?

① 2~10.4%
② 2.5~15%
③ 1.9~48%
④ 1.5~7.8%

91 물이 관 속을 흐를 때 유동하는 물 속의 어느 부분의 정압이 그 때의 물의 증기압보다 낮을 경우 물이 증발하여 부분적으로 증기가 발생되어 배관의 부식을 초래하는 경우가 있다. 이러한 현상을 무엇이라 하는가?

① 수격작용(water hammering)
② 공동현상(cavitation)
③ 비말동반(entrainment)
④ 서어징(surging)

92 산업안전보건법령상 화학설비와 화학설비의 부속설비를 구분할 때 화학설비에 해당하는 것은?

① 반응기 · 혼합조 등 화학물질 반응 또는 혼합장치
② 사이클론 · 백필터 · 전기집진기 등 분진처리설비
③ 온도 · 압력 · 유량 등을 지시 · 기록하는 자동제어 관련설비
④ 안전밸브 · 안전판 · 긴급차단 또는 방출밸브 등 비상조치 관련설비

답안 표기란	
89	① ② ③ ④
90	① ② ③ ④
91	① ② ③ ④
92	① ② ③ ④

93 **다음 중 가스 또는 분진 폭발 위험장소에 설치되는 건축물의 내화 구조를 설명한 것으로 틀린 것은?**

① 건축물 기둥 및 보는 지상 1층까지 내화구조로 한다.
② 위험물 저장 · 취급용기의 지지대는 지상으로부터 지지대의 끝부분까지 내화구조로 한다.
③ 건축물 주변에 자동소화설비를 설치한 경우 건축물 화재 시 1시간 이상 그 안전성을 유지한 경우는 내화구조로 하지 아니할 수 있다.
④ 배관 · 전선관 등의 지지대는 지상으로부터 1단까지 내화구조로 한다.

94 **Burgess－Wheeler의 법칙에 따르면 서로 유사한 탄화수소계 가스에서 폭발하한계의 농도(vol%)와 연소열(kcal/mol)의 곱의 값은 약 얼마인가?**

① 1,100　② 2,200
③ 3,300　④ 4,400

95 **다음 중 연소속도에 영향을 주는 요인이 아닌 것은?**

① 촉매　② 산화성 물질의 종류
③ 산소와의 혼합비　④ 가연물의 색상

96 **다음 중 분해 폭발의 위험성이 있는 아세틸렌의 용제로 가장 적절한 것은?**

① 에틸에테르　② 메틸알코올
③ 아세톤　④ 아세트알데히드

답안 표기란	
93	① ② ③ ④
94	① ② ③ ④
95	① ② ③ ④
96	① ② ③ ④

97 산업안전보건법령에 따라 유해하거나 위험한 설비의 설치 · 이전 또는 주요 구조부분의 변경공사 시 공정안전보고서의 제출시기는 착공일 며칠 전까지 관련기관에 제출하여야 하는가?

① 5일　　② 10일
③ 20일　　④ 30일

98 증기 배관 내에 생성하는 응축수를 제거할 때 증기가 배출되지 않도록 하면서 응축수를 자동적으로 배출하기 위한 장치는?

① Steam trap
② Vent stack
③ Blow down
④ Relief valve

99 산업안전보건법령상 폭발성 물질을 취급하는 화학설비를 설치하는 경우에 단위공정설비로부터 다른 단위공정설비 사이의 안전거리는 설비 바깥 면으로부터 몇 m 이상이어야 하는가?

① 5　　② 10
③ 20　　④ 30

100 가연성물질의 저장 시 산소농도를 일정한 값 이하로 낮추어 연소를 방지할 수 있는데, 이때 첨가하는 물질로 적절하지 않은 것은?

① 아르곤
② 이산화질소
③ 수분
④ 일산화탄소

답안 표기란				
97	①	②	③	④
98	①	②	③	④
99	①	②	③	④
100	①	②	③	④

6과목 건설공사 안전 관리

답안 표기란	
101	① ② ③ ④
102	① ② ③ ④
103	① ② ③ ④
104	① ② ③ ④

101 산업안전보건법령에 따라 유해하거나 위험한 기계 · 기구에 설치하여야 할 방호장치를 연결한 것으로 바르지 않은 것은?

① 원심기 – 회전체 접촉 예방장치
② 예초기 – 날접촉 예방장치
③ 포장기계 – 헤드 가드
④ 금속절단기 – 날접촉 예방장치

102 버팀보, 앵커 등의 축하중 변화상태를 측정하여 이들 부재의 지지효과 및 그 변화 추이를 파악하는데 사용되는 계측기기는?

① water level meter ② strain gauge
③ piezo meter ④ load cell

103 다음은 동바리에 관한 내용이다. 다음의 ( ) 안에 알맞은 내용은?

> 동바리로 사용하는 파이프 서포트의 높이가 ( )m를 초과하는 경우에는 높이 2m 이내마다 수평연결재를 2개 방향으로 만들고 수평연결재의 전위를 방지하여야 한다.

① 3.5 ② 4.5 ③ 5.5 ④ 6.5

104 사업의 종류가 건설업이고, 공사금액이 800억원 이상 1,500억원 미만일 경우 산업안전보건법령에 따른 안전관리자를 최소 몇 명 이상 두어야 하는가? (단, 상시근로자는 600명으로 가정)

① 1명 이상 ② 2명 이상
③ 3명 이상 ④ 4명 이상

105 지반에서 나타나는 보일링(boiling) 현상의 직접적인 원인으로 볼 수 있는 것은?

① 굴착부와 배면부의 흙의 함수비차
② 굴착부와 배면부의 흙의 중량차
③ 굴착부와 배면부의 지하수위의 수두차
④ 굴착부와 배면부의 흙의 토압차

106 다음 중 개착식 흙막이벽의 계측 내용에 해당하지 않는 것은?

① 내공변위 측정
② 지하수위 측정
③ 변형률 측정
④ 경사측정

107 틀비계의 도괴 또는 전도를 방지하기 위하여 사용하는 벽이음의 간격기준으로 옳은 것은?

① 수직방향 5m 이하, 수평방향 5m 이하
② 수직방향 6m 이하, 수평방향 8m 이하
③ 수직방향 7m 이하, 수평방향 5m 이하
④ 수직방향 8m 이하, 수평방향 8m 이하

108 추락재해에 대한 예방차원에서 고소작업의 감소를 위한 근본적인 대책으로 옳은 것은?

① 받침대 설치
② 지붕트러스의 일체화 또는 지상에서 조립
③ 사다리식 통로 설치
④ 비계 등에 의한 작업대 설치

답안 표기란	
105	① ② ③ ④
106	① ② ③ ④
107	① ② ③ ④
108	① ② ③ ④

109 추락방지용 방망 중 그물코의 크기가 10cm인 매듭방망 신품의 인장강도는 최소 몇 kg 이상이어야 하는가?

① 50kg
② 110kg
③ 200kg
④ 240kg

110 다음 중 철골건립준비를 할 때 준수하여야 할 사항이 아닌 것은?

① 인근에 건축물 또는 고압선 등이 있는 경우에는 이에 대한 방호조치 및 안전조치를 하여야 한다
② 건립작업에 다소 지장이 있다하더라도 수목은 제거하여서는 안 된다.
③ 사용 전에 기계기구에 대한 정비 및 보수를 철저히 실시하여야 한다.
④ 기계가 계획대로 배치되어 있는가, 윈치는 작업구역을 확인할 수 있는 곳에 위치하였는가, 기계에 부착된 앵카 등 고정장치와 기초구조 등을 확인하여야 한다.

111 다음 중 승강기 강선의 과다감기를 방지하는 장치는?

① 비상경보장치
② 제어장치
③ 해지장치
④ 권과방지장치

112 건립 중 강풍에 의한 풍압 등 외압에 대한 내력이 설계에 고려되었는지 확인하여야 하는 철골구조물의 기준으로 옳지 않은 것은?

① 단면구조에 현저한 차이가 있는 구조물
② 구조물의 폭과 높이의 비가 1:4 이상인 구조물
③ 이음부가 공장 제작인 구조물
④ 기둥이 타이플레이트인 구조물

답안 표기란	
109	① ② ③ ④
110	① ② ③ ④
111	① ② ③ ④
112	① ② ③ ④

113 다음은 사다리식 통로 등을 설치하는 경우의 준수사항이다. ( )안에 들어갈 숫자로 옳은 것은?

> 발판과 벽과의 사이는 ( )cm 이상의 간격을 유지할 것

① 15　　② 20
③ 25　　④ 30

114 건설업 산업안전보건관리비 계상 및 사용기준(고용노동부 고시)은 산업재해보상보험법의 적용을 받는 공사 중 총 공사금액이 얼마 이상인 공사에 적용하는가?

① 1천만원　　② 2천만원
③ 3천만원　　④ 4천만원

115 다음 중 클램쉘(Clam shell)의 용도로 바르지 않은 것은?

① 수면아래의 자갈, 모래를 굴착하고 준설선에 많이 사용된다.
② 잠함 안의 굴착에 사용된다.
③ 건축구조물의 기초 등 정해진 범위의 깊은 굴착에 적합하다.
④ 단단한 지반의 작업도 가능하며 작업속도가 빠르고 특히 암반굴착에 적합하다.

116 다음 중 굴착공사에서 비탈면 또는 비탈면 하단을 성토하여 붕괴를 방지하는 공법은?

① 압성토공
② 배토공
③ 공작물에 의한 방지공
④ 배수공

답안 표기란	
113	① ② ③ ④
114	① ② ③ ④
115	① ② ③ ④
116	① ② ③ ④

117 굴착과 싣기를 동시에 할 수 있는 토공기계가 아닌 것은?

① 트랙터 셔블(tractor shovel)
② 백호(back hoe)
③ 모터 그레이더(motor grader)
④ 파워 셔블(power shovel)

118 다음 중 비계의 부재로 기둥과 기둥을 연결시키는 부재가 아닌 것은?

① 띠장
② 작업발판
③ 가새
④ 장선

119 다음 중 철골용접부의 내부결함을 검사하는 방법으로 적절하지 않는 것은?

① 알칼리 반응 시험
② 방사선 투과시험
③ 초음파 탐상시험
④ 와류 탐상시험

120 흙의 투수계수에 영향을 주는 인자에 관한 설명으로 바르지 않은 것은?

① 포화도 : 포화도가 클수록 투수계수도 크다.
② 유체의 점성계수 : 점성계수가 클수록 투수계수는 작다.
③ 공극비 : 공극비가 클수록 투수계수는 작다.
④ 유체의 밀도 : 유체의 밀도가 클수록 투수계수는 크다.

답안 표기란	
117	① ② ③ ④
118	① ② ③ ④
119	① ② ③ ④
120	① ② ③ ④

제9회 CBT 빈출 모의고사

수험번호
수험자명

제한 시간 : 3시간 전체 문제 수 : 120 맞힌 문제 수 :

1과목 산업재해 예방 및 안전보건교육

01 산업안전보건법령상 산업안전보건위원회의 구성 · 운영에 관한 설명 중 틀린 것은?

① 임시회의는 위원장이 필요하다고 인정할 때에 소집한다.
② 근로자위원과 사용자위원 중 각 1명을 공동위원장으로 선출할 수 있다.
③ 회의는 근로자위원 및 사용자위원 각 과반수의 출석으로 개의한다.
④ 공사금액 100억원 이상의 건설업의 경우 산업안전보건위원회를 구성 · 운영해야 한다.

02 다음 중 안전 · 보건교육계획을 수립할 때 고려할 사항이 아닌 것은?

① 현장 의견을 충분히 반영한다.
② 법 규정에 한정하여 수립한다.
③ 안전교육 시행체계와 관련성을 고려한다.
④ 필요한 정보를 수집한다.

03 다음 중 산업현장에서 재해가 발생할 경우 조치 순서로 옳은 것은?

① 긴급처리 → 재해조사 → 원인분석 → 대책수립
② 원인분석 → 긴급처리 → 대책수립 → 재해조사
③ 대책수립 → 재해조사 → 원인분석 → 긴급처리
④ 재해조사 → 대책수립 → 원인분석 → 긴급처리

04 산업재해보험적용근로자 5000명인 스마트폰 제조 사업장에서 작업 중 재해 5건이 발생하였고, 1명이 사망하였을 때 이 사업장의 사망만인율은?

① 1 ② 2 ③ 5 ④ 10

답안 표기란

01	①	②	③	④
02	①	②	③	④
03	①	②	③	④
04	①	②	③	④

05 하인리히 재해 코스트 평가방식 중 간접비에 해당하지 않는 것은?

① 생산손실
② 병상위문금
③ 휴업보상비
④ 여비 및 통신비

06 다음에 해당하는 토의방식은?

> 학습지도의 형태 중 몇 사람의 전문가가 주제에 대한 견해를 발표하고 참가자로 하여금 의견을 내거나 질문을 하게 하는 토의 방식

① 포럼(Forum)
② 심포지엄(Symposium)
③ 버즈세션(Buzz session)
④ 자유토의법(Free discussion method)

07 산업안전보건법령상 근로자 안전보건교육 대상에 따른 교육시간 기준 중 틀린 것은? (단, 상시작업이며, 일용근로자와 기간제 근로자는 제외한다.)

① 판매업무에 직접 종사하는 근로자 정기교육 : 매반기 6시간 이상
② 채용 시 교육 : 8시간 이상
③ 작업내용 변경 시 교육 : 2시간 이상
④ 사무직 종사 근로자 정기교육 : 매반기 1시간 이상

08 다음 중 버드(Bird)의 신 도미노이론 5단계 중 3단계에 해당하는 것은?

① 통제의 부족　② 직접원인
③ 재해　④ 기본원인

답안 표기란				
05	①	②	③	④
06	①	②	③	④
07	①	②	③	④
08	①	②	③	④

09 다음 중 사고의 원인분석방법에 해당하지 않는 것은?

① 파레토도
② 관리도
③ 특성 요인도
④ 인과관계분석법

10 안전점검을 점검시기에 따라 구분할 때 다음에서 설명하는 점검 유형은?

> 1개월 이상 사용하지 않았던 설비를 사용할 때는 사용을 개시하기 전에 점검을 실시할 필요가 있으며 또 기계나 기구 등이 이상이 있을 경우 실시하는 점검이다.

① 정기점검 ② 임시점검
③ 특별점검 ④ 수시점검

11 다음 재해사례에서 가해물에 해당하는 것은?

> 기계작업에 배치된 작업자가 반장의 지시를 받기 전에 정지된 선반을 운전시키면서 변속치차의 덮개를 벗겨내고 치차를 저속으로 운전하면서 급유를 할 때 오른손이 변속치차에 맞물려 손가락이 절단되었다.

① 치차 ② 선반
③ 절단 ④ 덮개

12 다음 중 의식수준이 Phase－2인 상태에서의 의식상태는?

① 무의식 상태
② 의식몽롱
③ 의식이완 상태
④ 과긴장

답안 표기란	
09	① ② ③ ④
10	① ② ③ ④
11	① ② ③ ④
12	① ② ③ ④

13 **다음의 산업재해보상보험법령상 보험급여의 종류가 아닌 것은?**

① 휴업급여
② 유족급여
③ 직업재활급여
④ 인적손실비용

14 **다음의 적응기제 중 방어적 기제에 해당하지 않는 것은?**

① 동일시
② 승화
③ 백일몽
④ 보상

15 **다음의 내용과 관련이 있는 것은?**

> 기업 내의 계층별 교육훈련 중 주로 관리감독자를 교육대상자로 하며 작업을 가르치는 능력, 작업방법을 개선하는 기능 등을 교육 내용으로 하는 기업 내 정형교육

① TWI(Training Within Industry)
② ATT(American Telephone Telegram)
③ ATP(Administration Training Program)
④ MTP(Management Training Program)

16 **인간오류에 관한 내용 중 독립행동에 의한 분류에 해당하지 않는 것은?**

① 생략오류
② 2차 오류
③ 불필요한 오류
④ 수행오류

답안 표기란	
13	① ② ③ ④
14	① ② ③ ④
15	① ② ③ ④
16	① ② ③ ④

17 다음 중 위험예지훈련의 문제해결 4단계에 해당하지 않는 것은?

① 현상파악
② 요인조사
③ 합의요약
④ 목표변경

18 다음 중 바이오리듬에 관한 설명으로 옳지 않은 것은?

① 사람의 체온, 혈압, 맥박, 맥박수, 혈액, 수분, 염분량 등이 24시간 동안 일정한 것이 아니다.
② 감성적 리듬은 33일을 주기로 반복하며 주의력, 예감 등과 관련되어 있다.
③ 지성적 리듬은 지성적 사고능력이 재빨리 발휘되는 날과 그렇지 못한 날이 반복된다는 것이다.
④ 육체적 리듬은 시간에 따라 또는 주야에 따라 약간씩 변동을 가져온다.

19 다음 중 재해예방의 4원칙에 해당하지 않는 것은?

① 손실우연의 원칙
② 원인계기의 원칙
③ 재해강도 배가의 원칙
④ 대책선정의 원칙

20 보호구 안전인증 고시상 안전인증 방독마스크의 종류와 시험가스의 연결이 잘못된 것은?

① 할로겐용 : 염소가스 또는 증기
② 황화수소용 : 황화수소가스
③ 암모니아용 : 암모니아가스
④ 시안화수소용 : 아황산가스

답안 표기란	
17	① ② ③ ④
18	① ② ③ ④
19	① ② ③ ④
20	① ② ③ ④

2과목 인간공학 및 위험성 평가·관리

21 인간공학적 연구에 사용되는 기준 척도의 요건 중 기준 척도는 측정하고자 하는 변수 외의 다른 변수들의 영향을 받아서는 안 된다는 것은?

① 적절성 ② 신뢰성
③ 검출성 ④ 무오염성

22 다음 중 음량수준을 측정할 수 있는 3가지 척도에 해당하지 않는 것은?

① phon ② voice
③ sone ④ 인식소음 수준

23 서브시스템 분석에 사용되는 분석방법으로, 시스템 수명주기에서 ㉠에 들어갈 위험분석기법은?

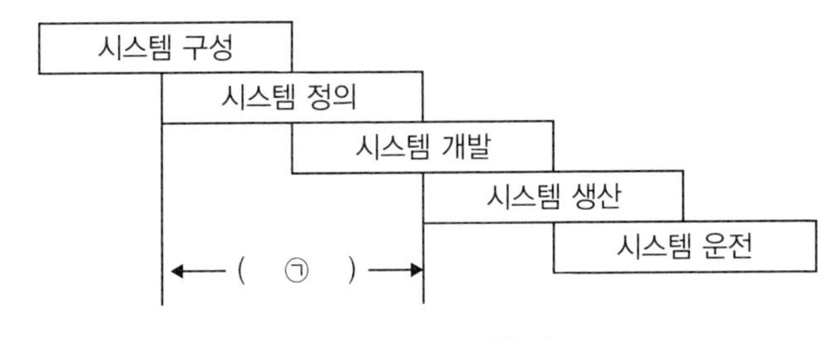

① FHA ② PHA
③ FTA ④ ETA

24 다음 중 생명유지에 필요한 단위시간당 에너지량은?

① 작업대사량 ② 기초대사량
③ 산소소비율 ④ 에너지소비율

답안 표기란	
21	① ② ③ ④
22	① ② ③ ④
23	① ② ③ ④
24	① ② ③ ④

25 A석유화학의 안전관리자는 자사 석유 설비의 안전성 평가를 실시하고 있다. 그 중 제2단계인 정성적 평가를 진행하기 위하여 평가 항목을 설계관계 대상과 운전관계 대상으로 분류하였을 때 운전관계 항목이 아닌 것은?

① 원재료
② 중간제품
③ 재공품
④ 입지조건

26 다음의 시스템 수명주기 단계에서 3단계는?

① 구상단계
② 개발단계
③ 운전단계
④ 생산단계

27 다음 중 인간공학의 목표로 볼 수 없는 것은?

① 안전성 향상
② 기계조작의 능률성
③ 쾌적성
④ 피로감 증가

28 쾌적한 환경에서 추운환경으로 이동했을 경우 신체의 조절작용으로 틀린 것은?

① 피부온도 하강
② 발한의 시작
③ 직장온도 상승
④ 소름 및 몸 떨림

답안 표기란				
25	①	②	③	④
26	①	②	③	④
27	①	②	③	④
28	①	②	③	④

29 다음의 예비위험분석(PHA)에서 식별된 사고의 범주가 아닌 것은?

① 무시
② 한계적
③ 파국적
④ 수용

30 점광원으로부터 0.5m 떨어진 구면에서 비추는 광량이 5루멘일 때 조도는 약 몇 럭스인가?

① 5Lux
② 10Lux
③ 20Lux
④ 30Lux

31 음압수준이 80dB인 경우 1000Hz에서 순음의 phon 값은?

① 70dB
② 80dB
③ 90dB
④ 95dB

32 근골격계부담작업의 범위 및 유해요인조사 방법에 관한 고시상 근골격계부담작업에 해당하지 않는 것은? (단, 단기간작업 또는 간헐적인 작업은 제외한다.)

① 하루에 4시간 이상 집중적으로 자료입력 등을 위해 키보드 또는 마우스를 조작하는 작업
② 하루에 총 2시간 이상 쪼그리고 앉거나 무릎을 굽힌 자세에서 이루어지는 작업
③ 하루에 총 2시간 이상 시간당 5회 이상 손 또는 무릎을 사용하여 반복적으로 충격을 가하는 작업
④ 하루에 총 2시간 이상 목, 어깨, 팔꿈치, 손목 또는 손을 사용하여 같은 동작을 반복하는 작업

답안 표기란	
29	① ② ③ ④
30	① ② ③ ④
31	① ② ③ ④
32	① ② ③ ④

33 수리가 가능한 어떤 기계의 가용도가 0.8이고, 평균수리기간(MTTR)이 3시간일 경우 이 기계의 평균수명(MTBF)은?

① 12시간
② 14시간
③ 16시간
④ 18시간

34 부품 배치의 원칙 중 부품을 작동하는 성능이 체계의 목표 달성에 긴요한 정도에 따라 우선순위를 결정한다는 원칙은?

① 기능별 배치의 원칙
② 사용 빈도의 원칙
③ 사용 순서의 원칙
④ 중요성의 원칙

35 다음 중 동작경제의 3원칙이 아닌 것은?

① 인체 사용에 관한 원칙
② 작업장 배치에 관한 원칙
③ 기계통제에 관한 원칙
④ 공구 및 설비의 설계에 관한 원칙

36 태양광이 내리쬐지 않는 옥내의 습구흑구 온도지수(WBGT) 산출식은?

① 0.6×자연습구온도+0.2×흑구온도
② 0.7×자연습구온도+0.3×흑구온도
③ 0.8×자연습구온도+0.4×흑구온도
④ 0.9×자연습구온도+0.5×흑구온도

답안 표기란				
33	①	②	③	④
34	①	②	③	④
35	①	②	③	④
36	①	②	③	④

37 정신적 작업 부하에 관한 생리적 척도에 해당하지 않는 것은?

① 심박수　② 부정맥 지수
③ 뇌전도　④ 점멸융합주파수

38 다음과 관련이 있는 기능은?

> 부품고장이 발생하여도 기계가 추후 보수될 때까지 안전한 기능을 유지할 수 있도록 하는 기능

① fail-soft　② fail-active
③ fail-operational　④ fail-passive

39 산업안전보건법령상 사업주가 유해위험방지계획서를 제출할 때 사업장별로 제조업 등 유해위험방지계획서에 첨부할 서류가 아닌 것은?

① 건축물 각 층의 평면도
② 설치장소의 개요를 나타내는 서류
③ 기계 · 설비의 배치도면
④ 원재료 및 제품의 취급, 제조 등의 작업방법의 개요

40 다음 각 단계를 결함수분석법(FTA)에 의한 재해사례의 연구의 순서를 바르게 나열한 것은?

> ㉠ 정상사상의 선정
> ㉡ 각 사상의 재해원인의 규명
> ㉢ FT도 작성 및 분석
> ㉣ 개선 계획의 작성

① ㉠ → ㉡ → ㉢ → ㉣　② ㉡ → ㉠ → ㉢ → ㉣
③ ㉢ → ㉠ → ㉡ → ㉣　④ ㉡ → ㉢ → ㉠ → ㉣

답안 표기란	
37	① ② ③ ④
38	① ② ③ ④
39	① ② ③ ④
40	① ② ③ ④

3과목 기계·기구 및 설비 안전 관리

답안 표기란	
41	① ② ③ ④
42	① ② ③ ④
43	① ② ③ ④
44	① ② ③ ④

41 산업안전보건법령상 사업주가 진동 작업을 하는 근로자에게 충분히 알려야 할 사항이 아닌 것은?

① 진동 장해 예방방법
② 진동기계 · 기구 관리방법 및 사용방법
③ 보호구 선정과 착용방법
④ 진동재해 시 비상연락체계

42 다음 중 공기압축기의 방호장치가 아닌 것은?

① 수동식 안전기
② 안전밸브
③ 역지밸브
④ 압력 스위치 장치

43 연삭기에서 숫돌의 바깥지름이 120mm일 경우 평형플랜지 지름은 몇 mm 이상이어야 하는가?

① 30mm
② 40mm
③ 50mm
④ 60mm

44 다음 중 밀링작업의 안전수칙이 아닌 것은?

① 공작물 설치 시 절삭공구의 회전을 정지시킴
② 상하 이송용 핸들은 사용 후 반드시 벗겨 사용
③ 절삭 중에는 테이블에 손 등을 올려놓지 않음
④ 절삭공구 교환 시에는 너트를 확실히 체결하고 5분간 공회전시켜 이상 유무를 점검

45 산업안전보건법령상 사다리식 통로 등의 구조를 설치하는 경우 준수사항으로 옳지 않은 것은?

① 견고한 구조로 할 것
② 발판과 벽과의 사이는 30센티미터 이상의 간격을 유지할 것
③ 폭은 30센티미터 이상으로 할 것
④ 사다리의 상단은 걸쳐놓은 지점으로부터 60센티미터 이상 올라가도록 할 것

46 산업안전보건법령상 프레스 작업시작 전 점검해야 할 사항에 해당하지 않은 것은?

① 전단기의 칼날 및 테이블의 상태
② 프레스의 금형 및 고정볼트 상태
③ 권과방지장치 및 그 밖의 경보장치의 기능
④ 1행정 1정지기구 · 급정지장치 및 비상정지 장치의 기능

47 재료가 변형 시에 외부응력이나 내부의 변형과정에서 방출되는 낮은 응력파를 감지하여 측정하는 비파괴시험은?

① 초음파 탐상 시험
② 방사선투과 시험
③ 와류탐상 시험
④ 음향탐상 시험

48 산업안전보건법령상 목재가공용 기계에 사용되는 방호장치의 연결이 옳지 않은 것은?

① 동력식 수동대패기계 : 반발예방장치
② 둥근톱기계 : 분할날 등 반발예방장치
③ 모떼기기계 : 날접촉예방장치
④ 띠톱기계 : 덮개 또는 울

답안 표기란	
45	① ② ③ ④
46	① ② ③ ④
47	① ② ③ ④
48	① ② ③ ④

답안 표기란				
49	①	②	③	④
50	①	②	③	④
51	①	②	③	④
52	①	②	③	④

49 산업안전보건법령상 (　)에 들어갈 내용으로 옳은 것은?

> 사업주는 바닥으로부터 짐 윗면까지의 높이가 (　)미터 이상인 화물자동차에 짐을 싣는 작업 또는 내리는 작업을 하는 경우에는 근로자의 추가 위험을 방지하기 위하여 해당 작업에 종사하는 근로자가 바닥과 적재함의 짐 윗면 간을 안전하게 오르내리기 위한 설비를 설치하여야 한다.

① 1　② 2
③ 3　④ 5

50 진동에 의한 1차 설비진단법 중 정상, 비정상, 악화의 정도를 판단하는 방법이 아닌 것은?

① 상호판단　② 비교판단
③ 절대판단　④ 가중판단

51 롤러의 급정지를 위한 방호장치를 설치하고자 한다. 앞면 롤러 직경이 30cm이고, 분당회전속도가 25rpm이라면 급정지거리는 약 얼마 이내이어야 하는가? (단, 무부하동작에 해당한다.)

① 31.4cm　② 35.2cm
③ 48.7cm　④ 52.3cm

52 산업안전보건법령상 사업주가 레버풀러(lever puller) 또는 체인블록(chain block)을 사용하는 경우 준수하여야 할 사항이 아닌 것은?

① 정격하중을 초과하여 사용하지 말 것
② 레버풀러의 레버에 파이프 등을 끼워서 사용할 것
③ 훅의 입구(hook mouth) 간격이 제조자가 제공하는 제품사양서 기준으로 10퍼센트 이상 벌어진 것은 폐기할 것
④ 체인블록은 체인이 꼬이거나 헝클어지지 않도록 할 것

53 산업안전보건법령상 보일러에 설치하는 압력방출장치에 대하여 검사 후 봉인에 사용되는 재료는?

① 납　　② 마그네슘
③ 나트륨　　④ 붕소

54 가드가 열려 있는 상태에서는 기계의 위험부분이 동작되지 않고 기계가 위험한 상태일 때에는 가드를 열 수 없도록 한 프레스의 안전장치는?

① 광전자식 방호장치
② 양손조작식 방호장치
③ 손쳐내기식 방호장치
④ 가드식 방호장치

55 산업안전보건법령에 따라 사업주가 가설통로를 설치하는 경우 준수하여야 할 사항이 아닌 것은?

① 경사는 30도 이하로 할 것
② 경사가 10도를 초과하는 경우에는 미끄러지지 아니하는 구조로 할 것
③ 견고한 구조로 할 것
④ 수직갱에 가설된 통로의 길이가 15미터 이상인 경우에는 10미터 이내마다 계단참을 설치할 것

56 산업안전보건법령상 보일러의 방호장치가 아닌 것은?

① 감압장치　　② 화염 검출기
③ 압력제한스위치　　④ 압력방출장치

답안 표기란	
53	① ② ③ ④
54	① ② ③ ④
55	① ② ③ ④
56	① ② ③ ④

57 **둥근톱기계의 방호장치에서 분할날과 톱날 원주면과의 거리는 몇 mm 이내로 조정, 유지할 수 있어야 하는가?**

① 8mm 이내
② 10mm 이내
③ 12mm 이내
④ 15mm 이내

58 **다음 중 드릴작업의 안전수칙으로 적합하지 않은 것은?**

① 칩 제거 시 전용의 브러시를 사용하여 제거
② 고정대에 안내홈을 만들고 바이스를 장착
③ 척은 돌기가 없는 것을 사용하고 드릴에는 절삭점을 제외하고 덮개 설치
④ 장갑착용 시 작업하기 편한 면장갑을 착용할 것

59 **컨베이어(conveyor) 역전방지장치의 형식을 기계식과 전기식으로 구분할 때 기계식에 해당하지 않는 것은?**

① 라쳇식
② 밴드식
③ 슬러스트식
④ 롤러식

60 **다음 중 용접결함에 해당하지 않는 것은?**

① 비드
② 블로홀
③ 용입부족
④ 슬래그 혼입

답안 표기란				
57	①	②	③	④
58	①	②	③	④
59	①	②	③	④
60	①	②	③	④

4과목 전기설비 안전 관리

61 다음 중 전기화재의 발생원인으로 옳지 않은 것은?

① 착화원
② 발화원
③ 내화물
④ 출화의 경과

62 다음 중 피뢰기가 갖추어야 할 특성으로 적절하지 않은 것은?

① 구조가 견고하고 특성이 변하지 않을 것
② 충격방전 개시전압과 제한 전압이 높을 것
③ 속류의 차단이 확실할 것
④ 점검 및 보수가 간단할 것

63 한국전기설비규정에 따라 보호등전위본딩 도체로서 주접지단자에 접속하기 위한 등전위본딩 도체(강철도체)의 단면적은 몇 ㎟ 이상이어야 하는가? (단, 등전위본딩 도체는 설비 내에 있는 가장 큰 보호접지 도체 단면적의 1/2 이상의 단면적을 가지고 있다.)

① $6mm^2$ ② $16mm^2$
③ $32mm^2$ ④ $50mm^2$

64 다음에서 누전차단기의 설치가 필요한 곳은?

① 도전성이 높은 장소의 전기기계 및 기구
② 이중절연 구조의 전기기계 및 기구
③ 절연대 위에서 사용하는 전기기계 및 기구
④ 비접지식 전로의 전기기계 및 기구

답안 표기란

61	①	②	③	④
62	①	②	③	④
63	①	②	③	④
64	①	②	③	④

65 다음 중 전격의 위험을 결정하는 주된 인자가 아닌 것은?

① 전격 시 심장맥동위상
② 주파수 및 파형
③ 접촉전압
④ 통전전류의 크기

66 다음 중 교류 아크용접기의 허용사용률(%)은? (단, 정격사용률은 20%, 2차 정력전류는 200A, 교류 아크용접기의 사용전류는 100A이다.)

① 20%
② 40%
③ 60%
④ 80%

67 고압 및 특고압의 전로와 이에 인접한 곳에 피뢰기를 설치하여야 하는데, 설치하지 않아도 되는 곳은?

① 가공전선로와 지중전선로가 접속되는 곳
② 발전소 · 변전소 또는 이에 준하는 장소의 가공전선 인입구 및 인출구
③ 고압 및 특고압 가공전선로로부터 공급을 받는 수용장소의 인입구에 직접 접속하는 전선이 짧은 경우
④ 특고압 가공전선로에 접속하는 배전용 변압기의 고압측 및 특고압측

68 다음 중 전동기를 운전하고자 할 때 개폐기의 조작순서로 옳은 것은?

① 메인 스위치 → 분전반 스위치 → 전동기용 개폐기
② 분전반 스위치 → 메인 스위치 → 전동기용 개폐기
③ 전동기용 개폐기 → 분전반 스위치 → 메인 스위치
④ 분전반 스위치 → 전동기용 스위치 → 메인 스위치

답안 표기란	
65	① ② ③ ④
66	① ② ③ ④
67	① ② ③ ④
68	① ② ③ ④

69 다음 중 방폭구조와 관계 없는 위험 특성은?

① 발화온도
② 화염일주한계
③ 최소점화전류
④ 증기 밀도

70 다음 중 감전사고를 방지하기 위한 방법으로 옳지 않은 것은?

① 안전전압 이하의 전기기기 사용
② 전기기기에 대한 정격표시
③ 전기설비에 대한 누전차단기 설치
④ 무자격자는 전기기계 및 기구에 전기적인 접촉 금지

71 다음 중 전압의 구분으로 옳지 않은 것은?

① 저압 : 교류 0.5kV 이하, 직류 1.5kV 이하
② 고압 : 교류는 1kV를 초과하고 7kV 이하인 것
③ 고압 : 직류는 1.5kV를 초과하고 7kV 이하인 것
④ 특고압 : 7kV를 초과하는 것

72 다음 중 금속관의 방폭형 부속품에 대한 설명으로 틀린 것은?

① 접합면 중 나사의 접합은 내압방폭구조의 폭발압력시험에 적합할 것
② 전선관과의 접속부분의 나사는 3턱 이상 완전히 나사결합이 될 수 있는 길이일 것
③ 안쪽 면 및 끝부분은 전선의 피복을 손상하지 않도록 매끈한 것일 것
④ 완성품은 내압방폭구조의 폭발압력 측정 및 압력시험에 적합한 것일 것

답안 표기란	
69	① ② ③ ④
70	① ② ③ ④
71	① ② ③ ④
72	① ② ③ ④

73 사용전압이 고압 및 특고압인 전로의 전선으로 절연체가 폴리프로필렌 혼합물인 케이블을 사용하는 경우 케이블의 성능으로 적합하지 않은 것은?

① 도체의 상시 최고 허용온도는 90℃ 이상일 것
② 절연체의 인장 강도는 12.5N/㎟ 이상일 것
③ 절연체의 신장률은 100% 이상일 것
④ 절연체의 수분 흡습은 1mg/㎠ 이하일 것

74 다음 중 접지의 목적 및 효과로 적절하지 않은 것은?

① 절연강도의 상승
② 감전방지
③ 대지전압의 저하
④ 보호계전기의 동작 확보,

75 다음 중 꽂음접속기의 설치 · 사용 시 준수사항으로 적절하지 않은 것은?

① 서로 다른 전압의 꽂음 접속기는 서로 접속되지 아니한 구조의 것을 사용할 것
② 습윤한 장소에 사용되는 꽂음 접속기는 방수형 등 그 장소에 적합한 것을 사용할 것
③ 근로자가 해당 꽂음 접속기를 접속시킬 경우에는 땀 등의 젖은 손으로 취급하지 않도록 할 것
④ 해당 꽂음 접속기에 잠금장치가 있는 경우에는 접속 전 잠그고 사용할 것

76 다음 중 피뢰기의 종류로 옳지 않은 것은?

① 소모형 피뢰기 ② 저항형 피뢰기
③ 밸브 저항형 피뢰기 ④ 종이 피뢰기

답안 표기란

73	①	②	③	④
74	①	②	③	④
75	①	②	③	④
76	①	②	③	④

답안 표기란	
77	① ② ③ ④
78	① ② ③ ④
79	① ② ③ ④
80	① ② ③ ④

77 옥외등에 전기를 공급하는 전로의 사용전압은 대지전압을 몇 V 이하로 하여야 하는가?

① 100V
② 200V
③ 300V
④ 500V

78 인체의 전기저항을 0.5kΩ이라고 하면 심실세동을 일으키는 위험한계 에너지는 몇 J인가? (단, 심실세동전류값 $I=\frac{0.165}{\sqrt{t}}$mA의 Dalziel의 식을 이용하며, 통전시간은 1초로 한다.)

① 13.6
② 14.6
③ 15.6
④ 16.6

79 점화원에 의해 용기 내부에서 폭발이 발생할 경우에 용기가 폭발압력에 견딜 수 있고, 화염이 용기 외부의 폭발성 분위기로 전파되지 않도록 한 방폭구조는?

① 안전증방폭구조
② 유입방폭구조
③ 비점화방폭구조
④ 내압방폭구조

80 다음 중 정전기의 유동대전에 가장 큰 영향을 미치는 요소는?

① 액체의 온도
② 액체의 유속
③ 액체의 밀도
④ 액체의 접촉면적

5과목 화학설비 안전 관리

답안 표기란	
81	① ② ③ ④
82	① ② ③ ④
83	① ② ③ ④
84	① ② ③ ④

81 다음 중 연소속도에 영향을 주는 요인이 아닌 것은?

① 가스조성
② 용기의 형태나 크기
③ 온도
④ 색상

82 위험물이 아닌 물질을 가열 · 건조하는 경우로서 건조설비에 해당하는 용량이 아닌 것은?

① 전기사용 정격용량이 10킬로와트 이상
② 고체연료의 최대사용량이 시간당 5킬로그램 이상
③ 기체연료의 최대사용량이 시간당 1세제곱미터 이상
④ 액체연료의 최대사용량이 시간당 10킬로그램 이상

83 다음 중 폭발범위에 관한 설명으로 바르지 않은 것은?

① 온도에는 비례하지만 압력과는 무관하다.
② 최저의 농도를 폭발하한계, 최고농도를 폭발상한계라고 한다.
③ 공기와 혼합된 가연성 가스의 체적 농도로 나타낸다.
④ 폭발하한계가 낮을수록 위험하다.

84 다음 중 연소하고 있는 가연물이 존재하는 장소를 기계적으로 폐쇄하여 공기의 공급을 차단하는 소화는?

① 냉각소화
② 억제소화
③ 제거소화
④ 질식소화

85 위험물을 저장·취급하는 화학설비 및 그 부속설비를 설치할 때 단위공정시설 및 설비로부터 다른 단위공정시설 및 설비의 사이의 안전거리는 설비의 바깥 면으로부터 몇 m 이상 되어야 하는가?

① 5미터 이상
② 10미터 이상
③ 20미터 이상
④ 50미터 이상

86 금속의 용접·용단 또는 가열에 사용되는 가스 등의 용기를 취급하는 경우 용기의 온도로 적절한 것은?

① 40도 이하
② 45도 이하
③ 50도 이하
④ 60도 이하

87 다음 중 인화성 가스가 아닌 것은?

① 아세틸렌
② 에틸렌
③ 산소
④ 프로판

88 산업안전보건법령상 위험물질의 종류에서 부식성 산류 중 농도가 60퍼센트 이상인 것은?

① 염산
② 아세트산
③ 질산
④ 황산

답안 표기란

85	①	②	③	④
86	①	②	③	④
87	①	②	③	④
88	①	②	③	④

89 **다음 중 분진폭발의 특징으로 옳지 않은 것은?**

① 가스폭발보다 폭발압력이 작다.
② 가스폭발보다 연소속도가 작다.
③ 가스폭발보다 연소시간이 길다.
④ 분진 내의 수분농도가 작으면 정전기 발생 등의 위험으로부터 분진폭발 위험성이 작아진다.

90 **반응기를 설계할 때 고려하여야 할 요인으로 가장 거리가 먼 것은?**

① 중간생성물의 유무
② 조작방법
③ 체류시간과 공간속도
④ 조업온도 범위

91 **다음 중 독성가스에 해당하지 않는 것은?**

① 황화수소
② 이산화탄소
③ 포스겐
④ 암모니아

92 **산업안전보건법령상 물반응성 물질 및 인화성 고체가 아닌 것은?**

① 알킬알루미늄
② 금속분말
③ 알킬알루미늄
④ 하이드라진

답안 표기란	
89	① ② ③ ④
90	① ② ③ ④
91	① ② ③ ④
92	① ② ③ ④

93 다음 중 분말소화기의 약제로 옳은 것은?

① 제1종 : 탄산수소칼륨
② 제2종 : 제1인산암모늄
③ 제3종 : 탄산수소나트륨
④ 제4종 : 탄산수소칼륨과 요소와의 반응물

94 다음의 화학적 유해인자 중 입자상 물질이 아닌 것은?

① 미스트
② 흄
③ 증기
④ 더스트

95 다음 중 메탄올에 관한 설명으로 옳지 않은 것은?

① 가연성이 있는 유독한 액체이다.
② 녹는점 −97.8℃, 끓는점 64.7℃, 비중 0.79이다.
③ 금속나트륨과 반응하여 수소를 발생한다.
④ 물에 잘 녹지 않는다.

96 다음 중 자연발화의 방지대책으로 틀린 것은?

① 저장온도를 낮출 것
② 바람이 잘 통하지 않도록 할 것
③ 습기가 높지 않도록 할 것
④ 열이 축적되지 않도록 할 것

답안 표기란	
93	① ② ③ ④
94	① ② ③ ④
95	① ② ③ ④
96	① ② ③ ④

97 다음 중 고압가스 용기의 색상으로 틀린 것은?

① 산소 : 청색
② 수소 : 주황색
③ 아세틸렌 : 황색
④ 질소, 아르곤 : 회색

98 자연발화성을 가진 물질이 자연발화를 일으키는 원인으로 거리가 먼 것은?

① 분해열
② 증발열
③ 산화열
④ 중합열

99 다음과 같은 폭발현상은?

> 연소에 필요한 산소가 부족하여 훈소상태에 있는 실내에 산소가 갑자기 다량 공급될 때 연소가스가 순간적으로 발화하는 현상

① Back Draft
② BLEVE
③ Flash Over
④ UVCE

100 다음 중 화학물질의 저장법으로 틀린 것은?

① 나트륨, 칼륨 : 석유속
② 적린, 마그네슘 : 물속
③ 황린 : 물속
④ 질산은 : 갈색병

답안 표기란	
97	① ② ③ ④
98	① ② ③ ④
99	① ② ③ ④
100	① ② ③ ④

6과목 건설공사 안전 관리

답안 표기란	
101	① ② ③ ④
102	① ② ③ ④
103	① ② ③ ④
104	① ② ③ ④

101 다음 중 유해위험방지계획서 제출 시 첨부서류로 옳지 않은 것은?

① 안전관리 조직표
② 산업안전보건관리비 사용계획서
③ 재해 발생 위험 시 연락 및 대피방법
④ 작업인부의 배치를 나타내는 도면 및 서류

102 기둥 · 보 · 벽체 · 슬래브 등의 거푸집 및 동바리를 조립하거나 해체하는 작업을 하는 경우에는 준수해야 할 사항이 아닌 것은?

① 해당 작업을 하는 구역에는 작업공정의 투명성 제고를 위해 출입을 허용할 것
② 비, 눈, 그 밖의 기상상태의 불안정으로 날씨가 몹시 나쁜 경우에는 그 작업을 중지할 것
③ 재료, 기구 또는 공구 등을 올리거나 내리는 경우에는 근로자로 하여금 달줄 · 달포대 등을 사용하도록 할 것
④ 낙하 · 충격에 의한 돌발적 재해를 방지하기 위하여 버팀목을 설치하고 거푸집 및 동바리를 인양장비에 매단 후에 작업을 하도록 할 것

103 다음 중 사다리식 통로 등을 설치하는 경우 통로 구조로서 틀린 것은?

① 사다리가 넘어지거나 미끄러지는 것을 방지하기 위한 조치를 할 것
② 폭은 50센티미터 이상으로 할 것
③ 심한 손상 · 부식 등이 없는 재료를 사용할 것
④ 사다리의 상단은 걸쳐놓은 지점으로부터 60센티미터 이상 올라가도록 할 것

104 터널지보공을 설치한 경우 수시로 점검하고 이상을 발견한 경우에는 즉시 보강하거나 보수해야 할 사항이 아닌 것은?

① 부재의 긴압 정도
② 부재의 접속부 및 교차부의 상태
③ 부재의 색상 변색 여부
④ 기둥침하의 유무 및 상태

105 **콘크리트 타설작업을 하는 경우에 준수해야할 사항으로 틀린 것은?**

① 설계도서상의 콘크리트 양생기간을 준수하여 거푸집 및 동바리를 해체할 것
② 콘크리트를 타설하는 경우에는 편심이 발생하도록 타설할 것
③ 콘크리트 타설작업 시 거푸집 붕괴의 위험이 발생할 우려가 있으면 충분한 보강조치를 할 것
④ 당일의 작업을 시작하기 전에 해당 작업에 관한 거푸집 및 동바리의 변형 · 변위 및 지반의 침하 유무 등을 점검하고 이상이 있으면 보수할 것

106 **강관비계를 조립하는 경우에 준수해야 할 사항으로 옳지 않은 것은?**

① 교차 가새로 보강할 것
② 강관의 접속부 또는 교차부는 적합한 부속철물을 사용하여 접속하거나 단단히 묶을 것
③ 인장재와 압축재로 구성된 경우에는 인장재와 압축재의 간격을 5미터 이내로 할 것
④ 강관 · 통나무 등의 재료를 사용하여 견고한 것으로 할 것

107 **굴착기계의 작업 시의 안전대책으로 바르지 않은 것은?**

① 버킷에 사람을 탑승시키지 않는다.
② 장비의 주차 시 경사지나 굴착작업으로부터 충분히 이격거리를 유지한다.
③ 전선이나 구조물 등에 인접하여 붐을 선회해야 할 작업에는 사전에 회전반경, 높이제한 등 방호조치를 한다.
④ 운전반경 내에 사람이 있을 경우 회전은 느린 속도로 하여야 한다.

108 **토양이 응력을 받았을 때 강성과 전단강도를 상실하여 액체처럼 되는 현상은?**

① 액상화현상 ② 동결연화현상
③ 용탈현상 ④ 동상현상

답안 표기란				
105	①	②	③	④
106	①	②	③	④
107	①	②	③	④
108	①	②	③	④

109 옥외에 설치되어 있는 주행크레인에 대하여 이탈방지장치를 작동시키는 등 그 이탈을 방지하기 위한 조치를 하여야 하는 순간풍속에 대한 기준은?

① 순간풍속이 초당 20m를 초과하는 바람이 불어올 우려가 있는 경우
② 순간풍속이 초당 30m를 초과하는 바람이 불어올 우려가 있는 경우
③ 순간풍속이 초당 40m를 초과하는 바람이 불어올 우려가 있는 경우
④ 순간풍속이 초당 50m를 초과하는 바람이 불어올 우려가 있는 경우

110 지반 등의 굴착작업 시 굴착면 기울기 기준으로 틀린 것은?

① 모래 1 : 1.8
② 연암 및 풍화암 1 : 1.0
③ 경암 1 : 0.5
④ 그 밖의 흙 1 : 1.0

111 공사용 가설도로를 설치하는 경우에 준수하여야 할 사항이 아닌 것은?

① 도로는 장비와 차량이 안전하게 운행할 수 있도록 신호수를 배치할 것
② 도로와 작업장이 접하여 있을 경우에는 울타리 등을 설치할 것
③ 도로는 배수를 위하여 경사지게 설치하거나 배수시설을 설치할 것
④ 차량의 속도제한 표지를 부착할 것

112 흙막이벽 근입깊이를 깊게하고, 전면의 굴착부분을 남겨두어 흙의 중량으로 대항하게 하거나, 굴착예정부분의 일부를 미리 굴착하여 기초콘크리트를 타설하는 등의 대책과 가장 관계가 깊은 것은?

① 파이핑현상이 있을 때
② 히빙현상이 있을 때
③ 지하수위가 높을 때
④ 굴착깊이가 깊을 때

답안 표기란	
109	① ② ③ ④
110	① ② ③ ④
111	① ② ③ ④
112	① ② ③ ④

113 다음 중 양중기에 해당하지 않는 것은?

① 리프트 ② 승강기
③ 롤러기 ④ 곤돌라

114 다음은 동바리로 사용하는 파이프 서포트의 설치기준이다. ( )에 들어갈 숫자를 모두 합하면?

- 파이프 서포트를 ( )개 이상 이어서 사용하지 않도록 할 것
- 파이프 서포트를 이어서 사용하는 경우에는 ( )개 이상의 볼트 또는 전용철물을 사용하여 이을 것
- 높이가 3.5미터를 초과하는 경우에는 높이 2미터 이내마다 수평연결재를 ( )개 방향으로 만들고 수평연결재의 변위를 방지할 것

① 6 ② 7
③ 8 ④ 9

115 강관틀비계를 조립하여 사용하는 경우 준수해야할 기준으로 옳지 않은 것은?

① 주틀 간에 교차 가새를 설치하고 최상층 및 5층 이내마다 수평재를 설치할 것
② 높이가 20m를 초과하거나 중량물의 적재를 수반하는 작업을 할 경우에는 주틀 간의 간격을 2.4m 이하로 할 것
③ 길이가 띠장 방향으로 4미터 이하이고 높이가 10미터를 초과하는 경우에는 10미터 이내마다 띠장 방향으로 버팀기둥을 설치할 것
④ 비계기둥의 밑둥에는 밑받침 철물을 사용하여야 하며 밑받침에 고저차가 있는 경우에는 조절형 밑받침철물을 사용하여 각각의 강관틀비계가 항상 수평 및 수직을 유지하도록 할 것

116 권상용 와이어로프의 절단하중이 100톤일 때 와이어로프에 걸리는 최대하중은?(단, 안전계수는 4임)

① 25톤 ② 50톤
③ 75톤 ④ 100톤

답안 표기란	
113	① ② ③ ④
114	① ② ③ ④
115	① ② ③ ④
116	① ② ③ ④

117 토질시험 방법 중에서 전단시험에 해당하지 않는 것은?

① 1면 전단시험
② 삼축 압축시험
③ 베인 테스트
④ 투과시험

118 법면 붕괴에 의한 재해 예방조치로서 옳지 않은 것은?

① 지표수와 지하수의 침투를 방지한다.
② 활동 가능성 있는 토석을 제거한다.
③ 절토 및 성토높이를 증가한다.
④ 굴착면의 기울기를 준수한다.

119 다음 중 감전재해의 직접적인 요인이 아닌 것은?

① 통전경로
② 전압
③ 전원의 종류
④ 통전전류의 크기

120 부두 또는 안벽의 선을 따라 통로를 설치하는 경우에 폭은 얼마 이상으로 하여야 하는가?

① 90센티미터 이상
② 100센티미터 이상
③ 110센티미터 이상
④ 120센티미터 이상

답안 표기란				
117	①	②	③	④
118	①	②	③	④
119	①	②	③	④
120	①	②	③	④

제10회 CBT 빈출 모의고사

수험번호
수험자명

제한 시간 : 3시간 전체 문제 수 : 120 맞힌 문제 수 :

1과목 산업재해 예방 및 안전보건교육

01 산업안전보건법령상 안전 · 보건표지 종류 중 관계자외출입금지표지에 해당하지 않는 것은?

① 허가대상물질 작업장 ② 금지대상물질의 취급실험실
③ 석면취급 및 해체 ④ 응급구호표지

02 K전자의 현황이 다음과 같을 때 이 사업장의 강도율은?

- 근로자수 : 500명
- 연근로시간수 : 2,400시간
- 신체장해등급 2급 : 3명, 10급 : 5명
- 의사진단에 의한 휴업일수 : 1,500일

① 2.28 ② 12.28 ③ 22.28 ④ 32.28

03 밀폐된 장소에서 하는 용접작업 또는 습한 장소에서 하는 전기용접 작업에 대한 교육 내용이 아닌 것은?

① 환기설비에 관한 사항
② 취급방법 및 안전수칙에 관한 사항
③ 질식 시 응급조치에 관한 사항
④ 작업환경 점검에 관한 사항

04 다음에 해당하는 학습지도방법은?

학습지도의 형태 중 참가자에게 일정한 역할을 주어 실제적으로 연기를 시켜봄으로서 자기의 역할을 보다 확실히 인식시키는 방법

① 포럼(Forum)
② 심포지엄(Symposium)
③ 롤 플레잉(Role playing)
④ 사례연구법(Case study method)

답안 표기란

01	①	②	③	④
02	①	②	③	④
03	①	②	③	④
04	①	②	③	④

05 주요 구조 부분을 변경하는 경우 안전인증을 받아야 하는 기계 및 설비가 아닌 것은?

① 압력용기　　② 리프트
③ 사출성형기　　④ 고소작업대

06 다음에 해당하는 재해통계 분석기법은?

> 산업재해의 분석 및 평가를 위하여 재해발생 건수 등의 추이에 대해 한계선을 설정하여 목표 관리를 수행하는 재해통계 분석기법

① 관리도　　② 클로즈 분석
③ 파레토도　　④ 특성 요인도

07 다음 중 사고예방대책의 기본원리 5단계로 바르지 않은 것은?

① 2단계 : 사실의 발견
② 3단계 : 현상파악
③ 4단계 : 시정책 선정
④ 5단계 : 시정책 적용

08 국제노동기구의 산업재해 분류에서 다음에 해당하는 상해는?

> 응급처치 또는 의료조치를 받은 후에 정상적으로 작업을 할 수 있는 정도의 상해

① 영구전노동불능　　② 구급처치상해
③ 일시일부노동불능　　④ 일시전노동불능

답안 표기란	
05	① ② ③ ④
06	① ② ③ ④
07	① ② ③ ④
08	① ② ③ ④

09 하인리히의 사고예방원리 5단계 중 경영자의 안전목표 설정, 안전관리자 선임, 안전의 방침 및 계획수립, 안전관리조직을 통한 안전활동 전개 등을 행하는 단계는?

① 사실의 발견　② 분석 평가
③ 안전관리조직　④ 시정책의 적용

10 특정과업에서 에너지 소비수준에 영향을 미치는 인자가 아닌 것은?

① 작업속도　② 작업자
③ 작업도구　④ 작업방법

11 산업안전보건법령상 안전보건진단을 받아 안전보건개선계획의 수립 및 명령을 할 수 있는 대상이 아닌 것은?

① 직업성 질병자가 연간 2명 이상 발생한 사업장
② 산업재해율이 같은 업종의 규모별 평균 산업재해율보다 높은 사업장
③ 사업주가 필요한 안전조치 또는 보건조치를 이행하지 아니하여 중대재해가 발생한 사업장
④ 상시근로자 1천명 이상인 사업장에서 직업성 질병자가 연간 2명 이상 발생한 사업장

12 버드(Bird)의 재해분포에 따르면 30건의 경상(물적, 인적상해) 사고가 발생했을 때 무상해사고 발생 건수는?

① 20　② 60
③ 90　④ 120

답안 표기란				
09	①	②	③	④
10	①	②	③	④
11	①	②	③	④
12	①	②	③	④

13 산업안전보건법령상 비계의 조립 · 해체 또는 변경작업 시 특별교육 내용이 아닌 것은? (단, 그 밖에 안전 · 보건관리에 필요한 사항은 제외한다.)

① 비계의 조립순서 및 방법에 관한 사항
② 중량물 취급 요령과 신호 요령에 관한 사항
③ 추락재해 방지에 관한 사항
④ 비계상부 작업 시 최대 적재하중에 관한 사항

14 다음 중 보호구의 안전인증고시에 따른 안전모의 시험성능기준이 아닌 것은?

① 내관통성
② 내전압성
③ 충격흡수성
④ 턱끈조임

15 학습정도(Level of learning)의 4단계를 순서대로 나열한 것은?

① 이해 → 인지 → 지각 → 적용
② 인지 → 지각 → 이해 → 적용
③ 지각 → 이해 → 인지 → 적용
④ 적용 → 지각 → 인지 → 이해

16 다음 중 산업안전심리의 5대 요소에 해당하지 않는 것은?

① 습관
② 감정
③ 동기
④ 기분

답안 표기란	
13	① ② ③ ④
14	① ② ③ ④
15	① ② ③ ④
16	① ② ③ ④

17 레빈(Lewin)의 법칙 $B=f(P \cdot E)$ 중 f가 의미하는 것은?

① 함수관계
② 행동
③ 개체
④ 인간관계

18 기술교육의 형태 중 존 듀이(J. Dewey)의 사고과정 5단계에 해당하지 않는 것은?

① 머리로 생각한다.
② 추론한다.
③ 가설을 검정한다.
④ 행동에 의하여 가설을 검토한다.

19 다음 중 상황적 누발자의 재해유발원인으로 틀린 것은?

① 작업의 어려움
② 기계설비의 결함
③ 환경상 주의력 집중곤란
④ 경제적 어려움

20 다음 중 헤드십(headship)의 특성에 관한 설명으로 옳지 않은 것은?

① 일방적 강제성을 그 본질로 한다.
② 상사의 권한 증거는 비공식적이다.
③ 상사와 부하의 관계는 지배적이다.
④ 계층제적 권위에 의존하고 있다.

답안 표기란				
17	①	②	③	④
18	①	②	③	④
19	①	②	③	④
20	①	②	③	④

2과목 인간공학 및 위험성 평가·관리

답안 표기란	
21	① ② ③ ④
22	① ② ③ ④
23	① ② ③ ④
24	① ② ③ ④

21 다음 중 인간-기계시스템의 연구목적으로 가장 적절한 것은?

① 능률성과 생산성 향상
② 시스템 안정의 극대화
③ 피로누적의 회복
④ 정화이용의 활성화

22 알고 있음에도 의도적으로 따르지 않거나 무시한 경우 발생하는 인간의 오류 유형은?

① 실수(Slip)
② 착오(Mistake)
③ 위반(Violation)
④ 건망증(Lapse)

23 다음 중 결함수분석의 기대효과로 볼 수 없는 것은?

① 사고원인 규명의 간편화
② 노력의 절감
③ 시스템의 결함진단
④ 상황 누발자의 적발

24 시스템의 욕조곡선에 있어서 디버깅(Debugging)에 관한 설명으로 옳은 것은?

① 초기 고장의 결함을 찾아 고장률을 안정시키는 과정이다.
② 우발 고장의 결함을 찾아 고장률을 안정시키는 과정이다.
③ 마모 고장의 결함을 찾아 고장률을 안정시키는 과정이다.
④ 기계 결함을 발견하기 위해 동작시험을 하는 과정이다.

25 착석식 작업대의 높이 설계를 할 경우 고려해야 할 사항이 아닌 것은??

① 의자 높이　　② 대퇴 여유
③ 작업자의 성격　　④ 작업의 성격

26 고장형태와 영향분석(FMEA)에서 평가요소로 적절하지 않은 것은?

① 기능적 고장 영향의 중요도
② 고장의 유형별 분석
③ 영향을 미치는 시스템의 범위
④ 고방방지의 가능성

27 다음의 HAZOP 기법에서 사용하는 가이드워드와 의미의 연결이 바르지 않은 것은?

① OTHER THAN : 완전대체
② AS WELL AS : 정성적 증가
③ PART OF : 기타 환경적인 요인
④ MORE/LESS : 정량적인 증가 또는 감소

28 실내 표면에서의 추천반사율을 높은 것부터 바르게 나열한 것은?

㉠ 가구	㉡ 벽
㉢ 천정	㉣ 바닥

① ㉠ 가구, ㉢ 천정, ㉡ 벽, ㉣ 바닥
② ㉢ 천정, ㉡ 벽, ㉠ 가구, ㉣ 바닥
③ ㉡ 벽, ㉢ 천정, ㉠ 가구, ㉣ 바닥
④ ㉡ 벽, ㉠ 가구, ㉢ 천정, ㉣ 바닥

답안 표기란	
25	① ② ③ ④
26	① ② ③ ④
27	① ② ③ ④
28	① ② ③ ④

답안 표기란	
29	① ② ③ ④
30	① ② ③ ④
31	① ② ③ ④
32	① ② ③ ④

29 다음 중 경계 및 경보신호의 설계지침으로 틀린 것은?

① 장애물 및 칸막이 통과 시는 500Hz 이하의 진동수를 사용한다.
② 배경소음의 진동수와 다른 진동수의 신호를 사용한다.
③ 귀는 중역음에 민감하므로 500~3000Hz의 진동수를 사용한다.
④ 300m 이상의 장거리용 신호는 1000Hz를 초과하는 진동수를 사용한다.

30 다음 중 산업안전보건법령상 공정안전보고서 제출대상이 아닌 것은?

① 원유 정제처리업
② 유독화학물질 처리업
③ 화학 살균·살충제 및 농업용 약제 제조업
④ 화약 및 불꽃제품 제조업

31 다음 중 불(Bool) 대수의 정리를 나타낸 관계식으로 옳지 않은 것은?

① $A \cdot 0 = 0$
② $A + 1 = 1$
③ $A \cdot \overline{A} = 0$
④ $A(A+B) = AB$

32 산을 30분 오른 후 종아리의 근육 수축작용에 대한 전기적인 신호 데이터를 모아 분석할 수 있는 것은?

① 근육의 밀도와 크기
② 근육의 활성도와 크기
③ 근육의 피로도와 밀도
④ 근육의 피로도와 활성도

33 **다음 중 좌식작업이 가장 편리하고 적합한 작업은?**

① 경량 조립작업
② 5.6kg 이상의 중량물을 다루는 작업
③ 작업장이 서로 떨어져 있어 작업장 간 이동이 많은 작업
④ 작업자의 정면에서 매우 낮거나 높은 곳으로 손을 자주 뻗어야 하는 작업

34 **다음 중 소음방지대책으로 가장 효과적인 것은?**

① 차폐장치
② 청각보호장비
③ 소음원의 제거
④ 소음원의 통제

35 **다음의 화학설비에 대한 안정성평가에서 정량적 평가항목이 아닌 것은?**

① 온도
② 취급물질
③ 조작
④ 습도

36 **다음 중 결함수분석에 관한 내용으로 틀린 것은?**

① 연역적 방법이다.
② 정량적 분석이 가능하다.
③ 컴퓨터로 처리가 가능하다.
④ bottom－up 방식이다.

답안 표기란	
33	① ② ③ ④
34	① ② ③ ④
35	① ② ③ ④
36	① ② ③ ④

37 **유해 · 위험요인을 파악하고 해당 유해 · 위험요인에 의한 부상 또는 질병의 발생 가능성(빈도)과 중대성(강도)을 추정 · 결정하고 감소 대책을 수립하여 실행하는 일련의 과정은?**

① 위험성 결정
② 위험성 평가
③ 유해 · 위험요인 결정
④ 위험성 추정

38 **인간의 실수 중 수행해야 할 작업 및 단계를 생략하여 발생하는 오류는?**

① 생략오류　　② 지연오류
③ 수행오류　　④ 순서오류

39 **다음 중 FTA(Fault Tree Analysis)에 관한 설명으로 옳은 것은?**

① 정성적 분석만 가능하다.
② 복잡하고 대형화된 시스템의 신뢰성 분석 및 안정성 분석에 이용되는 기법이다.
③ FT에 동일한 사건이 중복되어 나타나는 경우 상향식(Bottom-up)으로 정상 사건 T의 발생 확률을 계산할 수 있다.
④ 기초사건과 생략사건의 확률 값이 주어지게 되더라도 정상 사건의 최종적인 발생확률을 계산할 수 없다.

40 **다음 중 시각 표시장치보다 청각 표시장치의 사용이 적합한 경우는?**

① 전언이 재참조되는 경우
② 전언이 복잡한 경우
③ 직무상 수신자가 자주 움직이는 경우
④ 수신자가 청각계통에 과부하일 경우

답안 표기란				
37	①	②	③	④
38	①	②	③	④
39	①	②	③	④
40	①	②	③	④

3과목	기계·기구 및 설비 안전 관리

41 다음 중 공장소음에 대한 방지계획에 있어 소음원에 대한 대책이 아닌 것은?

① 차폐장치 설치 ② 소음원의 격리
③ 귀마개 착용 ④ 소음원 제거

42 산업안전보건법령상 산업용 로봇에 의한 작업 시 안전조치 사항으로 적절하지 않은 것은?

① 2명 이상의 근로자에게 작업을 시킬 경우의 신호방법 등 필요한 조치를 하여야 한다.
② 작업을 하고 있는 동안 로봇의 기동스위치 등은 작업에 종사하고 있는 근로자가 아닌 사람이 그 스위치 등을 조작할 수 없도록 필요한 조치를 한다.
③ 로봇의 예기치 못한 작동 또는 오조작에 의한 위험을 방지하기 위하여 필요한 조치를 하여야 한다.
④ 작업에 종사하는 근로자가 이상을 발견하면, 관리 감독자에게 우선 보고한 후 지시가 나올 때까지 작업을 진행한다.

43 프레스 또는 전단기에 사용되는 손쳐내기식 방호장치의 성능기준으로 틀린 것은?

① 진동각도 · 진폭시험 : 행정길이가 최소일 때 진동각도는 60~90도이다.
② 진동각도 · 진폭시험 : 행정길이가 최대일 때 진동각도는 45~90도이다.
③ 완충시험 : 손쳐내기봉에 의한 약간의 충격도 없어야 한다.
④ 무부하시험 : 1회의 오동작도 없어야 한다.

답안 표기란	
41	① ② ③ ④
42	① ② ③ ④
43	① ② ③ ④

44 다음 중 지게차의 작업 상태별 안정도에 관한 설명으로 옳은 것은? (단, V는 최고속도(km/h)이다.)

① 기준 부하상태의 하역작업 시의 전후 안정도는 10% 이내이다.
② 기준 부하상태의 하역작업 시의 좌우 안정도는 6% 이내이다.
③ 기준 무부하상태에서 주행 시의 전후 안정도는 20% 이내이다.
④ 기준 무부하상태의 주행 시의 좌우 안정도는 (20 + 1.5V)% 이내이다.

45 산업안전보건법령상 사업주는 리튬, 칼륨, 황, 황린 등을 취급하는 경우 접촉을 피하여야 하는 것은?

① 수소 ② 산소
③ 나트륨 ④ 물

46 금형의 설치, 해체, 운반 시 안전사항에 관한 설명으로 옳지 않은 것은?

① 부적합한 프레스에 금형을 설치하는 것을 방지하기 위하여 금형에 부품번호, 상형중량, 총중량, 다이하이트, 제품소재 등을 기록하여야 한다.
② 금형을 설치하는 프레스의 T홈 안길이는 설치 볼트 지름의 1/2 이하로 한다.
③ 금형의 설치용구는 프레스의 구조에 적합한 형태로 한다.
④ 운반 시 상부금형과 하부금형이 닿을 위험이 있을 때는 고정 패드를 이용한 스트랩, 금속재질이나 우레탄 고무의 블록 등을 사용한다.

47 선반작업에서 절삭가공 시에 발생하는 칩을 짧게 끊어지도록 공구에 설치되어 있는 방호장치의 일종인 칩 제거 기구는?

① 칩 브레이커 ② 칩 커터
③ 칩 받침 ④ 칩 쉴드

답안 표기란	
44	① ② ③ ④
45	① ② ③ ④
46	① ② ③ ④
47	① ② ③ ④

48 **다음 중 산업안전보건법령상 안전인증대상 방호장치에 해당하지 않는 것은?**

① 연삭기 덮개
② 충돌협착 등의 위험방지에 필요한 산업용 로봇 방호장치
③ 보일러 또는 압력용기 압력방출용 안전밸브
④ 프레스기 및 전단기 방호장치

49 **롤러기 급정지장치 조작부에 사용하는 로프의 성능기준으로 적절한 것은?**

① 지름 2mm 이상의 와이어로프
② 지름 4mm 이상의 와이어로프
③ 지름 6mm 이상의 와이어로프
④ 지름 8mm 이상의 와이어로프

50 **산업안전보건법령상 충격소음작업에서 데시벨에 따른 노출시간으로 적합하지 않은 것은?**

① 110데시벨을 초과하는 소음이 1일 5만회 이상 발생하는 작업
② 120데시벨을 초과하는 소음이 1일 1만회 이상 발생하는 작업
③ 130데시벨을 초과하는 소음이 1일 1천회 이상 발생하는 작업
④ 140데시벨을 초과하는 소음이 1일 1백회 이상 발생하는 작업

51 **방호장치 안전인증 고시에 따라 프레스 및 전단기에 사용되는 광전자식 방호장치의 일반구조에 대한 설명으로 가장 적절하지 않은 것은?**

① 방호장치를 무효화하는 기능이 있어서는 안 된다.
② 방호장치에 제어기가 포함되는 경우에는 이를 연결한 상태에서 모든 시험을 한다.
③ 방호장치의 정상작동 중에 감지가 이루어지거나 공급전원이 중단되는 경우 적어도 두 개 이상의 독립된 출력신호 개폐장치가 켜진 상태로 돼야 한다.
④ 방호장치의 감지기능은 규정한 검출영역 전체에 걸쳐 유효하여야 한다.

답안 표기란				
48	①	②	③	④
49	①	②	③	④
50	①	②	③	④
51	①	②	③	④

52 산업안전보건법령상 진동작업에 해당하는 기계 · 기구가 아닌 것은?

① 임팩트 렌치(impact wrench)
② 체인톱
③ 동력을 이용한 연삭기
④ 해머

53 다음 보기와 같은 요소가 발생시키는 위험점은?

왕복운동을 하는 동작부분과 고정부분 사이에 형성되는 위험점

① 협착점 ② 끼임점
③ 절단점 ④ 물림점

54 산업안전보건법령상 사업주가 과부하방지장치, 권과방지장치, 비상정지장치 및 제동장치, 그 밖의 방호장치를 설치하여야 하는 기계 · 기구가 아닌 것은?

① 이동식 크레인 ② 리프트
③ 승강기 ④ 롤러기

55 산업안전보건법령상 지게차를 사용하여 작업을 할 때 작업시작 전 점검사항으로 틀린 것은?

① 제동장치 및 조종장치 기능의 이상 유무
② 와이어로프 등의 이상 유무
③ 하역장치 및 유압장치 기능의 이상 유무
④ 전조등 · 후미등 · 방향지시기 및 경보장치 기능의 이상 유무

답안 표기란	
52	① ② ③ ④
53	① ② ③ ④
54	① ② ③ ④
55	① ② ③ ④

56 다음 중 소성가공을 열간가공과 냉간가공으로 분류하는 가공온도의 기준은?

① 재결정온도 ② 융해점온도
③ 공정점온도 ④ 적응점온도

57 다음 재료의 강도시험 중 항복점을 알 수 있는 시험은?

① 피로시험 ② 인장시험
③ 비파괴시험 ④ 충격시험

58 다음 유해 · 위험기계 · 기구 중에서 진동과 소음을 동시에 수반하는 기계설비가 아닌 것은?

① 공기압축기 ② 컨베이어
③ 프레스 ④ 사출성형기

59 예초기에 설치하는 예초기날접촉 예방장치의 요건으로 바르지 않은 것은?

① 두께가 5mm 이상일 것
② 절단날의 회전범위를 100분의 25(90°) 이상 방호할 수 있을 것
③ 절단날의 밑면에서 날접촉 예방장치의 끝단까지의 거리가 3밀리미터 이상인 구조일 것
④ 충격에도 쉽게 파손되지 않는 재질일 것

60 산업안전보건법령상 아세틸렌 용접장치의 아세틸렌 발생기실을 설치하는 경우 준수하여야 하는 사항으로 옳지 않은 것은?

① 벽은 불연성 재료로 하고 철근 콘크리트 또는 그 밖에 이와 동등하거나 그 이상의 강도를 가진 구조로 할 것
② 바닥면적의 16분의 1 이상의 단면적을 가진 배기통을 옥상으로 돌출시키고 그 개구부를 창이나 출입구로부터 1.5미터 이상 떨어지도록 할 것
③ 출입구의 문은 불연성 재료로 하고 두께 1.0 밀리미터 이하의 철판이나 그 밖에 그 이상의 강도를 가진 구조로 할 것
④ 지붕과 천장에는 얇은 철판이나 가벼운 불연성 재료를 사용할 것

답안 표기란	
56	① ② ③ ④
57	① ② ③ ④
58	① ② ③ ④
59	① ② ③ ④
60	① ② ③ ④

4과목 전기설비 안전 관리

답안 표기란	
61	① ② ③ ④
62	① ② ③ ④
63	① ② ③ ④
64	① ② ③ ④

61 고압용의 개폐기 · 차단기 · 피뢰기 기타 이와 유사한 기구로서 동작 시에 아크가 생기는 것은 목재의 벽 또는 천장 기타의 가연성 물체로부터 몇 m 이상 이격하여 시설하여야 하는가?

① 1m ② 2m
③ 3m ④ 4m

62 다음 중 정전기 발생에 대한 방지대책으로 틀린 것은?

① 대전방지제 사용
② 배관 내 유속제한
③ 제습기 사용
④ 제전장치 사용

63 다음 중 설비의 이상현상에 나타나는 아크(Arc)의 종류가 아닌 것은?

① 섬락에 의한 아크
② 접속저항에 의한 아크
③ 차단기에서의 아크
④ 단락에 의한 아크

64 접지도체의 단면적은 큰 고장전류가 접지도체를 통하여 흐르지 않을 경우 구리의 최소 단면적은?

① 6㎟ 이상 ② 12㎟ 이상
③ 20㎟ 이상 ④ 50㎟ 이상

65 다음 중 접지의 종류와 목적의 연결이 바르지 않은 것은?

① 등전위 접지 : 병원에 있어서의 의료기기 사용시의 안전도모
② 기기접지 : 누전되고 있는 기기에 접촉되었을 때의 감전방지
③ 정전기 접지 : 정전기의 축적에 의한 폭발재해방지
④ 계통접지 : 누전차단기의 동작을 확실하게 하기 위한 접지

66 다음 중 전기화재가 발생하는 비중이 가장 큰 것은?

① 이동식 전열기
② 낙뢰
③ 전기배선 또는 배선기구
④ 주방기구

67 다음 중 자동전격방지장치의 사용조건이 아닌 것은?

① 먼지가 많은 장소
② 주위 온도가 30도 이상 65도를 넘지 않는 상태
③ 유해한 부식성 가스가 존재하는 장소
④ 기름의 증발이 많은 장소

68 다음 중 고 · 저압회로의 기기 및 설비 등의 정전 확인 등을 확인하기 위한 장비는?

① 정온식 검지기
② 디스콘 스위치
③ 보상식 감지기
④ 저압 및 고압용 검전기

답안 표기란	
65	① ② ③ ④
66	① ② ③ ④
67	① ② ③ ④
68	① ② ③ ④

69 다음에서 설명하는 피뢰기의 구성요소는?

> 정상일 때에는 방전을 하지 않고 절연상태를 유지하고, 이상 과전압 발생 시에는 신속히 이상전압을 대지로 방전하고 속류를 차단하는 역할을 한다.

① 직렬 갭　② 병렬 갭
③ 특성요소　④ 충격요소

70 다음 중 접지시스템의 요구사항으로 적합하지 않는 것은?

① 전기설비의 보호 요구사항을 충족하여야 한다.
② 지락전류와 보호도체전류를 접지극에 전달하여야 한다.
③ 전기설비의 기능적 요구사항을 충족하여야 한다.
④ 열적, 열 · 기계적, 전기 · 기계적 응력 및 이러한 전류로 인한 감전 위험이 없어야 한다.

71 교류 아크용접기의 사용에서 무부하 전압이 80V, 아크 전압 30V, 아크 전류 100A일 경우 효율은 약 몇 %인가? (단, 내부손실은 4kW이다.)

① 42.9%　② 51.5%
③ 67.1%　④ 91.5%

72 접지시스템에서 주접지단자를 설치하고 접속하여야 할 도체가 아닌 것은?

① 등전위본딩도체　② 접지도체
③ 겸용도체　④ 보호도체

답안 표기란				
69	①	②	③	④
70	①	②	③	④
71	①	②	③	④
72	①	②	③	④

73 특고압을 직접 저압으로 변성하는 변압기를 시설할 수 있는 경우가 아닌 것은?

① 발전소 등 공중이 출입하지 않는 장소에 시설하는 경우
② 고주파 이용설비에 대한 장해가 없는 경우
③ 혼촉 방지 조치가 되어 있는 등 위험의 우려가 없는 경우
④ 특고압측의 권선과 저압측의 권선이 혼촉하였을 경우 자동적으로 전로가 차단되는 장치의 시설 및 그 밖의 적절한 안전조치가 되어 있는 경우

74 다음 중 산업안전보건기준에 관한 규칙에 따라 누전차단기를 설치하지 않아도 되는 곳은?

① 습윤장소에서 사용하는 저압용 전기기계 · 기구
② 대지전압이 150볼트를 초과하는 이동형 또는 휴대형 전기기계 · 기구
③ 임시배선이 전로가 설치되는 장소에서 사용하는 이동형 전기기계 · 기구
④ 절연대 위에서 사용하는 전기기계 · 기구

75 다음에서 설명하고 있는 현상은?

> 목재가 보통화염을 받아 탄화한 경우에는 무정형 탄소로 되어 전류가 흐르지 않으나 스파크 등에 의해 고열을 받는 경우 또는 화염뿐인 산소결핍의 환경에 있는 경우 무정형 탄소가 흑연화 되는 현상이다.

① 흑연화현상
② 트래킹현상
③ 반단선현상
④ 열적파괴현상

76 다음 중 방폭구조의 종류에 해당하지 않는 것은?

① 본질안전 방폭구조
② 고압 방폭구조
③ 안전증방폭구
④ 특수 방폭구조

답안 표기란	
73	① ② ③ ④
74	① ② ③ ④
75	① ② ③ ④
76	① ② ③ ④

77 **다음 용어에 대한 설명이 옳지 않은 것은?**

① 전기저장장치 : 전기를 저장하고 공급하는 시스템을 말한다.
② 직류전계(DC Electric Fields) : 0Hz인 직류전로와 공간전하에 의해 형성되는 정전계(Static Electric Fields)를 말한다.
③ 직류자계(DC Magnetic Fields) : 0Hz인 직류전로에서 형성되는 정자계(Static Magnetic Fields)를 말한다.
④ 소수력발전설비 : 실린더 내부의 밀봉된 작동유체의 가열 · 냉각 등의 온도변화에 따른 체적변화에 의한 운동에너지를 이용하는 외연기관을 말한다.

78 **산업안전보건기준에 관한 규칙에 따라 이동중이나 휴대장비 등을 사용하는 작업에서 조치할 사항으로 거리가 먼 것은?**

① 근로자가 착용하거나 취급하고 있는 도전성 공구 · 장비 등이 노출 충전부에 닿지 않도록 할 것
② 절연대 위에서 사용하는 전기기계 · 기구를 사용하지 않도록 할 것
③ 근로자가 젖은 손으로 전기기계 · 기구의 플러그를 꽂거나 제거하지 않도록 할 것
④ 근로자가 사다리를 노출 충전부가 있는 곳에서 사용하는 경우에는 도전성 재질의 사다리를 사용하지 않도록 할 것

79 **다음 중 정전작업 시 조치사항으로 옳지 않은 것은?**

① 전원을 차단한 후 각 단로기 등을 개방하고 확인할 것
② 검전기를 이용하여 작업 대상 기기가 충전되었는지를 확인할 것
③ 개폐기에 잠금장치를 하고 통전금지에 관한 표지판은 제거할 것
④ 차단장치나 단로기 등에 잠금장치 및 꼬리표를 부착할 것

80 **분진폭발을 방지하기 위하여 첨가하는 불활성 첨가물로 적절하지 않은 것은?**

① 모래 ② 질소
③ 이산화탄소 ④ 마그네슘

답안 표기란	
77	① ② ③ ④
78	① ② ③ ④
79	① ② ③ ④
80	① ② ③ ④

5과목 화학설비 안전 관리

답안 표기란	
81	① ② ③ ④
82	① ② ③ ④
83	① ② ③ ④
84	① ② ③ ④

81 산업안전보건법에서 정한 위험물질을 기준량 이상 제조하거나 취급하는 화학설비로서 내부의 이상상태를 조기에 파악하기 위하여 필요한 온도계 · 유량계 · 압력계 등의 계측장치를 설치하여야 하는 대상이 아닌 것은?

① 발열반응이 일어나는 반응장치
② 온도가 섭씨 350도 이상이거나 게이지 압력이 980킬로파스칼 이상인 상태에서 운전되는 설비
③ 반응폭주 등 이상 화학반응에 의하여 위험물질이 발생할 우려가 있는 설비
④ 흡열반응이 일어나는 반응장치

82 다음 중 물반응성 물질이 아닌 것은?

① 아연
② 칼륨
③ 나트륨
④ 리튬

83 다음 중 고체의 연소형태가 아닌 것은?

① 자기연소
② 폭발연소
③ 분해연소
④ 표면연소

84 다음 중 목재, 종이, 섬유 등의 화재는?

① A급 화재
② B급 화재
③ C급 화재
④ D급 화재

85 다음 중 폭발 방호 대책으로 볼 수 없는 것은?

① 폭발하한계 이하로 희석
② 밀폐 용기내 공기혼합방지
③ 불활성화
④ 정전기 제거

86 다음 반응기 중 조작방식에 따른 반응기가 아닌 것은?

① 회분식 반응기
② 탑형 반응기
③ 반회분식 반응기
④ 연속기 반응기

87 다음 중 이산화탄소 소화약제의 특성으로 틀린 것은?

① 전기 절연성이 우수하다.
② 사용 후에 오염의 영향이 거의 없다.
③ 주된 소화는 냉각소화이다.
④ 액체상태에서 부식성이 매우 강하다.

88 다음 중 디에틸에테르에 관한 설명으로 옳지 않은 것은?

① 인화점은 －45도이다.
② 착화점은 180도이다.
③ 증기비중은 2.55이다.
④ 연소 범위는 0.9~12.8%이다.

답안 표기란	
85	① ② ③ ④
86	① ② ③ ④
87	① ② ③ ④
88	① ② ③ ④

89 사업주는 인화성 액체 및 인화성 가스를 저장 취급하는 화학설비에서 증기나 가스를 대기로 방출하는 경우에는 외부로부터의 화염을 방지하기 위하여 화염방지기를 설치하여야 한다. 다음 중 화염방지기의 설치 위치로 옳은 것은?

① 설비의 하단
② 설비의 상단
③ 설비의 측면
④ 설비의 조작부

90 다음 중 위험물 또는 가스에 의한 화재를 경보하는 기구에 필요한 설비가 아닌 것은?

① 비상방송설비
② 누전경보기
③ 시각경보기
④ 유도표지

91 다음 중 산업안전보건법령상 고압가스에 해당하지 않는 것은?

① 분해가스
② 액화가스
③ 냉동액화가스
④ 용해가스

92 다음에 해당하는 것을 무엇이라 하는가?

> 액체 표면에서 발생한 증기농도가 공기 중에서 연소하한농도가 될 수 있는 가장 낮은 액체온도

① 비등점　② 인화점
③ 연소점　④ 발화온도

답안 표기란	
89	① ② ③ ④
90	① ② ③ ④
91	① ② ③ ④
92	① ② ③ ④

93 다음 중 대기압보다 높은 압력을 가하는 증류법은?

① 공비증류
② 추출증류
③ 가압증류
④ 감압증류

답안 표기란	
93	① ② ③ ④
94	① ② ③ ④
95	① ② ③ ④
96	① ② ③ ④

94 다음 중 열교환기의 보수에 있어 일상점검항목과 정기적 개방점검항목으로 구분할 때, 일상점검항목과 거리가 먼 것은?

① 배관 등과의 접속부 상태
② 부착물에 의한 오염의 상황
③ 계기 상태
④ 도장의 노후상황

95 다음 중 가연성 가스이자 독성가스인 것은?

① 수소
② 프로판
③ 일산화탄소
④ 산소

96 다음 중 위험물을 산업안전보건법령에서 정한 기준량 이상으로 제조하거나 취급하는 설비로서 특수화학설비에 해당되는 것은?

① 가열시켜 주는 물질의 온도가 가열되는 위험물질의 분해온도보다 높은 상태에서 운전되는 설비
② 상온에서 게이지 압력으로 200kPa의 압력으로 운전되는 설비
③ 대기압 하에서 300℃로 운전되는 설비
④ 흡열반응이 행하여지는 반응설비

97 다음 중 공정안전보고서의 내용으로 틀린 것은?

① 공정안전자료
② 균일한 운용계획
③ 안전운전계획
④ 비상조치계획

98 다음 중 알루미늄분이 고온의 물과 반응하였을 때 생성되는 가스는?

① 일산화탄소
② 수소
③ 아르곤
④ 암모니아

99 다음에 해당하는 현상은?

> 물이 관속을 흐를 때 유동하는 물속의 어느 부분의 정압이 그 때 물의 증기압보다 낮을 경우 물이 증발하여 부분적으로 증기가 발생되어 배관의 부식을 초래하는 현상

① 공동현상
② 서어징(surging) 현상
③ 수격작용
④ 비말동반

100 위험물안전관리법령상 제6류 산화성 액체가 아닌 것은?

① 과염소산
② 과산화수소
③ 질산
④ 염산

답안 표기란				
97	①	②	③	④
98	①	②	③	④
99	①	②	③	④
100	①	②	③	④

6과목 건설공사 안전 관리

답안 표기란	
101	① ② ③ ④
102	① ② ③ ④
103	① ② ③ ④

101 다음은 통행설비의 설치에 관한 내용이다. (   )에 알맞은 것은?

사업주는 갑판의 윗면에서 선창 밑바닥까지의 깊이가 (   )미터를 초과하는 선창의 내부에서 화물취급작업을 하는 경우에 그 작업에 종사하는 근로자가 안전하게 통행할 수 있는 설비를 설치하여야 한다. 다만, 안전하게 통행할 수 있는 설비가 선박에 설치되어 있는 경우에는 그러하지 아니하다.

① 1.5미터
② 2.0미터
③ 2.5미터
④ 3.0미터

102 고소작업대를 설치 및 이동하는 경우에 준수하여야 할 사항으로 옳지 않은 것은?

① 권과방지장치를 갖추거나 압력의 이상상승을 방지할 수 있는 구조일 것
② 와이어로프 또는 체인의 안전율은 3 이상일 것
③ 조작반의 스위치는 눈으로 확인할 수 있도록 명칭 및 방향표시를 유지할 것
④ 붐의 최대 지면경사각을 초과 운전하여 전도되지 않도록 할 것

103 다음 중 달비계의 와이어로프로 사용할 수 있는 것은?

① 심하게 변형되거나 부식된 것
② 열과 전기충격에 의해 손상된 것
③ 지름의 감소가 공칭지름의 3퍼센트를 초과하는 것
④ 이음매가 있는 것

104 철골건립준비를 할 때 준수하여야 할 사항으로 옳지 않은 것은?

① 인근에 건축물 또는 고압선 등이 있는 경우에는 이에 대한 방호조치 및 안전조치를 하여야 한다.

② 지상 작업장에서 건립준비 및 기계기구를 배치할 경우에 작업대나 임시발판 등의 설치와 관계없이 경사지는 피한다.

③ 사용 전에 기계기구에 대한 정비 및 보수를 철저히 실시하여야 한다.

④ 기계가 계획대로 배치되어 있는가, 윈치는 작업구역을 확인할 수 있는 곳에 위치하였는가, 기계에 부착된 앵카 등 고정장치와 기초구조 등을 확인하여야 한다.

105 그물코의 크기가 10cm인 매듭방망일 경우 방망사의 인장강도는 최소 얼마 이상이어야 하는가?(단, 방망사는 신품인 경우)

① 1.0kN ② 1.3kN

③ 1.5kN ④ 2.0kN

106 다음 중 굴착기에 관한 설명으로 옳지 않은 것은?

① 굴착기를 운전하는 사람은 좌석안전띠를 착용해야 한다.

② 굴착기로 작업을 하기 전에 후사경과 후방영상표시장치 등의 부착상태와 작동 여부를 확인해야 한다.

③ 굴착기 퀵커플러에 버킷, 브레이커, 크램셸 등 작업장치를 장착 또는 교환하는 경우에는 안전핀 등 잠금장치를 해제하고 이를 확인해야 한다.

④ 굴착기에 사람이 부딪히는 것을 방지하기 위해 후사경과 후방영상표시장치 등 굴착기를 운전하는 사람이 좌우 및 후방을 확인할 수 있는 장치를 굴착기에 갖춰야 한다.

답안 표기란	
104	① ② ③ ④
105	① ② ③ ④
106	① ② ③ ④

107 다음 중 안전난간의 구성요소가 아닌 것은?

① 상부 난간대 ② 사다리
③ 중간 난간대 ④ 발끝막이판

108 근로자가 상시 작업하는 장소에서 정밀작업하는 경우의 조도는?

① 300럭스 이상 ② 150럭스 이상
③ 75럭스 이상 ④ 50럭스 이상

109 다음 중 방망에 표시하여야 할 사항이 아닌 것은?

① 제조자명 ② 제조소 위치
③ 재봉치수 ④ 그물코

110 와이어로프 등 달기구의 안전계수로 옳지 않은 것은?

① 근로자가 탑승하는 운반구를 지지하는 달기와이어로프 또는 달기체인의 경우 : 10 이상
② 화물의 하중을 직접 지지하는 달기와이어로프 또는 달기체인의 경우 : 5 이상
③ 리프팅 빔의 경우 : 3 이상
④ 클램프의 경우 : 5 이상

111 주행 크레인의 붕괴 등을 방지하기 위해 받침의 수를 증가시키는 등 안전조치를 하여야 하는 순간풍속 기준은?

① 초당 10미터 초과 ② 초당 20미터 초과
③ 초당 30미터 초과 ④ 초당 40미터 초과

답안 표기란				
107	①	②	③	④
108	①	②	③	④
109	①	②	③	④
110	①	②	③	④
111	①	②	③	④

112 **다음 중 중량물을 운반할 때의 자세로 옳지 않은 것은?**

① 어깨보다 높이 들어올려 화물을 운반할 것
② 중량은 체중의 40% 정도로 할 것
③ 팔과 무릎을 이용하여 척추는 곧은 자세로 물건을 들어올릴 것
④ 화물에 최대한 접근하고 중심을 낮게 할 것

113 **가설구조물의 특징으로 옳지 않은 것은?**

① 전체 구조에 대한 구조계산 기준이 부족하여 구조적으로 문제점이 있다.
② 부재 결합이 간략하여 안전한 결합이다.
③ 구조물이라는 개념이 확고하여 조립의 정밀도가 낮다.
④ 사용부재는 과소단면이거나 결함재가 되기 쉽다.

114 **비계의 높이가 2m 이상인 작업장소에서의 작업발판의 폭은?**

① 20cm 이상　　② 30cm 이상
③ 40cm 이상　　④ 40cm 이상

115 **안전대의 종류 중 안전그네식에만 적용되는 것은?**

① 1개 걸이용, U자 걸이용
② 추락방지대, 안전블록
③ 1개 걸이용, 안전블록
④ 추락방지대, U자 걸이용

116 **터널공사에서 발파작업 시 안전대책으로 옳지 않은 것은?**

① 피해 예상지점에 진도계 설치
② 발파 책임자는 나오면서 구간 스위치 조작
③ 장진 조명은 15m 후방에서 집중조명
④ 다이너마이트 장진 전에 동력선을 10m 후방으로 이동

답안 표기란				
112	①	②	③	④
113	①	②	③	④
114	①	②	③	④
115	①	②	③	④
116	①	②	③	④

117 다음에서 설명하는 하중의 유형은?

> 크레인, 이동식 크레인, 데릭의 리프팅 하중에서 후크, 그래브 버킷 등의 리프팅 용구의 중량을 공제한 하중을 말한다.

① 적재하중
② 정격하중
③ 작업하중
④ 이동하중

118 일정한 신호방법을 정하여 신호하도록 하여야 하는 작업이 아닌 것은?

① 경량물을 1명의 근로자가 취급하거나 운반하는 작업
② 입환작업
③ 유도자를 배치하는 작업
④ 양화장치를 사용하는 작업

119 파이프서포터를 설치한 지반침하를 방지하기 위한 직접적인 조치로 옳지 않은 것은?

① 깔판사용
② 깔목의 사용
③ 수평연결재 사용
④ 밑받침철물 사용

120 구축물 등에 대한 구조검토, 안전진단 등의 안전성 평가를 하여 근로자에게 미칠 위험성을 미리 제거해야 할 경우가 아닌 것은?

① 구축물 등에 지진, 동해, 부동침하 등으로 균열 · 비틀림 등이 발생했을 경우
② 구축물 등이 그 자체의 무게 · 적설 · 풍압 또는 그 밖에 부가되는 하중 등으로 붕괴 등의 위험이 있을 경우
③ 오랜 기간 사용하지 않던 구축물 등을 재사용하게 되어 안전성을 검토해야 하는 경우
④ 화재 등으로 구축물 등의 외벽이 심하게 그을렸을 경우

답안 표기란				
117	①	②	③	④
118	①	②	③	④
119	①	②	③	④
120	①	②	③	④

산업안전기사 [필기]
빈출 1200제 정답 및 해설

Industrial Safety Engineer

PART 2

INDUSTRIAL
SAFETY
ENGINEER

정답 및 해설

1과목 산업재해 예방 및 안전보건교육

01	②	02	①	03	②	04	④	05	①
06	③	07	②	08	①	09	④	10	③
11	①	12	②	13	①	14	②	15	③
16	②	17	④	18	③	19	①	20	③

2과목 인간공학 및 위험성 평가 · 관리

21	④	22	①	23	③	24	④	25	②
26	③	27	④	28	③	29	①	30	②
31	①	32	④	33	②	34	①	35	②
36	③	37	④	38	③	39	②	40	④

3과목 기계 · 기구 및 설비 안전 관리

41	②	42	④	43	③	44	①	45	②
46	④	47	②	48	③	49	②	50	③
51	②	52	③	53	①	54	①	55	④
56	③	57	①	58	②	59	①	60	③

4과목 전기설비 안전 관리

61	②	62	①	63	②	64	③	65	②
66	①	67	④	68	③	69	②	70	③
71	④	72	①	73	③	74	②	75	①
76	④	77	②	78	①	79	②	80	④

5과목 화학설비 안전 관리

81	④	82	①	83	③	84	①	85	②
86	①	87	④	88	③	89	④	90	②
91	①	92	③	93	②	94	①	95	④
96	③	97	④	98	①	99	③	100	①

6과목 건설공사 안전 관리

101	①	102	④	103	②	104	③	105	①
106	③	107	④	108	②	109	①	110	③
111	②	112	③	113	①	114	③	115	①
116	②	117	③	118	②	119	①	120	④

1과목 산업재해 예방 및 안전보건교육

01 정답 ②

종합재해지수 $FS=\sqrt{도수율\times강도율}$

$$도수율=\frac{재해발생건수}{연간총근로시간수}\times1,000,000$$

$$=\frac{12}{1,200,000}\times1,000,000=10$$

$FS=\sqrt{도수율\times강도율}=\sqrt{10\times2.5}=\sqrt{25}=5$

02 정답 ①

관리감독자 정기안전 · 보건교육의 교육내용(규칙 별표 5)

1. 산업안전 및 사고 예방에 관한 사항
2. 산업보건 및 직업병 예방에 관한 사항
3. 위험성평가에 관한 사항
4. 유해 · 위험 작업환경 관리에 관한 사항
5. 산업안전보건법령 및 산업재해보상보험 제도에 관한 사항
6. 직무스트레스 예방 및 관리에 관한 사항
7. 직장 내 괴롭힘, 고객의 폭언 등으로 인한 건강장해 예방 및 관리에 관한 사항
8. 작업공정의 유해 · 위험과 재해 예방대책에 관한 사항
9. 사업장 내 안전보건관리체제 및 안전 · 보건조치 현황에 관한 사항
10. 표준안전 작업방법 결정 및 지도 · 감독 요령에 관한 사항
11. 현장근로자와의 의사소통능력 및 강의능력 등 안전보건교육 능력 배양에 관한 사항
12. 비상시 또는 재해 발생 시 긴급조치에 관한 사항
13. 그 밖의 관리감독자의 직무에 관한 사항

03 정답 ②

부주의의 현상 : 의식의 단절, 의식의 우회, 의식수준의 저하, 의식의 과잉, 의식의 혼란

04 정답 ④

④ **심포지엄(Symposium)** : 어떤 논제에 대하여 다양한 의견을 가진 전문가나 권위자들이 각각 강연식으로 의견을 발표한 후 청중에게 질문할 기회를 주는 토의방식
① **포럼(Forum)** : 새로운 자료나 교재를 제시하여 문제점을 피교육자로 하여금 제기하게 하여 발표하고 토의하는 방법
③ **버즈세션(Buzz session)** : 6명씩 소집단으로 구분하고 6분씩 자유토의를 진행하여 의견을 종합하는 토의방법

05 정답 ①

Y-K(Yutaka - Kohate) 성격검사

1. **C,C형(담즙질)** : 운동, 결단, 기민이 빠르며, 적응이 빠르고, 세심하지 않으며, 내구성과 집념이 부족하다. 또한 진공 자신감이 강하다.
2. **M,M형(흑담즙질, 신경질)** : 운동성이 느리고 지속성이 풍부하며, 적응이 느리고, 세심하며 억제와 정확성이 특징이다. 또한 내구성·집념·지속성이 뛰어나며 담력과 자신감도 강하다.
3. **S,S형(다형질, 운동성)** : C,C형과 유사한 특징을 가지고 있지만, 담력과 자신감이 약하다.
4. **P,P형(점액질, 평범 수동)** : M,M형과 유사한 특징을 지니며, 보다 수동적인 특징을 보인다.
5. **AM형(이상질)** : 극도로 나쁜 특징을 보이며, 운동성·적응성·세심함·내구성 및 집념에서 극단적인 모습을 보인다.

06 정답 ③

③ **단순자극형** : 상호자극에 의하여 순간적으로 재해가 발생하는 유형으로 재해가 일어난 장소나 그 시점에 일시적으로 요인이 집중되는 유형
①·② **연쇄형** : 어느 하나의 사고요인이 또 다른 사고요인을 발생시키면서 재해가 발생하는 유형
④ **복합형** : 단순자극형과 연쇄형이 복합적으로 인하여 재해가 발생하는 유형

07 정답 ②

매슬로우(Maslow)의 욕구단계 이론
1단계 : 생리적 욕구
2단계 : 안전의 욕구
3단계 : 사회적 욕구
4단계 : 존경의 욕구
5단계 : 자아실현의 욕구

08 정답 ①

방독마스크 시험가스(보호구 안전인증고시 별표 5)

종류	시험가스
유기화합물용	시클로헥산(C_6H_{12})
	디메틸에테르(CH_3OCH_3)
	이소부탄(C_4H_{10})
할로겐용	염소가스 또는 증기(Cl_2)
황화수소용	황화수소가스(H_2S)
시안화수소용	시안화수소가스(HCN)
아황산용	아황산가스(SO_2)
암모니아용	암모니아가스(NH_3)

09 정답 ④

사업주는 중대재해가 발생한 사실을 알게 된 경우에는 고용노동부령으로 정하는 바에 따라 지체 없이 고용노동부장관에게 보고하여야 한다. 다만, 천재지변 등 부득이한 사유가 발생한 경우에는 그 사유가 소멸되면 지체 없이 보고하여야 한다(법 제54조 제2항).

10 정답 ③

OJT(On The Job of training) 교육은 현장감독자 등 직속 상사가 작업현장에서 작업을 통해 개별지도·교육하는 것으로 동시에 다수의 근로자에게 조직적 훈련은 불가능하고 Off-JT 교육에서 가능하다.

11 정답 ①

여과재 분진 등 포집효율(보호구 안전인증 고시 별표 4)

형태 및 등급		염화나트륨(NaCl) 및 파라핀 오일(Paraffin oil) 시험(%)
분리식	특급	99.95 이상
	1급	94.0 이상
	2급	80.0 이상
안면부 여과식	특급	99.0 이상
	1급	94.0 이상
	2급	80.0 이상

12 정답 ②

사고의 원인분석방법

1. **개별적 원인분석**
2. **통계적 원인분석** : 파레토도, 특성요인도, 클로즈분석, 관리도

13 정답 ①

사고예방대책의 기본원리 5단계

1단계 : 안전관리조직
2단계 : 현상파악(사실발견)
3단계 : 분석평가
4단계 : 대책선정
5단계 : 개선책 실시

14 정답 ②

안전·보건교육의 단계별 교육과정 순서 : 지식교육 → 기능교육 → 태도교육

15 정답 ③

무재해 이념의 3원칙

1. **무의 원칙** : 근원적으로 산업재해를 없애는 것이며 0의 원칙이다.
2. **선취의 원칙** : 무재해를 실현하기 위하여 일체의 위험요인을 사전에 발견, 파악, 해결하여 재해를 방지하기 위한 원칙이다.
3. **참가의 원칙** : 근로자 전원이 참석하여 문제해결 등을 처리하는 원칙이다.

16 정답 ②

안전보건교육의 단계 : 1단계 지식교육 → 2단계 기능교육 → 3단계 태도교육

17 정답 ④

스트레스의 요인

1. 외부적 요인
㉠ 대인관계
㉡ 경제적 어려움
㉢ 가족간의 갈등
㉣ 자신의 건강문제
㉤ 가족의 질병 또는 죽음

2. 내부적 요인
㉠ 자존심 손상
㉡ 업무에 대한 죄책감
㉢ 현실 부적응
㉣ 과거에 대한 집착
㉤ 공격방어심리
㉥ 좌절감과 자만심
㉦ 타인에게 의지하는 심리

18 정답 ③

연천인율 = 도수율 × 2.4 = 10 × 2.4 = 24

19 정답 ①

재해코스트=보험코스트+비보험코스트

비보험코스트 = A × 휴업상해건수 + B × 통원상해건수 + C × 구급치료상해건수 + D × 무상해사고건수

20 정답 ③

레빈의 인간행동법칙

B=f(P · E)

B : 인간의 행동, P : 개체(소질, 성격),
f : 함수관계, E : 환경

2과목 인간공학 및 위험성 평가 · 관리

21 정답 ④

정미가동률은 단위시간 내에 일정 속도로 가동하고 있는지를 나타낸다.

$$정미가동률 = \frac{가공수량 \times 실제사이클타임}{부하시간-정지시간}$$

22 정답 ①

공단은 유해위험방지계획서의 심사 결과를 다음과 같이 구분 · 판정한다(규칙 제45조 제1항).

1. **적정** : 근로자의 안전과 보건을 위하여 필요한 조치가 구체적으로 확보되었다고 인정되는 경우
2. **조건부 적정** : 근로자의 안전과 보건을 확보하기 위하여 일부 개선이 필요하다고 인정되는 경우
3. **부적정** : 건설물 · 기계 · 기구 및 설비 또는 건설공사가 심사기준에 위반되어 공사착공 시 중대한 위험이 발생할 우려가 있거나 해당 계획에 근본적 결함이 있다고 인정되는 경우

23 정답 ③

초음파 소음(ultrasonic noise)

1. 가청주파수 이하의 주파수를 가진 소음
2. 일반적으로 20㎐ 이하이다.
3. 수준이 2dB 증가하면, 허용 가능한 시간은 반감되어야 한다.
4. 청력기관을 보호하기 위해 1㎐에서 136dB, 20㎐에서 123dB까지의 8시간 노출한계 범위를 권장한다.

24 정답 ④

유해하거나 위험한 장소에서 사용하는 기계 · 기구 및 설비를 설치 · 이전하는 경우 유해위험방지계획서를 작성 및 제출하여야 하는 대상(영 제42조 제2항)

1. 금속이나 그 밖의 광물의 용해로
2. 화학설비
3. 건조설비
4. 가스집합 용접장치
5. 근로자의 건강에 상당한 장해를 일으킬 우려가 있는 물질로서 고용노동부령으로 정하는 물질의 밀폐 · 환기 · 배기를 위한 설비

25 정답 ②

HAZOP 용어 정리

1. NOT : 설계의도에 부적합
2. LESS : 정량적 감소
3. MORE : 정량적 증가
4. PART OF : 정성적 감소
5. AS WELL AS : 정성적 증가
6. REVERSE : 설계의도와 반대현상
7. OTHER THAN : 완전대체

26 정답 ③

음원에 관한 대책에는 소음 발생원을 제거 · 밀폐하고 저소음 기계로 대체하는 것이고, 방음 보호구 착용은 근로자에 대한 대책이다.

27 정답 ④

10dB 증가하면 소음은 2배 증가하고 20dB 증가하면 4배 증가한다. 그러므로 4배 더 크게 들린다면 음압은 80dB이다.

28 정답 ③

양립성의 정도가 높을수록 학습이 더 빨리 진행되고, 반응시간이 더 짧아지며, 오류가 줄어들고, 정신적 부하가 감소된다. 양립성의 생성은 본능적으로 습득되거나, 문화적으로 습득된다.

29 정답 ①

위험처리 기술 : Transfer(위험전가), Retention(위험보류), Reduction(위험감축), Avoidance(위험회피)

30 정답 ②

$$\text{신뢰도 } R = 1-(1-0.40)(1-0.95) = 1-0.6\times0.05 = 1-0.03 = 0.97$$

31 정답 ①

음량수준을 평가하는 척도 : dB, phon, sone
1. dB : 소리의 크기를 수치로 표시
2. phon : 1000Hz의 순음(정현파)의 음압 레벨값
3. sone : 1000Hz 40dB의 크기

32 정답 ④

$$\text{가용도 } A = \frac{MTBF}{MTBF+MTTR}$$

$$0.9 = \frac{MTBF}{MTBF+2}$$

$$0.9(MTBF+2) = MTBF$$

$$MTBF = 18$$

33 정답 ②

결함수분석의 기대효과
1. 사고원인 규명의 간편화
2. 사고원인 분석의 일반화
3. 사고원인 분석의 정량화
4. 노력과 시간절감
5. 시스템의 결함진단
6. 안전점검표 작성

34 정답 ①

① 조합 AND 게이트는 3개 이상의 입력현상 중 2개가 발생하면 출력이 발생한다.
② **억제 게이트** : 수정기호를 병용해서 게이트 역할을 한다.

35 정답 ②

ECRS는 업무상 문제해결이나 현상 개선을 위한 기법으로 제거(Eliminate), 결합(Combine), 교환(Rearrange), 단순화(Simplify)를 포함한다.

36 정답 ③

인간의 정보처리 과정 3단계 : 인지단계 → 인식단계 → 행동단계

37 정답 ④

누적손상장애(CTD)의 발생인자
1. 반복적인 동작
2. 부적절한 작업자세
3. 무리한 힘 사용
4. 날카로운 면과의 접촉
5. 진동 및 온도

38 정답 ③

③ 최소 컷셋은 정상사상을 일으키기 위하여 필요한 최소한의 컷셋으로 개수가 늘어나면 위험 수준이 높아진다.
① 동일한 시스템에서 패스셋의 개수와 컷셋의 개수는 서로 다르다.
② 패스셋은 시스템의 고장을 일으키지 않는 기본사상들의 집합이다.
④ 최소 컷셋은 시스템이 고장나게 하는 최소한의 기본사상의 조합이다.

39 정답 ②

대통령령으로 정하는 사업의 종류 및 규모에 해당하는 사업으로서 해당 제품의 생산 공정과 직접적으로 관련된 건설물·기계·기구 및 설비 등 전부를 설치·이전하거나 그 주요 구조부분을 변경하려는 경우에 해당하는 사업주가 유해위험방지계획서를 제출할 때에는 사업장별로 제조업 등 유해위험방지계획서에 해당 서류를 첨부하여 해당 작업 시작 15일 전까지 공단에 2부를 제출해야 한다(규칙 제42조 제1항).

40 정답 ④

강렬한 소음 작업(안전보건규칙 제512조 제2호)
1. 90데시벨 이상의 소음이 1일 8시간 이상 발생하는 작업
2. 95데시벨 이상의 소음이 1일 4시간 이상 발생하는 작업
3. 100데시벨 이상의 소음이 1일 2시간 이상 발생하는 작업
4. 105데시벨 이상의 소음이 1일 1시간 이상 발생하는 작업
5. 110데시벨 이상의 소음이 1일 30분 이상 발생하는 작업
6. 115데시벨 이상의 소음이 1일 15분 이상 발생하는 작업

3과목 기계 · 기구 및 설비 안전 관리

41 정답 ②

프라이밍(Priming)과 포오밍(Foaming)의 발생원인 : 기계적 결함, 과부하, 불순물에 의한 기포발생

42 정답 ④

냉각재 및 칩이 조작자에게 직접 비산되는 것을 방지하기 위해 다음 사항을 만족하는 전면 칩 가드를 설치해야 한다(위험기계·기구 자율안전확인 고시 별표 8).

1. 가드의 폭은 새들 폭 이상일 것
2. 심압대(tailstock)가 베드 끝단부에 위치하고 있고 공작물 고정장치에서 심압대까지 가드를 연장시킬 수 없는 경우에는 새들에 부착하는 등 부착위치를 조정할 수 있을 것

43 정답 ③

사업주는 보일러의 안전한 가동을 위하여 보일러 규격에 맞는 압력방출장치를 1개 또는 2개 이상 설치하고 최고사용압력(설계압력 또는 최고허용압력을 말한다.) 이하에서 작동되도록 하여야 한다. 다만, 압력방출장치가 2개 이상 설치된 경우에는 최고사용압력 이하에서 1개가 작동되고, 다른 압력방출장치는 최고사용압력 1.05배 이하에서 작동되도록 부착하여야 한다(안전보건규칙 제116조 제1항).

44 정답 ①

사업주는 아세틸렌 용접장치를 사용하여 금속의 용접·용단 또는 가열작업을 하는 경우에는 게이지 압력이 127킬로파스칼을 초과하는 압력의 아세틸렌을 발생시켜 사용해서는 아니 된다(안전보건규칙 제285조).

45 정답 ②

양수조작식 방호장치는 기계의 조작을 양손으로 동시에 하지 않으면 기계가 가동하지 않으며 한 손이라도 떼어내면 기계가 급정지 또는 급상승하는 장치로 급정지기구가 부착되어 있지 않아도 유효하다.

46 정답 ④

포터블 벨트 컨베이어(컨베이어의 안전에 관한 기술지침)

1. 포터블 벨트 컨베이어의 차륜간의 거리는 전도 위험이 최소가 되도록 하여야 한다.
2. 기복장치에는 붐이 불시에 기복하는 것을 방지하기 위한 장치 및 크랭크의 반동을 방지하기 위한 장치를 설치하여야 한다.
3. 기복장치는 포터블 벨트 컨베이어의 옆면에서만 조작하도록 한다.
4. 붐의 위치를 조절하는 포터블 벨트 컨베이어에는 조절가능한 범위를 제한하는 장치를 설치하여야 한다.
5. 포터블 벨트 컨베이어를 사용하는 경우는 차륜을 고정하여야 한다.
6. 포터블 벨트 컨베이어의 충전부에는 절연덮개를 설치하여야 한다. 다만 외부전선은 비닐캡타이어 케이블 또는 이와 동등 이상의 절연 효력을 가진 것으로 한다.
7. 전동식의 포터블 벨트 컨베이어에 접속되는 전로에는 감전 방지용 누전차단장치를 접속하여야 한다.
8. 포터블 벨트 컨베이어를 이동하는 경우는 먼저 컨베이어를 최저의 위치로 내리고 전동식의 경우 전원을 차단한 후에 이동한다.
9. 포터블 벨트 컨베이어를 이동하는 경우는 제조자에 의하여 제시된 최대견인속도를 초과하지 않아야 한다.

47 정답 ②

밀링작업에서 주의해야 할 사항

1. 기계 가동중에는 자리를 이탈하지 않는다.
2. 절삭 중 치수를 측정하지 않는다.
3. 가공 중 기계에 얼굴을 대지 않는다.
4. 가공물을 바른 자세에서 단단하게 고정한다.
5. 주축속도를 변속시킬 때에는 반드시 주축이 정지한 후에 변환한다.
6. 테이블 위에 공구나 측정기를 올려놓지 않는다.

48 정답 ③

목재가공용 둥근톱 일반구조(방호장치 자율안전인증고시 별표 5)

1. 톱날은 어떤 경우에도 외부에 노출되지 않고 덮개가 덮여 있어야 한다.
2. 작업 중 근로자의 부주의에도 신체의 일부가 날에 접촉할 염려가 없도록 설계되어야 한다.
3. 덮개 및 지지부는 경량이면서 충분한 강도를 가져야 하며,

외부에서 힘을 가했을 때 지지부는 회전되지 않는 구조로 설계되어야 한다.
4. 덮개의 가동부는 원활하게 상하로 움직일 수 있고 좌우로 움직일 수 없는 구조로 설계되어야 한다.
5. 둥근톱에는 분할날을 설치하여야 한다.
6. 휴대용 둥근톱 가공덮개와 톱날 노출각이 45도 이내이어야 한다.

49 정답 ②

프레스기를 사용하여 작업을 할 때 작업시작 전 점검사항(안전보건규칙 별표 3)

1. 클러치 및 브레이크의 기능
2. 크랭크축·플라이휠·슬라이드·연결봉 및 연결 나사의 풀림 여부
3. 1행정 1정지기구·급정지장치 및 비상정지장치의 기능
4. 슬라이드 또는 칼날에 의한 위험방지 기구의 기능
5. 프레스의 금형 및 고정볼트 상태
6. 방호장치의 기능
7. 전단기의 칼날 및 테이블의 상태

50 정답 ③

동력작동식 금형고정장치의 안전사항

1. 동력작동식 금형고정장치의 움직임에 의한 위험을 방지하기 위해 설치하는 가드는 II형식 방호장치의 요건을 갖추어야 한다.
2. 금형 또는 부품의 낙하를 방지하기 위해 기계적 억제장치를 추가하거나 자체 고정장치(self retain clamping unit) 등을 설치해야 한다.
3. 자석식 금형 고정장치는 상·하(좌·우)금형의 정확한 위치가 자동적으로 모니터(monitor)되어야 하며, 두 금형 중 어느 하나가 위치를 이탈하는 경우 플레이트를 더 이상 움직이지 않아야 한다.
4. 전자석 금형 고정장치를 사용하는 경우에는 전자기파에 의한 영향을 받지 않도록 전자파 내성대책을 고려해야 한다.

51 정답 ②

프레스 또는 전단기 방호장치의 시험방법(방호장치 안전인증 고시 별표 2)

1. **진동각도 및 진폭시험** : 진동각도 및 진폭 시험방법은 프레스기계의 행정길이가 최소일 때는 링크길이를 조절하고 손쳐내기봉의 진동각도가 60~90°정도, 행정길이가 최대일 때는 45~90°정도로 해야 한다.
2. **완충시험** : 완충 시험방법은 손쳐내기봉에 손목을 접촉시켜 충격상태를 시험한다.
3. **무부하 동작시험** : 무부하 동작 시험방법은 프레스에 방호장치를 부착한 후 연속 반복동작을 시험하여 각 부분의 동작상태를 확인한다.

52 정답 ③

컨베이어(conveyor) 역전방지장치의 형식

1. **기계식** : 롤러식, 라쳇식, 밴드식, 웜기어 등
2. **전기식** : 스러스트식, 전기브레이크식 등

53 정답 ①

가스와 색상

가스종류	산소	아세틸렌	액화석유가스	액화탄산가스
색상	녹색	황색	회색	청색

가스종류	수소	암모니아	액화염소
색상	주황색	백색	갈색

54 정답 ①

안전율은 기계설계를 할 경우 고려할 사항이다. 가공결함 방지를 위해서는 열처리, 가공경화, 응력집중 등을 고려하여야 한다.

55 정답 ④

④ **안전기** : 가스 등의 역류 또는 역화가 발생장치 등에 전달되어 폭발이 일어나는 것을 방지하기 위해 설치하는 것
② **발생기** : 저농도 흡수액을 가열하여 냉매증기와 농후흡수액으로 분리시키는 장치
③ **청정기** : 불순물을 제거하기 위하여 사용되는 기기

56 정답 ③

진동에 의한 1차 설비진단법

1. **상호판단** : 같은 종류, 사양의 설비 중에서 다른 것보다도 진동이 높을 때를 이상으로 하는 진단방법

2. **비교판단** : 설비 구입이나 수리를 해서 정상으로 판단되어 진 때의 진동과 비교하여 현재상태가 몇 배가 되는가를 조사해서 판정하는 방법
3. **절대판단** : 진동치를 미리 결정된 기준과 비교하여 설비상태를 판정하는 방법

57 정답 ①

위치제한형 방호장치는 작업자의 신체부위가 위험한계 밖에 있도록 기계의 조작장치를 위험한 작업점에서 안전거리 이상 떨어지게 하거나 조작장치를 양손으로 동시 조작하게 함으로써 위험한계에 접근하는 것을 제한하는 장치이다(위험기계·기구방호장치기준 제3조 제2호 가목).

58 정답 ②

가드(Guard)의 형식 : 고정 가드, 조정 가드, 경고 가드, 인터록 가드

59 정답 ①

승강기 : 건축물이나 고정된 시설물에 설치되어 일정한 경로에 따라 사람이나 화물을 승강장으로 옮기는 데에 사용되는 설비로서 다음의 것을 말한다(안전보건규칙 제132조 제2항 제5호).

1. **승객용 엘리베이터** : 사람의 운송에 적합하게 제조·설치된 엘리베이터
2. **승객화물용 엘리베이터** : 사람의 운송과 화물 운반을 겸용하는데 적합하게 제조·설치된 엘리베이터
3. **화물용 엘리베이터** : 화물 운반에 적합하게 제조·설치된 엘리베이터로서 조작자 또는 화물취급자 1명은 탑승할 수 있는 것(적재용량이 300킬로그램 미만인 것은 제외한다)
4. **소형화물용 엘리베이터** : 음식물이나 서적 등 소형 화물의 운반에 적합하게 제조·설치된 엘리베이터로서 사람의 탑승이 금지된 것
5. **에스컬레이터** : 일정한 경사로 또는 수평로를 따라 위·아래 또는 옆으로 움직이는 디딤판을 통해 사람이나 화물을 승강장으로 운송시키는 설비

60 정답 ③

사업주는 양중기(승강기는 제외한다) 및 달기구를 사용하여 작업하는 운전자 또는 작업자가 보기 쉬운 곳에 해당 기계의 정격하중, 운전속도, 경고표시 등을 부착하여야 한다. 다만, 달기구는 정격하중만 표시한다(안전보건규칙 제133조).

4과목 전기설비 안전 관리

61 정답 ②

전류파고치의 최대값

1. **파두장 60μs** : 90mA 이하
2. **파두장 325μs** : 60mA 이하
3. **파두장 700μs** : 40mA 이하

62 정답 ①

$$\text{허용사용률}(\%)=\frac{\text{정격2차전류}^2}{\text{실제용접전류}^2}\times\text{정격사용률}$$

$$=\frac{300^2}{200^2}\times 30=67.5$$

63 정답 ②

사업주는 다음의 전기 기계·기구에 대하여 누전에 의한 감전위험을 방지하기 위하여 해당 전로의 정격에 적합하고 감도(전류 등에 반응하는 정도)가 양호하며 확실하게 작동하는 감전방지용 누전차단기를 설치해야 한다(안전보건규칙 제304조 제1항).

1. 대지전압이 150볼트를 초과하는 이동형 또는 휴대형 전기기계·기구
2. 물 등 도전성이 높은 액체가 있는 습윤장소에서 사용하는 저압(1.5천볼트 이하 직류전압이나 1천볼트 이하의 교류전압을 말한다)용 전기기계·기구
3. 철판·철골 위 등 도전성이 높은 장소에서 사용하는 이동형 또는 휴대형 전기기계·기구
4. 임시배선의 전로가 설치되는 장소에서 사용하는 이동형 또는 휴대형 전기기계·기구

64 정답 ③

방폭전기기기의 온도등급

온도등급 (ICE/EN/NEC 505－10)	기기 최대표면온도 (℃)
T_1	$300 < t \leq 450$
T_2	$200 < t \leq 300$
T_3	$135 < t \leq 200$
T_4	$100 < t \leq 135$
T_5	$85 < t \leq 100$
T_6	$t \leq 85$

65 정답 ②

안전전압은 감전되어도 사람의 몸에 영향을 주지 아니하는 전압으로 우리나라는 30V이다. 영국 24V, 일본 24~30V, 국제노동기구 24V 이하

66 정답 ①

조명기구에 붙은 먼지, 오물, 반사면의 변질에 의한 광속의 흡수율이 증가하면 작업면의 조도가 점차적으로 감소되어가는 원인이 된다.

67 정답 ④

쿨롱의 법칙 $F = 9 \times 10^9 \times \frac{Q_1 Q_2}{r^2} = 9 \times 10^9 \times \frac{1 \times 1}{1^2}$
$= 9 \times 10^9 N$

68 정답 ③

시동감도 : 용접봉을 모재에 접촉시켜 아크를 발생시킬 때 전격방지 장치가 동작할 수 있는 용접기의 2차측 최대저항

69 정답 ②

정전 작업 시 작업 전 안전조치사항
1. 단락 접지
2. 잔류전하의 방전
3. 개폐기의 관리
4. 검전기에 의한 정전확인
5. 근접활선에 대한 방호

70 정답 ③

피뢰기가 가져야 할 성능
1. 제한전압이 낮을 것
2. 충격 방전 개시 전압이 낮을 것
3. 속류차단을 확실하게 할 수 있을 것
4. 특성이 변하지 않을 것
5. 반복동작이 가능할 것

71 정답 ④

전기설비 방폭의 기본 개념
1. 점화원의 방폭적 격리
2. 전기설비의 안전도 증강
3. 점화능력의 본질적 억제

72 정답 ①

가스증기위험장소
1. **0종 장소** : 위험분위기가 통상인 상태에 있어서 연속해서 또는 장시간 지속해서 존재하는 장소
2. **1종 장소** : 통상 상태에서 위험분위기를 생성할 우려가 있는 장소
3. **2종 장소** : 이상한 상태에서 위험분위기를 생성할 우려가 있는 장소로 짧은 기간에만 존재할 수 있는 장소

73 정답 ③

전기기기에 대한 최고표면온도의 분류(내압방폭구조인 전기기기의 성능기준 별표 6)

온도등급	최고표면온도(℃)
T_1	450
T_2	300
T_3	200
T_4	135
T_5	100
T_6	85

74 정답 ②

과전류차단장치 설치(안전보건규칙 제305조)
1. 과전류차단장치는 반드시 접지선이 아닌 전로에 직렬로 연결하여 과전류 발생 시 전로를 자동으로 차단하도록 설치할 것
2. 차단기·퓨즈는 계통에서 발생하는 최대 과전류에 대하여 충분하게 차단할 수 있는 성능을 가질 것
3. 과전류차단장치가 전기계통상에서 상호 협조·보완되어 과전류를 효과적으로 차단하도록 할 것

75 정답 ①

유동대전은 파이프로 액체류의 이송 시 액체와 파이프 마찰로 인해 발생하는 정전기로, 액체의 유동속도에 의해 가장 큰 영향을 받는다.

76 정답 ④

④ **소호리액터접지방식** : 시스템에 접속된 변압기의 중성점을 송전 선로의 대지 충전 용량과 공진하는 리액터를 통하여 접지하는 중성점 접지 방식
① **직접접지방식** : 송전선로에 접속시키는 변압기의 중성점을 직접 도전선으로 접지시키는 방식
② **리액터접지방식** : 과도 안전도를 향상시킬 목적으로 접지하는 것
③ **저항접지방식** : 중성점을 저항을 통하여 접지하는 것

77 정답 ②

전격 방지기는 직각으로 부착해야 한다. 다만 직각이 어려울 경우 20°를 넘지 않아야 한다. 외함이 금속제인 경우 적당한 접지단자를 설치해야 한다.

78 정답 ①

표준대기 조건에서의 방폭기기의 온도는 －20℃~60℃이고, 별도의 주위 온도 표시가 없을 때 방폭기기의 주위 온도 범위는 －20℃~40℃이다.

79 정답 ②

누전차단기의 시설
1. 금속제 외함을 가지는 사용전압 50V를 초과하는 저압의 기계기구로서 사람이 쉽게 접촉할 우려가 있는 곳에 시설하는 것에 전기를 공급하는 전로
2. 주택의 인입구 등 이 규정에서 누전차단기 설치를 요구하는 전로
3. 특고압전로, 고압전로 또는 저압전로와 변압기에 의하여 결합되는 사용전압 400V 초과의 저압전로 또는 발전기에서 공급하는 사용전압 400V 초과의 저압전로

80 정답 ④

TN접지방식 : TN-S, TN-C, TN-C-S
1. **TN-S** : 보호접지와 중성점은 변압기나 발전기 근처에서만 서로 연결되어 있고 전 구간에서 분리되어 있는 방식
2. **TN-C** : 보호접지와 중성점은 전 구간에서 공통으로 사용됨. 거의 사용되지 않는 방식
3. **TN-C-S** : 보호접지와 중성점은 어느 구간까지는 같이 연결되어 있다가 특정구간부터 분리된 방식

5과목 화학설비 안전 관리

81 정답 ④

마그네슘은 가연성 고체로 물과 산의 접촉을 피해야 한다. 화재발생시 물, 이산화탄소, 포, 할로겐 화합물 소화약제는 피하고 석회분이나 마른모래 등으로 소화해야 한다.

82 정답 ①

분진폭발은 공기 중에 떠도는 농도 짙은 분진이 에너지를 받아 열과 압력을 발생하면서 갑자기 연소·폭발하는 현상으로 퇴적분진이 폭풍압력에 의해 떠올라 분진운을 만들므로 폭발이 2차에서 수차례의 폭발로 파급될 수 있다. 가스폭발에 비교하여 연소시간이 길고, 발생에너지가 크다.

83 정답 ③

물반응성 물질 및 인화성 고체(안전보건규칙 별표 1)
1. 리튬
2. 칼륨·나트륨

3. 황
4. 황린
5. 황화인 · 적린
6. 셀룰로이드류
7. 알킬알루미늄 · 알킬리튬
7. 마그네슘 분말
8. 금속 분말(마그네슘 분말은 제외)
9. 알칼리금속(리튬 · 칼륨 및 나트륨은 제외)
10. 유기 금속화합물(알킬알루미늄 및 알킬리튬은 제외)
11. 금속의 수소화물
12. 금속의 인화물
13. 칼슘 탄화물, 알루미늄 탄화물
14. 그 밖에 1부터 13까지의 물질과 같은 정도의 발화성 또는 인화성이 있는 물질
15. 1부터 14까지의 물질을 함유한 물질

84 정답 ①

사업주는 다음의 어느 하나에 해당하는 위험물 건조설비 중 건조실을 설치하는 건축물의 구조는 독립된 단층건물로 하여야 한다. 다만, 해당 건조실을 건축물의 최상층에 설치하거나 건축물이 내화구조인 경우에는 그러하지 아니하다(안전보건규칙 제280조).

1. 위험물 또는 위험물이 발생하는 물질을 가열 · 건조하는 경우 내용적이 1세제곱미터 이상인 건조설비
2. 위험물이 아닌 물질을 가열 · 건조하는 경우로서 다음 각 목의 어느 하나의 용량에 해당하는 건조설비
   ㉠ 고체 또는 액체연료의 최대사용량이 시간당 10킬로그램 이상
   ㉡ 기체연료의 최대사용량이 시간당 1세제곱미터 이상
   ㉢ 전기사용 정격용량이 10킬로와트 이상

85 정답 ②

인화점은 가연성 물질에 점화원을 주었을 때 연소가 시작되는 최저온도이고, 착화점(발화점)은 점화원이 없는 상태에서 가연성 물질을 공기 또는 산소 중에서 가열하였을 때 발화하는 최저온도이다. 인화점이 낮다고 반드시 착화점이 낮은 것은 아니다.

86 정답 ①

특수화학설비(안전보건규칙 제273조)

1. 발열반응이 일어나는 반응장치
2. 증류 · 정류 · 증발 · 추출 등 분리를 하는 장치
3. 가열시켜 주는 물질의 온도가 가열되는 위험물질의 분해온도 또는 발화점보다 높은 상태에서 운전되는 설비
4. 반응폭주 등 이상 화학반응에 의하여 위험물질이 발생할 우려가 있는 설비
5. 온도가 섭씨 350도 이상이거나 게이지 압력이 980킬로파스칼 이상인 상태에서 운전되는 설비
6. 가열로 또는 가열기

87 정답 ④

분말 소화약제

종류	주성분	착색	적응화재
제1종 분말	탄산수소나트륨	백색	B, C
제2종 분말	탄산수소칼륨	담회색	B, C
제3종 분말	제1인산암모늄	담홍색, 황색	A, B, C
제4종 분말	탄산수소칼륨＋요소	회 · 백색	B, C

88 정답 ③

시안화수소 - 5kg, 수소 - 50㎥, 부탄 - 50㎥, 니트로글리콜 - 200kg(안전보건규칙 별표 9)

89 정답 ④

산화성 액체 또는 산화성 고체(안전보건규칙 별표 1)

1. 차아염소산 및 그 염류
2. 아염소산 및 그 염류
3. 염소산 및 그 염류
4. 과염소산 및 그 염류
5. 브롬산 및 그 염류
6. 요오드산 및 그 염류
7. 과산화수소 및 무기 과산화물
8. 질산 및 그 염류
9. 과망간산 및 그 염류
10. 중크롬산 및 그 염류
11. 그 밖에 1부터 10까지의 물질과 같은 정도의 산화성이 있는 물질
12. 1부터 11까지의 물질을 함유한 물질

90 정답 ②

화학설비의 부속설비(안전보건규칙 별표 7)
1. 배관·밸브·관·부속류 등 화학물질 이송 관련 설비
2. 온도·압력·유량 등을 지시·기록 등을 하는 자동제어 관련 설비
3. 안전밸브·안전판·긴급차단 또는 방출밸브 등 비상조치 관련 설비
4. 가스누출감지 및 경보 관련 설비
5. 세정기, 응축기, 벤트스택(bent stack), 플레어스택(flare stack) 등 폐가스처리설비
6. 사이클론, 백필터(bag filter), 전기집진기 등 분진처리설비
7. 1부터 6까지의 설비를 운전하기 위하여 부속된 전기 관련 설비
8. 정전기 제거장치, 긴급 샤워설비 등 안전 관련 설비

91 정답 ①

마그네슘은 폭연성 분진으로 분진폭발을 유발할 수 있는 물질이다.

92 정답 ③

잠함병 또는 잠수병은 깊은 수중에서 작업하고 있던 잠수부가 급히 해면으로 올라올 때, 즉 고기압 환경에서 급히 저기압 환경으로 옮길 때에 일어나는 상해로, 질소는 체내에서 잘 이동되기 어렵고(1분간에 1.5mL 폐에서 배출된다) 확산 속도도 낮지만, 지질성 조직에는 비교적 잘 확산되기(혈액의 약 6배) 때문에, 질소의 약리학적 작용 외에 기포에 의한 기계적 영향에 의해 마취 작용을 나타내고 또 정신·운동성 장해를 일으킨다.

93 정답 ②

사업주는 특수화학설비를 설치하는 경우에는 그 내부의 이상 상태를 조기에 파악하기 위하여 필요한 자동경보장치를 설치하여야 한다. 다만, 자동경보장치를 설치하는 것이 곤란한 경우에는 감시인을 두고 그 특수화학설비의 운전 중 설비를 감시하도록 하는 등의 조치를 하여야 한다(안전보건규칙 제274조).

94 정답 ①

① **목재** : 분해연소
② **나프탈렌** : 증발연소
③ **TNT** : 자기연소
④ **목탄** : 표면연소

95 정답 ④

금수성 물질에 대하여 적응성이 있는 소화기(위험물안전관리법 시행규칙 별표 17) : 탄산수소염류분말소화기, 건조사, 팽창질석 또는 팽창진주암

96 정답 ③

자연발화온도는 가연성 가스가 점화원 없이 스스로 연소할 수 있는 온도로 발화점 측정법에는 예열법, 펌프법, 단열압축법, 도입법 등이 있다.

97 정답 ④

분진폭발은 분진이 퇴적하고 퇴적된 분진이 비산하여 분산될 때 점화원에 의하여 폭발하고 이어 2차 폭발도 발생한다.

98 정답 ①

불활성기체 소화약제(소화약제의 형식승인 및 제품검사의 기술기준 제9조)
1. IG-541 소화약제의 구성물은 질소(52±4)vol%, 아르곤(40±4)vol%, 이산화탄소(8~9)vol%로 구성되어야 한다.
2. IG-01 소화약제의 구성물은 아르곤이 99.9vol% 이상이어야 한다.
3. IG-100 소화약제의 구성물은 질소가 99.9vol% 이상이어야 한다.
4. IG-55 소화약제의 구성물은 질소(50±5)vol%, 아르곤(50±5)vol%로 구성되어야 한다.

99 정답 ③

③ **인화칼슘** : 제3류 위험물로 물과 반응하여 유독성 가스인 포스핀과 수산화칼슘이 발생한다.
① **금속나트륨** : 은백색의 상온에서 유연한 고체이며 물과

PART 2 정답 및 해설

격렬하게 반응한다.

② **알루미늄 분발** : 은색의 고체로 물, 산, 알칼리와 접촉하면 수소가 발생해서 그 수소가 폭발하는 일이 있다.

④ **수소화리튬** : 온도가 낮은 공기와 빠르게 반응하여 수산화리튬, 산화리튬 혹은 탄산리튬을 발생시킨다.

100 정답 ①

에틸알코올 반응식

$C_2H_5OH + 3O_2 \rightarrow 2CO_2 + 3H_2O$

따라서 CO_2 2몰, H_2O 3몰

6과목 건설공사 안전 관리

101 정답 ①

공사종류 및 규모별 안전관리비 계상기준표(건설업 산업안전보건관리비 계상 및 사용기준 별표 1)

구분 / 공사종류	대상액 5억원 미만인 경우 적용비율(%)	대상액 5억원 이상 50억원 미만인 경우		대상액 50억원 이상인 경우 적용비율(%)	영 별표5에 따른 보건관리자 선임 대상 건설공사의 적용비율(%)
		적용 비율(%)	기초액		
일반건설공사(갑)	2.93%	1.86%	5,349,000원	1.97%	2.15%
일반건설공사(을)	3.09%	1.99%	5,499,000원	2.10%	2.29%
중 건 설 공 사	3.43%	2.35%	5,400,000원	2.44%	2.66%
철도 · 궤도신설공사	2.45%	1.57%	4,411,000원	1.66%	1.81%
특수 및 기타건설공사	1.85%	1.20%	3,250,000원	1.27%	1.38%

102 정답 ④

절토, 개착, 터널구간은 기반암의 심도 2m까지 확인하고 액상화 문제가 있는 경우에는 모래층 하단에 있는 단단한 지지층까지 조사한다.

103 정답 ②

취급·운반의 원칙

1. 직선운반을 할 것
2. 연속운반을 할 것
3. 운반작업을 집중화시킬 것
4. 생산을 최고로 하는 운반을 생각 할 것
5. 최대한 시간과 경비를 절약할 수 있는 운반방법을 고려할 것

104 정답 ③

구조안전의 위험이 큰 다음의 철골구조물은 건립 중 강풍에 의한 풍압 등 외압에 대한 내력이 설계에 고려되었는지 확인하여야 한다(철골공사표준안전작업지침 제3조 제7호).

1. 높이 20미터 이상의 구조물
2. 구조물의 폭과 높이의 비가 1:4 이상인 구조물
3. 단면구조에 현저한 차이가 있는 구조물
4. 연면적당 철골량이 50킬로그램/평방미터 이하인 구조물
5. 기둥이 타이플레이트(tie plate)형인 구조물
6. 이음부가 현장용접인 구조물

105 정답 ①

사업주는 300톤급 이상의 선박에서 하역작업을 하는 경우에 근로자들이 안전하게 오르내릴 수 있는 현문(舷門) 사다리를 설치하여야 하며, 이 사다리 밑에 안전망을 설치하여야 한다(안전보건규칙 제397조 제1항).

106 정답 ③

사업주는 순간풍속이 초당 10미터를 초과하는 경우 타워크레인의 설치·수리·점검 또는 해체 작업을 중지하여야 하며, 순간풍속이 초당 15미터를 초과하는 경우에는 타워크레인의 운전작업을 중지하여야 한다(안전보건규칙 제37조 제2항).

107 정답 ④

달비계 작업발판의 구조(안전보건규칙 제56조)

1. 발판재료는 작업할 때의 하중을 견딜 수 있도록 견고한 것으로 할 것
2. 작업발판의 폭은 40센티미터 이상으로 하고, 발판재료 간의 틈은 3센티미터 이하로 할 것. 다만, 외줄비계의 경우에는 고용노동부장관이 별도로 정하는 기준에 따른다.
3. 선박 및 보트 건조작업의 경우 선박블록 또는 엔진실 등의 좁은 작업공간에 작업발판을 설치하기 위하여 필요하면 작업발판의 폭을 30센티미터 이상으로 할 수 있고, 걸침비계의 경우 강관기둥 때문에 발판재료 간의 틈을 3센티미터 이하로 유지하기 곤란하면 5센티미터 이하로 할 수 있다. 이 경우 그 틈 사이로 물체 등이 떨어질 우려가 있는 곳에는 출입금지 등의 조치를 하여야 한다.

4. 추락의 위험이 있는 장소에는 안전난간을 설치할 것. 다만, 작업의 성질상 안전난간을 설치하는 것이 곤란한 경우, 작업의 필요상 임시로 안전난간을 해체할 때에 추락방호망을 설치하거나 근로자로 하여금 안전대를 사용하도록 하는 등 추락위험 방지 조치를 한 경우에는 그러하지 아니하다.
5. 작업발판의 지지물은 하중에 의하여 파괴될 우려가 없는 것을 사용할 것
6. 작업발판재료는 뒤집히거나 떨어지지 않도록 둘 이상의 지지물에 연결하거나 고정시킬 것
7. 작업발판을 작업에 따라 이동시킬 경우에는 위험 방지에 필요한 조치를 할 것

108 정답 ②

계상비용(건설업 산업안전보건관리비 계상 및 사용기준 제7조 제1항)

1. 안전관리자 등의 인건비 및 각종 업무 수당 등
2. 안전시설비 등
3. 개인보호구 및 안전장구 구입비 등
4. 사업장의 안전·보건진단비 등
5. 안전보건교육비 및 행사비 등
6. 근로자의 건강관리비 등
7. 본사 사용비

109 정답 ①

건설공사 유해·위험방지계획서 제출대상 공사(영 제42조 제3항)

1. 다음의 어느 하나에 해당하는 건축물 또는 시설 등의 건설·개조 또는 해체 공사
   ㉠ 지상높이가 31미터 이상인 건축물 또는 인공구조물
   ㉡ 연면적 3만제곱미터 이상인 건축물
   ㉢ 연면적 5천제곱미터 이상인 시설로서 해당하는 시설
2. 연면적 5천제곱미터 이상인 냉동·냉장 창고시설의 설비공사 및 단열공사
3. 최대 지간길이(다리의 기둥과 기둥의 중심사이의 거리)가 50미터 이상인 다리의 건설 등 공사
4. 터널의 건설 등 공사
5. 다목적댐, 발전용댐, 저수용량 2천만톤 이상의 용수 전용 댐 및 지방상수도 전용 댐의 건설 등 공사
6. 깊이 10미터 이상인 굴착공사

110 정답 ③

잠함 또는 우물통의 내부에서 굴착작업을 할 때의 준수사항(안전보건규칙 제377조 제1항)

1. 산소 결핍 우려가 있는 경우에는 산소의 농도를 측정하는 사람을 지명하여 측정하도록 할 것
2. 근로자가 안전하게 오르내리기 위한 설비를 설치할 것
3. 굴착 깊이가 20미터를 초과하는 경우에는 해당 작업장소와 외부와의 연락을 위한 통신설비 등을 설치할 것

111 정답 ②

교량의 설치·해체 또는 변경작업을 하는 경우에는 준수하여야 할 사항(안전보건규칙 제369조)

1. 작업을 하는 구역에는 관계 근로자가 아닌 사람의 출입을 금지할 것
2. 재료, 기구 또는 공구 등을 올리거나 내릴 경우에는 근로자로 하여금 달줄, 달포대 등을 사용하도록 할 것
3. 중량물 부재를 크레인 등으로 인양하는 경우에는 부재에 인양용 고리를 견고하게 설치하고, 인양용 로프는 부재에 두 군데 이상 결속하여 인양하여야 하며, 중량물이 안전하게 거치되기 전까지는 걸이로프를 해제시키지 아니할 것
4. 자재나 부재의 낙하·전도 또는 붕괴 등에 의하여 근로자에게 위험을 미칠 우려가 있을 경우에는 출입금지구역의 설정, 자재 또는 가설시설의 좌굴 또는 변형 방지를 위한 보강재 부착 등의 조치를 할 것

112 정답 ③

③ **보일링현상** : 모래지반을 굴착할 때 굴착 바닥면으로 뒷면의 모래가 솟아오르는 현상이다.
① **동상현상** : 영도 이하 저온이 계속될 때 지표면 가까이에서 흙속의 간극수가 동결하여 동결된 흙이 지반을 융기하는 현상이다.
② **연화현상** : 동결된 지반이 융해될 때 흙 속에 과잉의 수분이 존재하여 지반이 연약화되어 강도가 떨어지는 현상이다.
④ **히빙현상** : 흙막이나 흙파기를 할 때 흙막이벽 바깥쪽의 흙이 안으로 밀려 들어와 굴착 바닥면이 불룩하게 솟아오르는 현상이다.

113 정답 ①

하중계 : 하중 및 인장력을 측정하는 장비로서 공사 시 지반 상황을 예측하기 위하여 사용

114 정답 ③

가설통로를 설치하는 경우의 준수사항(안전보건규칙 제23조)

1. 견고한 구조로 할 것
2. 경사는 30도 이하로 할 것. 다만, 계단을 설치하거나 높이 2미터 미만의 가설통로로서 튼튼한 손잡이를 설치한 경우에는 그러하지 아니하다.
3. 경사가 15도를 초과하는 경우에는 미끄러지지 아니하는 구조로 할 것
4. 추락할 위험이 있는 장소에는 안전난간을 설치할 것. 다만, 작업상 부득이한 경우에는 필요한 부분만 임시로 해체할 수 있다.
5. 수직갱에 가설된 통로의 길이가 15미터 이상인 경우에는 10미터 이내마다 계단참을 설치할 것
6. 건설공사에 사용하는 높이 8미터 이상인 비계다리에는 7미터 이내마다 계단참을 설치할 것

115 정답 ①

가설통로를 설치하는 경우 준수하여야 할 기준(안전보건규칙 제23조)

1. 견고한 구조로 할 것
2. 경사는 30도 이하로 할 것. 다만, 계단을 설치하거나 높이 2미터 미만의 가설통로로서 튼튼한 손잡이를 설치한 경우에는 그러하지 아니하다.
3. 경사가 15도를 초과하는 경우에는 미끄러지지 아니하는 구조로 할 것
4. 추락할 위험이 있는 장소에는 안전난간을 설치할 것. 다만, 작업상 부득이한 경우에는 필요한 부분만 임시로 해체할 수 있다.
5. 수직갱에 가설된 통로의 길이가 15미터 이상인 경우에는 10미터 이내마다 계단참을 설치할 것
6. 건설공사에 사용하는 높이 8미터 이상인 비계다리에는 7미터 이내마다 계단참을 설치할 것

116 정답 ②

유해위험방지계획서를 제출한 사업주는 해당 건설물·기계·기구 및 설비의 시운전단계에서, 사업주는 건설공사 중 6개월 이내마다 다음의 사항에 관하여 공단의 확인을 받아야 한다(규칙 제46조 제1항).

1. 유해위험방지계획서의 내용과 실제공사 내용이 부합하는지 여부
2. 유해위험방지계획서 변경내용의 적정성
3. 추가적인 유해·위험요인의 존재 여부

117 정답 ③

공사진척에 따른 안전관리비 사용기준(건설업 산업안전보건관리비 계상 및 사용기준 별표 3)

공정율	50퍼센트 이상 70퍼센트 미만	70퍼센트 이상 90퍼센트 미만	90퍼센트 이상
사용기준	50퍼센트 이상	70퍼센트 이상	90퍼센트 이상

118 정답 ②

콘크리트 타설을 위한 거푸집 동바리의 최우선 구조 검토사항

제1단계 : 가설물에 작용하는 하중 및 외력의 종류, 크기를 산정한다.
제2단계 : 하중 및 외력에 의하여 각 부재에 생기는 응력을 구한다.
제3단계 : 각 부재에 생기는 응력에 대하여 안전한 단면을 산정한다.
제4단계 : 사용할 거푸집 동바리의 설치간격을 측정한다.

119 정답 ①

파일럿(pilot) 터널 : 본갱의 굴진에 앞서 본갱 단면 안이나 본갱 주변의 단면 밖에 굴착하는 작은 직경의 터널

120 정답 ④

④ Piezometer : 지하수면이나 정수압면의 표고값을 관측하기 위해 설치하는 계측기이다.
① Load Cell : 힘 또는 하중을 측정하기 위한 변환기이다.
② Inclinometer : 기준면의 경사를 측정하거나 측량하는 계기이다.
③ Extensometer : 지각의 미소한 신축을 측정하는 기계이다.

1과목 산업재해 예방 및 안전보건교육

01	③	02	①	03	②	04	④	05	③
06	②	07	①	08	④	09	②	10	③
11	④	12	③	13	②	14	①	15	②
16	③	17	③	18	③	19	④	20	②

2과목 인간공학 및 위험성 평가 · 관리

21	④	22	②	23	③	24	①	25	②
26	①	27	④	28	③	29	②	30	①
31	③	32	③	33	④	34	③	35	②
36	③	37	①	38	④	39	③	40	②

3과목 기계 · 기구 및 설비 안전 관리

41	②	42	④	43	②	44	①	45	①
46	③	47	②	48	①	49	②	50	①
51	③	52	②	53	④	54	②	55	①
56	③	57	②	58	④	59	②	60	①

4과목 전기설비 안전 관리

61	①	62	④	63	③	64	②	65	③
66	④	67	①	68	③	69	④	70	③
71	②	72	①	73	③	74	②	75	①
76	③	77	②	78	④	79	②	80	③

5과목 화학설비 안전 관리

81	②	82	①	83	③	84	④	85	②
86	①	87	②	88	①	89	④	90	②
91	③	92	①	93	③	94	②	95	①
96	④	97	①	98	④	99	②	100	①

6과목 건설공사 안전 관리

101	③	102	①	103	③	104	①	105	②
106	④	107	③	108	②	109	①	110	①
111	④	112	①	113	②	114	③	115	④
116	③	117	①	118	④	119	②	120	②

1과목 산업재해 예방 및 안전보건교육

01 정답 ③

재해조사는 동종재해를 두 번 다시 반복하지 않도록 재해의 원인이 되었던 불안전한 상태와 불안전한 행동을 발견하고, 이것을 다시 분석 검토해서 적정한 방지대책을 수립하는 것으로 잠재적인 재해 위험요인을 색출하여 미연에 방지하는 것이다.

02 정답 ①

안전점검보고서는 안전점검을 실시한 뒤 그 결과를 보고하기 위하여 작성하는 문서로 작성자의 소속 부서, 직책, 성명 등의 신상명세를 밝혀 적으나, 안전관리 스텝의 인적사항은 기재사항이 아니다.

03 정답 ②

사업주는 유해하거나 위험한 작업으로서 높은 기압에서 하는 작업 등 대통령령으로 정하는 작업에 종사하는 근로자에게는 1일 6시간, 1주 34시간을 초과하여 근로하게 해서는 아니 된다(법 제139조 제1항).

04 정답 ④

지방고용노동관서의 장은 다음의 어느 하나에 해당하는 사유가 발생한 경우에는 사업주에게 안전관리자·보건관리자 또는 안전보건관리담당자를 정수 이상으로 증원하게 하거나 교체하여 임명할 것을 명할 수 있다. 다만, 4에 해당하는 경우로서 직업성 질병자 발생 당시 사업장에서 해당 화학적 인자를 사용하지 않은 경우에는 그렇지 않다(규칙 제12조 제1항).

1. 해당 사업장의 연간재해율이 같은 업종의 평균재해율의 2배 이상인 경우
2. 중대재해가 연간 2건 이상 발생한 경우. 다만, 해당 사업장의 전년도 사망만인율이 같은 업종의 평균 사망만인율 이하인 경우는 제외한다.
3. 관리자가 질병이나 그 밖의 사유로 3개월 이상 직무를 수행할 수 없게 된 경우
4. 화학적 인자로 인한 직업성 질병자가 연간 3명 이상 발생한 경우. 이 경우 직업성 질병자의 발생일은 요양급여의 결정일로 한다.

05 정답 ③

안전보건표지의 색도기준 및 용도(규칙 별표 8)

색채	색도기준	용도	사용례
빨간색	7.5R 4/14	금지	정지신호, 소화설비 및 그 장소, 유해행위의 금지
		경고	화학물질 취급장소에서의 유해·위험 경고
노란색	5Y 8.5/12	경고	화학물질 취급장소에서의 유해·위험경고 이외의 위험경고, 주의표지 또는 기계방호물
파란색	2.5PB 4/10	지시	특정 행위의 지시 및 사실의 고지
녹색	2.5G 4/10	안내	비상구 및 피난소, 사람 또는 차량의 통행표지
흰색	N9.5		파란색 또는 녹색에 대한 보조색
검은색	N0.5		문자 및 빨간색 또는 노란색에 대한 보조색

06 정답 ②

사업주는 상시 사용하는 근로자 중 사무직에 종사하는 근로자(공장 또는 공사현장과 같은 구역에 있지 않은 사무실에서 서무·인사·경리·판매·설계 등의 사무업무에 종사하는 근로자를 말하며, 판매업무 등에 직접 종사하는 근로자는 제외한다)에 대해서는 2년에 1회 이상, 그 밖의 근로자에 대해서는 1년에 1회 이상 일반건강진단을 실시해야 한다(규칙 제197조 제1항).

07 정답 ①

착오요인 : 인지과정 착오, 판단과정 착오, 조치과정 착오

08 정답 ④

Line-Staff형은 1,000명 이상의 대규모 사업장에 적합하고 생산부서와 안전부서 모두에게 책임을 부여한다. 안전정보 수집이 용이하다.

09 정답 ②

방독마스크의 시험가스(보호구 안전인증고시 별표 5)

종류	시험가스
유기화합물용	시클로헥산(C_6H_{12})
	디메틸에테르(CH_3OCH_3)
	이소부탄(C_4H_{10})
할로겐용	염소가스 또는 증기(Cl_2)
황화수소용	황화수소가스(H_2S)
시안화수소용	시안화수소가스(HCN)
아황산용	아황산가스(SO_2)
암모니아용	암모니아가스(NH_3)

10 정답 ③

$$\text{도수율} = \frac{\text{재해발생건수}}{\text{연간총근로시간수}} \times 1,000,000$$

$$\text{재해발생건수} = \frac{\text{도수율} \times \text{연간총근로시간수}}{1,000,000}$$

$$= \frac{10 \times 1,000 \times 8 \times 300}{1,000,000} = 24(\text{건})$$

11 정답 ④

방사선 업무에 관계되는 작업을 할 때 교육내용(규칙 별표 5)

1. 방사선의 유해·위험 및 인체에 미치는 영향
2. 방사선의 측정기기 기능의 점검에 관한 사항
3. 방호거리·방호벽 및 방사선물질의 취급 요령에 관한 사항
4. 응급처치 및 보호구 착용에 관한 사항
5. 그 밖에 안전·보건관리에 필요한 사항

12 정답 ③

하인리히 방식의 재해코스트

1. **직접비** : 요양보상비, 휴업보상비, 장해보상비, 상병보상연금 유족보상비, 장제비
2. **간접비** : 병상 위문금, 여비 및 통신비, 입원 중 잡비

13 정답 ②

도수율$=\frac{\text{연천인율}}{2.4}=\frac{45}{2.4}=18.75$

14 정답 ①

안전모의 시험성능기준 항목(보호구 안전인증고시 별표 1)

항목	시험성능기준
내관통성	AE, ABE종 안전모는 관통거리가 9.5㎜ 이하이고, AB종 안전모는 관통거리가 11.1㎜ 이하이어야 한다.
충격흡수성	최고전달충격력이 4,450N을 초과해서는 안되며, 모체와 착장체의 기능이 상실되지 않아야 한다.
내전압성	AE, ABE종 안전모는 교류 20㎸에서 1분간 절연파괴 없이 견뎌야 하고, 이때 누설되는 충전전류는 10㎃ 이하이어야 한다.
내수성	AE, ABE종 안전모는 질량증가율이 1% 미만이어야 한다.
난연성	모체가 불꽃을 내며 5초 이상 연소되지 않아야 한다.
턱끈풀림	150N 이상 250N 이하에서 턱끈이 풀려야 한다.

15 정답 ②

작업내용 변경시 교육시간(규칙 별표 4)

작업내용 변경 시 교육	일용근로자 및 근로계약기간이 1주일 이하인 기간제근로자	1시간 이상
	그 밖의 근로자	2시간 이상

16 정답 ③

위험예지훈련의 문제해결 4라운드

1단계 : 현상파악
2단계 : 본질추구
3단계 : 대책수립
4단계 : 목표설정

17 정답 ③

하인리히 방식의 재해코스트

1. **직접비** : 요양보상비, 휴업보상비, 장해보상비, 상병보상연금 유족보상비, 장제비
2. **간접비** : 병상 위문금, 여비 및 통신비, 입원 중 잡비

18 정답 ③

사용자위원(영 제64조 제1항 제2호)

1. 도급 또는 하도급 사업을 포함한 전체 사업의 대표자
2. 안전관리자 1명
3. 보건관리자 1명(보건관리자 선임대상 건설업으로 한정한다)
4. 공사금액이 20억원 이상인 공사의 관계수급인의 각 대표자

19 정답 ④

맥그리거(McGregor)의 XY이론

1. **X이론** : 인간이 본래 게으르고 일을 싫어하며, 야망과 책임감이 없고, 변화를 싫어하며, 본래 자기 중심적이고, 금전적 보상이나 제재 등 외재적 유인에 반응한다고 가정한다.
2. **Y이론** : 인간이 본성적으로 일을 즐기고 책임 있는 일을 맡기를 원하며, 문제 해결에 창의력을 발휘하고, 자율적 규제를 할 수 있으며, 자아실현 욕구 등 고급 욕구의 충족에 의해 동기가 유발된다고 가정한다.

20 정답 ②

OJT(On The Job of training) 교육은 현장감독자 등 직속 상사가 작업현장에서 작업을 통해 개별지도·교육하는 것으로 동시에 다수의 근로자에게 조직적 훈련은 불가능하고 Off-JT 교육에서 가능하다.

2과목 인간공학 및 위험성 평가 · 관리

21 정답 ④

④ **공간양립성** : 표시장치나 조종장치에서 물리적 형태 및 공간적 배치
① **개념양립성** : 이미 사람들이 학습을 통해 알고 있는 개념적 연상
② **운동양립성** : 표시장치의 움직이는 방향과 조종장치의 방향이 사용자의 기대와 일치

22 정답 ②

인간공학 연구조사에 사용되는 기준의 구비조건 : 무오염성, 적절성, 기준 척도의 신뢰성, 민감성

23 정답 ③

에너지 대사율(RMR)과 작업강도

RMR	작업강도	사례
0~2	경(輕) 작업	주로 앉아서 하는 작업
2~4	중(中) 작업	동작 · 속도가 낮은 작업
4~7	중(重) 작업	동작 · 속도가 높은 작업
7 이상	초중(超重) 작업	과격 작업

24 정답 ①

동작경제의 원칙
1. 발 또는 손(오른손잡이 일 때)으로 할 수 있는 것은 오른손을 사용한다.
2. 가급적 양손이 동시에 작업을 개시하고, 동시에 끝내도록 한다.
3. 양손이 동시에 쉬지 않도록 한다.
4. 가급적 적은 운동으로 끝낸다.
5. 재료 · 공구들은 되도록 손이 닿기 쉬운 곳에 둔다.
6. 서블리그의 수를 적게 한다.
7. 대상물을 장시간 의지할 때는 보조구를 사용한다.
8. 동작이 자연스런 리듬으로 할 수 있도록 한다.
9. 양손은 동시에 반대 방향으로, 좌우 대상적으로 운동하도록 한다.
10. 작업점의 높이를 적당하게 해서 피로를 적게 한다.

25 정답 ②

경계 및 경보신호의 설계지침
1. 귀는 중역음에 민감하므로 500~3000Hz의 진동수 사용
2. 300m 이상 장거리용 신호는 1000Hz 이하의 진동수 사용
3. 장애물 및 칸막이 통과시는 500Hz 이하의 진동수 사용
4. 주의를 끌기 위해서는 변조된 신호 사용
5. 배경소음의 진동수와 구별되는 신호 사용

26 정답 ①

FMEA(Failure Mode and Effect Analysis)는 제품 및 공정에서 발생할 수 있는 잠재적인 고장모드와 그 영향을 도표, 목록으로 확인할 수 있도록 체계적인 접근을 통하여 개선의 우선순위를 결정하는 품질관리 도구이다.

27 정답 ④

기계설비 주위에 재료나 반제품을 놓아두게 되면 기계설비 주위에 공간이 충분하지 않아 작업이 정체될 수 있다.

작업장 배치 시 유의사항
1. 작업의 흐름에 따라 기계배치
2. 비상시 대피통로 마련
3. 작업장과 통로의 명확한 구분
4. 재료나 제품의 이동이 원활하면서 최단거리

28 정답 ③

정보처리 과정에서 부적절한 분석이나 의사결정의 오류에 의하여 발생하는 행동은 라스무센의 3가지 휴먼에러 유형 중 지식에 기초한 행동(knowledge-based behavior)에 해당한다.

라스무센의 3가지 휴먼에러
1. **규칙에 기초한 행동(rule-based behavior)** : 규칙을 알지 못해서 발생하는 착오
2. **지식에 기초한 행동(knowledge-based behavior)** : 무지로 발생하는 착오
3. **기능(숙련)에 기초한 행동(skill-based behavior)** : 숙련되지 못하여 발생하는 착오

29 정답 ②

소음 노출 허용수준

음압수준	90dB	95dB	100dB	105dB	110dB
허용시간	8	4	2	1	0.5

부분 노출분량$=\dfrac{\text{실제노출시간}}{\text{최대허용시간}}=\dfrac{1}{2}+\dfrac{1}{4}+\dfrac{1}{8}=0.875$

1미만이므로 소음노출기준의 초과 여부는 적합하다.

30 정답 ①

① **실수(Slip)** : 의도는 올바르나 실행을 잘못한 경우
② **착오(Mistake)** : 상황해석이나 의도를 잘못 판단한 경우
③ **건망증(Lapse)** : 깜빡 잊어버린 경우
④ **위반(Violation)** : 알고 있음에도 의도적으로 따르지 않거나 무시한 경우

31 정답 ③

음량수준을 평가하는 척도 : dB, phon, sone
1. dB : 소리의 크기를 수치로 표시
2. phon : 1000Hz의 순음(정현파)의 음압 레벨값
3. sone : 1000Hz 40dB의 크기

32 정답 ③

사업주가 유해위험방지계획서를 제출할 때에는 사업장별로 제조업 등 유해위험방지계획서에 다음의 서류를 첨부하여 해당 작업 시작 15일 전까지 공단에 2부를 제출해야 한다. 이 경우 유해위험방지계획서의 작성기준, 작성자, 심사기준, 그 밖에 심사에 필요한 사항은 고용노동부장관이 정하여 고시한다(규칙 제42조 제1항).
1. 건축물 각 층의 평면도
2. 기계·설비의 개요를 나타내는 서류
3. 기계·설비의 배치도면
4. 원재료 및 제품의 취급, 제조 등의 작업방법의 개요
5. 그 밖에 고용노동부장관이 정하는 도면 및 서류

33 정답 ④

인간공학은 인간의 신체의 운동특성을 살리는 것이 목표이며 인간과 기계와의 조화·합리성을 발견해 가는 학문이다.

34 정답 ③

공정안전관리(process safety management: PSM)의 적용대상 사업장(영 제43조 제1항)
1. 원유 정제처리업
2. 기타 석유정제물 재처리업
3. 석유화학계 기초화학물질 제조업 또는 합성수지 및 기타 플라스틱물질 제조업. 다만, 합성수지 및 기타 플라스틱물질 제조업은 별표 13 제1호 또는 제2호에 해당하는 경우로 한정한다.
4. 질소 화합물, 질소·인산 및 칼리질 화학비료 제조업 중 질소질 비료 제조
5. 복합비료 및 기타 화학비료 제조업 중 복합비료 제조(단순혼합 또는 배합에 의한 경우는 제외한다)
6. 화학 살균·살충제 및 농업용 약제 제조업[농약 원제(原劑) 제조만 해당한다]
7. 화약 및 불꽃제품 제조업

35 정답 ②

② **실효온도** : 온도, 습도, 공기 유동이 인체에 미치는 열 효과를 하나의 수치로 통합한 경험적 감각지수로 상대습도 100%일 때의 온도에서 느끼는 것과 동일한 온감
① **Oxford 지수** : 습구 온도(Twb)와 건구 온도(Tdb)의 단순 가중치
④ **열압박지수** : 열 평형을 유지하기 위해서 증발해야 하는 발한량으로 열 부하를 나타내는 것

36 정답 ③

청각적 표시장치와 시각적 표시장치

청각적 표시장치	시각적 표시장치
1. 메시지가 짧고 단순 2. 메시지가 재참조되지 않음 3. 메시지가 시간적 사건을 다루는 경우 4. 수신자가 자주 움직이는 경우 5. 즉각적인 행동이 필요한 경우 6. 시각계통이 과부하일 경우 7. 수신장소가 너무 밝거나 암조응유지가 필요한 경우	1. 메시지가 길고 복잡 2. 즉각적인 행동이 불필요한 경우 3. 작업자의 이동이 적은 경우 4. 메시지가 공간적 위치를 다룰 경우 5. 소음이 과도한 경우 6. 수신장소가 너무 시끄러울 경우 7. 메시지를 나중에 참고할 필요가 있는 경우

37 정답 ①

인간공학 연구조사에 사용되는 기준의 구비조건 : 신뢰성, 무오염성, 민감성, 적절성

38 정답 ④

조종장치를 촉각적으로 식별하기 위하여 사용되는 촉각적 코드화의 방법
1. 크기를 이용한 코드화
2. 조종장치의 형상 코드화
3. 표면 촉감을 이용한 코드화

39 정답 ③

$$\text{시각(분)} = \frac{57.3 \times 60 \times L}{D} = \frac{57.3 \times 60 \times 0.03}{23} = 4.48$$

$$\text{시력} = \frac{1}{\text{시각}}$$

40 정답 ②

HAZOP 용어 정리
1. NOT : 설계의도에 부적합
2. LESS : 정량적 감소
3. MORE : 정량적 증가
4. PART OF : 정성적 감소
5. AS WELL AS : 정성적 증가
6. REVERSE : 설계의도와 반대현상
7. OTHER THAN : 완전대체

3과목 기계 · 기구 및 설비 안전 관리

41 정답 ②

$$\text{안전율} = \frac{\text{극한강도}}{\text{허용응력}}$$

$$\text{극한강도} = \frac{\text{극한하중}}{\text{단면적}} = \frac{4,000}{2} = 2,000\text{N/mm}^2$$

$$\text{안전율} = \frac{2,000}{1,000} = 2$$

42 정답 ④

④ **초음파탐상 검사** : 초음파를 시험체 중에 전하였을 때에 시험체가 나타내는 음향적 성질을 이용하여 시험체의 내부 상처나 재질 등을 조사하는 비파괴 검사
① **침투탐상 검사** : 침투성이 강한 착색된 액체 또는 형광을 발하는 액체를 시험체 표면에 도포하여 결함 유무를 조사하는 비파괴 검사
② **방사선투과 검사** : 방사선을 시험체에 조사하여 얻은 투과사진 상의 불연속을 관찰하여 규격 등에 의한 기준에 따라 합격 여부를 판정하는 방법
③ **자분탐상 검사** : 강재나 용접부에 자력선을 통과시키면 표면 및 내부 결함부에 생긴 자극에 자분이 부착되는 것을 이용하여 결함을 검출하는 비파괴 시험방법

43 정답 ②

롤러기 급정지장치란 롤러기의 전면에서 작업하고 있는 근로자의 신체 일부가 롤러 사이에 말려들어 가거나 말려들어 갈 우려가 있는 경우에 근로자가 손, 무릎, 복부 등으로 급정지 조작부를 동작시킴으로써 브레이크가 작동하여 급정지하게 하는 방호장치를 말한다(방호장치 자율안전인증 고시 제6조 제2호).

44 정답 ①

프레스 작업시작 전 점검해야 할 사항(안전보건규칙 별표 3)
1. 클러치 및 브레이크의 기능
2. 크랭크축 · 플라이휠 · 슬라이드 · 연결봉 및 연결 나사의 풀림 여부
3. 1행정 1정지기구 · 급정지장치 및 비상정지장치의 기능
4. 슬라이드 또는 칼날에 의한 위험방지 기구의 기능
5. 프레스의 금형 및 고정볼트 상태
6. 방호장치의 기능
7. 전단기의 칼날 및 테이블의 상태

45 정답 ①

$$\text{안전율} = \frac{\text{인장강도}}{\text{허용응력}}$$

$$\text{허용응력} = \frac{\text{인장강도}}{\text{안전율}} = \frac{350}{4} = 87.5(\text{N/mm}^2)$$

46 정답 ③

③ Fool proof 설계원칙은 인적 요인에 의한 에러에도 2~3중으로 통제하는 것을 말한다.
① Back up : 중요 정보를 임시 보관하고 복구한다.
② **다중계화** : 동일한 것 또는 동종 기능의 것을 다중으로 설비하고 바꾸거나 선택이거나 또는 병렬적으로 사용하는 기법이다.
④ Fail Safe : 체계의 일부에 고장이나 잘못된 조작이 있어도 안전장치가 반드시 작동하여 사고를 방지하도록 되어 있는 기구이다.

47 정답 ②

② **접근거부형 방호장치(위험기계·기구방호장치기준 제3조)** : 작업자의 신체부위가 위험한계 내로 접근하였을 때 기계적인 작용에 의하여 접근을 못하도록 저지하는 방호장치
① **위치제한형 방호장치** : 작업자의 신체부위가 위험한계 밖에 있도록 기계의 조작장치를 위험한 작업점에서 안전거리 이상 떨어지게 하거나 조작장치를 양손으로 동시 조작하게 함으로써 위험한계에 접근하는 것을 제한하는 방호장치
③ **접근반응형 방호장치** : 작업자의 신체부위가 위험한계로 들어오게 되면 이를 감지하여 작동 중인 기계를 즉시 정지시키거나 스위치가 꺼지도록 하는 방호장치
④ **감지형 방호장치** : 이상온도, 이상기압, 과부하 등 기계의 부하가 안전한계치를 초과하는 경우에 이를 감지하고 자동으로 안전상태가 되도록 조정하거나 기계의 작동을 중지시키는 방호장치

48 정답 ①

금형 설치·해체작업의 일반적인 안전사항(프레스 금형작업의 안전에 관한 기술지침)

1. 금형의 설치용구는 프레스의 구조에 적합한 형태로 한다.
2. 금형을 설치하는 프레스의 T홈 안길이는 설치 볼트 직경의 2배 이상으로 한다.
3. 고정볼트는 고정 후 가능하면 나사산이 3~4개 정도 짧게 남겨 슬라이드 면과의 사이에 협착이 발생하지 않도록 해야 한다.
4. 금형 고정용 브래킷(물림판)을 고정시킬 때 고정용 브래킷은 수평이 되게 하고 고정볼트는 수직이 되게 고정하여야 한다.
5. 부적합한 프레스에 금형을 설치하는 것을 방지하기 위하여 금형에 부품번호, 상형중량, 총중량, 다이하이트, 제품소재(재질) 등을 기록하여야 한다.

49 정답 ②

② **초음파탐상검사** : 초음파를 시험체 중에 전하였을 때에 시험체가 나타내는 음향적 성질을 이용하여 시험체의 내부 상처나 재질 등을 조사하는 비파괴 검사
③ **육안검사** : 육안의 관찰에 의하여 좋고 나쁨을 판별하는 검사
④ **액체침투탐상검사** : 침투성이 강한 착색된 액체 또는 형광을 발하는 액체를 시험체 표면에 도포하여 결함 유무를 조사하는 비파괴검사

50 정답 ①

$$\text{안전율} = \frac{\text{인장강도}}{\text{허용응력}}$$

$$\text{허용응력} = \frac{\text{인장강도}}{\text{안전율}} = \frac{250}{4} = 62.5(\mathrm{N/mm^2})$$

51 정답 ③

사업주는 연삭숫돌을 사용하는 작업의 경우 작업을 시작하기 전에는 1분 이상, 연삭숫돌을 교체한 후에는 3분 이상 시험운전을 하고 해당 기계에 이상이 있는지를 확인하여야 한다(안전보건규칙 제122조 제2항).

52 정답 ②

② **인장시험** : 재료에 인장력을 가해 기계적 성질을 조사하는 재료시험으로 항복점, 내력, 인장강도, 비례한도를 알 수 있다.
① **비파괴시험** : 재료를 부수지 않고 그 조직의 상태를 검사하는 방법
③ **충격시험** : 점성강도·메짐성을 알기 위한 시험
④ **피로시험** : 재료의 피로에 대한 저항력을 시험하는 것

53 정답 ④

비파괴시험의 종류 : 육안검사, 누설검사, 침투검사, 음향검사, 초음파검사, 와류 탐상검사, 방사선투과검사
④ 샤르피 충격시험은 파괴검사이다.

54 정답 ②

드릴작업, 밀링작업, 선반작업을 할 경우 장갑을 착용하면 손이 말려들어갈 우려가 있어 장갑을 착용하지 않아야 한다.

55 정답 ①

플랜지의 지름은 숫돌 직경의 1/3 이상인 것이 적당하므로 $\frac{180}{3}=60\text{mm}$이다.

56 정답 ③

둥근톱에는 분할날을 견고히 고정할 수 있으며 분할날과 톱날 원주면과의 거리는 12밀리미터 이내로 조정, 유지할 수 있어야 하고 표준 테이블면(승강반에 있어서도 테이블을 최하로 내린 때의 면) 상의 톱 뒷날의 2/3 이상을 덮도록 할 것(방호장치 자율안전기준 고시 별표 5)

57 정답 ②

수인식 방호장치의 일반구조(방호장치 안전인증고시 별표 1)

1. 손목밴드(wrist band)의 재료는 유연한 내유성 피혁 또는 이와 동등한 재료를 사용해야 한다.
2. 손목밴드는 착용감이 좋으며 쉽게 착용할 수 있는 구조이어야 한다.
3. 수인끈의 재료는 합성섬유로 직경이 4㎜ 이상이어야 한다.
4. 수인끈은 작업자와 작업공정에 따라 그 길이를 조정할 수 있어야 한다.
5. 수인끈의 안내통은 끈의 마모와 손상을 방지할 수 있는 조치를 해야 한다.
6. 각종 레버는 경량이면서 충분한 강도를 가져야 한다.
7. 수인량의 시험은 수인량이 링크에 의해서 조정될 수 있도록 되어야 하며 금형으로부터 위험한계 밖으로 당길 수 있는 구조이어야 한다.

58 정답 ④

밀링작업 시 안전수칙

1. 사용 전 반드시 기계 및 공구를 점검하고 시운전 할 것
2. 가공할 재료를 바이스에 견고히 고정시킬 것
3. 커터의 제거 및 설치시에는 반드시 스위치를 차단하고 할 것
4. 테이블 위에는 측정기구나 공구를 놓지 말 것
5. 칩을 제거할 때는 기계를 정지시키고 브러시로 할 것
6. 가공 중에 얼굴을 기계에 가까이 하지 말 것
7. 가공 중 가공면을 손으로 점검하지 말 것
8. 황동등 철가루나 칩이 발생되는 작업에는 반드시 보안경을 착용할 것
9. 장갑을 끼고 작업하지 말 것

59 정답 ②

롤러기 급정지장치의 정지거리(안전검사 고시 별표 8)

앞면 롤러의 표면속도(m/min)	급정지 거리
30 미만	앞면 롤러 원주의 1/3
30 이상	앞면 롤러 원주의 1/2.5

급정지거리$=\pi\times D\times\frac{1}{3}=\pi\times300\times\frac{1}{3}\fallingdotseq314$

60 정답 ①

급정지장치 조작부의 종류 및 위치(안전점검 고시 별표 8)

급정지장치 조작부의 종류	위치	비고
손으로 조작하는 것	밑면으로부터 1.8m 이내	위치는 급정지장치 조작부의 중심점을 기준으로 함
복부로 조작하는 것	밑면으로부터 0.8m 이상 1.1m 이내	
무릎으로 조작하는 것	밑면으로부터 0.4m 이상 0.6m 이내	

4과목 전기설비 안전 관리

61 정답 ①

고압 및 특고압의 전로에 시설하는 피뢰기 접지저항 값은 10Ω 이하로 하여야 한다. 다만, 고압가공전선로에 시설하는 피뢰기를 접지공사를 한 변압기에 근접하여 시설하는 경우로서 고압가공전선로에 시설하는 피뢰기의 접지도체가 그 접지공사 전용의 것인 경우에 그 접지공사의 접지저항 값이 30Ω 이하인 때에는 그 피뢰기의 접지저항 값이 10Ω 이하가 아니어도 된다(전기설비규정 341.14).

62 정답 ④

허용접촉전압=(인체저항+$\frac{3}{2}$×지표면저항률)×심실세동전류

$$=\left(1{,}000+\frac{3}{2}\times150\right)\times\frac{0.165}{\sqrt{1}}\doteq202(V)$$

63 정답 ③

방폭구조와 기호

종류	기호	종류	기호	종류	기호
내압방폭 구조	d	유입방폭 구조	o	압력방폭 구조	p
안전증방폭 구조	e	비점화방폭 구조	n	본질안전방폭 구조	$I(a, b)$
방진방폭 구조	tD	특수방폭 구조	s	충전방폭 구조	q

64 정답 ②

절연이 불량인 경우 절연효과가 있는 방호망이나 절연덮개를 설치하여야 한다.

65 정답 ③

충전선로에 대한 접근 한계거리(안전보건규칙 제320조 제1항)

충전전로의 선간전압 (단위 : 킬로볼트)	충전선로에 대한 접근 한계거리(단위 : cm)
0.3 이하	접촉금지
0.3 초과 0.75 이하	30
0.75 초과 2 이하	45
2 초과 15 이하	60
15 초과 37 이하	90
37 초과 88 이하	110
88 초과 121 이하	130
121 초과 145 이하	150
145 초과 169 이하	170
169 초과 242 이하	230
242 초과 362 이하	480
362 초과 550 이하	550
550 초과 800 이하	790

66 정답 ④

유전체는 전계를 인가하면 분극이 생겨 분극 전하가 발생하며, 인가 전계를 제거하여도 모든 분극 전하가 소멸되지 않고 얼마간 남는데 이 잔류전하는 방전조치를 하여야 한다. 따라서 코일에서 전기가 방출되면 잔류 전하가 남아 있을 가능성이 거의 없다.

67 정답 ①

① 차단기(CB)는 정상적인 부하전류를 개폐하거나 기기나 계통에서 발생한 고장전류를 차단하여 고장개소를 제거할 목적으로 사용한다.
② **유입 개폐기(OS)** : 보통 상태에서 부하전류를 수동으로 개폐하는 기기이다.
③ **단로기(DS)** : 전선로나 전기기기의 수리, 점검을 하는 경우 차단기로 차단한 무부하 상태의 전로를 개방하기 위하여 사용하는 개폐기이다.
④ **선로 개폐기(LS)** : 보안상 책임 분계점에서 보수 점검시 전로를 개폐하기 위하여 시설하는 것이다.

68 정답 ③

옴의 법칙 : 전류의 세기는 두 점 사이의 전위차에 비례하고, 전기저항에 반비례한다.
전류의 열작용 : 전류가 흘러 열이 발생하는 것으로 전류의 세기와 시간이 어느 정도 경과되면 열이 발생한다. 전압, 전류, 시간에 비례한다.

69 정답 ④

감전사고의 방지 대책

1. 전기기기 및 배선 등의 모든 충전부는 노출시키지 않는다.
2. 전기기기 사용시에는 접지시켜야 한다.
3. 누전차단기를 시설한다.
4. 전기기기의 스위치 조작은 함부로 하지 않도록 한다.
5. 젖은 손으로 전기기기를 만지지 않는다.
6. 안전기(개폐기)에는 반드시 정격퓨즈를 사용한다.
7. 전기 위험부의 위험 표시를 한다.
8. 충전부가 노출된 부분에 절연방호구를 사용한다.
9. 충전부에 접근하여 작업하는 작업자 보호구를 착용한다.

70 정답 ③

$$W=I^2RT=\left(\frac{165}{\sqrt{T}}\times10^{-3}\right)^2\times5000T$$
$$=(165^2\times10^{-6})\times5000\fallingdotseq136(J)$$

71 정답 ②

불꽃(spark)방전은 표면전하밀도가 아주 높게 축적되어 분극화된 절연판 표면 또는 도체가 대전되었을 때 접지된 도체 사이에서 발생하는 강한 발광과 파괴음을 수반하는 방전으로 불꽃(spark)방전시 공기 중의 오존(O_3)이 생성되어 인화성 물질에 인화되거나 분진폭발을 일으킬 수 있다.

72 정답 ①

교류형 피뢰기의 구성요소
1. **직렬캡** : 뇌전류를 대지로 방전시키고 속류를 차단
2. **특성요소** : 뇌전류 방전시 피뢰기의 전위상승을 억제하여 절연 파괴를 방지함

73 정답 ③

일반 작업장에 전기위험 방지 조치에 관한 규정은 대지전압이 30볼트 이하인 전기기계·기구·배선 또는 이동전선에 대해서는 적용하지 아니한다(안전보건규칙 제324조).

74 정답 ②

전동기 외함의 접지는 인체를 통하는 회로와 병렬관계이고, 병렬회로에서 전류의 크기는 저항에 반비례한다.
$1A=1{,}000mA$이므로 전류는 $0.5A-0.01A=0.49A$
전압 $V=I\times R=0.01\times500=5V$
저항 $R=\dfrac{V}{I}=\dfrac{5}{0.49}\fallingdotseq10(\Omega)$

75 정답 ①

전선 전류밀도(A/㎟)
1. **인화단계** : 40~43
2. **착화단계** : 43~60
3. **발화단계** : 60~120
4. **순간용단** : 120 이상

76 정답 ③

피뢰기가 갖추어야 할 특성
1. 제한전압이 낮을 것
2. 방전내량이 클 것
3. 속류를 차단하는 능력이 있을 것
4. 충격방전 개시전압이 낮을 것
5. 상용주파방전 개시전압이 높을 것

77 정답 ②

절연물의 최고 허용온도

절연종별	최고허용온도(℃)
Y종	90
A종	105
E종	120
B종	130
F종	155
H종	180
C종	180 초과

78 정답 ④

사업주는 다음의 설비를 사용할 때에 정전기에 의한 화재 또는 폭발 등의 위험이 발생할 우려가 있는 경우에는 해당 설비에 대하여 확실한 방법으로 접지를 하거나, 도전성 재료를 사용하거나 가습 및 점화원이 될 우려가 없는 제전장치를 사용하는 등 정전기의 발생을 억제하거나 제거하기 위하여 필요한 조치를 하여야 한다(안전보건규칙 제325조 제1항).
1. 위험물을 탱크로리·탱크차 및 드럼 등에 주입하는 설비
2. 탱크로리·탱크차 및 드럼 등 위험물저장설비
3. 인화성 액체를 함유하는 도료 및 접착제 등을 제조·저장·취급 또는 도포(塗布)하는 설비
4. 위험물 건조설비 또는 그 부속설비
5. 인화성 고체를 저장하거나 취급하는 설비
6. 드라이클리닝설비, 염색가공설비 또는 모피류 등을 씻는 설비 등 인화성유기용제를 사용하는 설비
7. 유압, 압축공기 또는 고전위정전기 등을 이용하여 인화성 액체나 인화성 고체를 분무하거나 이송하는 설비
8. 고압가스를 이송하거나 저장·취급하는 설비
9. 화약류 제조설비
10. 발파공에 장전된 화약류를 점화시키는 경우에 사용하는

발파기(발파공을 막는 재료로 물을 사용하거나 갱도발파를 하는 경우는 제외한다)

79 정답 ②

정전에너지(J)

$$W=\frac{1}{2}CV^2=\frac{1}{2}QV=\frac{1}{2}\times\frac{Q^2}{C}$$

$$W=\frac{1}{2}CV^2=\frac{1}{2}\times(20\times10^{-6})\times(2\times10^3)^2=40J$$

80 정답 ③

누전에 의한 감전의 위험을 방지하기 위하여 접지를 하여야 하는 대상(안전보건규칙 제302조 제1항)

1. 전기 기계·기구의 금속제 외함, 금속제 외피 및 철대
2. 고정 설치되거나 고정배선에 접속된 전기기계·기구의 노출된 비충전 금속체 중 충전될 우려가 있는 다음의 어느 하나에 해당하는 비충전 금속체
   - ㉠ 지면이나 접지된 금속체로부터 수직거리 2.4미터, 수평거리 1.5미터 이내인 것
   - ㉡ 물기 또는 습기가 있는 장소에 설치되어 있는 것
   - ㉢ 금속으로 되어 있는 기기접지용 전선의 피복·외장 또는 배선관 등
   - ㉣ 사용전압이 대지전압 150볼트를 넘는 것
3. 전기를 사용하지 아니하는 설비 중 다음의 어느 하나에 해당하는 금속체
   - ㉠ 전동식 양중기의 프레임과 궤도
   - ㉡ 전선이 붙어 있는 비전동식 양중기의 프레임
   - ㉢ 고압(1.5천볼트 초과 7천볼트 이하의 직류전압 또는 1천볼트 초과 7천볼트 이하의 교류전압을 말한다. 이하 같다) 이상의 전기를 사용하는 전기 기계·기구 주변의 금속제 칸막이·망 및 이와 유사한 장치
4. 코드와 플러그를 접속하여 사용하는 전기 기계·기구 중 다음의 어느 하나에 해당하는 노출된 비충전 금속체
   - ㉠ 사용전압이 대지전압 150볼트를 넘는 것
   - ㉡ 냉장고·세탁기·컴퓨터 및 주변기기 등과 같은 고정형 전기기계·기구
   - ㉢ 고정형·이동형 또는 휴대형 전동기계·기구
   - ㉣ 물 또는 도전성이 높은 곳에서 사용하는 전기기계·기구, 비접지형 콘센트
   - ㉤ 휴대형 손전등
5. 수중펌프를 금속제 물탱크 등의 내부에 설치하여 사용하는 경우 그 탱크(이 경우 탱크를 수중펌프의 접지선과 접속하여야 한다)

5과목 화학설비 안전 관리

81 정답 ②

금수성 물질은 물을 피해야 한다. 금수성 물질에는 칼륨, 나트륨, 칼슘, 리튬, 알킬리튬, 마그네슘, 금속분, 알킬알루미늄, 탄화칼슘 등이 있다.

$$2K+2H_2O \rightarrow 2KOH+H$$

82 정답 ①

① **이황화탄소** : −30℃
② **아세톤** : −18℃
③ **크실렌** : 17.2~32℃
④ **경유** : 50℃

83 정답 ③

아세톤은 향기가 있는 무색의 액체로 물에 잘 녹으며, 유기용매로서 다른 유기물질과도 잘 섞인다.

84 정답 ④

위험도 $H=\dfrac{UFL-LFL}{LFL}$

(UFL : 연소상한값, LFL : 연소하한값)

$$H=\frac{74-12.5}{12.5}=4.92$$

85 정답 ②

연소범위

구분	연소범위(%)	구분	연소범위(%)	구분	연소범위(%)
디에틸에테르	1.9~48	프로판	2.1~9.5	벤젠	1.4~7.8
아세트알데히드	4.1~57	부탄	1.8~8.4	아세톤	2.5~12.8
산화프로필렌	2.1~38.5	프로필렌	2.4~11	피리딘	1.8~12.4
이황화탄소	1~50	에틸렌	2.5~36	황화수소	4.3~45.4

구분	연소범위(%)	구분	연소범위(%)	구분	연소범위(%)
수소	4~7.5	메틸 알코올	7.3~36	염화비닐	4~22
아세틸렌	2.5~81	에틸 알코올	4.3~19	산화 에틸렌	3~80
메탄	5~15	프로필 알코올	2.1~13.5		
에탄	3~12.4	톨루엔	1.4~6.7		

86 정답 ①

BLEVE는 Boiling Liquid Expending Vapor Explosion의 약자로 비등액 팽창증기 폭발을 의미한다.

87 정답 ②

분진폭발이 발생하기 쉬운 조건

1. 발열량이 클 때
2. 입자의 표면적이 클 때
3. 입자의 형상이 복잡할 때
4. 분진의 초기 온도가 높을 때
5. 수분의 함유량이 적을 때
6. 분진의 부유성이 클 때
7. 산소의 농도가 증가할 때
8. 분진의 농도가 약간 높을 때

88 정답 ①

정전에너지(J)

$$E=\frac{1}{2}CV^2=\frac{1}{2}QV=\frac{1}{2}\times\frac{Q^2}{C}$$

89 정답 ④

유체가 흐르는 방향을 병류로 할 때 열교환 능률을 향상시킬 수 있다.

90 정답 ②

반응기 분류

1. **조작방식에 따른 분류** : 회분식 반응기, 반회분식 반응기, 연속식 반응기
2. **구조방식에 따른 분류** : 관형식 반응기, 탑형식 반응기, 유동층형식 반응기, 교반조형식 반응기

91 정답 ③

일산화탄소는 무색·무취의 기체로서 산소가 부족한 상태에서 석탄이나 석유 등 연료가 탈 때 발생하는 가스로 가연성 가스이며 독성 가스이다.

92 정답 ①

A가스 부피$=1,000\times\frac{2.2}{100}=22l$

A가스의 질량$=22\times\frac{26}{22.4}\doteqdot 25.54$

93 정답 ③

칼륨은 금수성 물질로 이산화탄소와 접촉하면 폭발적인 반응이 발생하므로 화재가 발생하면 건조사나 금속화재용 소화기를 사용한다.

94 정답 ②

부식성 산류(안전보건규칙 별표 1)

1. 농도가 20퍼센트 이상인 염산, 황산, 질산, 그 밖에 이와 같은 정도 이상의 부식성을 가지는 물질
2. 농도가 60퍼센트 이상인 인산, 아세트산, 불산, 그 밖에 이와 같은 정도 이상의 부식성을 가지는 물질

95 정답 ①

일산화탄소의 정상농도는 20ppm이고, 200ppm이면 2~3시간 내 가벼운 두통, 400ppm이면 1~2시간 내에 전두통 및 2.5~3시간에 후두통, 800ppm이면 45분에 두통 및 매스꺼움 또는 2시간 내에 실신, 1,600ppm이면 2시간 내 사망, 3,200ppm이면 5~10분 내 두통 및 매스꺼움 또는 30분 뒤 사망, 6,400ppm이면 2~5분 내 두통 및 매스꺼움 또는 15분 뒤 사망, 12,800ppm이면 1~3분 내 사망한다.

96 정답 ④

프로판(C_3H_8)은 탄소가3, 수소가 8이므로 산소양론계수는 $3+\frac{8}{4}=5$이다.

그러므로 이론 공기량 $A_0=5m^3\times\frac{100}{20}=25m^3$

97 정답 ①

① **플레임 어레스터(flame arrester)** : 화염 방지기로 가연성 혼합기 중의 화염 전파를 방지하기 위해 반응기나 배관 중에 설치하는 안전 기구이다.

② **릴리프 밸브(relief valve)** : 압력용기나 보일러 등에서 압력이 소정 압력 이상이 되었을 때 가스를 탱크 외부로 분출하는 밸브이다.

③ **파열판(bursting disk)** : 압력차에 의해 작동되고 파열판의 파열로 압력 방출 기능을 하도록 설계된 압력방출장치이다.

④ **안전 밸브(safety valve)** : 압력용기나 관로를 과대한 압력으로부터 보호하기 위해 최고압력을 제한하는 밸브이다.

98 정답 ④

④ CaC_2은 칼슘의 탄소화합물로 공업적으로 생석회와 코크스나 무연탄 등의 탄소를 전기로 속에서 가열하여 제조하며 비료, 아세틸렌의 원료로 사용된다.

$$CaC_2+2H_2O \rightarrow Ca(OH)_2+C_2H_2+31.88kcal$$

① Zn은 세포 성장, 생식 기능 성숙, 면역 등 필수적인 미량 무기질로서 우리 몸에 약 1.5~2.5g 함유되어 있다.

② Mg은 신경 및 근육의 세포막 전위의 유지와 신경근 연접부에서의 충격전도에도 필수적인 역할을 한다.

③ Al은 백색의 가볍고 무른 금속으로 지구의 지각을 이루는 주 구성 원소로 가볍고 내구성이 큰 특성을 이용해 원자재 및 재료로 많이 사용된다.

99 정답 ②

② **유동형 지붕 탱크** : 증발에 의한 액체의 손실을 방지함과 동시에 폭발성 위험가스를 형성할 위험이 적다

① **원추형 지붕 탱크** : 원추형의 고정 지붕을 가진 탱크로 설치비가 저렴하여 가장 많이 사용되고 있는 형태로 증기압이 높은 제품의 저장에는 적합하지 않다.

④ **구형 저장탱크** : 압력을 쉽게 분산시킬 수 있도록 구모양으로 제작한 것으로 보관이 위험하고 압력이 높은 액화가스에 적합하다.

100 정답 ①

이산화탄소 소화약제의 주된 소화효과는 질식과 냉각소화이다. 사용 후에 오염의 영향이 거의 없고, 장시간 저장하여도 변화가 없으며 자체 압력으로 방사가 가능하다. 동상의 우려가 있으며 피난이 불편하다.

6과목 건설공사 안전 관리

101 정답 ③

이동식비계를 조립하여 작업을 하는 경우에 대한 준수사항(안전보건규칙 제68조)

1. 이동식비계의 바퀴에는 뜻밖의 갑작스러운 이동 또는 전도를 방지하기 위하여 브레이크·쐐기 등으로 바퀴를 고정시킨 다음 비계의 일부를 견고한 시설물에 고정하거나 아웃트리거(outrigger, 전도방지용 지지대)를 설치하는 등 필요한 조치를 할 것
2. 승강용사다리는 견고하게 설치할 것
3. 비계의 최상부에서 작업을 하는 경우에는 안전난간을 설치할 것
4. 작업발판은 항상 수평을 유지하고 작업발판 위에서 안전난간을 딛고 작업을 하거나 받침대 또는 사다리를 사용하여 작업하지 않도록 할 것
5. 작업발판의 최대적재하중은 250킬로그램을 초과하지 않도록 할 것

102 정답 ①

보일링 현상은 모래지반을 굴착할 때 굴착 바닥면으로 뒷면의 모래가 솟아오르는 현상으로 이에 대한 대책은 지하수위를 낮추어야 한다.

103 정답 ③

사업주는 작업으로 인하여 물체가 떨어지거나 날아올 위험이 있는 경우 낙하물 방지망, 수직보호망 또는 방호선반의 설치, 출입금지구역의 설정, 보호구의 착용 등 위험을 방지하기 위하여 필요한 조치를 하여야 한다. 이 경우 낙하물 방지망 및 수직보호망은 한국산업표준에서 정하는 성능기준에 적합한

것을 사용하여야 한다(안전보건규칙 제14조 제2항).

104　　정답 ①

안전시설비 사용불가(건설업 산업안전보건관리비 계상 및 사용기준 별표 2)

안전발판, 안전통로, 안전계단 등과 같이 명칭에 관계없이 공사 수행에 필요한 가시설들은 사용 불가. 다만, 비계·통로·계단에 추가 설치하는 추락방지용 안전난간, 사다리 전도방지장치, 틀비계에 별도로 설치하는 안전난간·사다리, 통로의 낙하물방호선반 등은 사용 가능함

105　　정답 ②

타워크레인을 와이어로프로 지지하는 경우에 준수해야 할 사항(안전보건규칙 제142조 제3항)

1. 서면심사에 관한 서류 또는 제조사의 설치작업설명서 등에 따라 설치할 것
2. 서면심사 서류 등이 없거나 명확하지 아니한 경우에는 건축구조·건설기계·기계안전·건설공사 안전 관리사 또는 건설안전분야 산업안전지도사의 확인을 받아 설치하거나 기종별·모델별 공인된 표준방법으로 설치할 것
3. 와이어로프를 고정하기 위한 전용 지지프레임을 사용할 것
4. 와이어로프 설치각도는 수평면에서 60도 이내로 하되, 지지점은 4개소 이상으로 하고, 같은 각도로 설치할 것
5. 와이어로프와 그 고정부위는 충분한 강도와 장력을 갖도록 설치하고, 와이어로프를 클립·샤클(shackle, 연결고리) 등의 고정기구를 사용하여 견고하게 고정시켜 풀리지 아니하도록 하며, 사용 중에는 충분한 강도와 장력을 유지하도록 할 것
6. 와이어로프가 가공전선에 근접하지 않도록 할 것

106　　정답 ④

말비계를 조립하여 사용하는 경우 준수하여야 할 사항(안전보건규칙 제67조)

1. 지주부재의 하단에는 미끄럼 방지장치를 하고, 근로자가 양측 끝부분에 올라서서 작업하지 않도록 할 것
2. 지주부재와 수평면의 기울기를 75도 이하로 하고, 지주부재와 지주부재 사이를 고정시키는 보조부재를 설치할 것
3. 말비계의 높이가 2미터를 초과하는 경우에는 작업발판의 폭을 40센티미터 이상으로 할 것

107　　정답 ③

강관틀 비계를 조립하여 사용하는 경우 준수해야 하는 사항(안전보건규칙 제62조)

1. 비계기둥의 밑둥에는 밑받침 철물을 사용하여야 하며 밑받침에 고저차(高低差)가 있는 경우에는 조절형 밑받침철물을 사용하여 각각의 강관틀비계가 항상 수평 및 수직을 유지하도록 할 것
2. 높이가 20미터를 초과하거나 중량물의 적재를 수반하는 작업을 할 경우에는 주틀 간의 간격을 1.8미터 이하로 할 것
3. 주틀 간에 교차가새를 설치하고 최상층 및 5층 이내마다 수평재를 설치할 것
4. 수직방향으로 6미터, 수평방향으로 8미터 이내마다 벽이음을 할 것
5. 길이가 띠장 방향으로 4미터 이하이고 높이가 10미터를 초과하는 경우에는 10미터 이내마다 띠장 방향으로 버팀기둥을 설치할 것

108　　정답 ②

동바리로 사용하는 파이프 서포트에 대해서는 다음의 사항을 따를 것(안전보건규칙 제332조의2 제1호)

1. 파이프 서포트를 3개 이상 이어서 사용하지 않도록 할 것
2. 파이프 서포트를 이어서 사용하는 경우에는 4개 이상의 볼트 또는 전용철물을 사용하여 이을 것
3. 높이가 3.5미터를 초과하는 경우에는 높이 2미터 이내마다 수평연결재를 2개 방향으로 만들고 수평연결재의 변위를 방지할 것

109　　정답 ①

측압증가에 영향을 미치는 인자

1. 타설속도가 빠를 때
2. 콘크리트 비중이 클 때
3. 철근량이 적고 부재단면이 클 때
4. 기온이 낮을 때
5. 다짐이 과다할 때
6. 거푸집 강도가 클 때
7. 응결시간이 늦은 시멘트를 사용할 때
8. 거푸집 수밀도가 높을 때
9. 형틀 표면이 평평할 때
10. slump가 클 때
11. 진동기를 사용할 때

110 정답 ①

작업대를 와이어로프 또는 체인으로 올리거나 내릴 경우에는 와이어로프 또는 체인이 끊어져 작업대가 떨어지지 아니하는 구조여야 하며, 와이어로프 또는 체인의 안전율은 5 이상일 것(안전보건규칙 제186조 제1항 제1호)

111 정답 ④

④ 길이가 긴 물건은 앞쪽을 높게 하여 운반한다.
① 허리를 펴고 양손으로 들어올린다.
② 중량은 보통 체중의 40%가 적당하다.
③ 물건은 최대한 몸에서 가깝게 들어올린다.

112 정답 ①

① **정격하중** : 크레인, 이동식 크레인, 데릭의 리프팅 하중에서 후크, 그래브 버킷 등의 리프팅 용구의 중량을 공제한 하중
② **작업하중** : 과하중 계수 또는 안전 계수를 제외한, 지정된 예상 하중으로부터 유도된 하중
③ **이동하중** : 구조물 위를 이동하면서 작용하는 하중
④ **적재하중** : 화차 또는 화물 자동차가 적재할 수 있는 화물 또는 적재물의 최대 중량

113 정답 ②

사업주는 계단 및 계단참을 설치하는 경우 매제곱미터당 500킬로그램 이상의 하중에 견딜 수 있는 강도를 가진 구조로 설치하여야 하며, 안전율(안전의 정도를 표시하는 것으로서 재료의 파괴응력도와 허용응력도의 비율을 말한다)은 4 이상으로 하여야 한다(안전보건규칙 제26조).

114 정답 ③

수급인 또는 자기공사자는 안전보건관리비 사용내역에 대하여 공사 시작 후 6개월마다 1회 이상 발주자 또는 감리원의 확인을 받아야 한다. 다만, 6개월 이내에 공사가 종료되는 경우에는 종료시 확인을 받아야 한다(건설업 산업안전보건관리비 계상 및 사용기준 제9조 제1항).

115 정답 ④

④ **동상현상** : 온도가 0℃ 이하로 내려갈 때 흙속의 공극수가 동결하여 얼음층이 형성되고 체적이 증가하기 때문에 지표면이 위로 부풀어 오르는 현상
① **액상화현상** : 지진으로 생긴 진동 때문에 지반이 다량의 수분을 머금어 액체와 같은 상태로 변하는 현상
② **연화현상** : 동결된 지반이 융해될 때 흙 속에 과잉의 수분이 존재하여 지반이 연약화되어 강도가 떨어지는 현상
③ **리칭현상** : 해수에 퇴적된 점토가 담수에 의해 오랜 시간에 걸쳐 염분이 빠져나가 강도가 저하되는 현상

116 정답 ③

③ 구명줄을 설치할 경우에는 1가닥의 구명줄을 여러 명이 동시에 사용하지 않도록 하여야 하며 구명줄을 마닐라 로우프 직경 16밀리미터를 기준하여 설치하고 작업방법을 충분히 검토하여야 한다(철골공사표준안전작업지침 제16조 제3호).
① 강풍, 폭우 등과 같은 악천우시에는 작업을 중지하여야 하며 특히 강풍시에는 높은 곳에 있는 부재나 공구류가 낙하비래하지 않도록 조치하여야 한다(철골공사표준안전작업지침 제4조 제5호).
② 부재 반입시는 건립의 순서 등을 고려하여 반입하여야 하며 시공순서가 빠른 부재는 상단부에 위치하도록 한다(철골공사표준안전작업지침 제8조 제3호).
④ 두 곳을 매어 인양시킬 때 와이어 로우프의 내각은 60도 이하이어야 한다(철골공사표준안전작업지침 제11조 제3호 다목).

117 정답 ①

① 천공간격은 콘크리트 강도에 의하여 결정되나 30 내지 70㎝ 정도를 유지하도록 한다(해체공사표준안전작업지침 제8조 제3호).
② 햄머와 와이어 로우프의 결속은 경험이 많은 사람으로서 선임된 자에 한하여 실시하도록 하여야 한다(해체공사표준안전작업지침 제5조 제4호).
③ 천공구멍은 타입기 삽입부분의 직경과 거의 같도록 하여야 한다(해체공사표준안전작업지침 제11조 제2호).
④ 용기 내 압력은 온도에 의해 상승하기 때문에 항상 섭씨 40도 이하로 보존하여야 한다(해체공사표준안전작업지침 제12조 제5호).

118 정답 ④

해체작업용 기계 기구(해체작업용 기계기구 사용 해체공사 표준안전 작업지침)
압쇄기, 대형 브레이크, 철재 해머, 핸드 브레이크, 팽창제, 절단톱, 재키, 쐐기 타입기, 화염방사기, 절단 줄톱

119 정답 ②

② **식생공** : 식물을 생육시켜 그 뿌리로 사면의 표층토를 고정하여 빗물에 의한 침식, 동상, 이완 등을 방지하고 아울러 녹화에 의한 경관조성을 위하여 시공하는 사면보호공법이다.
① **쉴드공** : 터널공법
③ **뿜어붙이기공** : 콘크리트 타설
④ **블록공** : 콘크리트 블록

120 정답 ②

사면보호공법 중 구조물에 의한 보호공법 : 배수공법, 블록공법, 뿜어붙이기공법, 돌쌓기공법, 콘크리트 블록 격자공, 현장타설 콘크리트 격자공

1과목 산업재해 예방 및 안전보건교육

01	③	02	①	03	④	04	③	05	④
06	①	07	③	08	②	09	①	10	②
11	②	12	①	13	②	14	④	15	②
16	①	17	③	18	④	19	①	20	②

2과목 인간공학 및 위험성 평가 · 관리

21	①	22	④	23	②	24	③	25	④
26	①	27	④	28	②	29	③	30	④
31	②	32	①	33	②	34	③	35	①
36	②	37	④	38	②	39	③	40	①

3과목 기계 · 기구 및 설비 안전 관리

41	④	42	①	43	③	44	④	45	②
46	①	47	②	48	③	49	①	50	②
51	④	52	①	53	④	54	④	55	②
56	③	57	①	58	④	59	②	60	①

4과목 전기설비 안전 관리

61	②	62	④	63	③	64	④	65	①
66	③	67	②	68	①	69	③	70	④
71	②	72	③	73	④	74	①	75	②
76	④	77	③	78	②	79	③	80	①

5과목 화학설비 안전 관리

81	②	82	④	83	①	84	③	85	②
86	①	87	④	88	②	89	①	90	③
91	②	92	④	93	③	94	②	95	④
96	②	97	①	98	③	99	④	100	①

6과목 건설공사 안전 관리

101	②	102	④	103	②	104	④	105	③
106	④	107	①	108	②	109	④	110	②
111	①	112	②	113	④	114	③	115	①
116	②	117	①	118	②	119	③	120	①

1과목 산업재해 예방 및 안전보건교육

01 정답 ③

위치, 순서, 패턴, 형상, 기억오류 등 외부적 요인에 의해 주관적 인식이 일치하지 않는 것이 착오이다. 리스크테이킹, 메트로놈, 부주의 등은 내부적 요인이다.

02 정답 ①

구안법(Project Method)의 4단계
1. 목적 설정하기 단계
2. 계획 세우기 단계
3. 실행하기 단계
4. 결과 판정하기 단계

03 정답 ④

혈액의 수분과 염분은 야간에 상승하고 주간에는 감소한다. 체온, 혈압, 맥박수는 주간에 상승하고 야간에 감소한다.

04 정답 ③

하인리히 재해 구성 비율 1(사망, 중상) : 29(경상해) : 300(무상해사고)에서 경상이 29건이면 무상해사고 발생 건수는 비율로 보아 300건이 된다.

05 정답 ④

영구 일부 노동불능은 신체 장해등급에 따른 근로손실일수를 그대로 적용하며 따로 환산할 필요가 없다.

영구 일부 노동불능 장해등급과 근로손실일수

신체장해등급	4급	5급	6급	7급	8급
근로손실일수	5,500	4,000	3,000	2,200	1,500

신체장해등급	9급	10급	11급	12급	13급	14급
근로손실일수	1,000	600	400	200	100	50

06 정답 ①

강도율 : 근로시간 1,000시간당 재해에 의하여 상실되는 근로손실일수

$$강도율=\frac{근로손실일수}{연간총근로시간수}\times 1{,}000$$

07 정답 ③

단계	의식상태
Phase 0	무의식
Phase Ⅰ	의식 흐림
Phase Ⅱ	이완 상태
Phase Ⅲ	상쾌한 상태
Phase Ⅳ	과긴장 상태

08 정답 ②

집단에서의 인간관계 메커니즘(Mechanism) : 모방, 암시, 동일화, 합리화, 보상, 승화, 투사, 치환, 공감, 커뮤니케이션 등

09 정답 ①

학습경험선정 원리 : 기회의 원리, 만족의 원리, 가능성의 원리, 다경험의 원리, 협동의 원리, 다성과의 원리, 동기유발의 원리

10 정답 ②

안전검사대상 유해·위험 기계 등(영 제78조 제1항)

1. 프레스
2. 전단기
3. 크레인(정격 하중이 2톤 미만인 것은 제외)
4. 리프트
5. 압력용기
6. 곤돌라
7. 국소 배기장치(이동식은 제외)
8. 원심기(산업용만 해당)
9. 롤러기(밀폐형 구조는 제외)
10. 사출성형기(형 체결력 294킬로뉴턴(KN) 미만은 제외)
11. 고소작업대(화물자동차 또는 특수자동차에 탑재한 고소작업대로 한정)
12. 컨베이어
13. 산업용 로봇

11 정답 ②

방열두건의 사용구분(보호구 안전인증 고시 별표 8)

차광도 번호	사용구분
#2~#3	고로강판가열로, 조괴(造塊) 등의 작업
#3~#5	전로 또는 평로 등의 작업
#6~#8	전기로의 작업

12 정답 ①

안전에 관한 명령과 지시가 생산라인을 통해 신속하게 전달되는 조직은 라인(line)형이다.

참모식(staff형)

1. **형태** : 안전관리를 관장하는 참모를 두고 안전관리에 관한 계획, 조사, 권고, 보고 등의 업무를 한다.
2. **장점**
   ㉠ 경영자에게 지도, 자문, 조언 가능
   ㉡ 안전에 대한 지식 및 기술축적 용이
   ㉢ 사업장 실정에 맞는 안전의 표준화 가능
   ㉣ 신속한 안전정보의 입수 가능, 안전에 대한 신기술 개발 가능
3. **단점**
   ㉠ 생산부서와 마찰 가능성
   ㉡ 생산부서에 안전에 대한 책임과 권한 없음
   ㉢ 생산부서와 유기적 협조가 없으면 안전에 대한 지시나 전달 어려움

13 정답 ②

안전관리의 시책

1. **적극적인 대책** : 위험공정의 배제, 위험물질의 격리 및 대체, 위험성평가를 통한 작업환경 개선
2. **소극적인 대책** : 보호구의 사용

14 정답 ④

근로시간 1,000시간당 3.0일의 근로손실일수가 발생한 것이다.

$$강도율 = \frac{근로손실일수}{연간총근로시간수} \times 1,000$$

15 정답 ②

적성검사 항목 : 지능, 언어능력, 운동속도, 형태식별능력, 손작업능력, 논리력 등

16 정답 ①

산소결핍이 예상되는 맨홀 내에서 작업을 실시할 때에는 호흡보호구 또는 송기마스크를 착용하여야 한다. 방진마스크는 산소농도 18% 이상인 장소에서 사용하여야 한다.

17 정답 ③

안전보건표지 속의 그림 또는 부호의 크기는 안전보건표지의 크기와 비례해야 하며, 안전보건표지 전체 규격의 30퍼센트 이상이 되어야 한다(규칙 제40조 제3항).

18 정답 ④

안전관리자의 업무(영 제18조 제1항)

1. 산업안전보건위원회 또는 안전 및 보건에 관한 노사협의체에서 심의·의결한 업무와 해당 사업장의 안전보건관리규정 및 취업규칙에서 정한 업무
2. 위험성평가에 관한 보좌 및 지도·조언
3. 안전인증대상 기계 등과 자율안전확인대상 기계 등의 구입 시 적격품의 선정에 관한 보좌 및 지도·조언
4. 해당 사업장 안전교육계획의 수립 및 안전교육 실시에 관한 보좌 및 지도·조언
5. 사업장 순회점검, 지도 및 조치 건의
6. 산업재해 발생의 원인 조사·분석 및 재발 방지를 위한 기술적 보좌 및 지도·조언
7. 산업재해에 관한 통계의 유지·관리·분석을 위한 보좌 및 지도·조언
8. 법 또는 법에 따른 명령으로 정한 안전에 관한 사항의 이행에 관한 보좌 및 지도·조언
9. 업무 수행 내용의 기록·유지
10. 그 밖에 안전에 관한 사항으로서 고용노동부장관이 정하는 사항

19 정답 ①

① **감성적 리듬** : 감성적으로 예민한 기간(14일)과 둔한 기간(14일)이 28일 주기로 반복되는 것

② **지성적 리듬** : 지성적 사고능력이 재빨리 발휘되는 날(16.5일)과 그렇지 못한 날(16.5일)이 33일 주기로 반복되는 것

③ **육체적 리듬** : 건전한 활동기(11.5일)와 휴식기(11.5일)가 23일 주기로 반복되는 것

20 정답 ②

안전교육의 기본 방향

1. 사고사례중심의 안전교육
2. 안전작업을 위한 교육
3. 안전의식 향상을 위한 교육

2과목 인간공학 및 위험성 평가 · 관리

21 정답 ①

격렬한 육체적 작업으로 인한 생리적 척도에는 맥박수, 폐활량, 근전도, 산소 소비량, 호흡량 등이 있다.

22 정답 ④

FTA는 정성적 FT(fault tree)의 작성단계, FT의 정량화 단계, 재해방지대책 수립단계로 분류된다.

23 정답 ②

FMEA
1. 시스템 안전해석 기법으로 정성적 · 귀납적 방법
2. 시스템에 영향을 미치는 전체 요소의 고장을 형별로 분석하여 해석하는 방법
3. 도표없이 서식에 따라 해석
4. 서식이 간단하고 훈련없이 분석이 가능
5. 논리성이 부족하고 동시에 2가지 분석이 곤란
6. 서브시스템 분석의 경우 FMEA보다 FTA를 하는 것이 효과적임

24 정답 ③

인적 요인에 대한 대책
1. 전문인력의 적재적소 배치
2. 소집단 활동의 활성화
3. 작업에 대한 교육 및 훈련
4. 작업에 대한 모의훈련

25 정답 ④

동작의 합리화를 위한 물리적 조건
1. 고유 진동을 이용한다.
2. 접촉면적을 작게 한다.
3. 대체로 마찰력을 감소시킨다.
4. 인체표면에 가해지는 힘을 적게 한다.

26 정답 ①

MAA(Minimum Audible Angle)는 소리의 위치를 수평면상에서 인지할 때 정면에 있다가 약간 옆으로 갔을 때 변화를 인지하는 최소가청각도이다.
음성통신에 있어 소음환경 : AI(Articulation Index), PSIL(Preferred–Octave Speech Interference Level), PNC(Preferred Noise Criteria Curves)

27 정답 ④

고장률 $\text{MTBF} = \dfrac{1}{\lambda(\text{평균고장률})}$

따라서 평균수명(MTBF)은 평균고장률(λ)과 반비례한다.

28 정답 ②

② 우발고장기간은 고장률이 비교적 낮고 일정한 현상이 나타나는 기간으로 실제 사용하는 상태에서 고장으로 예측할 수 없는 랜덤의 간격으로 발생하는 고장이다.
① 마모고장은 설비 또는 장치가 수명이 다하여 생기는 증가형 고장 형태이다.
③ 부식 또는 산화로 인하여 열화고장이 일어난다.
④ 디버깅(Debugging) 기간은 결함을 찾아내어 고장률을 안정시키는 기간이다.

29 정답 ③

개인이 시스템에서 효과적으로 기능을 하지 못하면 시스템은 개인의 기능에 맞게 수행이 보완되어야 한다.

30 정답 ④

시스템 수명주기 단계 : 구상, 분석, 개발, 생산, 운전, 폐기단계

31 정답 ②

$$P(x \geq 9{,}600) = P\left(Z \geq \frac{x-\mu}{\sigma}\right) = P(Z \geq 2)$$
$$= P\left(Z \geq \frac{9{,}600 - 10{,}000}{200}\right) = P(Z \geq -2)$$
$$= 1 - 0.0228 = 0.9772 = 97.72(\%)$$

32 정답 ①

① **기초 대사량** : 생물체가 생명을 유지하는데 필요한 최소한의 에너지량
③ **작업 대사량** : 운동이나 노동에 의해 소비되는 에너지량

33 정답 ②

총정보량 $\text{H} = \sum_{i=1}^{n} \text{P}_i \log_2\left(\frac{1}{\text{P}_i}\right)$

빨강등 확률 $= \frac{15}{60} = 0.25$

파랑등 확률 $= \frac{30}{60} = 0.5$

노랑등 확률 $= \frac{15}{60} = 0.25$

총정보량 $H=0.5\times\log_2\left(\frac{1}{0.5}\right)+0.25\times\log_2\left(\frac{1}{0.25}\right)+0.25\times\log_2\left(\frac{1}{0.25}\right)=1.5$

34 정답 ③

근전도검사로 근활성도, 주파수분석을 통하여 근육 피로도를 확인할 수 있다.

35 정답 ①

화학설비의 안정성 평가 5단계

1단계 : 관계자료 정비 검토
2단계 : 정성적인 평가–입지조건, 공장 내 배치, 소방설비, 공정 기기, 수송 저장, 원재료, 중간재, 제품, 훈련
3단계 : 정량적인 평가–취급물질, 화학설비의 용량, 온도, 압력, 조작
4단계 : 안전대책 수립
5단계 : 재해사례에 의한 평가

36 정답 ②

② 조합 AND 게이트는 3개 이상의 입력현상 중 2개가 발생하면 출력이 발생한다.
④ **억제 게이트** : 수정기호를 병용해서 게이트 역할을 한다.

37 정답 ④

의자설계의 일반원리

1. 요추의 전만곡선을 유지할 것
2. 디스크의 압력을 줄일 것
3. 등근육의 정적부하를 감소시킬 것
4. 자세고정을 줄일 것
5. 조정이 용이할 것

38 정답 ②

②는 심리적(내적) 요인에 해당하고 ①, ③, ④는 물리적(외적) 요인에 해당한다.

휴먼 에러(Human Error)의 심리적 요인과 물리적 요인

1. **심리적 요인** : 지식부족, 태만, 걱정, 피로, 부주의, 소홀
2. **물리적 요인** : 작업의 단조로움, 작업의 난이도, 배치

39 정답 ③

의자설계의 일반원리

1. 요추의 전만곡선을 유지할 것
2. 디스크의 압력을 줄일 것
3. 등근육의 정적부하를 감소시킬 것
4. 자세고정을 줄일 것
5. 조정이 용이할 것

40 정답 ①

기계가 인간보다 더 많은 정보를 신속하게 대량으로 보관하고 전송할 수 있다.

3과목 기계 · 기구 및 설비 안전 관리

41 정답 ④

수인식 방호장치(프레스 방호장치의 선정·설치 및 사용 기술지침)

1. 완전회전식 클러치 프레스에 적합하다.
2. 가공재를 손으로 이동하는 거리가 너무 클 때에는 작업에 불편하므로 사용하지 않는다.
3. 슬라이드 행정길이가 50㎜ 이상 프레스에 사용한다.
4. 슬라이드 행정수가 100spm 이하 프레스에 사용한다.
5. 손의 끌어당김 양 조절이 용이하고 조절 후 확실하게 고정할 수 있어야 한다.
6. 손의 끌어당김 양을 120㎜ 이하로 조절할 수 없도록 한다.
7. 손목밴드는 손에 착용하기 용이하고 땀이나 기름에 상하지 않는 것이어야 한다.
8. 수인끈의 연결구는 가볍고 견고하여야 한다.
9. 수인끈의 끌어당기는 양은 테이블 세로 길이의 1/2 이상이어야 한다.

42 정답 ①

밀링은 여러 개의 절삭날이 부착된 절삭공구의 회전운동을 이용하여 고정된 공작물을 가공하는 공작기계로 chip이 가늘고 예리하여 손을 잘 다치게 하므로 장갑은 착용을 금하고

보안경을 착용해야 한다.

43 정답 ③

플랜지 지름=숫돌지름$\times\frac{1}{3}=600\times\frac{1}{3}=200(\text{mm})$

44 정답 ④

셰이퍼 방호장치 : 방책(울타리), 칩받이, 칸막이(방호울)

45 정답 ②

드릴이나 리머를 고정시키거나 제거하고자 할 때는 금속성물질로 두드리면 변형 및 파손될 우려가 있으므로 고무망치 등을 사용하거나 나무블록 등을 사이에 두고 두드려야 한다.

46 정답 ①

로프에 걸리는 총하중(W)=정하중(W_1)+동하중(W_2)

동하중$(W_2)=\frac{W_1}{g}\times a=\frac{100}{10}\times 2=20$

총하중$=100+20=120$

장력 N=총하중×중력가속도$=120\times 10=1,200N$

47 정답 ②

사업주는 보일러의 폭발 사고를 예방하기 위하여 압력방출장치, 압력제한스위치, 고저수위조절장치, 화염검출기 등의 기능이 정상적으로 작동될 수 있도록 유지·관리하여야 한다(안전보건규칙 제119조).

48 정답 ③

드릴작업의 안전(휴대용 동력드릴의 사용안전에 관한 기술지침)

1. 드릴의 손잡이를 견고하게 잡고 작업하여 드릴손잡이 부위가 회전하지 않고 확실하게 제어 가능하도록 한다.
2. 절삭하기 위하여 구멍에 드릴날을 넣거나 뺄 때 반발에 의하여 손잡이 부분이 튀거나 회전하여 위험을 초래하지 않도록 팔을 드릴과 직선으로 유지한다.
3. 적당한 펀치로 중심을 잡은 후에 드릴작업을 실시한다. 드릴을 구멍에 맞추거나 스핀들의 속도를 낮추기 위해서 드릴날을 손으로 잡아서는 안된다. 조정이나 보수를 위하여 손으로 잡아야 할 경우에는 충분히 냉각된 후에 잡는다.
4. 작업속도를 높이기 위하여 과도한 힘을 가하면 드릴날이 구멍에 끼일 수 있으므로 적당한 힘을 가한다.
5. 드릴이 과도한 진동을 일으키면 드릴이 고장이거나 작업방법이 옳지 않다는 증거이므로 즉시 작동을 중단한다. 과도한 진동이 계속되면 수리를 한다.
6. 원활치 못하게 운전되는 드릴은 고장이 있다는 신호이므로 작업자는 고장이 있는 장비를 사용치 않도록 하고 고장 시 즉시 반납하여 검사 및 수리를 받는다.
7. 결함 등으로 사용할 수 없는 드릴은 표식을 붙여 수리가 완료될 때까지 사용치 않아야 한다.
8. 드릴이나 리머를 고정시키거나 제거하고자 할 때 금속성 물질로 두드리면 변형 및 파손될 우려가 있으므로 고무망치 등을 사용하거나 나무블록 등을 사이에 두고 두드린다.
9. 필요한 경우 적당한 절삭유를 선택하여 사용한다.

49 정답 ①

안전난간의 구조 및 설치요건(안전보건규칙 제13조)

1. 상부 난간대, 중간 난간대, 발끝막이판 및 난간기둥으로 구성할 것. 다만, 중간 난간대, 발끝막이판 및 난간기둥은 이와 비슷한 구조와 성능을 가진 것으로 대체할 수 있다.
2. 상부 난간대는 바닥면·발판 또는 경사로의 표면으로부터 90센티미터 이상 지점에 설치하고, 상부 난간대를 120센티미터 이하에 설치하는 경우에는 중간 난간대는 상부 난간대와 바닥면 등의 중간에 설치해야 하며, 120센티미터 이상 지점에 설치하는 경우에는 중간 난간대를 2단 이상으로 균등하게 설치하고 난간의 상하 간격은 60센티미터 이하가 되도록 할 것. 다만, 난간기둥 간의 간격이 25센티미터 이하인 경우에는 중간 난간대를 설치하지 않을 수 있다.
3. 발끝막이판은 바닥면 등으로부터 10센티미터 이상의 높이를 유지할 것. 다만, 물체가 떨어지거나 날아올 위험이 없거나 그 위험을 방지할 수 있는 망을 설치하는 등 필요한 예방 조치를 한 장소는 제외한다.
4. 난간기둥은 상부 난간대와 중간 난간대를 견고하게 떠받칠 수 있도록 적정한 간격을 유지할 것
5. 상부 난간대와 중간 난간대는 난간 길이 전체에 걸쳐 바닥면 등과 평행을 유지할 것
6. 난간대는 지름 2.7센티미터 이상의 금속제 파이프나 그 이상의 강도가 있는 재료일 것
7. 안전난간은 구조적으로 가장 취약한 지점에서 가장 취약한 방향으로 작용하는 100킬로그램 이상의 하중에 견딜 수 있는 튼튼한 구조일 것

50 정답 ②

롤러기 급정지장치의 정지거리(안전인증고시 별표 8)

앞면 롤러의 표면속도(m/min)	급정지 거리
30 미만	앞면 롤러 원주의 1/3
30 이상	앞면 롤러 원주의 1/2.5

51 정답 ④

작업에 종사하고 있는 근로자 또는 그 근로자를 감시하는 사람은 이상을 발견하면 즉시 로봇의 운전을 정지시키기 위한 조치를 할 것(안전보건규칙 제222조 제2호)

52 정답 ①

사출성형기 등의 방호장치(안전보건규칙 제121조)

1. 사업주는 사출성형기·주형조형기 및 형단조기(프레스 등은 제외한다) 등에 근로자의 신체 일부가 말려들어갈 우려가 있는 경우 게이트가드(gate guard) 또는 양수조작식 등에 의한 방호장치, 그 밖에 필요한 방호 조치를 하여야 한다.
2. 게이트가드는 닫지 아니하면 기계가 작동되지 아니하는 연동구조여야 한다.
3. 사업주는 기계의 히터 등의 가열 부위 또는 감전 우려가 있는 부위에는 방호덮개를 설치하는 등 필요한 안전 조치를 하여야 한다.

53 정답 ④

소음계는 소리를 인간의 청감에 대해서 보정을 하여 인간이 느끼는 감각적인 크기의 레벨에 근사한 값으로 측정할 수 있도록 한 측정계기로 소음의 크기에 상당하는 값에 근사한 물리량을 재는 계측기이다.

54 정답 ④

안전 매트의 일반구조(방호장치 안전인증고시 별표 25)

1. 단선경보장치가 부착되어 있어야 한다.
2. 감응시간을 조절하는 장치는 부착되어 있지 않아야 한다.
3. 감응도 조절장치가 있는 경우 봉인되어 있어야 한다.
4. 전원을 켜면 출력신호 스위칭장치는 복귀신호가 가해지기 전까지는 꺼짐 상태로 유지하여야 한다.
5. 복귀신호가 있는 압력감지매트의 경우 복귀신호는 수동으로 안전장치의 제어유닛에 작용하거나 기계제어시스템을 통해서 작용하여야 한다.
6. 작동하중이 제거된 후 출력신호 스위칭장치는 복귀신호를 가한 이후에만 켜짐 상태로 바뀌어야 한다.
7. 복귀신호가 없는 압력감지매트의 경우 출력신호 스위칭장치의 출력신호는 구동력이 제거된 후에 전원을 켜면 켜짐 상태로 되어야 한다.
8. 로봇제어시스템에 복귀신호기능을 제공하여야 한다.
9. 압력감지매트의 내부를 접근할 필요가 있는 경우 시건장치나 공구 등을 이용해서만 접근이 가능하도록 하여야 하며 이를 제외한 외장보호 수단은 고정시켜야 한다.
10. 추가적인 센서나 하부시스템이 플러그나 소켓으로 연결되어 있는 경우 제어유닛의 플러그나 소켓에서 센서나 하부시스템을 제거 또는 분리 할 경우 출력신호 스위칭장치가 꺼짐 상태로 바뀌어야 한다.
11. 외함의 전선 접촉부분은 고무 등으로 밀폐되어 물과 먼지 등이 들어가지 않도록 하여야 한다.

55 정답 ②

산업용 로봇의 작동범위에서 교시 등의 작업을 하는 경우에 로봇에 의한 위험을 방지하기 위한 조치사항(안전보건규칙 제222조)

1. 다음의 사항에 관한 지침을 정하고 그 지침에 따라 작업을 시킬 것
   ㉠ 로봇의 조작방법 및 순서
   ㉡ 작업 중의 매니퓰레이터의 속도
   ㉢ 2명 이상의 근로자에게 작업을 시킬 경우의 신호방법
   ㉣ 이상을 발견한 경우의 조치
   ㉤ 이상을 발견하여 로봇의 운전을 정지시킨 후 이를 재가동시킬 경우의 조치
   ㉥ 그 밖에 로봇의 예기치 못한 작동 또는 오조작에 의한 위험을 방지하기 위하여 필요한 조치
2. 작업에 종사하고 있는 근로자 또는 그 근로자를 감시하는 사람은 이상을 발견하면 즉시 로봇의 운전을 정지시키기 위한 조치를 할 것
3. 작업을 하고 있는 동안 로봇의 기동스위치 등에 작업 중이라는 표시를 하는 등 작업에 종사하고 있는 근로자가 아닌 사람이 그 스위치 등을 조작할 수 없도록 필요한 조치를 할 것

56 정답 ③

③ 급정지거리$=6\text{m}\times\frac{1}{2.5}=2.4\text{m}$

롤러기 급정지장치의 정지거리

앞면 롤러의 표면속도(m/min)	급정지거리
30 미만	앞면 롤러 원주의 1/3
30 이상	앞면 롤러 원주의 1/2.5

57 정답 ①

사업주는 회전축·기어·풀리 및 플라이휠 등에 부속되는 키·핀 등의 기계요소는 묻힘형으로 하거나 해당 부위에 덮개를 설치하여야 한다(안전보건규칙 제87조 제2항).

58 정답 ④

크레인의 방호장치 : 권과방지장치, 과부하방지장치, 바람에 의한 안전장치, 트롤리 내외측 제어장치, 비상정지장치, 트롤리 정지장치, 훅 해지장치, 선회제한 리미트 스위치, 충동방지장치, 기복제한장치, 모멘트 제한장치

59 정답 ②

안전계수$=\frac{\text{최대하중}}{\text{정격하중}}=\frac{600}{200}=3$

60 정답 ①

탁상용 연삭기작업 안전수칙

1. 연삭기 덮개의 노출각도는 90°이거나 전체원주의 1/4을 초과하지 말 것
2. 연삭숫돌 교체 시 3분 이상 시운전을 할 것
3. 사용 전에 연삭숫돌을 점검하여 숫돌의 균열여부를 파악한 후 사용할 것
4. 연삭숫돌과 받침대의 간격은 3mm 이내로 유지할 것
5. 작업시는 연삭숫돌의 정면에서 150° 정도 비켜서서 작업할 것
6. 가공물은 급격한 충격을 피하고 점진적으로 접촉시킬 것
7. 작업시 연삭숫돌의 측면사용을 금지할 것
8. 소음이나 진동이 심하면 즉시 작업을 중지할 것
9. 연삭작업시 반드시 해당보호구(보안경, 방진마스크)를 착용할 것

4과목 전기설비 안전 관리

61 정답 ②

욕조나 샤워시설이 있는 욕실 또는 화장실 등 인체가 물에 젖어있는 상태에서 전기를 사용하는 장소에 콘센트를 시설하는 경우에는 다음에 따라 시설하여야 한다(한국전기설비규정 234.4.3).

1. 「전기용품 및 생활용품 안전관리법」의 적용을 받는 인체감전보호용 누전차단기(정격감도전류 15mA 이하, 동작시간 0.03초 이하의 전류동작형의 것에 한한다) 또는 절연변압기(정격용량 3kVA 이하인 것에 한한다)로 보호된 전로에 접속하거나, 인체감전보호용 누전차단기가 부착된 콘센트를 시설하여야 한다.
2. 콘센트는 접지극이 있는 방적형 콘센트를 사용하여 211과 140의 규정에 준하여 접지하여야 한다.

62 정답 ④

아크용접 작업 시 감전사고 방지대책

1. 작업조건이 양호한지 확인할 것
2. 적합한 의복을 착용할 것
3. 보안경을 착용할 것
4. 아크에서 발생하는 흄을 직접 흡입하지 말 것
5. 절연장갑을 사용할 것
6. 용접봉 홀더를 사용하지 않을 경우 브라켓에 걸어서 홀더가 압축가스 용기에 접촉되지 않도록 할 것
7. 파손된 케이블을 사용하지 말 것
8. 세척작업장 근처에서 용접하지 말 것

63 정답 ③

심실 세동은 심실이 1분에 350~600회 무질서하고 불규칙적으로 수축하는 상태이다. T파는 심실의 수축 종료 후 심실의 휴식 시 발생하는 파형으로 심실세동이 일어날 확률이 가장 크다.

64 정답 ④

허용보폭전압 $E=(R_b+6\rho_s)\times I_k$

$\left(R_b\right.$: 인체저항, ρ_s: 지표상층저항률,

I_k: 심실세동전류 $\left.\frac{0.165}{\sqrt{T}}\right)$

65 정답 ①

정전기는 전하가 정지 상태로 있어 전하의 분포가 시간적으로 변화하지 않는 전기로, 정전기는 전계의 영향은 크나 자계의 영향이 상대적으로 미미한 전하이다.

66 정답 ③

이동식 전기기기는 접지설비를 통하여 기기의 지락사고 발생 시 사람에게 걸리는 분담전압을 억제하여 감전사고를 방지하여야 한다.

67 정답 ②

사업주는 다음의 전기 기계·기구에 대하여 누전에 의한 감전위험을 방지하기 위하여 해당 전로의 정격에 적합하고 감도(전류 등에 반응하는 정도)가 양호하며 확실하게 작동하는 감전방지용 누전차단기를 설치해야 한다(안전보건규칙 제304조 제1항).

1. 대지전압이 150볼트를 초과하는 이동형 또는 휴대형 전기기계·기구
2. 물 등 도전성이 높은 액체가 있는 습윤장소에서 사용하는 저압(1.5천볼트 이하 직류전압이나 1천볼트 이하의 교류전압을 말한다)용 전기기계·기구
3. 철판·철골 위 등 도전성이 높은 장소에서 사용하는 이동형 또는 휴대형 전기기계·기구
4. 임시배선의 전로가 설치되는 장소에서 사용하는 이동형 또는 휴대형 전기기계·기구

68 정답 ①

분진폭발위험장소 : 20종, 21종, 22종

69 정답 ③

위험방지를 위한 전기기계·기구의 설치 시 고려할 사항(안전보건규칙 제303조 제1항)

1. 전기기계·기구의 충분한 전기적 용량 및 기계적 강도
2. 습기·분진 등 사용장소의 주위 환경
3. 전기적·기계적 방호수단의 적정성

70 정답 ④

정전작업 시 작업 중의 조치사항

1. 작업지휘자에 의한 지휘
2. 개폐기의 관리
3. 단락접지의 수시확인
4. 근접활선에 대한 방호

71 정답 ②

감전사고가 발생했을 때 먼저 전원을 차단하여야 하고 그 다음 감전자를 구출하여야 한다. 감전자를 먼저 구하려고 하면 구출하는 사람도 감전될 수 있으므로 전원의 차단이 가장 우선되어야 한다.

72 정답 ③

내압방폭구조의 필요충분조건

1. 용기는 내부의 폭발압력에 견디는 기계적 강도를 가질 것
2. 내부의 폭발로 말미암아 일어난 불꽃이나 고온 가스가 용기의 접합부분을 통하여 외부의 가스에 점화하지 않을 것
3. 용기의 외부 표면온도가 외부가스의 발화온도에 달하지 않을 것

73 정답 ④

본질안전 방폭구조

1. Ex ia : 0종, 1종, 2종
2. Ex ib : 1종, 2종, 21종, 22종
3. Ex ic : 2종, 22종

74 정답 ①

내화물은 고온에 견디는 물질을 말한다.
전기화재 발생원인 : 발화원, 착화물, 출화의 경과

75 정답 ②

방폭구조에 관계있는 위험 특성 : 발화온도, 화염일주한계, 폭발등급, 최소 점화전류
폭발성 분위기의 생성조건과 관계있는 위험특성 : 폭발한계, 인화점, 증기밀도

76 정답 ④

표준충격파형의 표기가 $1.2 \times 50\mu s$라면 1.2는 파두장이고 50은 파미장이다. 즉, 파두장 시간은 $1.2\mu s$이고 파미장 시간은 $50\mu s$라는 의미이다.

77 정답 ③

화염일주한계는 배압이 있는 상태에서 좁은 틈새를 통해 폭발성 혼합가스 속을 화염이 한 쪽에서 다른 쪽으로 전파하는지의 한계치수를 나타내는 특성 값으로, 배압의 영향이 거의 없는 상태에서 화염이 가는 관속이나 평행판 사이를 자기 전파할 수 있게 되는 한계치수(관의 직경 또는 평행판 사이의 틈새)이다.

78 정답 ②

$$\text{누설전류(mA)} = \text{최대공급전류} \times \frac{1}{2,000}$$
$$= 300 \times \frac{1}{2,000} = 0.15\text{A} = 150\text{mA}$$

79 정답 ③

계기구의 금속제 외함에 접지공사를 하지 않아도 되는 경우(전기설비기술기준의 판단기준 제33조 제2항)

1. 사용전압이 직류 300V 또는 교류 대지전압이 150V 이하인 기계기구를 건조한 곳에 시설하는 경우
2. 저압용의 기계기구를 건조한 목재의 마루 기타 이와 유사한 절연성 물건 위에서 취급하도록 시설하는 경우
3. 저압용이나 고압용의 기계기구, 특고압 전선로에 접속하는 배전용 변압기나 이에 접속하는 전선에 시설하는 기계기구 또는 특고압 가공전선로의 전로에 시설하는 기계기구를 사람이 쉽게 접촉할 우려가 없도록 목주 기타 이와 유사한 것의 위에 시설하는 경우
4. 철대 또는 외함의 주위에 적당한 절연대를 설치하는 경우
5. 외함이 없는 계기용 변성기가 고무·합성수지 기타의 절연물로 피복한 것일 경우
6. 전기용품안전관리법의 적용을 받는 2중 절연구조로 되어 있는 기계기구를 시설하는 경우
7. 저압용 기계기구에 전기를 공급하는 전로의 전원측에 절연변압기(2차 전압이 300V 이하이며, 정격용량이 3kVA 이하인 것에 한한다)를 시설하고 또한 그 절연변압기의 부하측 전로를 접지하지 않은 경우
8. 물기 있는 장소 이외의 장소에 시설하는 저압용 개별 기계기구에 전기를 공급하는 전로에 전기용품안전관리법의 적용을 받는 인체감전보호용 누전차단기(정격감도전류가 30mA 이하, 동작시간이 0.03초 이하의 전류동작형에 한한다)를 시설하는 경우
9. 외함을 충전하여 사용하는 기계기구에 사람이 접촉할 우려가 없도록 시설하거나 절연대를 시설하는 경우

80 정답 ①

교류아크용접기용 자동전격방지기(전격방지기)란 대상으로 하는 용접기의 주회로(변압기의 경우는 1차회로 또는 2차회로)를 제어하는 장치를 가지고 있어, 용접봉의 조작에 따라 용접할 때에만 용접기의 주회로를 형성하고, 그 외에는 용접기의 출력측의 무부하전압을 25볼트 이하로 저하시키도록 동작하는 장치를 말한다(방호장치 자율안전기준 고시 제4조 제1호).

5과목 화학설비 안전 관리

81 정답 ②

사업주는 안전밸브 등의 전단·후단에 차단밸브를 설치해서는 아니 된다. 다만, 다음의 어느 하나에 해당하는 경우에는 자물쇠형 또는 이에 준하는 형식의 차단밸브를 설치할 수 있다(안전보건규칙 제266조).

1. 인접한 화학설비 및 그 부속설비에 안전밸브 등이 각각 설치되어 있고, 해당 화학설비 및 그 부속설비의 연결배관에 차단밸브가 없는 경우
2. 안전밸브 등의 배출용량의 2분의 1 이상에 해당하는 용량의 자동압력조절밸브(구동용 동력원의 공급을 차단하는 경우 열리는 구조인 것으로 한정한다)와 안전밸브 등이 병렬로 연결된 경우
3. 화학설비 및 그 부속설비에 안전밸브 등이 복수방식으로 설치되어 있는 경우
4. 예비용 설비를 설치하고 각각의 설비에 안전밸브 등이 설치되어 있는 경우
5. 열팽창에 의하여 상승된 압력을 낮추기 위한 목적으로 안전밸브가 설치된 경우
6. 하나의 플레어 스택(flare stack)에 둘 이상의 단위공정의 플레어 헤더(flare header)를 연결하여 사용하는 경우로서 각각의 단위공정의 플레어헤더에 설치된 차단밸브의 열림·닫힘 상태를 중앙제어실에서 알 수 있도록 조치한 경우

82 정답 ④

니트로셀룰로오스는 셀룰로오스에 황산과 질산을 혼합한 혼산으로 안전용제이며 저장 중에 물 또는 알코올로 습윤하여 저장·운반한다.

83 정답 ①

① **수소** : $0.019 \times 10^{-3} J$
② **메탄** : $0.28 \times 10^{-3} J$
③ **에탄** : $0.24 \sim 0.25^{-3} J$
④ **프로판** : $0.26^{-3} J$

84 정답 ③

표면연소는 연소물 표면에서 산소와의 급격한 산화반응으로 빛과 열을 수반하는 연소반응으로 불꽃이 없는 것이 없으며 코크스, 목탄, 금속분 등에서 나타난다.

85 정답 ②

질산암모늄은 냄새나 색깔이 없고 흡습성이 있고 물에 잘 녹는다. 물에 녹을 때 다량의 열을 흡수한다.
$NH_4NO_3 \rightarrow N_2O + 2H_2O$

86 정답 ①

① CS_2 : -30℃
② C_2H_5OH : 11℃
③ CH_3COCH_3 : -20℃
④ $CH_3COOC_2H_5$: -4℃

87 정답 ④

상부는 가벼운 재질로 하고 폭발시 벽은 폭발에 견디고 폭발력이 상부로 편중되도록 하여야 한다.

88 정답 ②

② B급 : 유류화재
① A급 : 일반화재
③ C급 : 전기화재
④ K급 : 주방화재

89 정답 ①

① **자기연소** : 연소에 필요한 산소의 전부 또는 일부를 자기 분자 속에 포함하고 있는 물체의 연소
② **표면연소** : 목탄이나 코크스 등의 탄소와 같이 가열되어도 증발, 분해 등을 하지 않고 고체 그대로 연소하는 경우
③ **분해연소** : 가열에 의하여 석탄이나 나무 같은 물체가 분해되어 생긴 가연성의 기체 또는 증기가 타는 과정
④ **분무연소** : 중유 등을 분무해서 미세한 물방울로 만들어 연소시키는 것

90 정답 ③

③ Cu는 물과 반응하지 않는다.
Mg, Zn, Na은 물과 반응하여 수소를 발생시킨다.

91 정답 ②

리튬은 물과 반응하여 수소가스를 발생시킨다.

92 정답 ④

단열압축에서 온도변화

$$\frac{T_2}{T_1} = \left(\frac{P_2}{P_1}\right)^{\frac{k-1}{k}} \quad T_2 = T_1 \times \left(\frac{P_2}{P_1}\right)^{\frac{k-1}{k}}$$

$$= (273+20) \times \left(\frac{5}{1}\right)^{\frac{1.4-1}{1.4}}$$

$$= 464.059\text{K}$$

절대온도를 섭씨온도로 바꾸면 $464.059 - 273 \fallingdotseq 191$℃

93 정답 ③

인화성 고체는 쉽게 연소되거나 마찰에 의해 화재를 일으키거나 촉진할 수 있는 물질로 리튬, 황 등이 이에 속한다.

94 정답 ②

② Leidenfrost point : 끓는점보다 높은 온도 중 열전달 계수가 가장 낮은 점, 즉 물방울이 가장 천천히 증발할 때의 온도로 어떤 액체가 그 액체의 끓는점보다 훨씬 더 뜨거운 부분과 접촉할 경우 빠르게 액체가 끓으면서 증기로 이루어진 단열층이 만들어진다.
① Burn-out point : 비등 전열에 있어 핵 비등에서 막 비등으로 이행할 때 열유속이 극댓값을 나타내는 점
③ Entrainment point : 증기 속에 존재하는 액체 방울의 일

부가 증기와 함께 밖으로 배출되는 점
④ Sub-cooling boiling point : 부냉각 비등점

95 정답 ④

금속의 용접·용단 또는 가열에 사용되는 가스 등의 용기를 취급할 때의 준수사항(안전보건규칙 제234조)

1. 다음의 어느 하나에 해당하는 장소에서 사용하거나 해당 장소에 설치·저장 또는 방치하지 않도록 할 것
   ㉠ 통풍이나 환기가 불충분한 장소
   ㉡ 화기를 사용하는 장소 및 그 부근
   ㉢ 위험물 또는 인화성 액체를 취급하는 장소 및 그 부근
2. 용기의 온도를 섭씨 40도 이하로 유지할 것
3. 전도의 위험이 없도록 할 것
4. 충격을 가하지 않도록 할 것
5. 운반하는 경우에는 캡을 씌울 것
6. 사용하는 경우에는 용기의 마개에 부착되어 있는 유류 및 먼지를 제거할 것
7. 밸브의 개폐는 서서히 할 것
8. 사용 전 또는 사용 중인 용기와 그 밖의 용기를 명확히 구별하여 보관할 것
9. 용해 아세틸렌의 용기는 세워 둘 것
10. 용기의 부식·마모 또는 변형상태를 점검한 후 사용할 것

96 정답 ②

② **엘보우(elbow)** : 축과 축을 연결하며 관로의 방향을 변경하기 위해 사용되는 부품
① **니플(nipple)** : 암나사를 절삭하여 다른 이음매에 박아서 사용하는 자재
③ **플랜지(flange)** : 관이음의 접속부분
④ **유니온(union)** : 직선 배관의 분해가 가능한 부품

97 정답 ①

수소는 우주 질량의 약 75%, 원자의 개수로는 약 90%를 차지하고 있다고 할 만큼 풍부하며, 자연계에 존재하는 원소들 중에 가장 작은 원자들로 구성되어 있다.

98 정답 ③

자기반응성물질은 고체 또는 액체로서 폭발의 위험성 또는 가열분해의 격렬함을 판단하기 위하여 고시로 정하는 시험에서 고시로 정하는 성질과 상태를 나타내는 것을 말한다(위험물안전관리법 시행령 별표 1). 자기반응성물질에는 유기과산화물, 질산에스테르류, 니트로화합물, 아조화합물, 디아조화합물, 히드록실아민, 히드록실아민류 등이 있다.

99 정답 ④

열감지기 : 차동식스포트형, 차동식분포형, 정온식스포트형, 정온식감지선형, 보상식스포트형
연기감지기 : 이온화식, 광전식
불꽃감지기 : 자외선식, 적외선식, 자외선적외선겸용, 복합형

100 정답 ①

내화구조로 하여야 하는 부분(안전보건규칙 제270 제1항)

1. **건축물의 기둥 및 보** : 지상 1층(지상 1층의 높이가 6미터를 초과하는 경우에는 6미터)까지
2. **위험물 저장·취급용기의 지지대(높이가 30센티미터 이하인 것은 제외한다)** : 지상으로부터 지지대의 끝부분까지
3. **배관·전선관 등의 지지대** : 지상으로부터 1단(1단의 높이가 6미터를 초과하는 경우에는 6미터)까지

6과목 건설공사 안전 관리

101 정답 ②

항타기 또는 항발기의 권상용 와이어로프의 안전계수는 5 이상이어야 한다.

$$\text{안전계수} = \frac{\text{절단하중}}{\text{정격하중}},$$

$$\text{정격하중} = \frac{\text{절단하중}}{\text{안전계수}} = \frac{100}{5} = 20(\text{ton})$$

102 정답 ④

철골구조의 앵커볼트매립과 관련된 준수사항(철골공사표준안전작업지침 제5조)

1. 앵커 볼트는 매립 후에 수정하지 않도록 설치하여야 한다.
2. 앵커 볼트를 매립하는 정밀도는 다음의 범위 이내이어야 한다.
   ㉠ 기둥중심은 기준선 및 인접기둥의 중심에서 5밀리미터 이상 벗어나지 않을 것
   ㉡ 인접기둥간 중심거리의 오차는 3밀리리터 이하일 것
   ㉢ 앵커 볼트는 기둥중심에서 2밀리미터 이상 벗어나지 않을 것

㉣ 베이스 플레이트의 하단은 기준 높이 및 인접기둥의 높이에서 3밀리미터 이상 벗어나지 않을 것
3. 앵커 볼트는 견고하게 고정시키고 이동, 변형이 발생하지 않도록 주의하면서 콘크리트를 타설해야 한다.

103 정답 ②

유해위험방지계획서를 제출해야 할 건설공사 대상 사업장 기준(영 제42조 제3항)

1. 다음의 어느 하나에 해당하는 건축물 또는 시설 등의 건설·개조 또는 해체 공사
   ㉠ 지상높이가 31미터 이상인 건축물 또는 인공구조물
   ㉡ 연면적 3만제곱미터 이상인 건축물
   ㉢ 연면적 5천제곱미터 이상인 시설
2. 연면적 5천제곱미터 이상인 냉동·냉장 창고시설의 설비공사 및 단열공사
3. 최대 지간길이(다리의 기둥과 기둥의 중심사이의 거리)가 50미터 이상인 다리의 건설 등 공사
4. 터널의 건설 등 공사
5. 다목적댐, 발전용댐, 저수용량 2천만톤 이상의 용수 전용 댐 및 지방상수도 전용 댐의 건설 등 공사
6. 깊이 10미터 이상인 굴착공사

104 정답 ④

사업주는 터널 등의 건설작업을 하는 경우에 낙반 등에 의하여 근로자가 위험해질 우려가 있는 경우에 터널 지보공 및 록볼트의 설치, 부석(浮石)의 제거 등 위험을 방지하기 위하여 필요한 조치를 하여야 한다(안전보건규칙 제351조).

105 정답 ③

사업주는 터널 지보공을 설치한 경우에 다음의 사항을 수시로 점검하여야 하며, 이상을 발견한 경우에는 즉시 보강하거나 보수하여야 한다(안전보건규칙 제366조).

1. 부재의 손상·변형·부식·변위 탈락의 유무 및 상태
2. 부재의 긴압 정도
3. 부재의 접속부 및 교차부의 상태
4. 기둥침하의 유무 및 상태

106 정답 ④

개구부 등의 방호조치(안전보건규칙 제43조)

1. 사업주는 작업발판 및 통로의 끝이나 개구부로서 근로자가 추락할 위험이 있는 장소에는 안전난간, 울타리, 수직형 추락방망 또는 덮개 등의 방호 조치를 충분한 강도를 가진 구조로 튼튼하게 설치하여야 하며, 덮개를 설치하는 경우에는 뒤집히거나 떨어지지 않도록 설치하여야 한다. 이 경우 어두운 장소에서도 알아볼 수 있도록 개구부임을 표시해야 하며, 수직형 추락방망은 한국산업표준에서 정하는 성능기준에 적합한 것을 사용해야 한다.
2. 사업주는 난간 등을 설치하는 것이 매우 곤란하거나 작업의 필요상 임시로 난간 등을 해체하여야 하는 경우 추락방호망을 설치하여야 한다. 다만, 추락방호망을 설치하기 곤란한 경우에는 근로자에게 안전대를 착용하도록 하는 등 추락할 위험을 방지하기 위하여 필요한 조치를 하여야 한다.

107 정답 ①

철골기둥, 빔 및 트러스 등의 철골구조물을 일체화 또는 지상에서 조립하면 고소에서의 작업이 줄어 든다.

108 정답 ②

사업주는 차량 등에서 화물을 내리는 작업을 하는 경우에 해당 작업에 종사하는 근로자에게 쌓여 있는 화물 중간에서 화물을 빼내도록 해서는 아니 된다(안전보건규칙 제389조).

109 정답 ④

단독으로 긴 물건을 어깨에 메고 운반할 때에는 앞쪽을 올린 상태로 운반한다.

110 정답 ②

사업주는 항타기 또는 항발기의 권상장치의 드럼축과 권상장치로부터 첫 번째 도르래의 축 간의 거리를 권상장치 드럼폭의 15배 이상으로 하여야 한다(안전보건규칙 제216조 제2항).

111 정답 ①

방망에 표시해야할 사항(추락재해방지표준안전작업지침 제13조)

1. 제조자명
2. 제조연월
3. 재봉치수
4. 그물코
5. 신품인 때의 방망의 강도

112 정답 ②

사업주는 차량계 건설기계를 사용하는 작업을 할 때에 그 기계가 넘어지거나 굴러 떨어짐으로써 근로자가 위험해질 우려가 있는 경우에는 유도하는 사람을 배치하고 지반의 부동침하 방지, 갓길의 붕괴 방지 및 도로 폭의 유지 등 필요한 조치를 하여야 한다(안전보건규칙 제199조).

113 정답 ④

터널굴착작업 작업계획서 내용(안전보건규칙 별표 4)

1. 굴착의 방법
2. 터널지보공 및 복공의 시공방법과 용수의 처리방법
3. 환기 또는 조명시설을 설치할 때에는 그 방법

114 정답 ③

콘크리트 타설시 콘크리트의 온도가 높고 습도가 낮으면 경화가 빨라 콘크리트의 측압이 작아진다.

115 정답 ①

강관틀비계를 조립하여 사용하는 경우 준수해야할 사항(안전보건규칙 제62조)

1. 비계기둥의 밑둥에는 밑받침 철물을 사용하여야 하며 밑받침에 고저차가 있는 경우에는 조절형 밑받침철물을 사용하여 각각의 강관틀비계가 항상 수평 및 수직을 유지하도록 할 것
2. 높이가 20미터를 초과하거나 중량물의 적재를 수반하는 작업을 할 경우에는 주틀 간의 간격을 1.8미터 이하로 할 것
3. 주틀 간에 교차 가새를 설치하고 최상층 및 5층 이내마다 수평재를 설치할 것
4. 수직방향으로 6미터, 수평방향으로 8미터 이내마다 벽이음을 할 것
5. 길이가 띠장 방향으로 4미터 이하이고 높이가 10미터를 초과하는 경우에는 10미터 이내마다 띠장 방향으로 버팀기둥을 설치할 것

116 정답 ②

② **백호우(back hoe)** : 기계가 서 있는 지면보다 낮은 장소의 굴착에도 적당하고 수중굴착도 가능한 기계

① **파워 쇼벨(Power Shovel)** : 흙을 파는 바가지가 위를 향해 붙어 있어 장비의 위치보다 높은 곳의 흙을 파는 장비

③ **가이데릭(guy derrick)** : 트라스 또는 기둥으로 구성된 긴 마스트를 수직으로 세우고 이것이 넘어지지 않도록 지지하는 여러 가닥의 선을 설치한 크레인

④ **파일드라이버(pile driver)** : 공사장에서 단단한 땅에 구멍을 뚫거나 말뚝을 박는 데 사용하는 기계

117 정답 ①

작업대를 와이어로프 또는 체인으로 올리거나 내릴 경우에는 와이어로프 또는 체인이 끊어져 작업대가 떨어지지 아니하는 구조여야 하며, 와이어로프 또는 체인의 안전율은 5 이상일 것(안전보건규칙 제186조 제1항 제1호)

118 정답 ②

말비계를 조립하여 사용하는 경우에 관한 준수사항(안전보건규칙 제67조)

1. 지주부재의 하단에는 미끄럼 방지장치를 하고, 근로자가 양측 끝부분에 올라서서 작업하지 않도록 할 것
2. 지주부재와 수평면의 기울기를 75도 이하로 하고, 지주부재와 지주부재 사이를 고정시키는 보조부재를 설치할 것
3. 말비계의 높이가 2미터를 초과하는 경우에는 작업발판의 폭을 40센티미터 이상으로 할 것

119 정답 ③

양중기의 종류(안전보건규칙 제132조 제1항)

1. 크레인(호이스트(hoist)를 포함한다)
2. 이동식 크레인
3. 리프트(이삿짐운반용 리프트의 경우에는 적재하중이 0.1톤 이상인 것으로 한정한다)
4. 곤돌라
5. 승강기

120 정답 ①

$$\text{안전율(안전계수)} = \frac{\text{인장강도}}{\text{최대허용응력}}$$

$$\text{최대허용응력} = \frac{\text{인장강도}}{\text{안전율}} = \frac{1{,}000}{5} = 200(\text{MPa})$$

1과목 산업재해 예방 및 안전보건교육

01	①	02	③	03	④	04	②	05	①
06	②	07	④	08	④	09	①	10	②
11	①	12	③	13	②	14	④	15	③
16	④	17	②	18	①	19	④	20	①

2과목 인간공학 및 위험성 평가 · 관리

21	④	22	②	23	③	24	②	25	①
26	③	27	②	28	③	29	②	30	①
31	④	32	②	33	③	34	④	35	②
36	③	37	④	38	①	39	②	40	④

3과목 기계 · 기구 및 설비 안전 관리

41	②	42	③	43	④	44	①	45	②
46	①	47	④	48	②	49	①	50	③
51	①	52	④	53	③	54	①	55	②
56	④	57	③	58	②	59	①	60	④

4과목 전기설비 안전 관리

61	①	62	②	63	④	64	③	65	④
66	①	67	③	68	②	69	①	70	③
71	②	72	④	73	②	74	③	75	①
76	④	77	①	78	②	79	③	80	①

5과목 화학설비 안전 관리

81	③	82	④	83	③	84	①	85	③
86	②	87	①	88	④	89	③	90	④
91	①	92	③	93	②	94	④	95	③
96	②	97	④	98	①	99	②	100	③

6과목 건설공사 안전 관리

101	②	102	①	103	③	104	①	105	②
106	④	107	③	108	④	109	②	110	④
111	②	112	③	113	①	114	②	115	②
116	①	117	④	118	②	119	④	120	①

1과목 산업재해 예방 및 안전보건교육

01 정답 ①

① **버즈세션(Buzz session)** : 6명씩 소집단으로 구분하고 6분씩 자유토의를 진행하여 의견을 종합하는 토의 방법
② **패널 디스커션(Panel discussion)** : 2~8명의 서로 다른 분야의 연사가 전문가적 견해를 발표하는 공개 토론회
③ **심포지엄(Symposium)** : 어떤 논제에 대하여 다양한 의견을 가진 전문가나 권위자들이 각각 강연식으로 의견을 발표한 후 청중에게 질문할 기회를 주는 토의 방식
④ **포럼(Forum)** : 새로운 자료나 교재를 제시하여 문제점을 피교육자로 하여금 제기하게 하여 발표하고 토의하는 방법

02 정답 ③

음압수준이란 음압을 다음 식에 따라 데시벨(dB)로 나타낸 것을 말하며 적분평균소음계(KS C 1505) 또는 소음계(KS C 1502)에서 규정하는 소음계의 "C" 특성을 기준으로 한다(보호구 안전인증 고시 제32조 제3호).

03 정답 ④

성인학습의 원리 : 자발학습의 원리, 자기주도의 원리, 상호학습의 원리, 참여교육의 원리, 다양성의 원리

04 정답 ②

상해 정도별 분류

1. **사망** : 노동손실일수 7,500일
2. **영구 전노동 불능상해** : 노동손실일수 7,500일
3. **영구 일부노동 불능상해** : 부상결과 신체의 일부가 근로기능을 완전히 잃은 경우로 신체장해등급 제4급~제14급
4. **일시 전노동 불능상해** : 일정기간 근로를 할 수 없는 경우

05 정답 ①

경고표지(규칙 별표 6)

폭발성물질 경고	방사성물질 경고
매달린 물체 경고	고압전기 경고

06 정답 ②

Off JT(Off the Job Training)는 직장 외 훈련으로 현장의 작업과 달리 일정한 곳에 모여 대규모로 일시에 교육을 할 수 있다. 따라서 교육훈련에만 전념할 수 있다.

07 정답 ④

혈액의 수분과 염분은 야간에 상승하고 주간에는 감소한다. 체온, 혈압, 맥박수는 주간에 상승하고 야간에 감소한다.

08 정답 ④

안전보건관리규정의 세부 내용(규칙 별표 3)

1. **총칙**
   ㉠ 안전보건관리규정 작성의 목적 및 적용 범위에 관한 사항
   ㉡ 사업주 및 근로자의 재해 예방 책임 및 의무 등에 관한 사항
   ㉢ 하도급 사업장에 대한 안전·보건관리에 관한 사항
2. **안전·보건 관리조직과 그 직무**
   ㉠ 안전·보건 관리조직의 구성방법, 소속, 업무 분장 등에 관한 사항
   ㉡ 안전보건관리책임자(안전보건총괄책임자), 안전관리자, 보건관리자, 관리감독자의 직무 및 선임에 관한 사항
   ㉢ 산업안전보건위원회의 설치·운영에 관한 사항
   ㉣ 명예산업안전감독관의 직무 및 활동에 관한 사항
   ㉤ 작업지휘자 배치 등에 관한 사항
3. **안전·보건교육**
   ㉠ 근로자 및 관리감독자의 안전·보건교육에 관한 사항
   ㉡ 교육계획의 수립 및 기록 등에 관한 사항
4. **작업장 안전관리**
   ㉠ 안전·보건관리에 관한 계획의 수립 및 시행에 관한 사항
   ㉡ 기계·기구 및 설비의 방호조치에 관한 사항
   ㉢ 유해·위험기계 등에 대한 자율검사프로그램에 의한 검사 또는 안전검사에 관한 사항
   ㉣ 근로자의 안전수칙 준수에 관한 사항
   ㉤ 위험물질의 보관 및 출입 제한에 관한 사항
   ㉥ 중대재해 및 중대산업사고 발생, 급박한 산업재해 발생의 위험이 있는 경우 작업중지에 관한 사항
   ㉦ 안전표지·안전수칙의 종류 및 게시에 관한 사항과 그 밖에 안전관리에 관한 사항
5. **작업장 보건관리**
   ㉠ 근로자 건강진단, 작업환경측정의 실시 및 조치절차 등에 관한 사항
   ㉡ 유해물질의 취급에 관한 사항
   ㉢ 보호구의 지급 등에 관한 사항
   ㉣ 질병자의 근로 금지 및 취업 제한 등에 관한 사항
   ㉤ 보건표지·보건수칙의 종류 및 게시에 관한 사항과 그 밖에 보건관리에 관한 사항
6. **사고 조사 및 대책 수립**
   ㉠ 산업재해 및 중대산업사고의 발생 시 처리 절차 및 긴급조치에 관한 사항
   ㉡ 산업재해 및 중대산업사고의 발생원인에 대한 조사 및 분석, 대책 수립에 관한 사항
   ㉢ 산업재해 및 중대산업사고 발생의 기록·관리 등에 관한 사항
7. **위험성평가에 관한 사항**
   ㉠ 위험성평가의 실시 시기 및 방법, 절차에 관한 사항
   ㉡ 위험성 감소대책 수립 및 시행에 관한 사항
8. **보칙**
   ㉠ 무재해운동 참여, 안전·보건 관련 제안 및 포상·징계 등 산업재해 예방을 위하여 필요하다고 판단하는 사항
   ㉡ 안전·보건 관련 문서의 보존에 관한 사항
   ㉢ 그 밖의 사항

09 정답 ①

재해사례연구의 진행순서 : 재해상황의 파악→사실의 확인→문제점의 발견→근본 문제점의 결정→대책 수립

10 정답 ②

안전교육 방법의 4단계 : 도입 → 제시 → 적용 → 확인
1. **도입** : 학습할 준비를 시킨다.
2. **제시** : 작업을 설명한다.
3. **적용** : 작업을 시켜본다.
4. **확인** : 가르친 뒤 확인한다.

11 정답 ①

① **1인 위험예지훈련** : 한 사람, 한 사람의 위험에 대한 감수성 향상을 도모하기 위하여 삼각 및 원 포인트 위험예지훈련을 실시하는 것
② **시나리오 역할연기훈련** : 작업 전 5분간 미팅의 시나리오를 작성하여 그 시나리오를 보고 멤버들이 연기함으로써 체험학습시키는 것
③ **자문자답 위험예지훈련** : 작업을 안전하게 오조작 없이 작업공정의 요소요소에서 자신의 행동을 지적하고 확인하는 것
④ **TBM 위험예지훈련** : 작업시작 전, 중식 후, 작업 종류 후 짧은 시간을 활용하여 실시하는 것

12 정답 ③

의무안전인증대상 기계·기구 및 설비(영 제74조 제1항 제1호)
1. 프레스
2. 전단기 및 절곡기(折曲機)
3. 크레인
4. 리프트
5. 압력용기
6. 롤러기
7. 사출성형기(射出成形機)
8. 고소(高所) 작업대
9. 곤돌라

13 정답 ②

라인-스탭(Line-Staff) 조직
1. 1,000명 이상의 대규모 조직에 적합
2. 전문 스태프를 두고 생산 라인의 각 층에도 각 부서의 장이 안전보건 담당
3. 안전보건 정책이 스태프에서 수립되면 라인조직에 전파되어 실행되는 형태의 조직
4. 라인과 스태프가 협조를 할 수 있으며 라인에게는 생산과 안전보건의 책임과 권한이 동시에 부여
5. 안전보건업무와 생산업무가 균형을 유지할 수 있는 이상적인 조직

14 정답 ④

산업안전심리의 5대 요소 : 동기, 습관, 기질, 감정, 습성

15 정답 ③

라인(Line)형 안전관리조직은 소규모 조직에 적합한 형태로 명령계통이 간단명료하다.
① 라인-스테프형 조직은 명령계통과 조언, 권고적 참여의 혼돈이 우려된다.
②, ④ 스태프형 조직은 중규모 조직에 적합하고 안전과 생산을 별개로 취급한다.

16 정답 ④

강의법은 강사 중심적 수업형태의 하나로서 수강생들에게 제시할 학습자료를 설명, 또는 주입의 형식을 통해 행하는 수업으로 다수의 수강생들을 대상으로 하기 때문에 수강자 개개인의 학습진도를 조절할 수 없다.

17 정답 ②

방음용 귀마개 또는 귀덮개의 종류·등급등(보호구 안전인증 고시 별표 12)

종류	등급	기호	성능	비고
귀마개	1종	EP－1	저음부터 고음까지 차음하는 것	귀마개의 경우 재사용 여부를 제조특성으로 표기
	2종	EP－2	주로 고음을 차음하고 저음(회화음영역)은 차음하지 않는 것	
귀덮개	－	EM		

18 정답 ①

버드의 재해구성 비율 1(중상 또는 폐질) : 10(경상) : 30(무상해(물적손실)) : 600(무상해, 무손실, 무사고 고장)

$x=\frac{120}{30}=4$건

19 정답 ④

재해예방의 4원칙 : 예방가능의 원칙, 손실우연의 원칙, 원인연계의 원칙, 대책선정의 원칙

20 정답 ①

① **포럼(Forum)** : 새로운 자료나 교재를 제시하여 문제점을 피교육자로 하여금 제기하게 하여 발표하고 토의하는 방법
② **버즈세션(Buzz session)** : 6명씩 소집단으로 구분하고 6분씩 자유토의를 진행하여 의견을 종합하는 토의 방법
④ **패널 디스커션(Panel Discussion)** : 특정 사안에 대한 해결책을 찾기 위해서 2인 이상 다수의 발표자가 서로 다른 분야에서 전문적인 견해를 제시하고 토론하는 방법

2과목 인간공학 및 위험성 평가 · 관리

21 정답 ④

사업주는 근로자가 상시 작업하는 장소의 작업면 조도를 다음의 기준에 맞도록 하여야 한다. 다만, 갱내 작업장과 감광재료를 취급하는 작업장은 그러하지 아니하다(안전보건규칙 제8조).

1. **초정밀작업** : 750럭스 이상
2. **정밀작업** : 300럭스 이상
3. **보통작업** : 150럭스 이상
4. **그 밖의 작업** : 75럭스 이상

22 정답 ②

초점거리와 디옵터

디옵터$=\frac{1}{\text{초점거리}}$(초점거리는 렌즈가 초점을 맺는 거리)

$\frac{1}{0.25}-\frac{1}{4}=\frac{1}{\text{초점거리}}$에서 초점거리$=0.266$

$\therefore$ 디옵터$=\frac{1}{0.266}=3.75D$

23 정답 ③

정성적 평가항목

1. **설계관계** : 입지조건, 공장 내 배치, 건조물, 소방설비
2. **운전관계** : 원재료, 중간제품, 수송, 저장, 공정기기

24 정답 ②

최소 컷셋(minimal cutsets)

X_1, X_2를 A, X_3을 B로 하면 $T \rightarrow (A, X_3, X_4) \rightarrow (B, X_4), (X_3, X_4) \rightarrow (X_1, X_2, X_4), (X_3, X_4)$

25 정답 ①

① 동목(moving scale)형 아날로그 표시장치는 표시장치의 면적을 최소화할 수 있는 장점이 있다.
② 정확한 값을 읽어야 하는 경우 일반적으로 아날로그보다 디지털 표시장치가 유리하다.
③ 연속적으로 변화하는 양을 나타내는 데에는 일반적으로 디지털보다 아날로그 표시장치가 유리하다.
④ 동침(moving pointer)형 아날로그 표시장치는 바늘의 진행 방향과 증감 속도에 대한 인식적인 암시 신호를 얻는 것이 가능한 장점이 있다.

26 정답 ③

운동양립성 : 조작장치의 방향과 표시장치의 움직이는 방향이 사용자의 기대와 일치하는 것으로 레버를 위로 올리면 압력이 올라가도록 하는 것이다.
공간양립성 : 물리적 형태나 공간적인 배치가 사용자의 기대와 일치하는 것으로 오른쪽 스위치를 눌렀을 때 오른쪽 전등이 켜지도록 하는 것이다.

27 정답 ②

② 신체가 외상을 입으면 출혈방지를 위하여 혈소판이나 혈액응고 인자가 증가한다.
① 스트레스를 받으면 더 많은 산소를 얻기 위해 호흡이 빨라진다.
③ 스트레스를 받으면 중요한 장기인 뇌·심장·근육을 보호

하기 위해 혈류가 증가한다.
④ 스트레스를 받으면 상황 판단과 빠른 행동 대응을 위해 감각기관은 매우 예민해진다.

28 정답 ③

③ **입체시력**(stereoscopic acuity) : 깊이의 어긋남, 먼 곳과 가까운 곳을 판단하는 능력
① **배열시력**(vernier acuity) : 둘 또는 그 이상의 물체들을 평면에 배열하여 놓고 그것이 일렬로 배열하여 있는지를 판별하는 능력
② **동적시력**(dynamic visual acuity) : 움직이는 것을 인지하는 능력
④ **최소지각시력**(minimum perceptible acuity) : 배경으로부터 한 점을 분간할 수 있는 능력

29 정답 ②

안전성 평가의 기본원칙 6단계
1단계 : 관계자료의 정비검토
2단계 : 정성적 평가
3단계 : 정량적 평가
4단계 : 안전대책
5단계 : 재해정보에 의한 재평가
6단계 : FTA에 의한 재평가

30 정답 ①

minimal path : 정상사상이 일어나지 않기 위해 필요한 최소한의 집합으로 시스템의 위험성을 나타낸다.

31 정답 ④

phon으로 표시한 음량수준은 dB와 같은 크기로 들리므로 100dB는 100phon이다.

32 정답 ②

결함수분석법(FTA)에 의한 재해사례의 연구 순서
1단계 : 정상사상의 선정
2단계 : 사상마다 재해원인 및 요인 규명
3단계 : FT(Faulr tree)도 작성
4단계 : 개선계획의 작성
5단계 : 개선안 실시계획

33 정답 ③

추천반사율의 크기
1. **천장** : 80~90%
2. **창문, 벽** : 40~60%
3. **가구, 책상, 주변기기** : 25~40%
4. **바닥** : 20~40%

34 정답 ④

착석식 작업대의 높이 설계를 할 경우 고려해야 할 사항
1. 의자 높이 조절
2. 작업의 성격
3. 대퇴 여유

35 정답 ②

양립성의 종류 : 공간적 양립성, 운동적 양립성, 개념적 양립성, 양식 양립성

36 정답 ③

신뢰도 $= r_1 \times r_2$ (r_1: 인간의 신뢰도, r_2: 기계의 신뢰도)
신뢰도 $= r_1 \times r_2 = 0.5 \times 0.8 = 0.40$

37 정답 ④

$$대비 = \frac{배경의\ 광도-표적의\ 광도}{배경의\ 광도}$$

$$휘도 = \frac{반사율 \times 조도}{\pi} = \frac{0.85 \times 350}{3.14} \doteqdot 95$$

전체 휘도 $=$ 밝기 $+$ 휘도 $= 400 + 95 = 495$

$$대비 = \frac{95-495}{95} \doteqdot -4.2$$

38 정답 ①

발한(發汗)은 피부의 땀샘에서 땀이 분비되는 것으로 온열성 발한은 외계온도의 상승에 의해 손바닥 및 발바닥 이외의 모

든 피부면에 나타나며 그 증발열에 의해 체온조절이 된다. 정신성 발한은 정신흥분 또는 통각자극 등이 원인으로 교감신경계의 자극 결과로서 발한한다.

39 정답 ②

후각적 표시장치(olfactory display)는 후각을 이용하여 정보를 전송하는 매체로 냄새의 확산을 통제할 수 없다.

40 정답 ④

최소 컷셋은 정상사상을 일으키기 위한 기본사상의 최소집합[최소한의 컷], 시스템의 위험성을 나타낸다. 패스 셋은 시스템에 고장이 발생하지 않도록 하는 모든 사상의 집합이다.

3과목 기계 · 기구 및 설비 안전 관리

41 정답 ②

강렬한 소음작업(안전보건규칙 제512조 제2호)

1. 90데시벨 이상의 소음이 1일 8시간 이상 발생하는 작업
2. 95데시벨 이상의 소음이 1일 4시간 이상 발생하는 작업
3. 100데시벨 이상의 소음이 1일 2시간 이상 발생하는 작업
4. 105데시벨 이상의 소음이 1일 1시간 이상 발생하는 작업
5. 110데시벨 이상의 소음이 1일 30분 이상 발생하는 작업
6. 115데시벨 이상의 소음이 1일 15분 이상 발생하는 작업

42 정답 ③

$$\text{안전율} = \frac{\text{극한강도}}{\text{허용응력}} = \frac{128}{32} = 4$$

43 정답 ④

Fool proof는 인간이 기계 등의 취급을 잘못해도 그것이 바로 사고나 재해와 연결되는 일이 없는 기능을 말한다.

44 정답 ①

지게차 및 구내 운반차의 작업시작 전 점검사항(안전보건규칙 별표 3)

1. 제동장치 및 조종장치 기능의 이상 유무
2. 하역장치 및 유압장치 기능의 이상 유무
3. 바퀴의 이상 유무
4. 전조등 · 후미등 · 방향지시기 및 경보장치 기능의 이상 유무
5. 충전장치를 포함한 홀더 등의 결합상태의 이상 유무

45 정답 ②

② **스택 스위치 :** 연도에 설치된 바이메탈 온도 스위치로, 버너가 착화하면 연도가스의 온도가 상승하여 바이메탈 스위치는 전기회로를 닫고, 반대로 버너가 점화하지 않거나 또는 불이 꺼졌을 때에는 전기회로가 열리는 개폐를 신호로 하여 조절부에 이송되는 것

① **프레임 아이 :** 버너 불꽃으로부터 광선을 포착할 수 있는 위치에 부착되고 입사광의 에너지를 광전관으로 포착하여 출력전류를 신호로 하여 조절부에 이송하는 것

③ **프레임 로드 :** 버너의 분사구에 인접한 화염 속에 설치된 전극

46 정답 ①

투과사진의 상질을 점검할 때 확인해야 할 항목

1. 시험부의 사진농도
2. 계조계의 값
3. 투과도계의 식별도 최소 전경

47 정답 ④

프레스 등을 사용하여 작업을 하는 경우 작업시작 전 점검사항(안전보건규칙 별표 3)

1. 클러치 및 브레이크의 기능
2. 크랭크축 · 플라이휠 · 슬라이드 · 연결봉 및 연결 나사의 풀림 여부
3. 1행정 1정지기구 · 급정지장치 및 비상정지장치의 기능
4. 슬라이드 또는 칼날에 의한 위험방지 기구의 기능
5. 프레스의 금형 및 고정볼트 상태
6. 방호장치의 기능
7. 전단기의 칼날 및 테이블의 상태

48 정답 ②

방호장치(위험기계 · 기구방호장치기준 제3조)

1. **위험장소에 대한 방호장치 :** 위치제한형 방호장치, 접근거

부형 방호장치, 접근반응형 방호장치, 격리형 방호장치
2. **위험원에 대한 방호장치** : 포집형 방호장치, 감지형 방호장치

49 정답 ①

압력방출장치는 매년 1회 이상 산업통상자원부장관의 지정을 받은 국가교정업무 전담기관에서 교정을 받은 압력계를 이용하여 설정압력에서 압력방출장치가 적정하게 작동하는지를 검사한 후 납으로 봉인하여 사용하여야 한다. 다만, 공정안전보고서 제출 대상으로서 고용노동부장관이 실시하는 공정안전보고서 이행상태 평가결과가 우수한 사업장은 압력방출장치에 대하여 4년마다 1회 이상 설정압력에서 압력방출장치가 적정하게 작동하는지를 검사할 수 있다(안전보건규칙 제116조 제2항).

50 정답 ③

휴대용 연삭기, 스윙연삭기, 스라브연삭기, 그 밖에 이와 비슷한 연삭기의 덮개 각도(방호장치 자율안전인증고시 별표 4) : 180° 이내
연삭숫돌의 상부를 사용하는 것을 목적으로 하는 탁상용 연삭기의 덮개 각도(방호장치 자율안전인증고시 별표 4) : 60° 이내

51 정답 ①

안전인증대상 방호장치 : 프레스기 및 전단기 방호장치, 양중기용 과부하 방호장치, 보일러 또는 압력용기 압력방출용 안전밸브, 압력용기 압력방출용 파열판, 절연용 방호구 및 활선작업용 기구, 방폭구조 전기기계 기구 및 부품, 충돌협착 등의 위험방지에 필요한 산업용 로봇 방호장치

52 정답 ④

자화방법
1. **선형자화법** : 코일법, 극간법
2. **원형자화법** : 축통전법(Head Shot), 프로드법(Prod), 중앙전도체법

53 정답 ③

보통꼬임은 스트랜드의 꼬임방향과 로프의 꼬임방향이 반대로 된 것을 말하고, 랭꼬임은 로프의 꼬임방향과 스트랜드의 꼬임방향이 서로 동일한 방향으로 꼬인 것을 말한다. 랭꼬임은 꼬임이 풀리기 쉽고 킹크(꼬임)가 생기기 쉬워 자유롭게 회전하는 경우에는 적합하지 않다.

54 정답 ①

헤드가드 구조(안전보건규칙 제180조)
1. 강도는 지게차의 최대하중의 2배 값(4톤을 넘는 값에 대해서는 4톤으로 한다)의 등분포정하중에 견딜 수 있을 것
2. 상부틀의 각 개구의 폭 또는 길이가 16센티미터 미만일 것
3. 운전자가 앉아서 조작하거나 서서 조작하는 지게차의 헤드가드는 한국산업표준에서 정하는 높이 기준 이상일 것

55 정답 ②

지게차 좌우 안정도
1. **하역작업시의 좌우안정도** : 6% 이내
2. **주행시의 좌우안정도** : (15+1.1×V)% 이내

56 정답 ④

드릴 작업의 안전사항
1. 시동 전에 드릴이 올바르게 고정되어 있는지 확인할 것
2. 면장갑 착용을 금할 것
3. 드릴을 회전 후 테이블을 고정시키지 말 것
4. 드릴 회전 중에 칩을 입으로 불거나 손으로 털지 말 것
5. 큰 구멍을 뚫을 때는 먼저 작은 구멍을 뚫은 후 작업할 것
6. 얇은 판을 뚫을 때는 나무판을 밑에 받치고 작업할 것
7. 이송레바에 파이프를 걸고 작업하지 말 것
8. 칩이 비산되는 작업에는 반드시 보안경을 착용 후 작업할 것
9. 전기드릴을 사용할 때는 반드시 접지를 할 것
8. 드릴을 끼운 후 척 렌치를 반드시 뺄 것

57 정답 ③

공기압축기의 방호장치(안전보건규칙 별표 3) : 드레인 밸브, 압력방출장치, 언로드 밸브, 회전부의 덮개 및 울

58 정답 ②

지게차 주행 시 좌우 안정도$=15+1.1V=15+1.1\times20$
$=37\%$

59 정답 ①

비파괴검사 : 육안검사, 침투비파괴검사, 자기비파괴검사, 초음파비파괴검사, 방사선비파괴검사, 누설비파괴검사, 와전류비파괴검사, 음향방출검사 등

60 정답 ④

④ 백레스트는 지게차 작업에서 포크 위에 얹혀진 짐이 마스트(mast) 후방으로 낙하하는 위험을 방지하기 위해 설치하는 짐받이 틀이다.
① 헤드가드는 지게차를 사용해서 짐을 높이 쌓아올리는 경우, 짐이 낙하해서 운전자가 위해를 입을 우려가 있기 때문에 운전석 상부에 설치하는 보호덮개이다.

4과목 전기설비 안전 관리

61 정답 ①

전압의 구분(한국전기설비규정 111.1)
1. **저압** : 교류는 1kV 이하, 직류는 1.5kV 이하인 것.
2. **고압** : 교류는 1kV를, 직류는 1.5kV를 초과하고, 7kV 이하인 것.
3. **특고압** : 7kV를 초과하는 것.

62 정답 ②

피부의 전기저항
1. **피부가 젖어 있는 경우** : 1/10로 감소
2. **땀이 난 경우** : 1/12로 감소
3. **물에 젖은 경우** : 1/25로 감소

63 정답 ④

화재·폭발 위험분위기의 생성방지 방법 : 폭발성·가연성 가스의 누출, 방출, 체류방지

64 정답 ③

시험전압을 250V DC로 낮추더라도 절연저항 값은 1MΩ 이상이어야 한다.

저압전로 절연저항

전로 사용전압(V)	DC 시험전압(V)	절연저항(MΩ)
SELV 및 PELV	250	0.5
FELV, 500V 이하	500	1.0
500V 초과	1,000	1.0

65 정답 ④

$$W=I^2RT=\left(\frac{165}{\sqrt{T}}\times10^{-3}\right)^2\times500T$$
$$=(165^2\times10^{-6})\times500\doteqdot13.6(\text{J})$$

66 정답 ①

인체의 피부 전기저항은 인체 각 부위의 저항성분과 용량성분이 합성된 값이 되고 이 값은 주파수, 접촉(인가)전압의 크기, 통전시간, 접촉면적에 따라 변한다.

67 정답 ③

전기화재의 경로별 원인 : 단락, 누전, 과전류, 스파크, 절연열화에 의한 발열, 지락, 낙뢰, 정전기 스파크 등

68 정답 ②

분진폭발 방지대책
1. 작업장은 분진이 퇴적하지 않은 형상으로 한다.
2. 분진 취급 장치에는 유효한 집진 장치를 설치한다.
3. 분체 프로세스 장치는 밀폐화하고 누설이 없도록 한다.

69 정답 ①

누설전류$=$최대공급전류$\times\frac{1}{2,000}=200\times\frac{1}{2,000}=0.1(\text{A})$
$0.1(\text{A})=100(\text{mA})$

70 정답 ③

교류아크용접기용 자동전격방지기는 대상으로 하는 용접기의 주회로(변압기의 경우는 1차회로 또는 2차회로)를 제어하는 장치를 가지고 있어, 용접봉의 조작에 따라 용접할 때에만 용접기의 주회로를 형성하고, 그 외에는 용접기의 출력측의 무부하전압을 25볼트 이하로 저하시키도록 동작하는 장치를 말한다(방호장치 자율안전기준 고시 제4조 제1호).

71 정답 ②

욕실 등 인체가 물에 젖어있는 상태에서 물을 사용하는 장소에 콘센트를 시설하는 경우에는 전기용품안전관리법의 적용을 받는 인체감전보호용 누전차단기(전기용품안전기준 또는 KS C4613의 규정에 적합한 정격감도전류 15mA 이하, 동작시간 0.03초 이하의 전류동작형의 것에 한한다.) 또는 절연변압기(정격용량 3KVA 이하인 것에 한한다.)로 보호된 전로에 접속하거나, 인체감전보호용 누전 차단기가 부착된 콘센트를 시설하여야 한다.

72 정답 ④

$$허용사용률(\%) = \frac{정격2차전류^2}{실제용접전류^2} \times 정격사용률$$
$$= \frac{500^2}{250^2} \times 20 = 80\%$$

73 정답 ②

감전사고를 방지하기 위한 대책 : 보호 접지, 누전차단기 설치, 절연 방호구 사용, 비접지식 선로 및 절연변압기 채용, 충전부 격리 등

74 정답 ③

저압전로의 절연성능(전기설비기술기준 제52조)

전로 사용전압(V)	DC 시험전압(V)	절연저항(MΩ)
SELV 및 FELV	250	0.5
FELV, 500V 이하	500	1.0
500V 초과	1,000	1.0

75 정답 ①

금속관의 방폭형 부속품 규격

1. 전선관과의 접속부분의 나사는 5턱 이상 완전히 나사결합이 될 수 있는 길이일 것
2. 안쪽 면 및 끝부분은 전선을 넣거나 바꿀 때에 전선의 피복을 손상하지 않도록 매끈한 것일 것
3. 재료는 건식 아연도금을 한 위에 투명한 도료를 칠하거나 기타 적당한 방법으로 녹이 스는 것을 방지하도록 한 강 또는 가단주철일 것

76 정답 ④

활선 작업 시 전기작업용 안전장구 : 고무장갑, 고무소매, 절연안전모, 절연의, 절연화, 검진기

77 정답 ①

사업주는 다음의 장소에 대하여 폭발위험장소의 구분도를 작성하는 경우에는 한국산업표준으로 정하는 기준에 따라 가스폭발 위험장소 또는 분진폭발 위험장소로 설정하여 관리하여야 한다(안전보건규칙 제230조 제1항).

1. 인화성 액체의 증기나 인화성 가스 등을 제조·취급 또는 사용하는 장소
2. 인화성 고체를 제조·사용하는 장소

78 정답 ②

전로 차단은 다음의 절차에 따라 시행하여야 한다(안전보건규칙 제319조 제2항).

1. 전기기기 등에 공급되는 모든 전원을 관련 도면, 배선도 등으로 확인할 것
2. 전원을 차단한 후 각 단로기 등을 개방하고 확인할 것
3. 차단장치나 단로기 등에 잠금장치 및 꼬리표를 부착할 것
4. 개로된 전로에서 유도전압 또는 전기에너지가 축적되어 근로자에게 전기위험을 끼칠 수 있는 전기기기 등은 접촉하기 전에 잔류전하를 완전히 방전시킬 것
5. 검전기를 이용하여 작업 대상 기기가 충전되었는지를 확인할 것
6. 전기기기 등이 다른 노출 충전부와의 접촉, 유도 또는 예비동력원의 역송전 등으로 전압이 발생할 우려가 있는 경우에는 충분한 용량을 가진 단락 접지기구를 이용하여 접지할 것

79 정답 ③

고압가스 용기는 과충전방지장치가 달려 있어 과충전은 불가능하다.

80 정답 ①

기기의 보호등급은 KS C IEC 60529에 따라 최소 IP66에 적합해야 하며, 압력완화장치 배출구의 보호등급은 최소 IP23에 적합할 것. 필요할 경우 KS C IEC 60079-6(유입방폭구조)에서 인용한 관련규격을 적용할 수 있다(방호장치 안전인증 고시 별표 10).

5과목 화학설비 안전 관리

81 정답 ③

서어징(surging) 현상의 방지법
1. 양정흡입을 적게 한다.
2. 흡수관경을 펌프구경보다 크게 한다.
3. 토출량을 감소시키는 일을 피한다.
4. 스톱밸브를 지양하고 슬르스 밸브 등을 사용한다.
5. 소량의 공기를 흡입측에 넣는다.
6. 임펠러가 견딜 수 있는 강한 재질을 고른다.
7. 교축밸브를 기계에 가까이 설치한다.
8. 임펠러의 회전수를 변경시킨다.

82 정답 ④

기상폭발은 폭발을 일으키기 이전의 물질 상태가 기상인 경우의 폭발로 종류에는 혼합가스폭발, 가스분해, 분진폭발, 분무폭발, 중합폭발, 반응폭주 등이 있다.

83 정답 ③

방호대책 : 폭발시 피해를 최소화하기 위한 대책으로 방폭벽 설치와 안전거리 유지가 방호대책에 해당한다.

84 정답 ①

자연발화가 쉽게 일어나는 조건
1. 열 발생 속도가 발산속도보다 큰 경우
2. 휘발성이 낮은 액체
3. 축적된 열량이 큰 경우
4. 공기와 접촉면이 큰 경우
5. 고온다습한 경우
6. 단열압축
7. 열전도율, 열의 축적, 발열량, 수분, 퇴적방법 등

85 정답 ③

화학물질의 노출기준(화학물질 및 물리적 인자의 노출기준 별표 1)
1. **염소** : 0.5ppm
2. **암모니아** : 25ppm
3. **에탄올** : 1,000ppm
4. **메탄올** : 200ppm

86 정답 ②

아세틸렌 압축 시 사용되는 희석제 : 메탄, 일산화탄소, 수소, 프로판, 에틸렌, 질소

87 정답 ①

제1류 위험물(위험물안전관리법 시행령 별표 1) : 아염소산염류, 염소산염류, 과염소산염류, 무기과산화물, 브롬산염류, 질산염류, 요오드산염류, 과망간산염류, 중크롬산염류

88 정답 ④

Halon 2402의 화학식은 C 2개, F 4개, Cl 0개, Br 2개이다. 따라서 화학식은 $C_2F_4Br_2$

89 정답 ③

사업주는 안전밸브 등의 전단·후단에 차단밸브를 설치해서는 아니 된다. 다만, 다음의 어느 하나에 해당하는 경우에는 자물쇠형 또는 이에 준하는 형식의 차단밸브를 설치할 수 있다(안전보건규칙 제266조).
1. 인접한 화학설비 및 그 부속설비에 안전밸브 등이 각각 설치되어 있고, 해당 화학설비 및 그 부속설비의 연결배관에 차단밸브가 없는 경우
2. 안전밸브 등의 배출용량의 2분의 1 이상에 해당하는 용

량의 자동압력조절밸브(구동용 동력원의 공급을 차단하는 경우 열리는 구조인 것으로 한정한다)와 안전밸브 등이 병렬로 연결된 경우
3. 화학설비 및 그 부속설비에 안전밸브 등이 복수방식으로 설치되어 있는 경우
4. 예비용 설비를 설치하고 각각의 설비에 안전밸브 등이 설치되어 있는 경우
5. 열팽창에 의하여 상승된 압력을 낮추기 위한 목적으로 안전밸브가 설치된 경우
6. 하나의 플레어 스택(flare stack)에 둘 이상의 단위공정의 플레어 헤더(flare header)를 연결하여 사용하는 경우로서 각각의 단위공정의 플레어헤더에 설치된 차단밸브의 열림·닫힘 상태를 중앙제어실에서 알 수 있도록 조치한 경우

90 정답 ④

가연성 물질이 연소하기 쉬운 조건
1. 산화되기 쉬울 것
2. 산소와 친화력이 클 것
3. 발열량이 클 것
4. 열전도율이 작을 것
5. 건조가 양호할 것

91 정답 ①

리튬은 물과 반응하여 수소가스를 발생시킨다.

92 정답 ③

퍼지용 가스는 장시간에 걸쳐 천천히 주입하여야 한다.

93 정답 ②

석유류(위험물안전관리법 시행령 별표 1)
1. **제1석유류** : 아세톤, 휘발유 그 밖에 1기압에서 인화점이 섭씨 21도 미만인 것을 말한다.
2. **제2석유류** : 등유, 경유 그 밖에 1기압에서 인화점이 섭씨 21도 이상 70도 미만인 것을 말한다. 다만, 도료류 그 밖의 물품에 있어서 가연성 액체량이 40중량퍼센트 이하이면서 인화점이 섭씨 40도 이상인 동시에 연소점이 섭씨 60도 이상인 것은 제외한다.

94 정답 ④

폭발성 물질의 취급요령
1. 점화원 접근을 엄금하고 가열·마찰·충격 금지
2. 강산화제, 강산류, 금속산화물 등의 이물질 혼입 금지
3. 정전기 및 낙뢰 등에 의한 폭발방지를 위해 접지, 방폭형 전기기계·기구 사용 및 피뢰장치 설치

95 정답 ③

건조설비를 사용하여 작업을 하는 경우 폭발 또는 화재를 예방하기 위하여 준수하여야 하는 사항(안전보건규칙 제283조)
1. 위험물 건조설비를 사용하는 경우에는 미리 내부를 청소하거나 환기할 것
2. 위험물 건조설비를 사용하는 경우에는 건조로 인하여 발생하는 가스·증기 또는 분진에 의하여 폭발·화재의 위험이 있는 물질을 안전한 장소로 배출시킬 것
3. 위험물 건조설비를 사용하여 가열건조하는 건조물은 쉽게 이탈되지 않도록 할 것
4. 고온으로 가열건조한 인화성 액체는 발화의 위험이 없는 온도로 냉각한 후에 격납시킬 것
5. 건조설비(바깥 면이 현저히 고온이 되는 설비만 해당한다)에 가까운 장소에는 인화성 액체를 두지 않도록 할 것

96 정답 ②

국소배기장치의 후드 설치 기준(안전보건규칙 제72조)
1. 유해물질이 발생하는 곳마다 설치할 것
2. 유해인자의 발생형태와 비중, 작업방법 등을 고려하여 해당 분진 등의 발산원을 제어할 수 있는 구조로 설치할 것
3. 후드(hood) 형식은 가능하면 포위식 또는 부스식 후드를 설치할 것
4. 외부식 또는 리시버식 후드는 해당 분진 등의 발산원에 가장 가까운 위치에 설치할 것

97 정답 ④

④ **화염일주한계** : 폭발성 혼합가스 속을 화염이 한 쪽에서 다른 쪽으로 전파하는지의 한계치수를 나타내는 특성 값으로, 폭발등급을 결정한다.
① **발화도** : 대상물질의 발화온도를 기준으로 해서 발화위험성을 가스증기 및 분진에 대해서 여러 단계로 분류한 것이다.
② **최소발화에너지** : 가연성 혼합기를 발화시키는데 필요한 최소 에너지이다.

PART 2 정답 및 해설

③ **폭발한계** : 가연성 기체와 공기와의 혼합 기체에 아크 등을 발생시킨 경우 폭발을 일으키는 한계 농도이다.

98 정답 ①

토출관 내에 저항이 발생하면 토출압력이 증가한다.

99 정답 ②

부식성 염기류(안전보건규칙 별표 1) : 농도가 40퍼센트 이상인 수산화나트륨, 수산화칼륨, 그 밖에 이와 같은 정도 이상의 부식성을 가지는 염기류

100 정답 ③

③ **이황화탄소** : −30℃
① **크실렌** : 25℃
② **아세톤** : −20℃
④ **경유** : 50~70℃

6과목 건설공사 안전 관리

101 정답 ②

사업주는 높이가 3미터를 초과하는 계단에 높이 3미터 이내마다 진행방향으로 길이 1.2미터 이상의 계단참을 설치해야 한다(안전보건규칙 제28조).

102 정답 ①

턴버클은 지지막대나 지지 와이어 로프 등의 길이를 조절하기 위한 기구로 철골구조나 목조의 현장 조립 등에서 다시 세우기나 철근 가새 등에 사용한다.

103 정답 ③

조립도는 흙막이판·말뚝·버팀대 및 띠장 등 부재의 배치·치수·재질 및 설치방법과 순서가 명시되어야 한다(안전보건규칙 제346조 제2항).

104 정답 ①

사업주는 강관을 사용하여 비계를 구성하는 경우 다음의 사항을 준수해야 한다(안전보건규칙 제60조).

1. 비계기둥의 간격은 띠장 방향에서는 1.85미터 이하, 장선 방향에서는 1.5미터 이하로 할 것. 다만, 다음의 어느 하나에 해당하는 작업의 경우에는 안전성에 대한 구조검토를 실시하고 조립도를 작성하면 띠장 방향 및 장선 방향으로 각각 2.7미터 이하로 할 수 있다.
   ㉠ 선박 및 보트 건조작업
   ㉡ 그 밖에 장비 반입·반출을 위하여 공간 등을 확보할 필요가 있는 등 작업의 성질상 비계기둥 간격에 관한 기준을 준수하기 곤란한 작업
2. 띠장 간격은 2.0미터 이하로 할 것. 다만, 작업의 성질상 이를 준수하기가 곤란하여 쌍기둥틀 등에 의하여 해당 부분을 보강한 경우에는 그러하지 아니하다.
3. 비계기둥의 제일 윗부분으로부터 31미터되는 지점 밑부분의 비계기둥은 2개의 강관으로 묶어 세울 것. 다만, 브라켓(bracket, 까치발) 등으로 보강하여 2개의 강관으로 묶을 경우 이상의 강도가 유지되는 경우에는 그러하지 아니하다.
4. 비계기둥 간의 적재하중은 400킬로그램을 초과하지 않도록 할 것

105 정답 ②

사업주는 작업으로 인하여 물체가 떨어지거나 날아올 위험이 있는 경우 낙하물 방지망, 수직보호망 또는 방호선반의 설치, 출입금지구역의 설정, 보호구의 착용 등 위험을 방지하기 위하여 필요한 조치를 하여야 한다. 이 경우 낙하물 방지망 및 수직보호망은 한국산업표준에서 정하는 성능기준에 적합한 것을 사용하여야 한다(안전보건규칙 제14조 제2항).

106 정답 ④

최하사점 $H > h =$ 로프의 길이(l) + 로프의 신장길이$(l \times a)$ + 작업자의 키$\times \frac{1}{2}$

$$h = 200 + (200 \times 0.3) + 180 \times \frac{1}{2} = 350\text{cm} = 3.5\text{m}$$

107 정답 ③

해체순서는 상층에서 하층으로, 중앙부에서 외측으로 실시하며, 부재별 해체순서는 슬래브, 보, 벽, 기둥 순으로 실시한다(철거·해체공사 표준안전작업 절차서).

108 정답 ④

시스템 비계를 사용하여 비계를 구성하는 경우의 준수사항(안전보건규칙 제69조)

1. 수직재·수평재·가새재를 견고하게 연결하는 구조가 되도록 할 것
2. 비계 밑단의 수직재와 받침철물은 밀착되도록 설치하고, 수직재와 받침철물의 연결부의 겹침길이는 받침철물 전체 길이의 3분의 1 이상이 되도록 할 것
3. 수평재는 수직재와 직각으로 설치하여야 하며, 체결 후 흔들림이 없도록 견고하게 설치할 것
4. 수직재와 수직재의 연결철물은 이탈되지 않도록 견고한 구조로 할 것
5. 벽 연결재의 설치간격은 제조사가 정한 기준에 따라 설치할 것

109 정답 ②

터파기 공법 : 오픈(개착) 컷, 어스앵커공법, 아일랜드 컷, 트렌치 컷

110 정답 ④

토사붕괴원인

1. 굴착면의 기울기 기준 미준수
2. 굴착 후 장기간 방치에 의한 토사 이완에 따른 점착력 감소
3. 토사적치에 의한 사하중 증가에 의한 주동토압 증가
4. 용출수에 의한 토사유출 및 간극수압 상승
5. 활동토압 증가

111 정답 ②

강관비계 조립시의 준수사항(안전보건규칙 제59조)

1. 비계기둥에는 미끄러지거나 침하하는 것을 방지하기 위하여 밑받침철물을 사용하거나 깔판·깔목 등을 사용하여 밑둥잡이를 설치하는 등의 조치를 할 것
2. 강관의 접속부 또는 교차부는 적합한 부속철물을 사용하여 접속하거나 단단히 묶을 것
3. 교차가새로 보강할 것
4. 외줄비계·쌍줄비계 또는 돌출비계에 대해서는 다음에서 정하는 바에 따라 벽이음 및 버팀을 설치할 것. 다만, 창틀의 부착 또는 벽면의 완성 등의 작업을 위하여 벽이음 또는 버팀을 제거하는 경우, 그 밖에 작업의 필요상 부득이한 경우로서 해당 벽이음 또는 버팀 대신 비계기둥 또는 띠장에 사재를 설치하는 등 비계가 넘어지는 것을 방지하기 위한 조치를 한 경우에는 그러하지 아니하다.
   ㉠ 강관비계의 조립 간격은 별표 5의 기준에 적합하도록 할 것
   ㉡ 강관·통나무 등의 재료를 사용하여 견고한 것으로 할 것
   ㉢ 인장재와 압축재로 구성된 경우에는 인장재와 압축재의 간격을 1미터 이내로 할 것
5. 가공전로에 근접하여 비계를 설치하는 경우에는 가공전로를 이설하거나 가공전로에 절연용 방호구를 장착하는 등 가공전로와의 접촉을 방지하기 위한 조치를 할 것

112 정답 ③

굴착면의 기울기 기준(안전보건규칙 별표 11)

지반의 종류	굴착면의 기울기
모래	1 : 1.8
연암 및 풍화암	1 : 1.0
경암	1 : 0.5
그 밖의 흙	1 : 1.2

113 정답 ①

사업주는 근로자에게 작업 중 또는 통행 시 굴러 떨어짐으로 인하여 근로자가 화상·질식 등의 위험에 처할 우려가 있는 케틀(kettle, 가열 용기), 호퍼(hopper, 깔때기 모양의 출입구가 있는 큰 통), 피트(pit, 구덩이) 등이 있는 경우에 그 위험을 방지하기 위하여 필요한 장소에 높이 90센티미터 이상의 울타리를 설치하여야 한다(안전보건규칙 제48조).

114 정답 ②

$\text{안전율(안전계수)} = \dfrac{\text{절단하중}}{\text{최대하중}}$,

$\text{최대하중} = \dfrac{\text{절단하중}}{\text{안전계수}} = \dfrac{100}{5} = 20(\text{ton})$

115 정답 ②

달비계에 사용해서는 안 되는 와이어로프(안전보건규칙 제63조 제1항 제1호)

1. 이음매가 있는 것

2. 와이어로프의 한 꼬임[(스트랜드(strand)를 말한다.)]에서 끊어진 소선[필러(pillar)선은 제외한다)]의 수가 10퍼센트 이상(비자전로프의 경우에는 끊어진 소선의 수가 와이어로프 호칭지름의 6배 길이 이내에서 4개 이상이거나 호칭지름 30배 길이 이내에서 8개 이상)인 것
3. 지름의 감소가 공칭지름의 7퍼센트를 초과하는 것
4. 꼬인 것
5. 심하게 변형되거나 부식된 것
6. 열과 전기충격에 의해 손상된 것

116 정답 ①

콘크리트 타설시 콘크리트의 온도가 높고 습도가 낮으면 경화가 빨라 콘크리트의 측압이 작아진다.

117 정답 ④

사면지반 개량공법 : 주입공법, 이온교환공법, 전기화학적 공법, 시멘트 안정처리공법, 석회 안정처리공법, 소결공법

118 정답 ②

터널작업 시 자동경보장치에 대하여 당일의 작업시작 전 점검하여야 할 사항(안전보건규칙 제350조 제4항)

1. 계기의 이상 유무
2. 검지부의 이상 유무
3. 경보장치의 작동상태

119 정답 ④

표준관입시험

타격 횟수	모래의 상대밀도
0~4	매우 묽다
4~10	묽다
10~30	보통
30~50	단단하다

120 정답 ①

발파 후 즉시 발파모선을 발파기로부터 분리하고 그 단부를 절연시킨 후 재점화가 되지 않도록 하여야 한다(터널공사표준안전작업지침 제8조 제10호)

제5회 CBT 빈출 모의고사 정답 및 해설

1과목 산업재해 예방 및 안전보건교육

01	④	02	①	03	②	04	④	05	①
06	②	07	①	08	②	09	③	10	④
11	①	12	③	13	④	14	②	15	①
16	③	17	①	18	④	19	②	20	④

2과목 인간공학 및 위험성 평가 · 관리

21	①	22	②	23	④	24	①	25	②
26	④	27	①	28	②	29	③	30	①
31	②	32	④	33	③	34	②	35	④
36	①	37	②	38	③	39	①	40	②

3과목 기계 · 기구 및 설비 안전 관리

41	③	42	①	43	②	44	①	45	③
46	④	47	①	48	②	49	④	50	③
51	②	52	①	53	④	54	③	55	①
56	②	57	④	58	③	59	②	60	②

4과목 전기설비 안전 관리

61	②	62	①	63	③	64	④	65	①
66	③	67	②	68	④	69	①	70	③
71	②	72	③	73	④	74	①	75	①
76	②	77	③	78	④	79	①	80	②

5과목 화학설비 안전 관리

81	②	82	④	83	③	84	②	85	①
86	③	87	①	88	③	89	④	90	①
91	③	92	②	93	④	94	③	95	①
96	②	97	①	98	②	99	③	100	①

6과목 건설공사 안전 관리

101	④	102	②	103	①	104	③	105	②
106	③	107	④	108	③	109	②	110	①
111	②	112	③	113	①	114	②	115	④
116	③	117	②	118	③	119	①	120	②

1과목 산업재해 예방 및 안전보건교육

01 정답 ④

하인리히의 재해발생법칙

재해의 발생＝물적 불안전 상태＋인적불안전행위＋α

＝설비적 결함＋관리적 결함＋α

α : 잠재된 위험의 상태

02 정답 ①

위험예지훈련의 문제해결 4라운드

1단계 : 현상파악

2단계 : 요인조사(본질추구)

3단계 : 대책수립

4단계 : 행동 목표설정(합의요약)

03 정답 ②

TWI의 교육내용

1. 작업을 가르치는 방법(JI : Job Instruction)
2. 개선방법(JM : Job Methods)
3. 사람을 다루는 방법(JR : Job Relations)
4. 안전작업의 실시방법(JS : Job Safety)

04 정답 ④

동기부여 이론에 관한 등식

1. 지식×기능=능력
2. 상황×태도=동기유발
3. 능력×동기유발=인간의 성과
4. 인간의 성과×물질의 성과=경영의 성과

05 정답 ①

방진마스크의 등급(보호구 안전인증고시 별표 4)

등급	특급	1급	2급
사용 장소	• 베릴륨등과 같이 독성이 강한 물질들을 함유한 분진 등 발생장소 • 석면 취급장소	• 특급마스크 착용장소를 제외한 분진 등 발생장소 • 금속흄 등과 같이 열적으로 생기는 분진 등 발생장소 • 기계적으로 생기는 분진 등 발생장소(규소등과 같이 2급 방진마스크를 착용하여도 무방한 경우는 제외한다)	• 특급 및 1급 마스크 착용장소를 제외한 분진 등 발생장소
	• 배기밸브가 없는 안면부여과식 마스크는 특급 및 1급 장소에 사용해서는 안 된다.		

06 정답 ②

안전·보건 표지(규칙 별표 6)

물체이동금지	차량통행금지

07 정답 ①

$$강도율 = \frac{근로손실일수}{연간총근로시간수} \times 1{,}000$$

$$= \frac{(7{,}500 \times 2) + \left(90 \times \frac{300}{365}\right)}{1{,}000 \times 8 \times 300} \times 1{,}000 \fallingdotseq 6.28$$

08 정답 ②

프로그램 학습법

1. **프로그램 학습법의 장점**
   - ㉠ 학습자의 학습과정을 쉽게 알 수 있다.
   - ㉡ 수업의 모든 단계에서 적용이 가능하다.
   - ㉢ 지능, 학습속도 등 개인차를 충분히 고려할 수 있다.
   - ㉣ 수강생들이 학습이 가능한 시간대의 폭이 넓다.
   - ㉤ 매 반응마다 피드백이 주어지기 때문에 학습자가 흥미를 가질 수 있다.
2. **프로그램 학습법의 단점**
   - ㉠ 학습에 시간이 많이 소요된다.
   - ㉡ 교육내용이 고정되어 있다.
   - ㉢ 한번 개발된 프로그램은 개조하기 어렵다.
   - ㉣ 집단사고의 기회가 없어 수강생들의 사회성이 결여되기 쉽다.
   - ㉤ 개발비가 많다.
   - ㉥ 리더의 지도기술이 필요하지 않다.

09 정답 ③

부주의에 대한 사고방지대책

1. **기능 및 작업측면** : 적성배치, 작업표준의 습관화, 작업조건의 개선, 적응력 향상, 안전작업 방법 습득
2. **정신적 측면** : 주의력 집중, 안전의식의 제고, 직업의식 고취, 스트레스 해소 대책
3. **설비 및 환경측면** : 표준작업제도 도입, 설비와 작업의 안전, 안전대책수립

10 정답 ④

④ **9.1형** : 인간관계 유지에는 낮은 관심을 보이지만 과업에 대해서는 높은 관심을 가지는 리더십

① **1.1형** : 인간관계와 생산에 대해 모두 낮은 관심을 가지는 리더십

② **1.9형** : 인간관계에는 높은 관심을 가지지만 과업에 대해서는 낮은 관심을 가지는 리더십

③ **9.9형** : 인간관계와 생산에 대해 모두 높은 관심을 가지는 리더십

11 정답 ①

재해예방의 4원칙 : 손실우연의 원칙, 예방가능의 원칙, 대책선정의 원칙, 원인연계의 원칙

12 정답 ③

③ **실연법** : 수업에서 학습자가 설명을 듣거나 시범을 보고 일차 획득한 지적 기능이나 운동기능을 익히기 위해서 적용 또는 연습해 보는 교육방법
① **반복법** : 같거나 비슷한 단어, 구, 절, 문장 등을 되풀이하는 교육방법
② **토의법** : 특정한 문제에 대하여 서로 비판적인 의견을 교환함으로써 올바른 결론에 도달하는 학습방법
④ **모의법** : 실제의 장면이나 상태와 극히 유사한 상황을 인위적으로 만들어 그 속에서 학습하도록 하는 교육방법

13 정답 ④

브레인스토밍(Brain Storming) : 독창적인 아이디어를 내도록 자유롭게 의견을 말하는 회의방법으로 질과 관계없이 최대한 많은 아이디어가 나오는 것이 중요하므로 다른 사람의 아이디어에 대해 비판하지 않아야 하고, 자유로운 아이디어를 환영해야 하며, 자신의 아이디어와 타인의 아이디어를 개선하고 결합하는 등의 노력이 필요하다.

14 정답 ②

OJT(On The Job of training) 교육은 현장감독자 등 직속 상사가 작업현장에서 작업을 통해 개별지도·교육하는 것으로 동시에 다수의 근로자에게 조직적 훈련은 불가능하고 Off-JT 교육에서 가능하다.

15 정답 ①

① Touch and call은 작업현장에서 같이 호흡하는 동료끼리 서로의 피부를 맞대고 느낌을 교류하는 것을 말한다.
② Error cause removal : 근로자 자신이 자기의 부주의 이외에 제반 오류의 원인을 생각함으로서 개선을 하도록 하는 방법
③ Brain Storming : 대안을 만들어 낼 때 3인 이상이 모여 자유롭게 아이디어를 내놓는 회의 방식
④ Safety training observation program : 작업자의 행동을 관찰하고 안전한 행동은 칭찬과 격려를 통해 안전한 행동이 이어지도록 하는 것

16 정답 ③

고립, 퇴행은 도피적 기제에 해당한다.
방어적 기제 : 억제, 동일시, 전이, 공감, 합일화, 함입, 반동형성, 보상, 합리화, 대치와 전치, 상환, 투사, 상징화, 격리, 부정, 분단, 해리, 저항, 반복강박, 승화, 투시적 동일시 등

17 정답 ①

산업재해의 기본원인
1. Man : 에러를 일으키는 인적 요인
2. Machine : 기계설비의 결함, 고장 등의 물리적 요인
3. Media : 작업정보, 방법, 환경 등의 요인
4. Management : 관리상의 요인

18 정답 ④

안전보건교육 계획에 포함해야 할 사항
1. 교육의 대상 및 종류
2. 교육과목 및 교육내용
3. 교육기간 및 시간
4. 교육장소
5. 교육방법
6. 교육담당자 및 강사
7. 교육목표 및 목적

19 정답 ②

TWI의 교육내용
1. JIT : 작업지도훈련
2. JMT : 작업방법훈련
3. JRT : 인간관계훈련
4. JST : 작업안전훈련

20 정답 ④

안전보건관리책임자 등에 대한 교육(규칙 별표 4)

교육대상	교육시간	
	신규교육	보수교육
가. 안전보건관리책임자	6시간 이상	6시간 이상
나. 안전관리자, 안전관리전문기관의 종사자	34시간 이상	24시간 이상
다. 보건관리자, 보건관리전문기관의 종사자	34시간 이상	24시간 이상
라. 건설재해예방전문지도기관의 종사자	34시간 이상	24시간 이상
마. 석면조사기관의 종사자	34시간 이상	24시간 이상
바. 안전보건관리담당자	–	8시간 이상
사. 안전검사기관, 자율안전검사기관의 종사자	34시간 이상	24시간 이상

2과목 인간공학 및 위험성 평가 · 관리

21 정답 ①

최소 패스셋(minimal path sets)은 시스템의 기능을 살리는 최소요인의 집합으로 정상사상이 일어나지 않기 위해 필요한 최소한의 것이다.

22 정답 ②

접근제한요건 : 장애물을 넘어 어떤 것들이 미치지 않게 하는 필요한 거리를 말한다.

23 정답 ④

④ 디버깅(Debugging) 기간은 결함을 찾아내어 고장률을 안정시키는 기간이다.
① 마모고장은 설비 또는 장치가 수명이 다하여 생기는 고장기간이다.
③ 우발고장기간은 고장률이 비교적 낮고 일정한 현상이 나타나는 기간으로, 실제 사용하는 상태에서 고장으로 예측할 수 없는 랜덤의 간격으로 발생하는 고장 기간이다.

24 정답 ①

양립성의 종류별 특징
1. **공간적 양립성** : 표시장치나 조종장치에서 물리적인 형태 및 공간적 배치
2. **운동 양립성** : 표시장치의 움직이는 방향과 조종장치의 방향이 사용자의 기대와 일치
3. **개념적 양립성** : 이미 사람들이 학습을 통해 알고 있는 개념
4. **양식 양립성** : 직무에 알맞은 자극과 응답의 존재에 대한 양립성

25 정답 ②

인간공학의 적용분야 : 제품설계, 재해 · 질병 예방, 장비 · 공구 · 설비의 배치, 작업환경 개선, 작업공간 설계 등

26 정답 ④

④ OR GATE : 입력사상 중 어느 하나라도 발생할 경우 출력사상이 발생한다.
① **부정 게이트** : 입력사상과 반대의 출력사상이 발생한다.
② **억제 게이트** : 수정기호를 병용해서 게이트 역할을 한다.
③ **AND 게이트** : 입력사장 중 어떤 사상이 다른 사상보다 앞에 일어났을 때 출력사상이 발생한다.

27 정답 ①

사업주는 계획서를 작성할 때에 다음의 어느 하나에 해당하는 자격을 갖춘 사람 또는 공단이 실시하는 관련교육을 20시간 이상 이수한 사람 중 1명 이상을 포함시켜야 한다(제조업 등 유해위험방지계획서 제출 · 심사 · 확인에 관한 고시 제7조).
1. 기계, 재료, 화학, 전기 · 전자, 안전관리 또는 환경분야 기술사 자격을 취득한 사람
2. 기계안전 · 전기안전 · 화공안전분야의 산업안전지도사 또는 산업보건지도사 자격을 취득한 사람
3. 관련분야 기사 자격을 취득한 사람으로서 해당 분야에서 3년 이상 근무한 경력이 있는 사람
4. 관련분야 산업기사 자격을 취득한 사람으로서 해당 분야에서 5년 이상 근무한 경력이 있는 사람
5. 대학 및 산업대학(이공계 학과에 한정한다)을 졸업한 후 해당 분야에서 5년 이상 근무한 경력이 있는 사람 또는 전문대학(이공계 학과에 한정한다)을 졸업한 후 해당 분야에서 7년 이상 근무한 경력이 있는 사람
6. 전문계 고등학교 또는 이와 같은 수준 이상의 학교를 졸업

하고 해당 분야에서 9년 이상 근무한 경력이 있는 사람

28 정답 ②

고막은 외이와 중이의 경계에 위치하는 막으로 소리를 가운데귀의 귓속뼈로 진동시켜 속귀의 달팽이관으로 전달한다.

29 정답 ③

근원섬유는 근섬유를 이루는 섬유모양의 구조체이다. 굵은 필라멘트는 마이오신이라는 단백질이 뭉쳐 결합된 부분이며, 가는 필라멘트는 액틴이라는 단백질의 결합체 부분이다.

30 정답 ①

직장온도는 쾌적한 환경에서 추운환경으로 변화하면 약간 올라가고, 쾌적한 환경에서 더운 환경으로 변화하면 약간 내려간다.

31 정답 ②

인체계측자료의 응용원칙

1. **조절식 설계** : 조절범위(5~95%)를 기준으로 한 설계
2. 극단치를 이용한 설계(최대치수와 최소치수)
3. 평균치를 기준으로 한 설계

32 정답 ④

인간-기계시스템의 연구 목적 : 안전성 향상과 사고방지, 기계조작의 능률성 향상과 생산성 향상, 사용성 향상

33 정답 ③

유해위험방지계획서의 제출대상 사업은 해당 사업으로서 전기 계약용량이 300킬로와트 이상인 경우를 말한다(영 제42조 제1항).

34 정답 ②

에너지대사율(RMR)과 작업강도

에너지대사율 (RMR)	작업강도
0~2	경 작업 – 가벼운 작업
2~4	중(中)작업 – 보통 작업
4~7	중(重) 작업 – 힘든 작업
7이상	초중(超重) 작업 – 굉장히 힘든 작업

35 정답 ④

④ **보전예방** : 설비를 계획하는 경우에 신뢰성이 높고, 보전성이 좋으며, 조작이 용이하고 또한 유지비가 적게 드는 등의 경제성을 고려하여 어떻게 설계하면 좋을 것인가를 조사하고 자세하게 참고하여 초안을 작성하는 것
① **개량보전** : 설비의 개량으로 고장률을 최소로 보전하는 것
② **일상보전** : 설비나 공정이 규정된 운전조건 하에서 가동하고 있는지를 부단히 파악하고 있어야 하는 것
③ **사후보전** : 시설물의 기능과 성능에 확실한 결함이 있을 때 비로소 수선하는 방법

36 정답 ①

① **레이노 병**(Raynaud's phenomenon) : 국소진동, 과도한 스트레스에 노출된 경우에 손가락, 발가락, 코, 귀 등의 끝부분 혈관이 발작적으로 수축하여 색깔이 창백하게 변하는 질환
② **파킨슨 병**(Parkinson's disease) : 뇌의 신경세포 손상으로 손과 팔에 경련이 일어나고, 보행이 어려워지는 질병
③ **C5-dip 현상** : 냉의 모세포에 작용하는 감각신경성 난청
④ **규폐증** : 규사 등의 먼지가 폐에 쌓여 흉터가 생기는 질환

37 정답 ②

정량적 평가항목 : 취급물질, 용량, 온도, 압력, 조작
정성적 평가항목 : 입지조건, 공장 내 배치, 건조물, 소방설비, 공정 기기, 수송 저장, 원재료, 중간재, 제품

38 정답 ③

시스템안전 MIL-STD-882B 분류기준의 위험성 평가 매트릭스에서 발생빈도는 자주 발생(Frequent), 보통 발생(Probable), 가끔 발생(Occasional), 거의 발생하지 않음(Remote), 극히 발생하지 않음(Improbable)로 구분한다.

39 정답 ①

NOISH lifting guideline에서 권장무게한계(RWL) 산출에 사용되는 계수 : 수평계수, 수직계수, 거리계수, 비대칭계수, 빈도계수, 결합계수

40 정답 ②

② **양식 양립성** : 직무에 알맞은 자극과 응답의 존재에 대한 양립성
① **개념적 양립성** : 이미 사람들이 학습을 통해 알고 있는 개념적 연상
③ **운동 양립성** : 표시장치의 움직이는 방향과 조종장치의 방향이 사용자의 기대와 일치
④ **공간적 양립성** : 표시장치나 조종장치에서 물리적 형태 및 공간적 배치

3과목 기계 · 기구 및 설비 안전 관리

41 정답 ③

보일러 과열원인
1. 제한 압력을 초과하여 사용할 경우
2. 관수가 부족할 때 보일러를 가동한 경우
3. 구성재료가 불량한 경우
4. 수관 및 본체의 청소가 불량한 경우
5. 수면계의 고장으로 인한 드럼내의 물이 감소한 경우
6. 부식, 급수의 질이 나쁜 경우

42 정답 ①

사업주는 프레스 등의 금형을 부착·해체 또는 조정하는 작업을 할 때에 해당 작업에 종사하는 근로자의 신체가 위험한계 내에 있는 경우 슬라이드가 갑자기 작동함으로써 근로자에게 발생할 우려가 있는 위험을 방지하기 위하여 안전블록을 사용하는 등 필요한 조치를 하여야 한다(안전보건규칙 제 104조).

43 정답 ②

로봇의 작동 범위에서 그 로봇에 관하여 교시 등(로봇의 동력원을 차단하고 하는 것은 제외한다)의 작업을 할 때 작업시작 전 점검 사항(안전보건규칙 별표 3)
1. 외부전선의 피복 또는 외장의 손상 유무
2. 매니퓰레이터(manipulator) 작동의 이상 유무
3. 제동장치 및 비상정지장치의 기능

44 정답 ①

① **칩 커터** : 가공물의 돌출부에 작업자가 접촉하지 않도록 설치하는 덮개
③ **칩 쉴드** : 가공물의 칩이 비산되어 발생하는 위험을 방지하기 위해 사용하는 덮개
④ **칩 브레이커** : 절삭 가공에 있어서 긴 칩을 짧게 절단 또는 스프링 형태로 감기게 하기 위해 바이트의 경사면에 홈이나 단을 붙여 칩의 절단이 쉽도록 한 부분

45 정답 ③

밀링작업 시 안전수칙
1. 사용 전 반드시 기계와 공구를 점검한다.
2. 일감은 테이블 또는 바이스에 안전하게 고정한다.
3. 가공 중에는 손으로 가공면을 점검하지 않는다.
4. 칩을 제거할 때에는 기계를 정지시킨 후 브러시를 이용한다.
5. 테이블 위에 공구나 측정구를 놓지 않는다.
6. 커터의 제거 또는 설치 시에는 반드시 스위치를 내리고 한다.
7. 가공 중에 얼굴을 기계에 접근시키지 않는다.

46 정답 ④

양중기의 과부하장치에서 요구하는 일반적인 성능기준(방호장치 의무안전인증고시 별표 2)
1. 과부하방지장치 작동 시 경보음과 경보램프가 작동되어야 하며 양중기는 작동이 되지 않아야 한다. 다만, 크레인은 과부하 상태 해지를 위하여 권상된 만큼 권하시킬 수 있다.
2. 외함은 납봉인 또는 시건할 수 있는 구조이어야 한다.
3. 외함의 전선 접촉부분은 고무 등으로 밀폐되어 물과 먼지 등이 들어가지 않도록 한다.
4. 과부하방지장치와 타 방호장치는 기능에 서로 장애를 주지 않도록 부착할 수 있는 구조이어야 한다.

5. 방호장치의 기능을 제거 또는 정지할 때 양중기의 기능도 동시에 정지할 수 있는 구조이어야 한다.
6. 과부하방지장치는 별표 2의2 각 호의 시험 후 정격하중의 1.1배 권상 시 경보와 함께 권상동작이 정지되고 횡행과 주행동작이 불가능한 구조이어야 한다. 다만, 타워크레인은 정격하중의 1.05배 이내로 한다.
7. 과부하방지장치에는 정상동작상태의 녹색램프와 과부하 시 경고 표시를 할 수 있는 붉은색램프와 경보음을 발하는 장치 등을 갖추어야 하며, 양중기 운전자가 확인할 수 있는 위치에 설치해야 한다.

47 정답 ①

플랜지의 바깥지름은 숫돌지름의 1/3 이하가 되도록 한다.
플랜지의 지름=숫돌지름$\times\frac{1}{3}=180\times\frac{1}{3}=60(\mathrm{mm})$

48 정답 ②

아세틸렌 용접장치의 관리 등(안전보건규칙 제290조)

1. 발생기(이동식 아세틸렌 용접장치의 발생기는 제외한다)의 종류, 형식, 제작업체명, 매 시 평균 가스발생량 및 1회 카바이드 공급량을 발생기실 내의 보기 쉬운 장소에 게시할 것
2. 발생기실에는 관계 근로자가 아닌 사람이 출입하는 것을 금지할 것
3. 발생기에서 5미터 이내 또는 발생기실에서 3미터 이내의 장소에서는 흡연, 화기의 사용 또는 불꽃이 발생할 위험한 행위를 금지시킬 것
4. 도관에는 산소용과 아세틸렌용의 혼동을 방지하기 위한 조치를 할 것
5. 아세틸렌 용접장치의 설치장소에는 적당한 소화설비를 갖출 것
6. 이동식 아세틸렌용접장치의 발생기는 고온의 장소, 통풍이나 환기가 불충분한 장소 또는 진동이 많은 장소 등에 설치하지 않도록 할 것

49 정답 ④

가동식 덮개 : 덮개, 보조덮개가 가공물의 크기에 따라 위아래로 움직이며 가공할 수 있는 것으로 그 덮개의 하단이 송급되는 가공재의 윗면에 항상 접하는 구조이며, 가공재를 절단하고 있지 않을 때는 덮개가 테이블면까지 내려가 어떠한 경우에도 근로자의 손 등이 톱날에 접촉되는 것을 방지하도록 된 구조이다(방호장치 자율안전기준고시 별표 5).

50 정답 ③

조작부에 로프를 사용할 경우는 KS D 3514(와이어로프)에서 정한 규격에 적합한 직경 4밀리미터 이상의 와이어로프 또는 직경 6밀리미터 이상이고 절단하중이 2.94킬로뉴턴(kN) 이상의 합성섬유의 로프를 사용하여야 한다(방호장치 자율안전인증고시 별표 4).

51 정답 ②

사업주는 급성 독성물질이 지속적으로 외부에 유출될 수 있는 화학설비 및 그 부속설비에 파열판과 안전밸브를 직렬로 설치하고 그 사이에는 압력지시계 또는 자동경보장치를 설치하여야 한다(안전보건규칙 제263조).

52 정답 ①

재결정 온도는 소성 변형을 일으킨 결정이 가열되어 재결정이 일어나기 시작하는 온도로 열간가공과 냉간가공으로 분류하는 가공온도의 기준이다.

53 정답 ④

구내운반차의 제동장치 준수사항(안전보건규칙 제184조)

1. 주행을 제동하거나 정지상태를 유지하기 위하여 유효한 제동장치를 갖출 것
2. 경음기를 갖출 것
3. 운전석이 차 실내에 있는 것은 좌우에 한 개씩 방향지시기를 갖출 것
4. 전조등과 후미등을 갖출 것. 다만, 작업을 안전하게 하기 위하여 필요한 조명이 있는 장소에서 사용하는 구내운반차에 대해서는 그러하지 아니하다.

54 정답 ③

광전자식 방호장치는 정상동작표시램프는 녹색, 위험표시램프는 붉은색으로 하며, 쉽게 근로자가 볼 수 있는 곳에 설치해야 한다(방호장치 안전인증고시 별표 1).

55 정답 ①

사다리식 통로를 설치하는 경우 준수해야 할 기준(안전보건

규칙 제24조 제1항)

1. 견고한 구조로 할 것
2. 심한 손상·부식 등이 없는 재료를 사용할 것
3. 발판의 간격은 일정하게 할 것
4. 발판과 벽과의 사이는 15센티미터 이상의 간격을 유지할 것
5. 폭은 30센티미터 이상으로 할 것
6. 사다리가 넘어지거나 미끄러지는 것을 방지하기 위한 조치를 할 것
7. 사다리의 상단은 걸쳐놓은 지점으로부터 60센티미터 이상 올라가도록 할 것
8. 사다리식 통로의 길이가 10미터 이상인 경우에는 5미터 이내마다 계단참을 설치할 것
9. 사다리식 통로의 기울기는 75도 이하로 할 것. 다만, 고정식 사다리식 통로의 기울기는 90도 이하로 하고, 그 높이가 7미터 이상인 경우에는 바닥으로부터 높이가 2.5미터 되는 지점부터 등받이울을 설치할 것
10. 접이식 사다리 기둥은 사용 시 접혀지거나 펼쳐지지 않도록 철물 등을 사용하여 견고하게 조치할 것

56 정답 ②

레버풀러(lever puller) 또는 체인블록(chain block)을 사용하는 경우 준수사항(안전보건규칙 제96조 제2항)

1. 정격하중을 초과하여 사용하지 말 것
2. 레버풀러 작업 중 훅이 빠져 튕길 우려가 있을 경우에는 훅을 대상물에 직접 걸지 말고 피벗클램프(pivot clamp)나 러그(lug)를 연결하여 사용할 것
3. 레버풀러의 레버에 파이프 등을 끼워서 사용하지 말 것
4. 체인블록의 상부 훅(top hook)은 인양하중에 충분히 견디는 강도를 갖고, 정확히 지탱될 수 있는 곳에 걸어서 사용할 것
5. 훅의 입구(hook mouth) 간격이 제조자가 제공하는 제품사양서 기준으로 10퍼센트 이상 벌어진 것은 폐기할 것
6. 체인블록은 체인이 꼬이거나 헝클어지지 않도록 할 것
7. 체인과 훅은 변형, 파손, 부식, 마모되거나 균열된 것을 사용하지 않도록 조치할 것
8. 늘어난 달기체인 등의 사용금지 사항을 준수할 것

57 정답 ④

로봇에 설치되는 제어장치는 다음의 요건에 적합할 것(안전검사 고시 별표 14)

1. 누름버튼은 오작동 방지를 위한 가드가 설치되어 있는 등 불시기동을 방지할 수 있는 구조일 것
2. 전원공급램프, 자동운전, 결함검출 등 작동제어의 상태를 확인할 수 있는 표시장치가 설치되어 있을 것
3. 조작버튼 및 선택스위치 등 제어장치에는 해당 기능을 명확하게 구분할 수 있도록 표시되어 있을 것

58 정답 ③

칩 브레이커는 선반 가공에서 칩(절삭분)이 길어지게 되면 회전하고 있는 공작물에 감겨 들어가서 가공이 어려워질 뿐 아니라 작업이 아주 위험하게 되는데 칩 브레이커는 가공할 때 나오는 칩을 잘라낼 목적으로 바이트의 날끝 부분에 마련된다.

59 정답 ②

평형플랜지 지름은 숫돌의 바깥지름 직경 1/3 이상인 것이 적당하다. 따라서 50mm 이상이어야 한다.

60 정답 ②

사업주는 프레스 등의 금형을 부착·해체 또는 조정하는 작업을 할 때에 해당 작업에 종사하는 근로자의 신체가 위험한계 내에 있는 경우 슬라이드가 갑자기 작동함으로써 근로자에게 발생할 우려가 있는 위험을 방지하기 위하여 안전블록을 사용하는 등 필요한 조치를 하여야 한다(안전보건규칙 제104조).

4과목 전기설비 안전 관리

61 정답 ②

단로기는 부하전류를 제거한 후 회로를 격리하도록 하기 위한 장치로 보통의 부하전류는 개폐하지 않는다.

62 정답 ①

① 전선관과 전선관용 부속품 또는 전기기기와의 접속은 KSB 0221에서 규정한 관용 평행나사로 완전나사부에 5산 이상 결합시켜서 강하게 조인다(방폭구조의 전기설비기준 5.2).

② 전선관용 부속품은 내압방폭구조를 사용한다(방폭구조의 전기설비기준 5.2).

③ 케이블 시설경로의 선정에는 부식성 용제, 외부로부터의 열전도, 진동 등의 영향을 받지 않으며, 시설작업을 용이

하게 할 수 있도록 충분히 고려하여야 한다(방폭구조의 전기설비기준 5.2).

④ 가요성 접속부분에는 안전증방폭구조의 플렉시블 피칭을 사용하고, 플렉시블 피칭을 구부릴 경우 내측 반경은 플렉시블 피칭 배관 외경의 5배 이상으로 한다(방폭구조의 전기설비기준 5.2).

63 정답 ③

전압을 구분하는 저압, 고압 및 특고압은 다음의 것을 말한다(전기설비기술기준 제3조 제2항).

1. **저압** : 직류는 1.5kV 이하, 교류는 1kV 이하인 것
2. **고압** : 직류는 1.5kV를, 교류는 1kV를 초과하고, 7kV 이하인 것
3. **특고압** : 7kV를 초과하는 것

64 정답 ④

방폭전기기기의 등급에서 위험장소의 등급분류 : 0종 장소, 1종 장소, 2종 장소

65 정답 ①

표준충격파형(Tf, Tt) : 1.2×50μs(파두장 1.2, 파미장 50μs)

66 정답 ③

콤바인 덕트 케이블(combine duct cable)은 저압 또는 고압의 지중전선로에 사용한다.

67 정답 ②

내압 방폭구조는 대상 폭발성가스에 대해서 점화능력을 가진 전기불꽃 또는 고온부위에 있어서도 기기 내부에서 폭발성가스의 폭발이 발생하여도 기기가 그 폭발압력에 견디고 또한 기기 주위의 폭발성가스에 인화 파급하지 않도록 되어있는 구조로, 내부 폭발이 주위에 파급되지 않는다는 점에서 점화원의 방폭적 격리와 유사하다.

68 정답 ④

화염일주한계는 배압이 있는 상태에서 좁은 틈새를 통해 폭발성 혼합가스 속을 화염이 한 쪽에서 다른 쪽으로 전파하는지의 한계치수를 나타내는 특성 값으로, 배압의 영향이 거의 없는 상태에서 화염이 가는 관속이나 평행판 사이를 자기 전파할 수 있게 되는 한계치수(관의 직경 또는 평행판 사이의 틈새)이다.

69 정답 ①

정전기 폭발사고 조사시 필요한 조치사항

1. 가연성분위기 규명
2. 전하발생 부위 및 축적기구 규명
3. 방전에 따른 점화 가능성 평가 등
4. 사고의 성격 및 특징
5. 사고재발방지 대책 강구

70 정답 ③

$$W = I^2RT = \left(\frac{165}{\sqrt{T}} \times 10^{-3}\right)^2 \times 1000T$$
$$= (165^2 \times 10^{-6}) \times 1000 = 27.225$$

71 정답 ②

전기기계·기구에 설치되어 있는 누전차단기는 정격감도전류가 30밀리암페어 이하이고 작동시간은 0.03초 이내일 것. 다만, 정격전부하전류가 50암페어 이상인 전기기계·기구에 접속되는 누전차단기는 오작동을 방지하기 위하여 정격감도전류는 200밀리암페어 이하로, 작동시간은 0.1초 이내로 할 수 있다(안전보건규칙 제304조 제5항 제1호).

72 정답 ③

직렬 갭은 정상시에는 방전하지 않고 절연상태를 유지하고, 이상전압 발생시에는 이상전압을 대지로 방전하고 속류를 차단한다.

73 정답 ④

인체 피부의 전기저항에 영향을 주는 주요 인자 : 습기, 접촉

전압, 인가시간, 접촉면적, 인가전압

전격 위험을 결정하는 주요 인자 : 통전 전류의 크기, 통전시간, 통전경로, 전원의 종류, 주파수 및 파형

74 정답 ①

피뢰기는 일반적으로 직렬갭과 특성요소로 구성되어 있다.

75 정답 ①

접지의 목적

1. 감전방지
2. 대지전압 저하
3. 보호계전기 동작 확보
4. 이상전압의 억제
5. 낙뢰에 의한 피해방지

76 정답 ②

$$\text{피뢰침 보호여유도} = \frac{\text{충격절연강도} - \text{제한전압}}{\text{제한전압}} \times 100 = \frac{600-400}{400} \times 100 = 50(\%)$$

77 정답 ③

광량자 에너지는 빛을 입자로 보았을 때 그 빛의 입자들(광량자)이 가지는 에너지이다. 전자파의 광량자 에너지는 자외선〉가시광선〉적외선〉마이크로파 순이다.

78 정답 ④

유자격자가 아닌 근로자가 충전전로 인근의 높은 곳에서 작업할 때에 근로자의 몸 또는 긴 도전성 물체가 방호되지 않은 충전전로에서 대지전압이 50킬로볼트 이하인 경우에는 300센티미터 이내로, 대지전압이 50킬로볼트를 넘는 경우에는 10킬로볼트당 10센티미터씩 더한 거리 이내로 각각 접근할 수 없도록 할 것(안전보건규칙 제321조 제1항 제7호)

79 정답 ①

절연안전모는 AE, ABE 안전모로 내전압성을 가진 안전모이다. 내전압성은 7,000V 이하의 전압에서 견디는 것을 말한다(보호구 안전인증 고시 별표 1).

80 정답 ②

$Q = 0.24I^2RT = 0.24 \times 5^2 \times 20 \times (3 \times 60) = 21,600$

5과목 화학설비 안전 관리

81 정답 ②

폭발 범위

H_2: 4~75
CO: 12.5~74
CH_4: 5~15
C_3H_8: 2.1~9.5

82 정답 ④

④ **산화에틸렌** : 3.0~80.0
① **사이클로헥산** : 1.07~8.0
② **이황화탄소** : 1.25~41.0
③ **수소** : 4.0~75.0

83 정답 ③

공정안전자료(규칙 제50조 제1항 제1호)

1. 취급·저장하고 있거나 취급·저장하려는 유해·위험물질의 종류 및 수량
2. 유해·위험물질에 대한 물질안전보건자료
3. 유해하거나 위험한 설비의 목록 및 사양
4. 유해하거나 위험한 설비의 운전방법을 알 수 있는 공정도면
5. 각종 건물·설비의 배치도
6. 폭발위험장소 구분도 및 전기단선도
7. 위험설비의 안전설계·제작 및 설치 관련 지침서

84 정답 ②

② 과염소산은 제6류 위험물인 산화성 액체로 수용성 물질이다. 가열하면 폭발할 수 있다.
① 황린은 물속에 저장하여 보호액이 증발되지 않도록 한다.
③ 이황화탄소의 인화점은 −30℃이다.

④ 알킬알루미늄은 금수성 물질로 물과 접촉하면 격렬하게 반응한다.

85 정답 ①

① 가연성 물질과 산화성 고체가 혼합되면 최소점화에너지가 감소하며, 폭발의 위험성이 증가한다.
② 가연성 물질과 산화성 고체가 혼합하고 있을 때 착화온도는 낮아진다.
③ 가스나 가연성 증기의 경우 공기혼합보다 연소범위가 넓어진다.
④ 공기 중에서보다 산화작용이 강하게 발생하여 화염온도가 증가하고 연소속도가 빨라진다.

86 정답 ③

③ **공비증류** : 공비혼합물 또는 끓는점이 비슷하여 분리하기 어려운 액체혼합물의 성분을 완전히 분리시키기 위해 쓰이는 증류법
① **가압증류** : 증류 장치에 대기압보다 높은 압력을 가하고 진행하는 증류
② **추출증류** : 끓는점이 비슷한 혼합물이나 공비혼합물 성분의 분리를 용이하게 하기 위하여 사용되는 증류법
④ **감압증류** : 대기압보다 낮은 압력하에서의 증류

87 정답 ①

폭발성 물질 및 유기과산화물(안전보건규칙 별표 9)
1. **질산에스테르류** : 니트로글리콜, 니트로글리세린, 니트로셀룰로오스 등
2. **니트로 화합물** : 트리니트로벤젠, 트리니트로톨루엔, 피크린산 등
3. 니트로소 화합물
4. 아조 화합물
5. 디아조 화합물
6. 하이드라진 유도체
7. **유기과산화물** : 과초산, 메틸에틸케톤 과산화물, 과산화벤조일 등

88 정답 ③

위험물의 저장방법
1. **나트륨, 칼슘** : 석유 속에 저장
2. **황린** : 물속에 저장
3. **탄화칼슘** : 금수성 물질로 물과 격렬한 반응을 하므로 건조한 곳에 보관
4. **질산은 용액** : 빛에 의해 광분해 반응을 하므로 햇빛을 피해 저장
5. **벤젠** : 산화성 물질과 격리 저장
6. **질산** : 통풍이 잘 되는 곳에 저장하고 물기를 피함
7. **적린, 마그네슘, 칼륨** : 격리 저장

89 정답 ④

제3류 위험물(위험물안전관리법 시행령 별표 1) : 칼륨, 나트륨, 알킬알루미늄, 알킬리튬, 황린, 알칼리금속 및 알칼리토금속, 유기금속화합물, 금속의 수소화물, 금속의 인화물, 칼슘 또는 알루미늄의 탄화물 등

90 정답 ①

생성물, 부착물에 의한 오염 상황은 셀이나 튜브 내부에서 일어나는 현상이므로 개방검사 때의 항목이다.

91 정답 ③

산소는 연소를 도와주는 조연성 가스에 해당한다.

92 정답 ②

금수성 물질은 물과 반응하여 격렬한 발열반응을 하는 물질이다. 칼륨, 리튬, 칼슘, 마그네슘, 나트륨, 알킬알루미늄 등이 있다. 이황화탄소는 물보다 무겁고 물에 녹기 어려우며 고온에서 물과 반응하면 이산화탄소와 황화수소가 발생한다.

93 정답 ④

사업주는 위험물을 액체상태로 저장하는 저장탱크를 설치하는 경우에는 위험물질이 누출되어 확산되는 것을 방지하기 위하여 방유제를 설치하여야 한다(안전보건규칙 제272조).

94 정답 ③

③ 화염방지기는 가연성 혼합기 중의 화염 전파를 방지하기

위해 반응기나 배관 중에 설치하는 안전기구이다.
압력방출장치 : 안전밸브, 릴리프 해치, 브리더 밸브, 폭발문, 파열판 등

95 정답 ①

① flame arrester : 비교적 저압 또는 상압에서 가연성 증기를 발생하는 유류를 저장하는 탱크에서 외부로 그 증기를 방출하거나, 탱크 내에 외기를 흡인하거나 하는 부분에 설치하는 안전장치
② safety valve : 기기나 배관의 압력이 일정한 압력을 넘었을 경우에 자동적으로 작동하는 밸브
③ gate valve : 밸브 디스크가 유체의 통로를 수직으로 막아서 개폐하고 유체의 흐름이 일직선으로 유지되는 밸브
④ vent stack : 탱크 내의 압력을 정상적 상태로 유지하기 위한 일종의 안전장치

96 정답 ②

증발열은 흡열반응으로 온도가 내려가므로 자연발화를 어렵게 한다.

97 정답 ①

분말소화약제와 적응성 화재

분류	색깔	적응성 화재
제1종 분말 중탄산나트륨	백색	B · C
제2종 분말 중탄산칼륨	자색	B · C
제3종 분말 인산암모늄	붉은색	A · B · C
제4종 분말 중탄산칼륨＋요소	회색	B · C

98 정답 ②

질산이 반응열로 인해 분해되는 등의 부수적 반응으로 일산화질소(NO)가 생성된다. 온도에 따라서 섭씨 53도 이하에서는 주로 연한 갈색이 관찰되고, 그 이상에서는 기체 상태의 이산화질소(NO_2)로 분해되어 진한 적갈색을 보인다.

99 정답 ③

벤젠 인화점 : −11℃, 디에틸에테르 : −45℃, 아세톤 : −18℃, 아세트산 : 39℃

100 정답 ①

강화액 소화약제는 물에 화학제품을 섞어 소화력을 강화시킨 약제로 소화약제에는 분말, 하론, 청정가스 등의 형태가 있다.

6과목 건설공사 안전 관리

101 정답 ④

사업주는 터널 지보공을 조립하는 경우에는 미리 그 구조를 검토한 후 조립도를 작성하고, 그 조립도에 따라 조립하도록 하여야 한다. 조립도에는 재료의 재질, 단면규격, 설치간격 및 이음방법 등을 명시하여야 한다(안전보건규칙 제363조).

102 정답 ②

사업주는 순간풍속이 초당 30미터를 초과하는 바람이 불어올 우려가 있는 경우 옥외에 설치되어 있는 주행 크레인에 대하여 이탈방지장치를 작동시키는 등 이탈 방지를 위한 조치를 하여야 한다(안전보건규칙 제140조).

103 정답 ①

사업주는 차량계 하역운반기계, 차량계 건설기계(최대제한속도가 시속 10킬로미터 이하인 것은 제외한다)를 사용하여 작업을 하는 경우 미리 작업장소의 지형 및 지반 상태 등에 적합한 제한속도를 정하고, 운전자로 하여금 준수하도록 하여야 한다(안전보건규칙 제98조 제1항).

104 정답 ③

법면 붕괴에 의한 재해 예방조치에는 굴착면 기울기 준수, 경사면의 기울기 차이가 발생할 경우 추가 안전조치, 활동 가능성 토석 제거, 경사면의 하단부에 압성토 등 보강공법으로 활동에 대한 저항 대책수립, 지반강도 강화, 지표수와 지하수의 침투방지 등이 있다.

105 정답 ②

이동식 크레인을 사용하여 작업을 할 때 작업시작 전 점검사항(안전보건규칙 별표 3)
1. 권과방지장치나 그 밖의 경보장치의 기능
2. 브레이크·클러치 및 조정장치의 기능
3. 와이어로프가 통하고 있는 곳 및 작업장소의 지반상태

106 정답 ③

가설구조물의 구조상 문제점
1. 연결재가 적은 구조로 되기 쉽다.
2. 부재의 결합이 간단하여 불완전한 결합이 많다.
3. 구조물이라는 통상의 개념이 확고하지 않으며 조립의 정밀도가 낮다.
4. 부재가 과소단면이거나 결함재가 되기 쉽다.
5. 전체 구조에 대한 구조계산 기준이 부족하다.

107 정답 ④

흙의 간극비는 토립자 사이의 물과 공기의 체적비이다.

$$e=\frac{V_v}{V_s}$$

(V_v : 공기+물의 체적, V_s : 흙의 체적)

108 정답 ③

③ 위험성평가 기록물의 보존기간은 3년이다(규칙 제37조 제2항).
① 사업주는 건설물, 기계·기구·설비, 원재료, 가스, 증기, 분진, 근로자의 작업행동 또는 그 밖의 업무로 인한 유해·위험 요인을 찾아내어 부상 및 질병으로 이어질 수 있는 위험성의 크기가 허용 가능한 범위인지를 평가하여야 하고, 그 결과에 따라 조치를 하여야 하며, 근로자에 대한 위험 또는 건강장해를 방지하기 위하여 필요한 경우에는 추가적인 조치를 하여야 한다(법 제36조 제1항).
② 위험성평가 기록물에는 평가대상의 유해·위험요인, 위험성결정의 내용 등이 포함된다(규칙 제37조 제1항).
④ 사업주는 평가의 결과와 조치사항을 고용노동부령으로 정하는 바에 따라 기록하여 보존하여야 한다(법 제36조 제3항).

109 정답 ②

식생공 : 식물을 생육시켜 그 뿌리로 사면의 표층토를 고정하여 빗물에 의한 침식, 동상, 이완 등을 방지하고 아울러 녹화에 의한 경관조성을 위하여 시공하는 사면보호공

110 정답 ①

안전난간 : 상부 난간대, 중간 난간대, 발끝막이판 및 난간기둥으로 구성할 것. 다만, 중간 난간대, 발끝막이판 및 난간기둥은 이와 비슷한 구조와 성능을 가진 것으로 대체할 수 있다(안전보건규칙 제13조 제1호).

111 정답 ②

사다리식 통로의 기울기는 75도 이하로 할 것. 다만, 고정식 사다리식 통로의 기울기는 90도 이하로 하고, 그 높이가 7미터 이상인 경우에는 바닥으로부터 높이가 2.5미터 되는 지점부터 등받이울을 설치할 것(안전보건규칙 제24조 제9호)

112 정답 ③

사업주는 차량계 하역운반기계 등에 화물을 적재하는 경우에 다음의 사항을 준수하여야 한다(안전보건규칙 제173조 제1항).
1. 하중이 한 쪽으로 치우치지 않도록 적재할 것
2. 구내운반차 또는 화물자동차의 경우 화물의 붕괴 또는 낙하에 의한 위험을 방지하기 위하여 화물에 로프를 거는 등 필요한 조치를 할 것
3. 운전자의 시야를 가리지 않도록 화물을 적재할 것

113 정답 ①

거푸집 해체작업을 할 경우 연직부재를 수평부재보다 먼저 떼어내는데 이는 연직부재가 하중을 받지 않기 때문이다.

114 정답 ②

사업주는 갑판의 윗면에서 선창 밑바닥까지의 깊이가 1.5미터를 초과하는 선창의 내부에서 화물취급작업을 하는 경우에 그 작업에 종사하는 근로자가 안전하게 통행할 수 있는 설비를 설치하여야 한다. 다만, 안전하게 통행할 수 있는 설비가

선박에 설치되어 있는 경우에는 그러하지 아니하다(안전보건규칙 제394조).

115 정답 ④

토질시험(soil test)방법 중 전단시험 : 1면 전단시험, 베인 테스트, 1축 압축시험, 3축 압축시험, KO압밀시험 등

116 정답 ③

강관비계의 조립간격(안전보건규칙 별표 5)

강관비계의 종류	조립간격(단위: m)	
	수직방향	수평방향
단관비계	5	5
틀비계(높이가 5m 미만인 것은 제외한다)	6	8

117 정답 ②

② **수직구명줄** : 로프 또는 레일 등과 같은 유연하거나 단단한 고정줄로서 추락발생시 추락을 저지시키는 추락방지대를 지탱해 주는 줄모양의 부품을 말한다(보호구 안전인증 고시 제26조 제15호).

① **죔줄** : 벨트 또는 안전그네를 구명줄 또는 구조물 등 그 밖의 걸이설비와 연결하기 위한 줄모양의 부품을 말한다(보호구 안전인증 고시 제26조 제4호).

③ **안전블록** : 안전그네와 연결하여 추락발생시 추락을 억제할 수 있는 자동잠김장치가 갖추어져 있고 죔줄이 자동적으로 수축되는 장치를 말한다(보호구 안전인증 고시 제26조 제13호).

④ **보조죔줄** : 안전대를 U자걸이로 사용할 때 U자걸이를 위해 훅 또는 카라비너를 지탱벨트의 D링에 걸거나 떼어낼 때 잘못하여 추락하는 것을 방지하기 위한 링과 걸이설비 연결에 사용하는 훅 또는 카라비너를 갖춘 줄모양의 부품을 말한다(보호구 안전인증 고시 제26조 제14호).

118 정답 ③

취급물의 형상, 성질, 크기 등이 다양하면 기계로 작업하기가 불편하므로 인력으로 작업하는 것이 편리하다. 기계운반작업은 표준화되고 반복적이며 중량물인 경우에 적합하다.

119 정답 ①

도심지 폭파해체공법은 0.5~15초 이내로 매우 짧기 때문에 주민의 불편을 최소화하기에 적합한 공법이나 주위의 구조물이 가까이 있기 때문에 주위의 구조물에 끼치는 영향이 크다.

120 정답 ②

허용진동치 기준(발파작업표준안전작업지침 제5조)

건물 분류	문화재	주택 아파트	상가(금이 없는 상태)	철골 콘크리트 빌딩 및 상가
건물기초에서의 허용 진동치 (cm/초)	0.2	0.5	1.0	1.0~4.0

1과목 산업재해 예방 및 안전보건교육

01	①	02	②	03	④	04	②	05	①
06	④	07	③	08	④	09	①	10	③
11	②	12	④	13	③	14	②	15	④
16	①	17	③	18	④	19	①	20	③

2과목 인간공학 및 위험성 평가 · 관리

21	②	22	③	23	②	24	②	25	④
26	③	27	④	28	①	29	②	30	③
31	②	32	①	33	④	34	②	35	③
36	④	37	①	38	②	39	①	40	③

3과목 기계 · 기구 및 설비 안전 관리

41	④	42	①	43	②	44	①	45	②
46	③	47	①	48	④	49	②	50	③
51	①	52	③	53	②	54	④	55	①
56	②	57	③	58	①	59	②	60	④

4과목 전기설비 안전 관리

61	②	62	④	63	③	64	①	65	②
66	③	67	①	68	④	69	②	70	③
71	①	72	②	73	④	74	③	75	①
76	②	77	③	78	③	79	②	80	①

5과목 화학설비 안전 관리

81	①	82	③	83	④	84	①	85	②
86	③	87	④	88	③	89	①	90	②
91	③	92	②	93	①	94	③	95	④
96	①	97	③	98	②	99	①	100	④

6과목 건설공사 안전 관리

101	①	102	①	103	③	104	①	105	③
106	①	107	④	108	②	109	①	110	③
111	④	112	①	113	③	114	②	115	①
116	④	117	①	118	②	119	④	120	①

1과목 산업재해 예방 및 안전보건교육

01 정답 ①

브레인스토밍(Brain-storming) 기법의 4원칙
1. 주제와 관련이 없는 내용도 발표할 수 있다.
2. 동료의 의견에 비판할 수 없다.
3. 질보다 양 우선으로 발표기회에 제한이 없다.
4. 타인의 의견에 대하여는 수정하여 발표할 수 있다.

02 정답 ②

그림은 스탭형 조직이다. 1000명 이상의 대규모 사업장에 적합한 조직은 라인-스탭형 조직에 해당한다.

03 정답 ④

재해사례연구 순서 : 재해 상황의 파악→사실의 확인→문제점의 발견→근본적 문제점의 결정→대책수립

04 정답 ②

스탭형(Staff) 조직
1. 회사 내 별도의 안전관리조직을 두는 조직
2. 100명 이상 1,000명 이내의 중규모 사업장
3. 안전과 생산을 별도로 취급하기 쉬움
4. 생산부분은 안전에 대한 책임이 없음

5. 안전에 대한 정보, 지식의 수집 용이
6. 생산부분에 협력하여 안전명령을 전달, 실시하므로 안전지시가 용이하지 않음
7. 권한 다툼이나 조정 때문에 통제수속이 복잡해지며 시간과 노력이 소모됨

05 정답 ①

집단에서의 인간관계 메커니즘(Mechanism)
1. **방어기제** : 보상, 합리화, 동일시, 승화, 투사, 모방, 치환
2. **도피기제** : 고립, 퇴행, 억압, 백일몽
3. **공격기제** : 직접적 공격, 간접적 공격

06 정답 ④

안전모의 종류(보호구 안전인증고시 별표 1)

종류 (기호)	사용구분	비고
AB	물체의 낙하 또는 날아옴 및 추락에 의한 위험을 방지 또는 경감시키기 위한 것	비내전압성
AE	물체의 낙하 또는 날아옴에 의한 위험을 방지 또는 경감하고, 머리부위 감전에 의한 위험을 방지하기 위한 것	내전압성
ABE	물체의 낙하 또는 날아옴 및 추락에 의한 위험을 방지 또는 경감하고, 머리부위 감전에 의한 위험을 방지하기 위한 것	내전압성

내전압성이란 7,000V 이하의 전압에 견디는 것을 말한다.

07 정답 ③

학습지도의 원리 : 개별화의 원리, 사회화의 원리, 자발성의 원리, 직관의 원리, 통합성의 원리, 목적의 원리, 과학성의 원리

08 정답 ④

근로자 정기 안전보건교육(규칙 별표 5)
1. 산업안전 및 사고 예방에 관한 사항
2. 산업보건 및 직업병 예방에 관한 사항
3. 위험성 평가에 관한 사항
4. 건강증진 및 질병 예방에 관한 사항
5. 유해·위험 작업환경 관리에 관한 사항
6. 산업안전보건법령 및 산업재해보상보험 제도에 관한 사항
7. 직무스트레스 예방 및 관리에 관한 사항
8. 직장 내 괴롭힘, 고객의 폭언 등으로 인한 건강장해 예방 및 관리에 관한 사항

09 정답 ①

버드(Bird)의 신연쇄성 이론
1단계 : 관리의 부족, 재해발생의 근원적 원인
2단계 : 기본적인 기원, 개인적 또는 과업과 관련된 기원
3단계 : 직접적인 진로, 불안전한 행동, 불안전한 상태
4단계 : 사고 접촉
5단계 : 상해

10 정답 ③

TWI의 교육내용
1. **작업을 가르치는 방법**(JI : Job Instruction)
2. **개선방법**(JM : Job Methods)
3. **사람을 다루는 방법**(JR : Job Relations)
4. **안전작업의 실시방법**(JS : Job Safety)

11 정답 ②

도피적 기제 : 고립, 퇴행, 억압, 백일몽, 반동형성 등
방어적 기제 : 억제, 동일시, 전이, 공감, 합일화, 함입, 반동형성, 보상, 합리화, 대치와 전치, 상환, 투사, 상징화, 격리, 부정, 분단, 해리, 저항, 반복강박, 승화, 투시적 동일시 등

12 정답 ④

관계자외 출입금지표지(규칙 별표 6) : 허가대상물질 제조·사용·보관, 석면취급 및 해체·제거, 발암물질 취급 중

13 정답 ③

컴퓨터 수업(computer assisted instruction)
1. 장점
   ㉠ 개인차를 최대한 고려할 수 있다.

㉡ 학습자가 능동적으로 참여하고, 실패율이 낮다.
㉢ 교사와 학습자가 시간을 효과적으로 이용할 수 있다.
㉣ 학생의 학습과 과정의 평가를 과학적으로 할 수 있다.

2. 단점
㉠ 비인간화
㉡ 학습효과의 의문
㉢ 투자 필요

14 정답 ②

듀이(J. Dewey)의 사고과정 5단계
1단계 : 시사를 받는다.
2단계 : 머리로 생각한다.
3단계 : 가설을 설정한다.
4단계 : 추론한다.
5단계 : 행동에 의하여 가설을 검토한다.

15 정답 ④

④ **특별점검** : 호우, 강풍, 지진 등이 발생한 뒤 작업을 재개시할 때 등 이상시에 안전담당자 등에 의한 기계설비 등의 기능 이상 점검
① **정기점검** : 일정기간마다 정기적으로 실시하는 점검
② **수시점검** : 매일 현장에서 작업시간 전, 작업 중, 작업 후에 일상적으로 실시하는 점검
③ **임시점검** : 기계기구 등에 이상 발견시 하는 점검

16 정답 ①

부주의의 발생원인 : 의식의 단절, 우회, 과잉, 혼란, 저하 등

17 정답 ③

경고표지(규칙 별표 6) : 방사성물질 경고, 고압전기 경고, 매달린 물체 경고, 낙하물 경고, 고온 경고, 저온 경고, 몸균형 상실 경고, 레이저광선 경고, 발암성·변이성·생식독성·전신독성·호흡기 과민성 물질 경고, 위험장소 경고

18 정답 ④

Y·G 성격검사
A형(평균형) : 조화, 적응적인 유형
B형(폭발형) : 활동적이지만 정서 불안정, 사회 적응을 하기 어려운 유형
C형(진정형) : 정서 안정, 사회 적응적이며 다만 적극성이 결여되어 있는 유형
D형(지도자) : 이상적 성격, 정서 안정, 사회 적응적이며 활동적, 인간관계도 좋은 유형
E형(내계 지향형) : 정서 불안정한 사고, 소극적·내향적인 유형

19 정답 ①

위험예지훈련 4R(라운드) 기법
1R : 현상파악
2R : 본질추구
3R : 대책수립
4R : 목표설정

20 정답 ③

재해예방의 4원칙
1. **예방가능의 원칙** : 천재지변을 제외한 모든 재해는 예방가능
2. **손실우연의 원칙** : 사고로 생기는 상해의 종류와 정도는 조건에 따라 우연적으로 발생
3. **원인연계의 원칙** : 사고와 원인과의 관계는 필연적
4. **대책선정의 원칙** : 재해의 원인은 각기 다르므로 원인을 규명하여 대책 선정

2과목 인간공학 및 위험성 평가·관리

21 정답 ②

인간–기계 통합 체계 기본기능의 유형 : 정보입력 → 정보보관(감지 → 정보처리 및 의사결정 → 행동기능) → 출력

22 정답 ③

③ **Extraneous error** : 불필요한 작업 또는 절차를 수행함으로써 기인한 에러
① **Omission error** : 필요한 직무 또는 절차를 수행하지 않음으로써 기인한 에러
② **Sequential error** : 필요한 작업 또는 절차의 순서 착오로 인한 에러

④ Commission error : 필요한 직무 또는 절차의 불확실한 수행에 의한 에러

23 정답 ②

들기 작업 시 요통재해예방을 위하여 고려할 요소 : 들기 빈도, 손잡이 형상, 허리 비대칭 각도, 수평거리, 수직거리, 이동거리

24 정답 ②

보전기록자료는 보전과 관련된 기록에 관한 자료이다. MTBF 분석표는 평균고장간격, 평균고장시간, 평균수리시간 등을 나타내는 자료로 신뢰성과 보전성 개선을 목적으로 하는 보전기록자료에 해당한다.

25 정답 ④

결함수분석법(FTA)의 특징

1. Top Down 형식
2. 논리기호를 이용한 특정사상에 대한 해석
3. 정량적 해석기법
4. 휴먼 에러 검축 어려움
5. 비전문가도 짧은 훈련으로 사용 가능

26 정답 ③

작업공간의 포락면(包絡面) : 한 장소에 앉아서 수행하는 작업에서 사람이 작업에 사용하는 공간으로 작업의 특성에 따라 포락면이 변경될 수 있다.

27 정답 ④

시스템의 신뢰도

$R = M \times \{1-(1-R)(1-R)\} = M \times (2R-R^2)$

28 정답 ①

① **공분산** : 2개의 확률변수의 상관정도를 나타내는 값
② **분산** : 변수의 흩어진 정도를 계산하는 지표
③ **고장률** : 기계나 장치, 기기, 부품 등이 어떤 기간동안 고장 없이 동작한 후, 계속해서 어떤 단위시간 내에 고장을 일으키는 비율
④ **발생확률** : 개별 사건들이 발생할 종합적인 확률

29 정답 ②

귀마개 및 귀덮개를 사용하는 것은 소음이 발생하는 곳에서 작업하는 근로자에 대한 대책이다.
소음발생에 있어 음원에 대한 대책 : 설비의 격리, 적절한 재배치, 저소음 설비사용

30 정답 ③

정성적 평가항목 : 입지조건, 공장 내의 배치, 소방설비, 공정기기, 수송·저장, 원재료, 중간체, 제품, 건조물[건물]

31 정답 ②

동작 경제 원칙 : 신체사용에 관한 원칙, 작업장 배치에 관한 원칙, 공구 및 설비 디자인에 관한 원칙

32 정답 ①

정량적 평가항목 : 취급물질, 용량, 온도, 압력, 조작
정성적 평가항목 : 입지조건, 배치, 건조물, 설비, 원재료, 중간체제품, 공정, 수송, 저장, 공정기기, 습도 등

33 정답 ④

④ **위반(Violation)** : 알고 있음에도 의도적으로 따르지 않거나 무시한 경우
① **착오(Mistake)** : 상황해석이나 의도를 잘못 판단한 경우
② **실수(Slip)** : 의도는 올바르나 실행을 잘못한 경우
③ **건망증(Lapse)** : 깜빡 잊어버린 경우

34 정답 ②

플레이너 작업시의 안전대책

1. 비교적 큰 공작물 가공에 사용한다.
2. 플레이너의 프레임 중앙부에 있는 피트에 뚜껑을 설치한다.
3. 베드 위에 물건 올려놓지 않는다.

4. 바이트는 되도록 짧게 나오도록 설치한다.
5. 테이블의 이동범위를 나타내는 안전방호울을 설치한다.
6. 에이프런을 돌리기 위해 해머로 치지 않는다.
7. 절삭행정 중 일감에 손대지 말아야 한다.

35 정답 ③

③ MORT : 관리, 설계, 생산, 보전 등 넓은 범위에 걸쳐서 안전성을 확보하려고 하는 수법
① DT : 요소의 신뢰도를 이용하여 시스템의 신뢰도를 나타내는 시스템 모델로 귀납적이고 정량적인 분석방법
② FTA : 기계, 설비, man-machine 시스템의 고장이나 재해의 발생요인을 논리적 도표에 의해 분석하는 정량적, 연역적 기법
④ THERP : 인간의 신뢰도 분석에서 각 행위의 성공 또는 실패확률을 결합함으로써 결합작업의 성공확률을 추정하는 정량적인 분석방법

36 정답 ④

암호체계 사용상의 일반적인 지침

1. **암호 검출성** : 검출이 가능해야 한다.
2. **암호의 변별성** : 다른 암호표시와 구별되어야 한다.
3. **부호의 양립성** : 자극-반응 조합의 관계가 인간의 기대와 모순되지 않아야 한다.
4. **부호의 의미** : 사용자가 그 뜻을 분명히 알아야 한다.
5. **부호의 표준화** : 암호를 표준화하여야 한다.
6. **다차원 암호의 사용** : 2가지 이상의 암호차원을 조합해서 사용하면 정보 전달이 촉진된다.

37 정답 ①

사업주가 유해위험방지계획서를 제출할 때에는 사업장별로 제조업 등 유해위험방지계획서에 해당 서류를 첨부하여 해당 작업 시작 15일 전까지 공단에 2부를 제출해야 한다(규칙 제42조 제1항).

38 정답 ②

FTA에 의한 재해사례 연구순서

1단계 : 톱 사상의 선정
2단계 : 재해원인 규명
3단계 : FT도의 작성
4단계 : 개선계획의 작성

39 정답 ①

인간공학을 기업에 적용할 때의 기대효과

1. 작업손실 시간의 감소
2. 작업자의 건강 및 안전 향상
3. 제품과 작업의 질 향상
4. 산업재해 감소
5. 노사 간의 신뢰구축
6. 생산원가의 절감
7. 기업 이미지와 상품선호도 향상

40 정답 ③

③ Fitts의 법칙은 목표로 하는 지점에 도달하는데 걸리는 시간은 목표 영역의 크기와 목표까지의 거리에 따라 결정된다는 것이다.
① **Hick의 법칙** : 사용자에게 주어진 선택지 수나 복잡성이 늘어나면 결정에 걸리는 시간이 더 많이 소요된다는 것이다.
② **Lewin의 법칙** : 행동은 개체와 환경과의 상호 작용, 즉 생활공간의 전체 구조에 의해 일어날 $B=f(P \cdot E)$로 표시했다.
④ **Weber의 법칙** : 물리적 자극의 크기를 상대적으로 판단하는데 기준자극의 크기가 클수록 더 큰 변화가 있어야 감지한다는 것이다.

3과목 기계 · 기구 및 설비 안전 관리

41 정답 ④

사업주는 항타기 또는 항발기의 권상용 와이어로프의 안전계수가 5 이상이 아니면 이를 사용해서는 안 된다(안전보건규칙 제211조).

42 정답 ①

컨베이어 작업시작 전 점검사항(안전보건규칙 별표 3)

1. 원동기 및 풀리(pulley) 기능의 이상 유무
2. 이탈 등의 방지장치 기능의 이상 유무
3. 비상정지장치 기능의 이상 유무
4. 원동기 · 회전축 · 기어 및 풀리 등의 덮개 또는 울 등의 이상 유무

43 정답 ②

초점-필름간 거리는 투과사진의 명료도를 좌우하는 인자이다.
투과사진의 콘트라스트(명암도)에 영향을 미치는 인자 : 방사선의 선질, 필름의 종류, 현상액의 강도, 스크린의 종류

44 정답 ①

역화방지기의 일반구조(방호장치 자율안전기준 고시 별표 1)

1. 역화방지기의 구조는 소염소자, 역화방지장치 및 방출장치 등으로 구성되어야 한다. 다만, 토치 입구에 사용하는 것은 방출장치를 생략할 수 있다.
2. 역화방지기는 그 다듬질 면이 매끈하고 사용상 지장이 있는 부식, 흠, 균열 등이 없어야 한다.
3. 가스의 흐름방향은 지워지지 않도록 돌출 또는 각인하여 표시하여야 한다.
4. 소염소자는 금망, 소결금속, 스틸울(steel wool), 다공성금속물 또는 이와 동등 이상의 소염성능을 갖는 것이어야 한다.
5. 역화방지기는 역화를 방지한 후 복원이 되어 계속 사용할 수 있는 구조이어야 한다.

45 정답 ②

방호장치의 기본목적 : 작업자 보호, 인적·물적손실 방지, 기계위험 부위의 접촉방지, 방음이나 집진·가공물 등의 낙하에 의한 위험방지

46 정답 ③

피더는 재료의 자동송급 도구로 위험한계 밖에서 안전하게 가공물을 투입하기 위한 장치이다.

47 정답 ①

아세틸렌 용접장치의 역화 원인

1. 토치 팁에 이물질이 묻은 경우
2. 팁과 모재의 접촉
3. 토치의 성능불량
3. 토치 팁의 과열
5. 압력조정기의 고장

48 정답 ④

로프에 걸리는 총하중(W)=정하중(W_1)+동하중(W_2)

동하중$(W_2) = \frac{W_1}{g} \times a = \frac{100}{9.8} \times 5 \fallingdotseq 51.02$

총하중$= 100 + 51.02 = 151.02$

장력 N=총하중×중력가속도$= 151.02 \times 9.8$
$= 1{,}479.996 \fallingdotseq 1480N$

49 정답 ②

② **물림점(nip point)** : 회전운동과 회전운동이 서로 반대방향으로 맞물려 회전하는 두 개의 회전체에 물려 들어가는 위험점

① **협착점(squeeze point)** : 왕복운동을 하는 동작부분과 고정부분 사이에 형성되는 위험점

③ **접선물림점(tangential point)** : 회전하는 부분의 접선방향으로 물려 들어가는 위험점

④ **회전말림점(trapping point)** : 회전하는 물체에 작업복 등이 말려 들어가는 위험점

50 정답 ③

소음원에 대한 대책 : 공장 내부 흡음공사, 방음박스 또는 방음실, 소음기, 방음벽, 방음루바, 방음커텐, 샌드위치 판넬, 방음창, 세대별 내부흡음

51 정답 ①

유해·위험기계·기구 중에서 진동과 소음을 동시에 수반하는 기계설비는 컨베이어, 사출 성형기, 공기 압축기 등이고, 가스 용접기는 진동과 소음을 동시에 수반하지 않아야 한다.

52 정답 ③

컨베이어의 보도, 난간, 계단, 사다리의 설치는 컨베이어를 가동하기 전에 하여야 한다.

53 정답 ②

광전자식 방호장치
1. 장점
   ㉠ 시야차단이 없다.
   ㉡ 연속작업이 가능하다.
   ㉢ 행정수가 빠른 기계에도 사용이 가능하다.
2. 단점
   ㉠ 확동식 클러치(핀 클러치)는 불가하고 마찰식 프레스에서만 가능하다.
   ㉡ 진동에 의한 투수광부의 위치변동시 오작동 우려가 있다.
   ㉢ 기계적 고장에 의한 슬라이드 불시하강에 방호효과가 없다.

54 정답 ④

포집형 방호장치는 위험원에 대한 방호장치이다.
위험장소에 대한 방호장치 : 격리형 방호장치, 위치제한형 방호장치, 접근거부형 방호장치, 접근반응형 방호장치

55 정답 ①

승강기(안전보건규칙 제132조 제2항 제5호) : 에스컬레이터, 승객용 엘리베이터, 승객화물용 엘리베이터, 화물용 엘리베이터, 소형화물용 엘리베이터

56 정답 ②

금형의 설치, 해체, 운반 시 안전사항(프레스 금형작업의 안전에 관한 기술지침)
1. 금형의 설치용구는 프레스의 구조에 적합한 형태로 한다.
2. 금형을 설치하는 프레스의 T홈 안길이는 설치 볼트 직경의 2배 이상으로 한다.
3. 고정볼트는 고정 후 가능하면 나사산이 3~4개 정도 짧게 남겨 슬라이드 면과의 사이에 협착이 발생하지 않도록 해야 한다.
4. 금형 고정용 브래킷(물림판)을 고정시킬 때 고정용 브래킷은 수평이 되게 하고 고정볼트는 수직이 되게 고정하여야 한다.
5. 부적합한 프레스에 금형을 설치하는 것을 방지하기 위하여 금형에 부품번호, 상형중량, 총중량, 다이하이트, 제품소재(재질) 등을 기록 하여야 한다.

57 정답 ③

작업구역 및 통행구역에서 작업자에게 위험을 미칠 우려가 없도록 다음의 부위에는 덮개, 울, 물림보호물(nip guard), 감응형 방호장치(광전자식, 안전매트 등) 등이 설치되어 있을 것(안전검사 고시 별표 13)
1. 컨베이어의 동력전달 부분
2. 컨베이어의 벨트, 풀리, 롤러, 체인, 스프라켓, 스크류 등
3. 호퍼, 슈트의 개구부 및 장력 유지장치
4. 기타 가동부분과 정지부분 또는 다른 물건 사이의 틈 등 작업자에게 위험을 미칠 우려가 있는 부분(다만, 그 틈이 5mm 이내인 경우에는 예외로 할 수 있다.)
5. 운반되는 재료 또는 컨베이어가 화상 등을 일으킬 수 있는 구간(다만, 이 경우 덮개나 울이 설치되어 있을 것)

58 정답 ①

전기가 비교적 잘 통하는 물체를 교번 자계 내에 두면 그 물체에 전류가 흐르는데, 만약 물체 내에 홈이나 결함이 있으면 전류의 흐름이 난조를 보이며 변동한다. 와류탐상검사는 그 변화하는 상태를 관찰함으로써 물체 내의 결함의 유무를 검사하는 방법이다.

59 정답 ②

프레스 금형의 파손에 의한 위험방지 방법(프레스 및 전단기 계제작기준·안전기준 및 검사기준)
1. 부품의 조립은 다음에 의할 것
   ㉠ 다우웰 핀은 압입으로 할 것
   ㉡ 삽입부품은 원칙적으로 플랜지 부착 또는 테이퍼 부착의 것으로 할 것
   ㉢ 쿠션 핀은 플랜지 부착 또는 테이퍼 부착의 것으로 할 것
   ㉣ 생크 및 가이드 포스트는 확실히 고정할 것
2. 금형의 조립에 이용하는 볼트 및 너트는 스프링 워셔, 조립너트 등에 의해 이완방지를 할 것
3. 금형은 그 하중중심이 원칙적으로 프레스 기계의 하중중심에 맞는 것으로 할 것
4. 캠 기타 충격이 반복해서 가해지는 부품에는 완충장치를 할 것
5. 금형 내의 운동부품에는 상형홀더에서 해당부품이 낙하하는 것을 방지 하기 위해 필요한 강도를 갖는 스푸울리테이너, 리테이너볼트, 스트리퍼볼트 등을 설치할 것
6. 상형 내의 운동부품에는 상형홀더에서 해당부품이 낙하하는 것을 방지 하기 위해 필요한 강도를 갖는 스푸울리테이너나, 측면 안전핀을 설치 할 것

7. 금형에 사용하는 스프링은 압축형으로 할 것
8. 스프링의 파손에 의해 부품이 튀어나올 우려가 있는 장소에는 덮개 등을 설치할 것
9. 압축해서 사용하는 스프링고무 등의 부품은 튀어나올 염려가 없도록 바아(Bar)를 사용하고 스포트 훼이싱(Spot Facing) 속에 넣는 등의 조치를 강구할 것

60 정답 ④

기계 설비의 안전조건에서 안전화의 종류 : 외형의 안전화, 기능의 안전화, 구조의 안전화, 작업의 안전화, 작업점의 안전화, 보전작업의 안전화, 기계의 표준화, 기계장치의 안전화

4과목 전기설비 안전 관리

61 정답 ②

전격의 위험을 결정하는 주된 인자 : 통전전류의 크기, 통전시간, 통전경로, 전원의 종류, 주파수 및 파형, 전격 시 심장 맥동 위상, 인체의 저항, 전압의 크기

62 정답 ④

전동기용 퓨즈는 회로에 흐르는 과전류를 차단하기 위해 사용한다.

63 정답 ③

내압방폭구조의 주요 시험항목 : 폭발강도시험, 폭발압력시험, 용기의 재료 및 기계적 강도시험, 폭발인화시험

64 정답 ①

방전은 전기장의 영향으로 전하를 띤 입자가 이동하여 대전체가 전기적 성질을 잃어버리는 현상으로 전위차가 있는 2개의 대전체가 특정거리에 접근하게 되면 등전위가 되기 위하여 전하가 절연공간을 깨고 순간적으로 빛과 열을 발생하며 이동하는 현상이다.

65 정답 ②

심실세동 전류는 심장 부분을 지나치며 흘러서 심실세동을 일으키는 전류로 치사적 전류이다.

66 정답 ③

안전인증 대상(보호구 안전인증고시) : 감전위험방지용 안전모, 안전화, 안전장갑, 방진마스크, 방독마스크, 송기마스크, 전동식 호흡보호구, 보호복, 안전대, 차광보안경, 용접용 보안면, 방음용 귀마개 또는 귀덮개

67 정답 ①

전등용 변압기 1차측 COS가 개방된 경우에는 2차측 개방과는 무관하다.

68 정답 ④

정전기의 발생현상 : 마찰대전, 유동대전, 파괴대전, 분출대전, 박리대전, 충돌대전, 침강대전, 진동대전

69 정답 ②

감전쇼크에 의하여 호흡이 정지되었을 경우 혈액중의 산소 함유량이 약 1분 이내에 감소하기 시작하여 산소 결핍현상이 나타나기 시작한다. 따라서 단시간 내에 인공호흡 등 응급조치를 실시할 경우 1분 이내에 응급처치를 하면 감전재해자의 95% 이상을 소생시킬 수 있다.

70 정답 ③

발화형태에 의한 전기화재는 단락, 과전류, 누전, 절연열화 또는 탄화, 전기불꽃, 접속부 과열, 지락, 열적 경과, 정전기, 낙뢰 등으로 대부분 전기배선 및 배선기구에 의한 발화이다.

71 정답 ①

기능용 접지는 설비의 기능상 꼭 접지하여야만 기능이 유지되는 경우에 실시하는 접지로 전기방식용 접지, 컴퓨터 등의 기준전위 확보용 접지 등이 있다.

72 정답 ②

② **전압인가식 제전기** : 7,000V 정도의 전압으로 코로나 방전을 일으켜고 발생된 이온으로 제전하며, 제전효과가 가장 좋다.
① **자기방전식 제전기** : 스테인레스, 카본[7um], 도전성 섬유[5um] 등에 작은 코로나 방전을 일으켜서 제전하며 제전효과가 좋다.
③ **이온스프레이식 제전기** : 코로나 방전에 의해 발생한 이온을 blower로 대전체에 내뿜는 방식이다.
④ **이온식 제전기** : 방사선 원소의 전리작용을 이용하여 제전한다.

73 정답 ④

개폐기의 조작순서 : 메인 스위치 → 분전반 스위치 → 전동기용 개폐기

74 정답 ③

고압용 또는 특고압용 개폐기·차단기·피뢰기 기타 이와 유사한 기구로서 동작시에 아크가 생기는 것은 목재의 벽 또는 천장 기타의 가연성 물체로부터 아래표에서 정한 값 이상 이격하여 시설하여야 한다(전기설비기술기준의 판단기준 제35조).

기구 등의 구분	이격거리
고압용	1m 이상
특고압용	2m 이상(사용전압이 35kV 이하의 특고압용의 기구 등으로서 동작할 때에 생기는 아크의 방향과 길이를 화재가 발생할 우려가 없도록 제한하는 경우에는 1m 이상)

75 정답 ①

가스증기 위험장소

0종 장소 : 위험분위기가 통상인 상태에 있어서 연속해서 또는 장시간 지속해서 존재하는 장소
1종 장소 : 통상 상태에서 위험분위기를 생성할 우려가 있는 장소(탱크 내의 부분은 통상 상태가 아니다.)
2종 장소 : 이상한 상태에서 위험분위기를 생성할 우려가 있는 장소로 짧은 기간에만 존재할 수 있는 장소

76 정답 ②

감전사고를 일으키는 주된 형태

1. 피복보호조치 없이 방치되고 있을 경우
2. 접촉되면 전기가 오는 전기기구를 그대로 사용하는 경우
3. 전선에 접촉할 우려가 있는 금속제 사다리를 사용하는 경우
4. 2중 절연되지 않는 전기기기를 사용하는 경우
5. 기기 외함 접지를 하지 않고 사용하는 경우
6. 벗겨지거나 망가진 코드, 플러그를 사용하는 경우

77 정답 ③

폭발위험장소에 전기설비를 설치할 때 전기적인 방호조치

1. 다상 전기기기는 결상운전으로 인한 과열방지 조치를 한다.
2. 배선은 단락·지락 사고 시의 영향과 과부하로부터 보호한다.
3. 자동차단이 점화의 위험보다 클 때는 경보장치를 사용한다.
4. 단락보로 및 지락보호장치는 고장상태에서 자동개폐로가 되지 않아야 한다.

78 정답 ③

발화점과 최대표면온도

발화도	발화점 범위(℃)	분류	최대표면온도(℃)
G_1	450 초과	T_1	300 초과 450 이하
G_2	300 초과 450 이하	T_2	200 초과 300 이하
G_3	200 초과 300 이하	T_3	135 초과 200 이하
G_4	135 초과 200 이하	T_4	100 초과 135 이하
G_5	100 초과 135 이하	T_5	85 초과 100 이하
		T_6	85 이하

79 정답 ②

온도 등급이 T_4이므로 최고표면온도가 135℃를 초과해서는 안된다.
Ex : 방폭기기 기호, ia : 본질안전 방폭구조,
Ⅱ : 공장 및 산업용, C : 아세틸렌·수소·유화탄소 사용가능,
T_4 : 온도등급 135℃ 이하, Ga : 매우 높은 보호등급

80 정답 ①

① **연면방전** : 두 전극간에 고전압을 가함으로써 전극 사이의 절연물 표면을 따라서 방전이 일어나는 현상을 말한다.
② **뇌상 방전** : 공기중에 뇌상으로 부유하는 대전입자의 규모가 커졌을 때 발생한다.
③ **코로나 방전** : 전극간의 전계가 평등하지 않으면 불꽃 방전 이전에 전극 표면상의 전계가 큰 부분에 발광 현상이 나타나고, 1~100㎂ 정도의 전류가 흐르는 현상을 말한다.
④ **불꽃 방전** : 대전체 또는 접지체의 형태가 비교적 평활하고 그 간격이 작은 경우 그 공간에서 발생하는 강한 발광과 파괴음을 가진다.

5과목 화학설비 안전 관리

81 정답 ①

① **부식성 산류** : 농도가 20퍼센트 이상인 염산, 황산, 질산, 그 밖에 이와 같은 정도 이상의 부식성을 가지는 물질, 농도가 60퍼센트 이상인 인산, 아세트산, 불산, 그 밖에 이와 같은 정도 이상의 부식성을 가지는 물질
② **부식성 염기류** : 농도가 40퍼센트 이상인 수산화나트륨, 수산화칼륨, 그 밖에 이와 같은 정도 이상의 부식성을 가지는 염기류
③, ④ **인화성 가스** : 수소, 아세틸렌, 에틸렌, 메탄, 에탄, 프로판, 부탄

82 정답 ③

자연발화가 쉽게 일어나는 조건
1. 열 발생 속도가 방산속도보다 큰 경우
2. 휘발성이 낮은 액체
3. 축적된 열량이 큰 경우
4. 공기와 접촉면이 큰 경우
5. 고온다습한 경우
6. 단열압축
7. 열전도율이 낮은 경우, 열의 축적, 발열량, 수분, 퇴적방법 등

83 정답 ④

니트로글리세린은 가열, 마찰, 충격을 피하고 화기 및 다른 물질과의 접촉을 피하여 저장한다.

84 정답 ①

칼륨은 자연발화성물질 및 금수성물질이다. 자연발화성물질 및 금수성물질은 고체 또는 액체로서 공기 중에서 발화의 위험성이 있거나 물과 접촉하여 발화하거나 가연성가스를 발생하는 위험성이 있는 것을 말한다(위험물안전관리법 시행령 별표 1).

85 정답 ②

② B급 : 유류화재
① A급 : 일반화재
③ C급 : 전기화재
④ D급 : 금속화재

86 정답 ③

벤젠의 폭발하한계값은 $C_{st}\times0.55=2.7\times0.55\doteqdot1.5(\text{vol}\%)$이다.

87 정답 ④

④ 축류식 압축기는 프로펠러의 회전에 의한 추진력에 의해 기체를 압송하는 방식이다.
① 실린더 내에서 피스톤을 왕복시켜 이것에 따라 개폐하는 흡입밸브 및 배기밸브의 작용에 의해 기체를 압축하는 방식은 왕복식이다.
② Casing 내에 1개 또는 수 개의 회전체를 설치하여 이것을 회전시킬 때 Casing과 피스톤 사이의 체적이 감소해서 기체를 압축하는 방식은 회전식이다.
③ Casing 내에 넣어진 날개바퀴를 회전시켜 기체에 작용하는 원심력에 의해서 기체를 압송하는 방식은 터보식이다.

88 정답 ③

안전운전계획(규칙 제50조 제1항 제3호)
1. 안전운전지침서
2. 설비점검·검사 및 보수계획, 유지계획 및 지침서
3. 안전작업허가
4. 도급업체 안전관리계획
5. 근로자 등 교육계획
6. 가동 전 점검지침
7. 변경요소 관리계획

8. 자체감사 및 사고조사계획
9. 그 밖에 안전운전에 필요한 사항

89 정답 ①

소화약제의 주성분
1종 분말 : $NaCHO_3$(중탄산타느륨) BC급 화재
2종 분말 : $KHCO_3$(중탄산칼륨) BC급 화재
3종 분말 : $NH_4H_2PO_4$(제1인산암모늄) ABC급 화재
4종 분말 : $KHCO_3+2CO$(중탄산칼륨+요소) BC급 화재

90 정답 ②

르 샤틀리에 법칙 $L=\dfrac{V_1+V_2+\cdots+V_n}{\dfrac{V_1}{L_1}+\dfrac{V_2}{L_2}+\cdots+\dfrac{V_n}{L_n}}$

$$=\frac{1+2+2}{\dfrac{1}{1.1}+\dfrac{2}{5}+\dfrac{2}{2.7}}\fallingdotseq 2.44$$

91 정답 ③

가스의 농도를 측정하는 사람을 지명하고 다음의 경우에 그로 하여금 해당 가스의 농도를 측정하도록 할 것(안전보건규칙 제296조 제1호)
1. 매일 작업을 시작하기 전
2. 가스의 누출이 의심되는 경우
3. 가스가 발생하거나 정체할 위험이 있는 장소가 있는 경우
4. 장시간 작업을 계속하는 경우(이 경우 4시간마다 가스 농도를 측정하도록 하여야 한다.)

92 정답 ②

원인물질의 물리적 상태에 따른 폭발
1. **기상폭발** : 분진폭발, 분무폭발, 가스폭발
2. **응상폭발** : 수증기폭발, 증기폭발

93 정답 ①

건조설비를 사용하여 작업을 하는 경우에 폭발이나 화재를 예방하기 위하여 준수하여야 하는 사항(안전보건규칙 제283조)
1. 위험물 건조설비를 사용하는 경우에는 미리 내부를 청소하거나 환기할 것
2. 위험물 건조설비를 사용하는 경우에는 건조로 인하여 발생하는 가스·증기 또는 분진에 의하여 폭발·화재의 위험이 있는 물질을 안전한 장소로 배출시킬 것
3. 위험물 건조설비를 사용하여 가열건조하는 건조물은 쉽게 이탈되지 않도록 할 것
4. 고온으로 가열건조한 인화성 액체는 발화의 위험이 없는 온도로 냉각한 후에 격납시킬 것
5. 건조설비(바깥 면이 현저히 고온이 되는 설비만 해당한다)에 가까운 장소에는 인화성 액체를 두지 않도록 할 것

94 정답 ③

③ 분진폭발은 압력폭발이 선행하고 1/10~1/20초 뒤에 화염폭발이 발생한다.
①, ④ 분진폭발은 가스폭발보다 연소시간이 길고 발생에너지가 크다.
② 고체 입자의 불완전연소에 의해 연소 후 가스에는 일산화탄소가 다량으로 존재하여 가스중독의 위험이 있다.

95 정답 ④

④ H_2 : 0.019
① CH_4 : 0.282
② C_3H_8 : 0.38
③ C_6H_6 : 0.55

96 정답 ①

계산에 의한 위험성 예측은 물질에 따라 차이가 날 수 있으므로 문헌이 모든 물질에 대해 정확하다고 볼 수 없어 실험을 필요로 한다.

97 정답 ③

파열판의 점검 및 교환주기는 파열판이 규정된 요건에 따른 기능을 더 이상 수행하지 못할 것으로 예상되는 시간 주기를 초과하지 않아야 한다. 파열판은 한번 동작을 하면 재사용이 불가능하다.

98 정답 ②

과염소산칼륨은 400℃ 이상으로 가열하면 산소와 염화칼륨

으로 분해되며, 또 유기물·가연성 물질의 존재 또는 충격에 의해서도 분해되지만 염소산칼륨보다는 안정하다.

99 정답 ①

화학설비의 부속설비
1. 배관·밸브·관·부속류 등 화학물질 이송 관련 설비
2. 온도·압력·유량 등을 지시·기록하는 자동제어 관련 설비
3. 안전밸브·안전판·긴급차단 또는 방출밸브 등 비상조치 관련 설비
4. 가스누출감지 및 경보 관련 설비
5. 세정기, 응축기, 벤트스택(bent stack), 플레어스택(flare stack) 등 폐가스처리설비
6. 사이클론, 백필터(bag filter), 전기집진기 등 분진처리설비
7. 1부터 6까지의 설비를 운전하기 위하여 부속된 전기 관련 설비
8. 정전기 제거장치, 긴급 샤워설비 등 안전 관련 설비

100 정답 ④

분진의 폭발위험성을 증대시키는 조건
1. 분진의 온도가 높을수록
2. 분위기 중 산소 농도가 높을수록
3. 분진 내의 수분농도가 작을수록
4. 분진의 표면적이 입자체적에 비교하여 클수록

6과목 건설공사 안전 관리

101 정답 ①

사업주는 양중기에 과부하방지장치, 권과방지장치, 비상정지장치 및 제동장치, 그 밖의 방호장치[(승강기의 파이널 리미트 스위치(final limit switch), 속도조절기, 출입문 인터 록(inter lock) 등을 말한다]가 정상적으로 작동될 수 있도록 미리 조정해 두어야 한다(안전보건규칙 제134조 제1항).

102 정답 ①

비계의 높이가 2m 이상인 작업장소에 작업발판을 설치할 경우 작업발판의 폭은 40센티미터 이상으로 하고, 발판재료 간의 틈은 3센티미터 이하로 할 것. 다만, 외줄비계의 경우에는 고용노동부장관이 별도로 정하는 기준에 따른다(안전보건규칙 제56조 제2호).

103 정답 ③

터널공사에서 발파작업 시 안전대책
1. 다이너마이트 장진 전에 동력선을 15m 후방으로 이동
2. 장진 조명은 15m 후방에서 집중조명
3. 폭파용 점화회선은 다른 동력선으로부터 분리
4. 작업원이 모두 나온 후 발파
5. 피해 예상지점에 진도계 설치
6. 발파 후 암석표면을 검사하고 필요시 망·록볼트로 조임
7. 발파 책임자는 나오면서 구간 스위치 조작

104 정답 ①

유해·위험 방지를 위한 방호조치를 하지 않고도 양도, 대여, 설치 또는 사용에 제동하거나, 양도·대여를 목적으로 진열해서는 안 되는 기계·기구(영 별표 20) : 예초기, 원심기, 공기압축기, 금속절단기, 지게차, 포장기계(진공포장기, 래핑기로 한정한다)

105 정답 ③

암질판별방식 : R.Q.D(%), R.M.R, 탄성파속도(m/sec), 일축 압축강도

106 정답 ①

터널 지보공을 조립하거나 변경하는 경우에 조치하여야 하는 사항(안전보건규칙 제364조)
1. 주재(主材)를 구성하는 1세트의 부재는 동일 평면 내에 배치할 것
2. 목재의 터널 지보공은 그 터널 지보공의 각 부재의 긴압 정도가 균등하게 되도록 할 것
3. 기둥에는 침하를 방지하기 위하여 받침목을 사용하는 등의 조치를 할 것
4. 강(鋼)아치 지보공의 조립은 다음의 사항을 따를 것
   ㉠ 조립간격은 조립도에 따를 것
   ㉡ 주재가 아치작용을 충분히 할 수 있도록 쐐기를 박는 등 필요한 조치를 할 것
   ㉢ 연결볼트 및 띠장 등을 사용하여 주재 상호 간을 튼튼하게 연결할 것
   ㉣ 터널 등의 출입구 부분에는 받침대를 설치할 것
   ㉤ 낙하물이 근로자에게 위험을 미칠 우려가 있는 경우에는 널판 등을 설치할 것
5. 목재 지주식 지보공은 다음의 사항을 따를 것

㉠ 주기둥은 변위를 방지하기 위하여 쐐기 등을 사용하여 지반에 고정시킬 것
㉡ 양끝에는 받침대를 설치할 것
㉢ 터널 등의 목재 지주식 지보공에 세로방향의 하중이 걸림으로써 넘어지거나 비틀어질 우려가 있는 경우에는 양끝 외의 부분에도 받침대를 설치할 것
㉣ 부재의 접속부는 꺾쇠 등으로 고정시킬 것

6. 강아치 지보공 및 목재지주식 지보공 외의 터널 지보공에 대해서는 터널 등의 출입구 부분에 받침대를 설치할 것

107 정답 ④

하역작업장의 조치기준(안전보건규칙 제390조)

1. 작업장 및 통로의 위험한 부분에는 안전하게 작업할 수 있는 조명을 유지할 것
2. 부두 또는 안벽의 선을 따라 통로를 설치하는 경우에는 폭을 90센티미터 이상으로 할 것
3. 육상에서의 통로 및 작업장소로서 다리 또는 선거 갑문을 넘는 보도 등의 위험한 부분에는 안전난간 또는 울타리 등을 설치할 것

108 정답 ②

사업주는 근로자가 수직방향으로 이동하는 철골부재에 답단 간격이 30센티미터 이내인 고정된 승강로를 설치하여야 하며, 수평방향 철골과 수직방향 철골이 연결되는 부분에는 연결작업을 위하여 작업발판 등을 설치하여야 한다(안전보건규칙 제381조).

109 정답 ①

사업주는 훅걸이용 와이어로프 등이 훅으로부터 벗겨지는 것을 방지하기 위한 장치를 구비한 크레인을 사용하여야 하며, 그 크레인을 사용하여 짐을 운반하는 경우에는 해지장치를 사용하여야 한다(안전보건규칙 제137조).

110 정답 ③

작업발판은 폭을 40센티미터 이상으로 하고 틈새가 없도록 할 것(안전보건규칙 제63조 제1항 제6호)

111 정답 ④

하역작업장의 조치기준(안전보건규칙 제390조)

1. 작업장 및 통로의 위험한 부분에는 안전하게 작업할 수 있는 조명을 유지할 것
2. 부두 또는 안벽의 선을 따라 통로를 설치하는 경우에는 폭을 90센티미터 이상으로 할 것
3. 육상에서의 통로 및 작업장소로서 다리 또는 선거 갑문을 넘는 보도 등의 위험한 부분에는 안전난간 또는 울타리 등을 설치할 것

112 정답 ①

사업주는 바닥으로부터 짐 윗면까지의 높이가 2미터 이상인 화물자동차에 짐을 싣는 작업 또는 내리는 작업을 하는 경우에는 근로자의 추가 위험을 방지하기 위하여 해당 작업에 종사하는 근로자가 바닥과 적재함의 짐 윗면 간을 안전하게 오르내리기 위한 설비를 설치하여야 한다(안전보건규칙 제187조).

113 정답 ③

유한사면 파괴의 종류

1. **사면내파괴**(Slope failure) : 견고한 지층이 얕게 있는 경우
2. **사면선단파괴**(Toe failure) : 경사가 급하고 비점착성인 토질인 경우
3. **사면저부파괴**(Base failure) : 경사가 완만하고 점착성인 경우

114 정답 ②

굴착기계의 운행 시 안전대책

1. 운전반경 내에 사람이 있을 때에는 회전하지 않아야 한다.
2. 장비는 당해 작업목적 이외에는 사용하여서는 안 된다.
3. 장비에 이상이 발견되면 즉시 수리하고 부속장치를 교환하거나 수리할 때에는 안전담당자가 점검하여야 한다.
4. 조립된 부재에 장비의 버켓 등이 닿지 않도록 신호자의 신호에 의해 운전하여야 한다.

115 정답 ①

철골 건립기계 선정 시 사전 검토사항

1. 건립기계의 출입로, 설치장소, 기계조립에 필요한 면적
2. 이동식 크레인의 주행통로 유무
3. 건립기계의 소음영향
4. 건물의 길이, 높이 등
5. 건립기계의 작업반경, 붐의 안전인향 하중범위, 수평거리, 수직높이 등
5. 건립기계 기초구조물을 설치할 수 있는 공간과 면적

116 정답 ④

④ Motor grader : 노면을 평활하게 깎아 내고 비탈면의 절삭 정현 등에 사용하는 기계
① Power Shovel : 흙을 파는 바가지가 위를 향해 붙어 있어 장비의 위치보다 높은 곳의 흙을 파는 장비
② Tractor shovel : 트랙터 앞면에 버킷을 장착한 적재기계
③ back hoe : 기계가 서 있는 지면보다 낮은 장소의 굴착에도 적당하고 수중굴착도 가능한 기계

117 정답 ①

사업주는 다음의 간격을 0.3미터 이하로 하여야 한다. 다만, 근로자가 추락할 위험이 없는 경우에는 그 간격을 0.3미터 이하로 유지하지 아니할 수 있다(안전보건규칙 제145조).

1. 크레인의 운전실 또는 운전대를 통하는 통로의 끝과 건설물 등의 벽체의 간격
2. 크레인 거더(girder)의 통로 끝과 크레인 거더의 간격
3. 크레인 거더의 통로로 통하는 통로의 끝과 건설물 등의 벽체의 간격

118 정답 ②

② **파워 쇼벨(Power Shovel)** : 흙을 파는 바가지가 위를 향해 붙어 있어 장비의 위치보다 높은 곳의 흙을 파는데 적합한 장비
① **불도저(Bulldozer)** : 트랙터의 전면에 부속장치인 블레이드를 설치하여 작업을 수행하는 장비
③ **드래그라인(Drag line)** : 기계가 있는 지면보다 낮은 장소의 흙을 파는 장비
④ **클램쉘(Clam Shell)** : 협소하고 깊은 굴착이 가능하고 연약지반이나 수중굴착 및 자갈을 싣는데 적합한 장비

119 정답 ④

록 볼트 작업의 표준시공방식으로서 시스템 볼팅을 실시하여야 하며 인발시험, 내공변위측정, 천단침하측정, 지중변위측정 등의 계측결과로부터 다음에 해당될 때에는 록 볼트의 추가시공을 하여야 한다(터널공사표준안전작업지침 제21조 제8호).

1. 터널벽면의 변형이 록 볼트 길이의 약 6% 이상으로 판단되는 경우
2. 록 볼트의 인발시험 결과로부터 충분한 인발내력이 얻어지지 않는 경우
3. 록 볼트 길이의 약 반 이상으로부터 지반 심부까지의 사이에 축력분포의 최대치가 존재하는 경우
4. 소성영역의 확대가 록 볼트 길이를 초과한 것으로 판단되는 경우

120 정답 ①

well point 공법은 지하 수위면이나 바닥에 피압수가 심할 경우 포화된 사질토 지반의 액상화 현상을 방지하기 위한 대책으로 지하수를 진공 pump로 흡입탈수하여 지하수를 저하시키는 공법이다.

1과목 산업재해 예방 및 안전보건교육

01	①	02	②	03	③	04	①	05	④
06	②	07	③	08	①	09	④	10	③
11	②	12	①	13	④	14	②	15	①
16	④	17	②	18	①	19	④	20	②

2과목 인간공학 및 위험성 평가 · 관리

21	④	22	②	23	③	24	①	25	④
26	③	27	①	28	②	29	④	30	③
31	②	32	①	33	③	34	④	35	②
36	①	37	④	38	②	39	③	40	①

3과목 기계 · 기구 및 설비 안전 관리

41	④	42	②	43	③	44	①	45	④
46	③	47	①	48	②	49	③	50	④
51	③	52	①	53	②	54	③	55	④
56	①	57	②	58	③	59	①	60	②

4과목 전기설비 안전 관리

61	④	62	②	63	①	64	③	65	②
66	①	67	③	68	④	69	②	70	①
71	④	72	③	73	②	74	④	75	①
76	③	77	④	78	②	79	①	80	④

5과목 화학설비 안전 관리

81	③	82	①	83	②	84	③	85	④
86	①	87	②	88	③	89	①	90	②
91	③	92	①	93	④	94	②	95	①
96	④	97	③	98	②	99	①	100	④

6과목 건설공사 안전 관리

101	①	102	②	103	③	104	②	105	②
106	①	107	④	108	③	109	②	110	①
111	④	112	③	113	②	114	①	115	②
116	④	117	②	118	③	119	①	120	②

1과목 산업재해 예방 및 안전보건교육

01 정답 ①

① **파레토도** : 불량, 결점, 고장 등의 발생건수, 또는 손실금액을 항목별로 나누어 발생빈도의 순으로 나열하고 누적합도 표시한 그림
② **관리도** : 어떤 일련의 표본에서 얻은 특성
③ **크로스도** : 각 요인의 교집합을 구하는 그림
④ **특성요인도** : 생산 공정에서 일어나는 문제의 원인과 결과와의 관계를 체계화하여 도식한 것

02 정답 ②

레빈(Lewin, K)에 의하여 제시된 인간의 행동특성에 관한 식은 인간의 행동이 환경과 개체의 함수관계에 영향을 받는다는 것이다. $B=f(P \cdot E)$ (B : 인간의 행동, P : 사람의 경험·성격 등, E : 환경, f : 함수관계)

03 정답 ③

③ 톨만(Tolman)의 기호형태설은 학습은 기호(Sign)–형태(Gestalt)–기대(Expectation)의 관계 혹은 기호–의미체 관계를 배우는 것이다.
① 파블로프(Pavlov)의 조건반사설은 일정한 훈련을 받으면 동일한 반응이나 새로운 행동의 변용을 가져 온다는 것이다.

② 레빈(Lewin)의 장설은 인간은 새로운 지식으로 세상을 이해하고 새로운 요인들을 도입함으로써 원하는 것(욕구), 싫어하는 것에 변화를 가져봄으로써 자기의 인지를 재구성한다는 것이다.
④ 손다이크(Thomdike)의 시행착오설은 학습은 동물이 특정 자극에 대하여 시행착오적인 반응을 반복한 결과 그 S와 R이 연합됨으로써 일어난다고 본다.

04 정답 ①

사업주는 고용노동부장관이 정하여 고시하는 검사장비를 다음과 같이 관리하여야 한다(안전검사절차에 관한 고시 제5조 제2항).

1. 검사장비의 이력카드를 작성하고 장비의 점검·수리 등의 현황을 기록할 것
2. 검사장비는 교정주기와 방법을 설정하고 관리할 것
3. 검사장비는 수시 또는 정기적으로 점검을 실시할 것
4. 검사원은 검사장비의 조작·사용 방법을 숙지할 것

05 정답 ④

④ **지성적 리듬** : 지성적 사고능력이 재빨리 발휘되는 날(16.5일)과 그렇지 못한 날(16.5일)이 33일 주기로 반복된다는 것
① **육체적 리듬** : 육체적으로 건전한 활동기(11.5일)와 휴식기(11.5일)가 23일 주기로 반복한다는 것
③ **감성적 리듬** : 감성적으로 예민한 기간(14일)과 둔한 기간(14일)이 28일 주기로 반복되는 것

06 정답 ②

② 특별점검은 수시점검 또는 부정기적인 점검을 말하는 것으로 설비를 처음 사용하는 경우, 설비를 분해 및 개조 또는 수리를 하였을 경우, 설비를 장시간 정지하였을 경우, 폭풍이나 호우·지진 등이 발생한 뒤 작업을 다시 시작할 때 실시하는 점검
① **일상점검** : 작업시작 전 및 사용하기 전에 또는 작업 중에 실시하는 점검
③ **정기점검** : 기한이나 기간을 일정하게 정해서 하는 검사
④ **임시점검** : 예상치 못한 오류가 발생한 경우 이를 해결하기 위해 실시하는 점검

07 정답 ③

안전보건교육 계획에 포함하여야 할 사항

1. 교육의 종류 및 대상
2. 교육장소 및 방법
3. 교육과목 및 교육내용
4. 교육기간 및 시간
5. 교육담당자 및 강사
6. 교육목표 및 목적

08 정답 ①

절연장갑의 등급(보호구 안전인증고시 별표 3)

등급	최대사용전압		비고
	교류(V, 실효값)	직류(V)	
00	500	750	
0	1,000	1,500	
1	7,500	11,250	
2	17,000	25,500	
3	26,500	39,750	
4	36,000	54,000	

09 정답 ④

브레인스토밍(Brain-storming) 기법의 4원칙

1. 주제와 관련이 없는 내용도 발표할 수 있다.
2. 동료의 의견에 비판할 수 없다.
3. 질보다 양 우선으로 발표기회에 제한이 없다.
4. 타인의 의견에 대하여는 수정하여 발표할 수 있다.

10 정답 ③

안전검사기관은 분기마다 다음 달 10일까지 분기별 실적과 매년 1월20일까지 전년도 실적을 고용노동부장관에게 제출하여야 하며, 공단은 분기마다 다음 달 10일까지 분기별 실적과 매년 1월 20일까지 전년도 실적을 고용노동부장관에게 제출하여야 한다(안전검사절차에 관한 고시 제9조 제2항).

11 정답 ②

개별적인 행동결과에 대한 분류 : 실행오류, 생략오류, 순서오류, 시간오류, 불필요한 행동오류

12 정답 ①

① **영구 일부노동불능** : 신체장해등급 제4급~제14급
② **영구 전노동불능** : 신체장해등급 제1급~제4급
③ **일시 전노동불능** : 의사의 진단에 따라 일정기간 근로를 할 수 없는 경우
④ **일시 일부노동불능** : 의사의 진단에 따라 부상 다음날 또는 그 이후에 근로에 종사할 수 없는 휴업재해 이외의 경우

13 정답 ④

사용자위원(영 제35조 제2항)
1. 해당 사업의 대표자(같은 사업으로서 다른 지역에 사업장이 있는 경우에는 그 사업장의 안전보건관리책임자를 말한다.)
2. 안전관리자(안전관리자를 두어야 하는 사업장으로 한정하되, 안전관리자의 업무를 안전관리전문기관에 위탁한 사업장의 경우에는 그 안전관리전문기관의 해당 사업장 담당자를 말한다) 1명
3. 보건관리자(보건관리자를 두어야 하는 사업장으로 한정하되, 보건관리자의 업무를 보건관리전문기관에 위탁한 사업장의 경우에는 그 보건관리전문기관의 해당 사업장 담당자를 말한다) 1명
4. 산업보건의(해당 사업장에 선임되어 있는 경우로 한정한다)
5. 해당 사업의 대표자가 지명하는 9명 이내의 해당 사업장 부서의 장

14 정답 ②

허츠버그(Herzberg)의 동기부여 원칙
1. **내적 동기부여** : 개인의 열망 수준과 직접 관련된 것으로 성취감, 도전감, 자존감, 문화적 배경 등이 있다.
2. **외적 동기부여** : 근무환경 등 외적 보상에 의해 증대되는 것으로 급여, 승진, 정책, 감독 등이 있다.

15 정답 ①

하인리히 안전론 : 안전은 사고예방이며 사고예방은 물리적 환경과 인간 및 기계의 관계를 통제하는 과학이자 기술이다.

16 정답 ④

동기부여 방법
1. 안전목표를 명확히 한다.
2. 안전의 근본이념을 강조한다.
3. 경쟁과 협동을 유발시킨다.
4. 결과의 가치를 공유한다.
5. 동기유발 수준을 적절하게 유지한다.
6. 상과 벌을 준다.

17 정답 ②

② **심포지움(symposium)** : 어떤 논제에 대하여 다양한 의견을 가진 전문가나 권위자들이 각각 강연식으로 의견을 발표한 후 청중에게 질문할 기회를 주는 토의방식
① **버즈 세션(buzz session)** : 6명씩 소집단으로 구분하고 6분씩 자유토의를 진행하여 의견을 종합하는 토의방법
③ **케이스 메소드(case method)** : 개인이나 집단 또는 기관 등을 하나의 단위로 택하여 그 특수성을 정밀하게 연구·조사하는 연구방법
④ **패널 디스커션(panel discussion)** : 특정 사안에 대한 해결책을 찾기 위하여 2인 이상이 다수의 발표자가 서로 다른 분야에서 전문적인 견해를 제시하며 토론하는 방법

18 정답 ①

① 안전교육은 사례나 실연을 통하면 이해가 쉽고 실생활에 적용하기 쉽다.
② 안전에 대한 기본적인 내용은 다르지 않으므로 공통적인 부분을 함께 교육한다.
③ 현장 작업자라고 이해력이 낮은 것은 아니고, 암기보다는 실연을 통한 교육을 한다.
④ 안전교육은 마지못해서 하는 교육이 아니라는 것을 알려주는 것이 교육이다.

19 정답 ④

무재해운동의 기본이념 3원칙
1. **무의 원칙** : 무재해란 단순히 사망재해나 휴업재해를 방지하는 것이 아니고 사업장 내에 내재된 모든 위험요인을 사전에 발견하여 해결함으로써 근본적으로 산업재해를 없애는 것
2. **안전제일의 원칙** : 무재해, 무질병의 근로환경 실현을 목표로 하여 사업장의 위험요인을 행동하기 전에 파악하여

재해를 예방하거나 방지하자는 것
3. **참여의 원칙** : 근로자 전원이 사업장의 잠재적인 위험요인을 발견, 해결할 수 있도록 각자의 위치에서 적극적으로 문제해결 행동을 실천하는 것

20 정답 ②

착오요인
1. **판단과정 착오요인** : 정보부족, 능력부족, 합리화, 작업조건불량
2. **인지과정 착오요인** : 생리, 심리적 능력의 한계, 정보량 저장의 한계, 감각차단 현상, 정서 불안정
3. **조치과정 착오요인** : 잘못된 정보의 입수, 합리적 조치의 미숙

2과목 인간공학 및 위험성 평가 · 관리

21 정답 ④

생산시스템 분석 및 효율성 검토는 시스템의 도입단계에서 이루어져야 할 사항이다. 운용단계에서는 시스템이 적절하게 유지 · 실행되고 있는가에 대한 작업 사항이다.

22 정답 ②

정성적 평가항목
1. **설계관계** : 입지조건, 공장 내 배치, 건조물, 소방설비
2. **운전관계** : 원재료, 중간제품, 수송, 저장, 공정기기

23 정답 ③

공간의 배치원칙 : 중요도의 원칙, 사용빈도의 원칙, 기능별 배치의 원칙, 사용순서의 원칙

24 정답 ①

빛의 반사율은 높은 곳이 높으므로 바닥 < 가구 < 벽 < 천정의 순서가 된다.

반사율 : 바닥 20~40%, 가구 · 기기 등 25~45%, 벽 · 창문 40~60%, 천장 80~90%

25 정답 ④

④ 배경광 중 점멸 잡음광의 비율이 10% 이상이면 상점등을 사용하는 것이 좋다.
① 신호와 배경의 휘도대비가 작을 때는 작업자가 백색신호를 경보신호로 인식하기 어렵다.
② 광원의 노출시간이 짧아질수록 광속발산도가 커야 신호를 인지할 수 있다.
③ 표적의 크기가 커짐에 따라 광도의 역치가 안정되는 노출시간은 감소한다.

26 정답 ③

작위(commission) 오류는 수행하여야 할 작업을 부정확하게 수행하는 에러를 말한다. fool proof 설계원칙은 인적 요인에 의한 에러에도 2~3중으로 통제하는 것을 말한다.

27 정답 ①

bit는 실현 가능성이 있는 2개의 대안 중 하나가 명시되었을 때 얻는 정보량이다. 실현 가능성이 같은 n개의 대안이 있을 때 총정보량은 $H=\log_2 n$이다. 따라서

$H=\log_2 n=\log_2 4=2\text{bit}$이다.

28 정답 ②

공단은 유해위험방지계획서의 심사 결과를 다음과 같이 구분 · 판정한다(규칙 제45조 제1항).
1. **적정** : 근로자의 안전과 보건을 위하여 필요한 조치가 구체적으로 확보되었다고 인정되는 경우
2. **조건부 적정** : 근로자의 안전과 보건을 확보하기 위하여 일부 개선이 필요하다고 인정되는 경우
3. **부적정** : 건설물 · 기계 · 기구 및 설비 또는 건설공사가 심사기준에 위반되어 공사착공 시 중대한 위험이 발생할 우려가 있거나 해당 계획에 근본적 결함이 있다고 인정되는 경우

29 정답 ④

의자설계의 일반원리
1. 요추의 전만곡선을 유지할 것
2. 디스크의 압력을 줄일 것
3. 등근육의 정적부하를 감소시킬 것

4. 자세고정을 줄일 것
5. 조정이 용이할 것

30 정답 ③

인간-기계시스템의 설계
1단계 : 시스템 목표 및 기능명세
2단계 : 시스템 정의
3단계 : 기본설계
4단계 : 인터페이스 설계
5단계 : 보조수단 설계
6단계 : 평가

31 정답 ②

정신적 작업 부하에 관한 생리적 척도 : 중추신경계 활동 측정, 심박수, 뇌전위, 동공반응, 호흡속도, 뇌파, 점멸융합주파수, 부정맥 지수 등

32 정답 ①

굴곡(flexion)은 부위간의 각도가 감소하는 신체의 움직임을 의미한다. 부위간의 각도가 증가하는 신체의 움직임을 의미하는 것은 신전(extension)이다.

33 정답 ③

소음방지 대책에 있어 가장 효과적인 방법은 소음이 발생하는 근원을 없애는 것이다.

34 정답 ④

④ omission error : 필요한 직무 또는 절차를 수행하지 않음
① timing error : 소정의 시간에 수행하지 못함
② commission error : 필요한 직무 또는 절차의 불확실한 수행
③ sequence error : 순차 검사에서 발생하는 오류

35 정답 ②

② 결함수분석(FTA)은 버텀-업(Bottom-Up) 방식이 아닌 버텀-다운(Bottom-Down) 방식이다.
① 결함수분석(FTA)은 정성적 분석뿐만 아니라 정량적 분석이 가능하다.
③ 결함수분석(FTA)은 기능적 결함의 원인을 분석하는데 적합하다.
④ 결함수분석(FTA)은 정성적, 연역적 방법이다.

36 정답 ①

인체 계측 자료의 응용원칙
1. 최대치수와 최소치수를 기준으로 한 설계
2. 조절범위를 기준으로 한 설계
3. 평균치를 기준으로 한 설계

37 정답 ④

인간은 소음, 이상온도 등의 환경에서 작업을 수행하는 능력이 기계에 비해 우월하지 않고, 다양한 문제를 해결하는 능력이 기계에 비해 우월하다.

38 정답 ②

안정성 평가 6단계
1단계 : 관계자료 정비 검토
2단계 : 정성적인 평가-입지조건, 공장 내 배치, 소방설비, 공정 기기, 수송 저장, 원재료, 중간재, 제품, 훈련
3단계 : 정량적인 평가-취급물질, 화학설비의 용량, 온도, 압력, 조작
4단계 : 안전대책 수립
5단계 : 재해사례에 의한 평가
6단계 : FTA에 의한 재평가

39 정답 ③

THERP(Technique for Human Error Rate Prediction)는 시스템에서 인간의 과오(Error)를 정량적으로 평가하기 위해 개발된 기법이다. 모든 인간활동을 관찰하여 기본 과오율에 관련된 사항 또는 악영향을 미칠 인간행위 및 활동을 식별하게 된다.

40 정답 ①

① 푸아송분포(Poisson distribution)는 일정 단위 내에서 발생할 것으로 기대되는 평균 발생 건수를 이용하여 주어진 기간에서 실제로 발생하는 사건의 횟수에 관한 문제를 다루는 확률모형이다.
② 이항분포(Binomial distribution)는 정규분포와 마찬가지로 모집단이 가지는 이상적인 분포형이다.

3과목 기계 · 기구 및 설비 안전 관리

41 정답 ④

④ 사업주는 운전 중인 컨베이어 등의 위로 근로자를 넘어가도록 하는 경우에는 위험을 방지하기 위하여 건널다리를 설치하는 등 필요한 조치를 하여야 한다(안전보건규칙 제195조 제1항).
① 사업주는 컨베이어 등으로부터 화물이 떨어져 근로자가 위험해질 우려가 있는 경우에는 해당 컨베이어 등에 덮개 또는 울을 설치하는 등 낙하 방지를 위한 조치를 하여야 한다(안전보건규칙 제193조).
② 사업주는 컨베이어 등에 해당 근로자의 신체의 일부가 말려드는 등 근로자가 위험해질 우려가 있는 경우 및 비상시에는 즉시 컨베이어 등의 운전을 정지시킬 수 있는 장치를 설치하여야 한다(안전보건규칙 제192조).
③ 사업주는 컨베이어, 이송용 롤러 등을 사용하는 경우에는 정전·전압강하 등에 따른 화물 또는 운반구의 이탈 및 역주행을 방지하는 장치를 갖추어야 한다(안전보건규칙 제191조).

42 정답 ②

충돌방지장치는 동일한 주행로 상에 2대 이상의 크레인이 설치되는 경우 크레인 상호 간의 충돌을 방지하기 위한 장치이다.

43 정답 ③

③ **절단점** : 회전하는 운동부분이나 운동하는 기계부분 자체의 위험에서 초래되는 위험점
① **물림점** : 회전하는 부분의 방향으로 물려 들어가는 위험점
② **끼임점** : 고정부와 회전하는 동작부분 사이에 형성되는 위험점
④ **협착점** : 왕복운동을 하는 동작부분과 고정부분 사이에 형성되는 위험점

44 정답 ①

초음파 탐상법의 종류 : 펄스반사식, 공진식, 투과식

45 정답 ④

연삭기의 종류
1. **개구부 각도 60° 이내** : 탁상용 연삭기
2. **개구부 각도 150° 이하** : 평면 연삭기, 절단 연삭기
3. **개구부 각도 180° 이내** : 휴대용 연삭기, 스윙 연삭기, 스라브 연삭기

46 정답 ③

사업주는 가스집합장치에 대해서는 화기를 사용하는 설비로부터 5미터 이상 떨어진 장소에 설치하여야 한다(안전보건규칙 제291조 제1항).

47 정답 ①

① 순간적 폭발에 의한 파손은 우발고장 유형에 해당한다.

욕조곡선
1. **초기 고장기간** : 고장률이 많다가 사용시간이 경과함에 따라 점점 감소하여 일정 시간이 지나면 최저수준으로 떨어진다.
2. **우발 고장기간** : 중간의 수평부분은 고장률이 일정한 부분으로서 제품의 내용수명기간이다.
3. **마모 고장기간** : 오른쪽 부분은 제품이 수명을 다하고 노후화되는 기간으로 폐기까지의 고장률로서 서서히 고장률이 증가하는 부분이다.

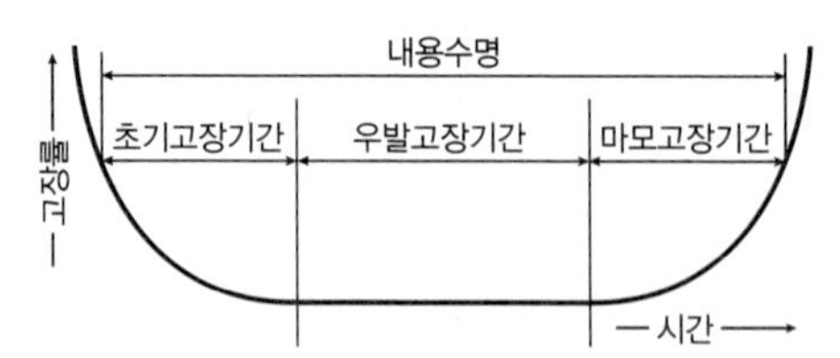

48 정답 ②

침투탐상검사
1. 검사하고자 하는 대상물의 표면에 침투력이 강한 적색 또는 형광성 침투액을 침적시켜 표면의 흠집 속에 침투액이 스며들게 한다.

2. 세정액으로 표면에 남아 있는 여분의 침투액을 닦아낸다.
3. 결함 내부에 스며든 침투액을 표면으로 빨아낸다.
4. 직접 또는 자외선 등으로 비추어 관찰함으로써 결함이 있는 장소와 크기를 알아낸다.

49 정답 ③

G, B 롤러의 가드 설치방법 중 안전한 작업공간에서 사고를 일으키는 공간함정(trap)을 막기 위해 확보해야 할 신체분위별 최소 틈새

몸 : 500mm, 다리 : 180mm, 발 : 120mm, 손목 : 100mm, 손가락 : 25mm

50 정답 ④

보통꼬임은 스트랜드의 꼬임방향과 로프의 꼬임방향이 반대로 된 것을 말하고, 랭꼬임은 로프의 꼬임방향과 스트랜드의 꼬임방향이 서로 동일한 방향으로 꼬는 방법이다.

1. 랭꼬임은 꼬임이 풀리기 쉽고 킹크(꼬임)가 생기기 쉬워 자유롭게 회전하는 경우에는 적합하지 않다.
2. 보통꼬임은 킹크를 잘 일으키기 않고, 취급이 쉬우며 모양이 잘 흐트러지지 않는다. 소선이 짧은 거리에 걸쳐 외부와 접촉하므로 단선을 일으키기 쉽고 내마모성, 유연성, 저항성이 약하다.

51 정답 ③

기능의 안전화 방안

1. **소극적 대책** : 기계 이상시 급정지, 방호장치 작동
2. **적극적 대책** : 이상이 발생하기 전에 미리 조치하여 오작동이나 사고를 미연에 방지

52 정답 ①

용접 결함의 종류 : 용입부족, 언더컷, 오버랩, 슬래그 혼입, 기공, 스패터, 균열, 피트, 비드 외관불량 등

비드(bead)는 용착금속을 연속해 놓은 상태에서 이음매를 따라서 용접을 하는 1회의 용접조작을 패스라 하고, 패스의 결과 용접 표면에 물결모양의 흔적이 생긴 것이다.

53 정답 ②

② **산소-아세틸렌 용접** : 3,430℃
① **산소-메탄 용접** : 2,700℃
③ **산소-프로판 용접** : 2,820℃
④ **산소-수소 용접** : 2,900℃

54 정답 ③

사업주는 회전 중인 연삭숫돌(지름이 5센티미터 이상인 것으로 한정한다)이 근로자에게 위험을 미칠 우려가 있는 경우에 그 부위에 덮개를 설치하여야 한다(안전보건규칙 제122조 제1항).

55 정답 ④

④ **음향탐상 시험** : 초음파를 시험체 중에 전달하였을 때 시험체가 나타내는 음향적 성질을 이용하여 시험체의 내부 결함이나 재질 등을 조사하는 비파괴 시험이다.
① **와류탐상 시험** : 코일을 이용하여 도체에 시간적으로 변화하는 자계를 걸어 도체에 발생한 와전류가 결함 등에 의해 변화하는 것을 이용하여 결함을 검출하는 비파괴 시험 방법이다.
② **침투탐상 시험** : 시험체 표면에 열려 있는 결함을 눈으로 보기 쉽도록 하기 위하여 결함에 침투액을 침투시킨 후 확대된 상의 지시모양으로 결함을 관찰하는 비파괴 시험 방법이다.
③ **방사선투과 시험** : 투과된 방사선의 세기의 변화로부터 결함 상태 등을 조사하는 비파괴 시험이다.

56 정답 ①

밀링 작업 시 안전 수칙

1. 사용 전 반드시 기계 및 공구를 점검하고 시운전을 할 것
2. 가공할 재료를 바이스에 견고히 고정시킬 것
3. 커터의 제거 및 설치 시에는 반드시 스위치를 차단하고 할 것
4. 테이블 위에는 측정기구나 공구를 놓지 말 것
5. 칩을 제거할 때는 기계를 정지시키고 브러시로 할 것
6. 가공 중에 얼굴을 기계에 가까이 하지 말 것
7. 가공 중 가공면을 손으로 점검하지 말 것
8. 황동 등 철가루나 칩이 발생되는 작업에는 반드시 보안경을 착용할 것

57 정답 ②

탁상용 연삭기의 작업안전수칙

1. 연삭기 덮개의 노출각도는 90°이거나 전체 원주의 1/4을 초과하지 말 것
2. 연삭숫돌 교체시는 3분 이상 시운전을 할 것
3. 사용 전에 연삭숫돌을 점검하여 숫돌의 균열 여부를 파악한 후 사용할 것
4. 연삭숫돌과 받침대의 간격은 3mm 이내로 유지할 것
5. 작업시에는 연삭숫돌의 정면에서 150°정도 비켜서서 작업할 것
6. 가공물은 급격한 충격을 피하고 점진적으로 접촉시킬 것
7. 작업시 연삭숫돌의 측면사용을 금지할 것
8. 소음이나 진동이 심하며 즉시 작업을 중지할 것
9. 연삭작업시에는 반드시 해당 보호구(보안경, 방진마스크)를 착용할 것

58 정답 ③

보호망의 최대 구멍 크기

$Y=6+\frac{x}{10}=6+\frac{350}{10}=41(\mathrm{mm})$

59 정답 ①

공장의 설비 배치 3단계

1단계 : 지역배치
2단계 : 건물배치
3단계 : 기계배치

60 정답 ②

비파괴검사법 : 제품 그대로의 상태에서 결함의 존재를 검사하는 방법으로 이에는 자분탐상, 초음파 탐상, 침투 탐상법 등이 있다.

4과목 전기설비 안전 관리

61 정답 ④

감전되어 사망하는 주된 메커니즘은 심실세동, 호흡기능의 상실, 전류에 의한 가슴의 압박 등이다.

62 정답 ②

누전화재 3요소

1. 전선의 충전부에서 금속조영재 등으로 전류가 흘러들어오는 누전점
2. 과열개소인 출화점
3. 접지물로 전기가 흘러들어오는 접지점

63 정답 ①

1. 지동시간은 출력 측의 무부하 전압이 발생한 후 주접점에 개방될 때까지의 시간으로 1초 이내이다.
2. 교류아크용접기용 자동전격방지기란 대상으로 하는 용접기의 주회로(변압기의 경우는 1차회로 또는 2차회로)를 제어하는 장치를 가지고 있어, 용접봉의 조작에 따라 용접할 때에만 용접기의 주회로를 형성하고, 그 외에는 용접기의 출력 측의 무부하전압을 25볼트 이하로 저하시키도록 동작하는 장치를 말한다(방호장치 자율안전기준고시 제4조 제1호).

64 정답 ③

교류아크용접기용 자동전격방지기란 대상으로 하는 용접기의 주회로(변압기의 경우는 1차회로 또는 2차회로)를 제어하는 장치를 가지고 있어, 용접봉의 조작에 따라 용접할 때에만 용접기의 주회로를 형성하고, 그 외에는 용접기의 출력 측의 무부하전압을 25볼트 이하로 저하시키도록 동작하는 장치를 말한다(방호장치 자율안전기준고시 제4조 제1호).

65 정답 ②

에너지=전압×전류=전류^2×저항

심실세동 전류 $I=\frac{165}{\sqrt{T}}=165\mathrm{mA}=0.165\mathrm{A}$

에너지$=0.165^2\times0.5\times1{,}000\fallingdotseq13.6$

66 정답 ①

구강대 구강법 : 1분에 12~15회 정도 반복하면서 30분 이상 실시

67 정답 ③

전격의 위험을 결정하는 주된 인자
1. 통전전류의 크기
2. 통전시간
3. 통전경로
4. 전원의 종류
5. 주파수 및 파형
6. 전격 시 심장맥동위상
7. 인체의 저항 등

68 정답 ④

사업주는 전기기계·기구의 조작부분을 점검하거나 보수하는 경우에는 근로자가 안전하게 작업할 수 있도록 전기기계·기구로부터 폭 70센티미터 이상의 작업공간을 확보하여야 한다. 다만, 작업공간을 확보하는 것이 곤란하여 근로자에게 절연용 보호구를 착용하도록 한 경우에는 그러하지 아니하다(안전보건규칙 제310조 제1항).

69 정답 ②

방폭구조의 종류 : 내압방폭구조, 압력방폭구조, 안전증방폭구조, 유입방폭구조, 본질안전 방폭구조 및 특수방폭구조

70 정답 ①

유전체는 전계를 인가하면 분극이 생겨 분극 전하가 발생하며, 잔류전하는 인가 전계를 제거하여도 모든 분극 전하가 소멸되지 않고 얼마간 남는 전류로 방전시켜야 한다.

71 정답 ④

상대습도는 방폭기기 설치 시 표준환경조건에 해당하지 않는다.
방폭기기 설치 시 표준환경조건
1. **압력** : 80~110kpa
2. **주위온도** : −20~40℃
3. **산소 함유율** : 21%v/v의 공기

72 정답 ③

안전간극(safe gap)은 화염이 틈새를 통하여 바깥쪽의 폭발성 가스에 전달되지 않는 한계의 틈새로, 안전간극(safe gap)을 적게 하는 이유는 폭발화염이 외부로 전파되지 않도록 하기 위해서이다.

73 정답 ②

정전기의 발생현상 : 마찰대전, 유동대전, 파괴대전, 분출대전, 박리대전, 충돌대전, 침강(교반)대전, 진동대전

74 정답 ④

누설전류 = 최대공급전류 $\times \frac{1}{2,000}$

전력 $P=VI$, $I=\frac{P}{V}=\frac{15,000}{100}=150A$

누설전류 = 최대공급전류 $\times \frac{1}{2,000}=150\times\frac{1}{2,000}=0.075$

75 정답 ①

② MCCB : 배선용차단기
③ OCB : 유입차단기
④ VCB : 진공차단기

76 정답 ③

습도가 낮으면 정전기가 발생할 위험이 커진다.

77 정답 ④

노출된 충전부에는 누전방지기를 설치하여야 한다.

78 정답 ②

제전기의 종류 : 전압인가식 제전기, 자기방전식 제전기, 방사선식 제전기

79 정답 ①

① 차단기(CB)는 부하전류를 개폐시킬 수 있다.

② 피뢰침은 피뢰침과 연결된 금속선에 의해 지면에 있는 접지선으로 전하를 흘려보낸다.
③ 단로기(DS)는 기기의 점검을 위해 회로를 일시 전원에서 끊기 위한 개폐기이다.
④ 기중차단기(ACB)는 과전류 단락 및, 지락 사고 등 이상 전류의 발생 시에 공기 중 소호 방식으로 회로를 차단하는 역할을 한다.

80 정답 ④

금속관 공사에 의하는 때에는 관 상호 간 및 관과 박스 기타 부속품·풀박스 또는 전기기계·기구와는 5턱 이상 나사 조임으로 접속하는 방법 기타 이와 동등 이상의 효력이 있는 방법에 의하여 견고하게 접속할 것(전기설비기술기준의 판단기준 제199조 제2항 제3호)

5과목 화학설비 안전 관리

81 정답 ③

금수성 물질은 물을 피해야 한다. 금수성 물질에는 칼륨, 나트륨, 칼슘, 리튬, 알킬리튬, 마그네슘, 금속분, 알킬알루미늄, 탄화칼슘 등이 있다.

82 정답 ①

계산에 의한 위험성 예측은 물질에 따라 차이가 날 수 있으므로 문헌이 모든 물질에 대해 정확하다고 볼 수 없어 실험을 필요로 한다.

83 정답 ②

분체화학물질 분리장치(안전보건규칙 별표 7) : 결정조, 유동탑, 탈습기, 건조기

84 정답 ③

최소산소농도(MOC)=연소하한계×산소의 화학양론적 계수

$C_3H_8+5O_2 \rightarrow 3CO_2+4H_2O$

최소산소농도(MOC)=2.2×5=11

85 정답 ④

사업주는 다음의 어느 하나에 해당하는 설비에 대해서는 과압에 따른 폭발을 방지하기 위하여 폭발 방지 성능과 규격을 갖춘 안전밸브 또는 파열판을 설치하여야 한다. 다만, 안전밸브 등에 상응하는 방호장치를 설치한 경우에는 그러하지 아니하다(안전보건규칙 제261조 제1항).

1. 압력용기(안지름이 150밀리미터 이하인 압력용기는 제외하며, 압력 용기 중 관형 열교환기의 경우에는 관의 파열로 인하여 상승한 압력이 압력용기의 최고사용압력을 초과할 우려가 있는 경우만 해당한다)
2. 정변위 압축기
3. 정변위 펌프(토출축에 차단밸브가 설치된 것만 해당한다)
4. 배관(2개 이상의 밸브에 의하여 차단되어 대기온도에서 액체의 열팽창에 의하여 파열될 우려가 있는 것으로 한정한다)
5. 그 밖의 화학설비 및 그 부속설비로서 해당 설비의 최고사용압력을 초과할 우려가 있는 것

86 정답 ①

퍼지의 종류 : 압력퍼지, 스위프 퍼지, 진공퍼지, 사이폰 퍼지

87 정답 ②

사업주는 인화성 액체 및 인화성 가스를 저장·취급하는 화학설비에서 증기나 가스를 대기로 방출하는 경우에는 외부로부터의 화염을 방지하기 위하여 화염방지기를 그 설비 상단에 설치해야 한다. 다만, 대기로 연결된 통기관에 화염방지 기능이 있는 통기밸브가 설치되어 있거나, 인화점이 섭씨 38도 이상 60도 이하인 인화성 액체를 저장·취급할 때에 화염방지 기능을 가지는 인화방지망을 설치한 경우에는 그렇지 않다(안전보건규칙 제269조 제1항).

88 정답 ③

마그네슘은 제2류 위험물로 산화제와의 접촉, 혼합이나 불티를 피하고 물이나 산과의 접촉을 피하며 증기발생을 시키지 않아야 한다. 밀봉, 격리저장을 하여야 하고 소화약제는 마른 모래와 팽창질석이다.

89 정답 ①

긴급차단장치는 대형 반응기, 탑, 조 등에서 누설, 화재 등의 이상사태가 발생했을 때 그 피해확대를 방지하기 위해 당해 기기에 대한 원재료의 송입을 차단밸브에 의해 긴급 정지하는 안전장치로 밸브작동의 동력원은 유압, 공기압, 전기 등이 있다.

90 정답 ②

이산화탄소소화약제

1. 장점
   ㉠ 증발잠열과 기화 팽창률이 크다.
   ㉡ 피연소물에 피해가 적고 증거보존이 용이하다.
   ㉢ 장기 보존이 용이하다.
   ㉣ 압력이 커서 자체 압력으로 방사가능하다.
   ㉤ 추운지방에서 사용 가능하다.
   ㉥ 표면화재, 심부화재, 전기화재에 사용 가능하다.
2. 단점
   ㉠ 질식의 위험이 있다.
   ㉡ 방사시 온도가 −83°까지 내려가므로 동상 우려가 있다.
   ㉢ 저장용기에 충전시 고압이 필요하다.
   ㉣ 흰색 운무로 가시도가 저하된다.
   ㉤ 고압가스이므로 저장, 취급시 주의가 필요하다.

91 정답 ③

가연성가스가 밀폐된 용기 안에서 폭발할 때 최대폭발압력에 영향을 주는 인자에는 온도, 압력, 강도, 유량, 농도 등이 있다.

92 정답 ①

공정안전자료(규칙 제50조 제1항 제1호)

1. 취급·저장하고 있거나 취급·저장하려는 유해·위험물질의 종류 및 수량
2. 유해·위험물질에 대한 물질안전보건자료
3. 유해하거나 위험한 설비의 목록 및 사양
4. 유해하거나 위험한 설비의 운전방법을 알 수 있는 공정도면
5. 각종 건물·설비의 배치도
6. 폭발위험장소 구분도 및 전기단선도
7. 위험설비의 안전설계·제작 및 설치 관련 지침서

93 정답 ④

가솔린(휘발유)의 일반적인 연소범위는 1.4~7.6vol%이고, 끓는점은 30~200℃ 정도이다.

94 정답 ②

② 질소는 지구의 대기의 약 78% 정도를 차지하고 있으며 냄새, 색깔, 맛이 없는 기체상태이다.

독성가스 : 염소, 불소, 일산화탄소, 아황산가스, 암모니아, 이황화탄소, 브롬화메탄, 시안화수소, 포스겐, 산화에틸렌, 아황산가스 및 가스의 허용농도가 5000ppm 이하인 가스 등

95 정답 ①

공동현상 방지대책

1. 펌프의 설치위치를 수원보다 낮게 한다.
2. 펌프의 흡입관경을 크게 한다.
3. 펌프의 흡입측 수두, 마찰손실, 임펠러 속도를 작게 한다.
4. 양흡입 펌프를 사용한다.
5. 유속을 느리게 한다.
6. 펌프 흡입압력을 유체의 증기압보다 높게 한다.

96 정답 ④

서징(surging) 현상의 방지법

1. 교축밸브를 압축기 가까이 설치하여 부하에 따라 풍량을 적절히 조절하여야 한다.
2. 배관의 경사를 완만하게 한다.
3. 풍량을 감소시킨다.
4. 임펠러의 회전수를 변경시킨다.
5. 바이패스 관로를 설치하여 운전 시 우향 하강 특성을 있게 한다.

97 정답 ③

$$\text{위험도}=\frac{\text{연소상한값}-\text{연소하한값}}{\text{연소하한값}}=\frac{74-12.5}{12.5}=4.92$$

98 정답 ②

분진폭발은 분진의 입자지름이 작을수록 또 분위기 중의 수분이 적을수록 분진폭발이 일어날 기회가 증가되며, 착화에

너지는 혼합가스폭발의 경우보다 크다.

99 정답 ①

사업주는 근로자가 밀폐공간에서 작업을 하는 경우에 작업을 시작하기 전과 작업 중에 해당 작업장을 적정공기 상태가 유지되도록 환기하여야 한다. 다만, 폭발이나 산화 등의 위험으로 인하여 환기할 수 없거나 작업의 성질상 환기하기가 매우 곤란한 경우에는 근로자에게 공기호흡기 또는 송기마스크를 지급하여 착용하도록 하고 환기하지 아니할 수 있다(안전보건규칙 제620조 제1항).

100 정답 ④

④ **리듀서(Reducer)** : 지름이 서로 다른 관과 관을 접속하는 데 사용하는 관 이음쇠
② **커플링(Coupling)** : 축과 축을 연결하기 위해 사용되는 기계요소 부품
③ **엘보우(Elbow)** : 실린더에서 연소된 가스가 대기로 배출되도록 유도한 L자형 관

6과목 건설공사 안전 관리

101 정답 ①

사업주는 차량계 하역운반기계, 차량계 건설기계(최대제한속도가 시속 10킬로미터 이하인 것은 제외한다)를 사용하여 작업을 하는 경우 미리 작업장소의 지형 및 지반 상태 등에 적합한 제한속도를 정하고, 운전자로 하여금 준수하도록 하여야 한다(안전보건규칙 제98조).

102 정답 ②

권상용 와이어로프의 길이 등 : 사업주는 항타기 또는 항발기에 권상용 와이어로프를 사용하는 경우에 다음의 사항을 준수하여야 한다(안전보건규칙 제212조).

1. 권상용 와이어로프는 추 또는 해머가 최저의 위치에 있을 때 또는 널말뚝을 빼내기 시작할 때를 기준으로 권상장치의 드럼에 적어도 2회 감기고 남을 수 있는 충분한 길이일 것
2. 권상용 와이어로프는 권상장치의 드럼에 클램프·클립 등을 사용하여 견고하게 고정할 것
3. 항타기의 권상용 와이어로프에서 추·해머 등과의 연결은 클램프·클립 등을 사용하여 견고하게 할 것

103 정답 ③

달비계(곤돌라의 달비계는 제외한다)의 최대 적재하중을 정하는 경우 그 안전계수는 다음과 같다(안전보건규칙 제55조 제2항).

1. **달기 와이어로프 및 달기 강선의 안전계수** : 10 이상
2. **달기 체인 및 달기 훅의 안전계수** : 5 이상
3. **달기 강대와 달비계의 하부 및 상부 지점의 안전계수** : 강재의 경우 2.5 이상, 목재의 경우 5 이상

104 정답 ②

걸이작업

1. 와이어로프 등은 크레인의 훅 중심에 걸어야 한다.
2. 인양 물체의 안정을 위하여 2줄 걸이 이상을 사용하여야 한다.
3. 밑에 있는 물체를 걸고자 할 때에는 위의 물체를 제거한 후에 하여야 한다.
4. 매다는 각도는 60° 이내로 하여야 한다.
5. 근로자를 매달린 물체 위에 탑승시키지 않아야 한다.

105 정답 ②

흙 속의 전단응력을 증대시키는 원인

1. 사면의 구배가 자연구배보다 급경사일 경우
2. 인공 또는 자연력에 의한 지하 공동 형성
3. 함수량의 증가에 따른 흙의 단위체적 중량의 증가
4. 지진, 폭파에 의한 진동 및 충격

106 정답 ①

진동기는 적절히 사용하여야 하고 지나친 진동은 거푸집 도괴의 원인이 되므로 주의하여야 한다.

107 정답 ④

구조물에 의한 보호공법 : 돌망태공, 돌쌓기공, 콘크리트틀공, 콘크리트 붙이기공, 블록공

108 정답 ③

사다리식 통로 등을 설치하는 경우 폭은 30센티미터 이상으

로 할 것(안전보건규칙 제24조 제1항 제5호)

109 정답 ②

② **백호우(back hoe)** : 기계가 서 있는 지면보다 낮은 장소의 굴착에도 적당하고 수중굴착도 가능한 기계
① **트럭크레인(truck crane)** : 트럭 상부에 전선회식 디젤기관 구동으로 된 크레인을 장치한 것
③ **파워쇼벨(Power Shovel)** : 흙을 파는 바가지가 위를 향해 붙어 있어 장비의 위치보다 높은 곳의 흙을 파는 장비
④ **진폴(gin pole)** : 무거운 물건을 매달기 위해 건설공사 현장에서 사용되는 것

110 정답 ①

차량계 건설기계의 작업계획서에 포함되어야 할 내용
1. 사용하는 차량계 건설기계의 종류 및 성능
2. 차량계 건설기계의 운행경로
3. 차량계 건설기계에 의한 작업방법

111 정답 ④

사업주는 근로자가 상시 작업하는 장소의 작업면 조도를 다음의 기준에 맞도록 하여야 한다. 다만, 갱내 작업장과 감광재료를 취급하는 작업장은 그러하지 아니하다(안전보건규칙 제8조).
1. **초정밀작업** : 750럭스 이상
2. **정밀작업** : 300럭스 이상
3. **보통작업** : 150럭스 이상
4. **그 밖의 작업** : 75럭스 이상

112 정답 ③

③ **load cell(하중계)** : 힘 또는 하중을 측정하기 위한 변환기로서, 출력을 전기적으로 꺼낼 수 있는 것을 말한다.
① **water level meter** : 저수지·배수지의 수심이나 하천의 수위를 나타내는 장치를 말한다.
② **piezo meter** : 지하수면이나 정수압면의 표고값을 관측하기 위해 설치하는 작은 직경의 비양수정이다.
④ **strain gauge** : 물체가 외력으로 변형될 때 등의 변형을 측정하는 측정기를 말한다.

113 정답 ②

안전대의 종류(보호구 안전인증고시 별표 9)

종류	사용구분
벨트식 안전그네식	1개 걸이용
	U자 걸이용
	추락방지대
	안전블록

※ 추락방지대 및 안전블록은 안전그네식에만 적용함

114 정답 ①

침투수가 옹벽의 안정에 미치는 영향
1. 옹벽 배면 지하수위 상승
2. 수압증가
3. 흙의 포화, 함수량 증가로 토압증가
4. 옹벽 배면 재료의 연약화
5. 옹벽 뒷채움 침하
6. 전도, 활동 발생으로 옹벽 불안정
7. **옹벽 배면에 배수처리가 없는 경우** : 지하수위 상승만큼 수압고려 설계(완전포화)
8. 배수구는 뒷채움 재료의 투수성보다 크다.

115 정답 ②

감전재해의 직접적인 요인 : 통전전류의 크기, 통전시간, 통전경로, 통전전원의 종류

116 정답 ④

사업주는 구축물 등이 다음의 어느 하나에 해당하는 경우에는 구축물 등에 대한 구조검토, 안전진단 등의 안전성 평가를 하여 근로자에게 미칠 위험성을 미리 제거해야 한다(안전보건규칙 제52조).
1. 구축물 등의 인근에서 굴착·항타작업 등으로 침하·균열 등이 발생하여 붕괴의 위험이 예상될 경우
2. 구축물 등에 지진, 동해, 부동침하 등으로 균열·비틀림 등이 발생했을 경우
3. 구축물 등이 그 자체의 무게·적설·풍압 또는 그 밖에 부가되는 하중 등으로 붕괴 등의 위험이 있을 경우
4. 화재 등으로 구축물 등의 내력이 심하게 저하됐을 경우

5. 오랜 기간 사용하지 않던 구축물 등을 재사용하게 되어 안전성을 검토해야 하는 경우
6. 구축물 등의 주요구조부(「건축법」에 따른 주요구조부를 말한다.)에 대한 설계 및 시공 방법의 전부 또는 일부를 변경하는 경우
7. 그 밖의 잠재위험이 예상될 경우

117 정답 ②

작업발판 일체형 거푸집(안전보건규칙 제337조)
1. 갱폼(gang form)
2. 슬립폼(slip form)
3. 클라이밍 폼(climbing form)
4. 터널 라이닝 폼(tunnel lining form)
5. 그 밖에 거푸집과 작업발판이 일체로 제작된 거푸집 등

118 정답 ③

③ **베인테스트(Vane Test)** : 연한 점토질 지반의 지내력을 조사하기 위한 방법
① **하중재하시험** : 지반에 정적인 하중을 가하여 지반의 지지력과 안정성을 살피기 위한 시험
② **표준관입시험(SPT)** : 샘플러를 로드에 끼우고 75cm의 높이에서 63.5kg의 떨공이를 자유낙하시켜 30cm 관입시키는데 필요한 타격회수 N치를 구하는 시험
④ **삼축압축시험** : 흙의 전단응력을 파악하기 위해 실시하는 시험

119 정답 ①

공법분류
1. **지지방식** : 수평 버팀대식 흙막이 공법, 경사 버팀대식 흙막이 공법, 자립공법, 어스 앵커 공법 등
2. **구조방식** : H-Pile 공법, Top down method 공법, steel sheet pile 공법, slurry wall 공법, 구체 흙막이 공법 등

120 정답 ②

가공전선로 접근 시 안전대책 : 이격거리 확보, 절연용 방호구 설치, 울타리 설치 또는 감시인 배치, 접지점 관리철저

1과목 산업재해 예방 및 안전보건교육

01	③	02	①	03	②	04	④	05	①
06	①	07	③	08	②	09	④	10	③
11	①	12	③	13	②	14	④	15	①
16	②	17	③	18	①	19	②	20	④

2과목 인간공학 및 위험성 평가 · 관리

21	③	22	①	23	④	24	③	25	①
26	②	27	③	28	①	29	②	30	④
31	③	32	①	33	②	34	④	35	①
36	③	37	②	38	④	39	①	40	②

3과목 기계 · 기구 및 설비 안전 관리

41	③	42	①	43	②	44	④	45	③
46	①	47	②	48	④	49	①	50	③
51	②	52	①	53	③	54	④	55	①
56	③	57	②	58	③	59	①	60	③

4과목 전기설비 안전 관리

61	④	62	②	63	③	64	①	65	②
66	③	67	④	68	①	69	③	70	②
71	④	72	②	73	③	74	①	75	④
76	②	77	①	78	③	79	②	80	④

5과목 화학설비 안전 관리

81	②	82	①	83	③	84	②	85	④
86	③	87	①	88	②	89	①	90	③
91	②	92	①	93	③	94	①	95	④
96	③	97	④	98	①	99	②	100	④

6과목 건설공사 안전 관리

101	③	102	④	103	①	104	②	105	③
106	①	107	②	108	②	109	③	110	②
111	④	112	③	113	①	114	②	115	④
116	①	117	③	118	②	119	①	120	③

1과목 산업재해 예방 및 안전보건교육

01 정답 ③

안내표지(규칙 별표 6) : 녹십자표지, 응급구호표지, 들것, 세안장치, 비상용기구, 비상구, 좌측비상구, 우측비상구

02 정답 ①

기능교육은 지식을 살려서 기능을 체득하는 것을 목적으로 실시하는 것으로 교육대상자가 스스로 행함으로서 습득하게 하는 교육이다.

03 정답 ②

레빈의 인간행동법칙

$B=f(P \cdot E)$

B : 인간의 행동, P : 개체(소질, 성격), f : 함수관계,
E : 환경

04 정답 ④

방진마스크 형태(보호구 안전인증고시 별표 4)

직결식 전면형	직결식 반면형

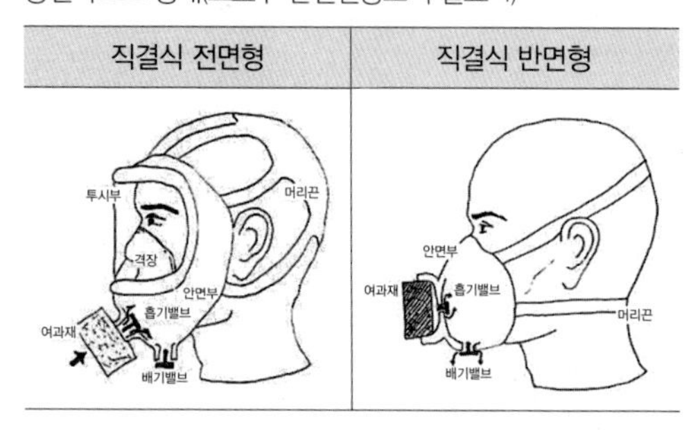

격리식 전면형	격리식 반면형

05 정답 ①

Brain storming의 원칙 : 비판금지, 자유분방한 발언, 대량적인 발언, 타인 의견의 수정 발언

06 정답 ①

재해발생의 직접원인

1. 불안전한 상태
   ㉠ 설비의 결함
   ㉡ 작업환경의 결함
   ㉢ 방호장치의 결함
   ㉣ 복장, 보호구의 결함
   ㉤ 생산공정의 결함
   ㉥ 물건의 배치 및 작업장소의 결함
2. 불안전한 행동
   ㉠ 위험장소의 접근
   ㉡ 안전장치 제거
   ㉢ 자세 및 동작의 불안전
   ㉣ 위험물 취급부주의
   ㉤ 속도조작의 불안전
   ㉥ 복장, 보호구의 잘못된 사용
   ㉦ 기계기구의 잘못된 사용

07 정답 ③

③ **동일화** : 어떤 특정인 또는 집단과 끈끈한 정서적 유대를 맺거나 어떤 대상을 동경한 나머지 자기가 그 대상이 된 것처럼 느껴 실제에 있어서는 실현할 수 없는 만족을 얻게 되는 심리적 메커니즘의 상태
① **투사** : 자아에 의해서 받아들여질 수 없는 욕망이나 동기가 타인에게 귀속화되는 것
④ **공감** : 타인의 사고나 감정을 자기의 내부로 옮겨 넣어, 타인의 체험과 동질의 심리적 과정

08 정답 ②

재해자가 넘어짐으로 인하여 기계의 동력 전달 부위 등에 끼이는 사고가 발생하여 신체부위가 절단되는 경우는 끼임으로 분류한다.

09 정답 ④

주의의 특성 : 선택성, 방향성, 변동성

10 정답 ③

기인물은 재해가 일어난 근원이 되었던 기계, 장치 또는 기타 물건 또는 환경 등을 말하는 것으로, 해당 재해사례의 기인물은 선반이다.

11 정답 ①

안전보건교육계획을 수립할 때 고려할 사항

1. 현장의 의견을 충분히 반영한다.
2. 필요한 정보를 수집한다.
3. 안전교육 시행체계와의 연관성을 고려한다.
4. 법 규정에 의한 교육에만 그치지 않는다.

12 정답 ③

에너지 소비수준에 영향을 미치는 인자 : 작업방법, 작업자세, 작업속도, 도구설계

13 정답 ②

상황성 누발자의 재해유발원인
1. 작업의 난이성
2. 기계설비의 결함
3. 심신 근심
4. 환경상 주의력의 집중 혼란

14 정답 ④

밀폐된 장소(탱크 내 또는 환기가 극히 불량한 좁은 장소를 말한다)에서 하는 용접작업 또는 습한 장소에서 하는 전기용접 작업 교육내용(규칙 별표 5)
1. 작업순서, 안전작업방법 및 수칙에 관한 사항
2. 환기설비에 관한 사항
3. 전격 방지 및 보호구 착용에 관한 사항
4. 질식 시 응급조치에 관한 사항
5. 작업환경 점검에 관한 사항
6. 그 밖에 안전·보건관리에 필요한 사항

15 정답 ①

$$출근율 = 1 - \frac{3}{100} = 0.97$$

$$도수율 = \frac{재해발생건수}{연간총근로시간수} \times 1,000,000$$

$$= \frac{80}{(1,000 \times 48 \times 52 \times 0.97)} \fallingdotseq 33.04$$

16 정답 ②

자율안전확인 보호구에 표시하여야 하는 사항(보호구 자율안전확인 고시 제11조)
1. 형식 또는 모델명
2. 규격 또는 등급 등
3. 제조자명
4. 제조번호 및 제조연월
5. 자율안전확인 번호

17 정답 ③

③ **의식의 과잉** : 돌발사태, 긴급 이상 상태 직면시 순간적으로 의식이 긴장하고 한 방향으로만 집중하는 판단력 정지, 긴급 방위 등의 주의의 일점집중 현상
① **의식의 우회** : 의식의 흐름이 빗나갈 경우로 작업도중 걱정, 고뇌, 욕구불만 등에 의해 발생
② **의식의 단절** : 지속적인 것은 의식의 흐름에 단절이 생기고 공백상태가 나타나는 경우
④ **의식의 수준저하** : 뚜렷하지 않은 의식의 상태로 심신이 피로하거나 단조로움 등에 의해 발생

18 정답 ①

안전검사대상기계 등의 안전검사 주기(규칙 제126조 제1항)
1. **크레인(이동식 크레인은 제외한다), 리프트(이삿짐운반용 리프트는 제외한다) 및 곤돌라** : 사업장에 설치가 끝난 날부터 3년 이내에 최초 안전검사를 실시하되, 그 이후부터 2년마다(건설현장에서 사용하는 것은 최초로 설치한 날부터 6개월마다)
2. **이동식 크레인, 이삿짐운반용 리프트 및 고소작업대** : 신규등록 이후 3년 이내에 최초 안전검사를 실시하되, 그 이후부터 2년마다
3. **프레스, 전단기, 압력용기, 국소 배기장치, 원심기, 롤러기, 사출성형기, 컨베이어 및 산업용 로봇** : 사업장에 설치가 끝난 날부터 3년 이내에 최초 안전검사를 실시하되, 그 이후부터 2년마다(공정안전보고서를 제출하여 확인을 받은 압력용기는 4년마다)

19 정답 ②

방진마스크는 산소농도 18% 이상인 장소에서 사용하여야 한다(보호구 안전인증 고시 별표 4).

20 정답 ④

④ **특성요인도** : 생산 공정에서 일어나는 문제의 원인과 결과와의 관계를 체계화하여 도시한 것으로 어골형(魚骨形)의 도형이 사용된다.
① **파레토도** : 불량, 결점, 고장 등의 발생건수 또는 손실금액을 항목별로 나누어 발생빈도의 순으로 나열하고 누적합도 표시한 그림이다.
② **클로즈분석** : 데이터를 집계하고 표로 표시하여 요인별 결과 내역을 교차한 그림이다.
③ **관리도** : 어떤 일련의 표본에서 얻은 특성치의 경시적인 변화를, 통계학적으로 설정된 관리한계선 및 중심선과 더불어 기입한 그래프이다.

2과목 인간공학 및 위험성 평가 · 관리

21 정답 ③

인체측정치의 응용원리

1. **조절식 설계** : 가장 먼저 고려되어야 할 개념
2. **극단치 설계** : 극단에 속하는 사람들을 대상으로 하는 모든 사람을 수용할 수 있는 경우
3. **평균치 설계** : 다른 기준이 적용되기 어려운 마지막으로 적용되는 기준

22 정답 ①

음의 진폭은 음파의 가장 높은 지점과 가장 낮은 지점 간의 압력 차를 나타낸다. 음의 높고 낮은 감각을 주는 것은 시간당 진동수이다.

23 정답 ④

$$소요조명(fc)=\frac{광속발산도}{반사율}\times100=\frac{90}{60}\times100=150$$

24 정답 ③

논리 기호와 명칭

생략사상	기본사상	통상사상	결함사상

25 정답 ①

인간이 기계화 비교하여 정보처리 및 결정의 측면에서 상대적으로 우수한 것에는 귀납적 추리, 정성적 정보처리, 관찰을 통한 일반화, 정보의 분석, 주관적인 평가 및 추산, 낮은 수준의 자극인지 등이 있다.

26 정답 ②

FMEA(고장형태와 영향분석) 중 고장 평점법

$$C_s=(C_1\times C_2\times C_3\times C_4\times C_5)^{\frac{1}{5}}$$

C_1 : 기능적 고장 영향의 중요도

C_2 : 영향을 미치는 시스템의 범위

C_3 : 고장발생 빈도

C_4 : 고장방지 가능성

C_5 : 신규설계의 정도

27 정답 ③

근골격계부담작업(근골격계부담작업의 범위 및 유해요인조사 방법에 관한 고시 제3조)

1. 하루에 4시간 이상 집중적으로 자료입력 등을 위해 키보드 또는 마우스를 조작하는 작업
2. 하루에 총 2시간 이상 목, 어깨, 팔꿈치, 손목 또는 손을 사용하여 같은 동작을 반복하는 작업
3. 하루에 총 2시간 이상 머리 위에 손이 있거나, 팔꿈치가 어깨 위에 있거나, 팔꿈치를 몸통으로부터 들거나, 팔꿈치를 몸통 뒤쪽에 위치하도록 하는 상태에서 이루어지는 작업
4. 지지되지 않은 상태이거나 임의로 자세를 바꿀 수 없는 조건에서, 하루에 총 2시간 이상 목이나 허리를 구부리거나 트는 상태에서 이루어지는 작업
5. 하루에 총 2시간 이상 쪼그리고 앉거나 무릎을 굽힌 자세에서 이루어지는 작업
6. 하루에 총 2시간 이상 지지되지 않은 상태에서 1kg 이상의 물건을 한 손의 손가락으로 집어 옮기거나, 2kg 이상에 상응하는 힘을 가하여 한 손의 손가락으로 물건을 쥐는 작업
7. 하루에 총 2시간 이상 지지되지 않은 상태에서 4.5kg 이상의 물건을 한 손으로 들거나 동일한 힘으로 쥐는 작업
8. 하루에 10회 이상 25kg 이상의 물체를 드는 작업
9. 하루에 25회 이상 10kg 이상의 물체를 무릎 아래에서 들거나, 어깨 위에서 들거나, 팔을 뻗은 상태에서 드는 작업
10. 하루에 총 2시간 이상, 분당 2회 이상 4.5kg 이상의 물체를 드는 작업
11. 하루에 총 2시간 이상 시간당 10회 이상 손 또는 무릎을 사용하여 반복적으로 충격을 가하는 작업

28 정답 ①

기계는 주어진 절차에 따른 과업을 수행하는 데에는 유리하고, 정성적인 정보보다는 정량적인 정보처리에 유리하다.

29 정답 ②

② **부정 게이트** : 입력에 반대현상이 나타난다.
① **억제 게이트** : 입력이 게이트 조건에 만족할 때 발생한다.
③ **배타적 OR 게이트** : OR 게이트이지만 2개 또는 2 이상의 입력이 동시에 존재하는 경우에는 출력이 생기지 않는다.
④ **우선적 AND 게이트** : 여러 개의 입력사상이 정해진 순서에 따라 순차적으로 발생하여야만 결과가 출력된다.

30 정답 ④

$$조도=\frac{광도}{거리^2}=\frac{5}{0.3^2}\doteqdot 55.6(\text{lux})$$

31 정답 ③

③ FMEA는 시스템을 구성하는 각 부품이 일으키는 고장 모드를 모조리 조사하고, 그것이 시스템에 어느 정도의 영향을 주는가를 예지하는 바텀업(bottom up)의 수법으로, 적은 노력으로 분석이 가능하다.
① 정성적·귀납적 분석방법이다.
② 논리성이 부족하다.
④ 각 요소 간의 영향분석이 어려워 둘 이상의 요소가 고장하는 경우 해석이 어렵다.

32 정답 ①

인간 전달 함수(Human Transfer Function)의 결점 : 입력의 협소성, 시점적 제약성, 불충분한 직무 묘사 등

33 정답 ②

전력계에서와 같이 기계적 혹은 전자적으로 숫자가 표시되는 계수형 표시장치는 수치를 정확히 읽어야 하므로 정량적 표시장치에 해당한다.

34 정답 ④

스크리닝(screening)은 고장 발생 초기에 스트레스를 가함으로써 검출하여 제거하는 것으로 초기고장에 해당한다.

35 정답 ①

C/R비가 작을수록 조종장치는 민감하여 미세조정하기 어려워 시간이 걸린다.

36 정답 ③

뼈의 주요 기능 : 인체의 지주, 무기질 저장, 혈액세포 생산, 장기의 보호, 골수의 조혈

37 정답 ②

② **예비위험분석(PHA ; Preliminary Hazard Analysis)** : 프로그램의 최초 단계에서 위험한 상태의 정도를 대략적으로 평가하는 정성적 평가기법
① **결함위험분석(FHA ; Fault Hazard Analysis)** : 복잡한 시스템에서 서브시스템의 해석에 사용되는 기법
③ **시스템위험분석(SHA ; System Hazard Analysis)** : 제품을 하나의 시스템으로 파악하여 하부 시스템 전체에 미치는 위험성을 분석하는 기법
④ **운용위험분석(OHA ; Operating Hazard Analysis)** : 제품의 사용과 보전에 관련된 위험성을 분석하기 위한 기법

38 정답 ④

필요한 작업 또는 절차의 수행지연으로 인한 에러는 time error이다.
commission error는 작업 및 단계를 수행했지만 실수를 범한 경우의 에러이다.

39 정답 ①

차폐효과는 두 소리가 동시에 들릴 때 큰 소리만 듣고 작은 소리는 듣지 못하는 현상을 말한다. 따라서 한 음 때문에 다른 음에 대한 감도가 감소한다.

40 정답 ②

② 인체측정은 기본자세로 행하는 정태측정과 합쳐서 동작을 일으켰을 때 인체 형태의 변화를 관찰하는 동태측정이 있다.
① 인체측정학은 신체를 수량적으로 분석하는 정량적인 생체

측정과 형상적으로 파악하는 생체관찰이 있다.
③ 동작을 일으켰을 때 인체 형태의 변화를 관찰한다.
④ 측정항목에 신장·체중·체표면적·체표온도·자세·체형·유방형·체표 릴리프 등이 있다.

3과목 기계·기구 및 설비 안전 관리

41 정답 ③

원주속도 $V=\pi DN=\frac{\pi DN}{1,000}$

(V: 원주속도, D: 숫돌지름, N: 숫돌 매분회전수)

$V=\frac{\pi DN}{1,000}$, $1,000V=\pi DN$, $N=\frac{1,000V}{\pi D}$

$N=\frac{1,000\times 250}{\pi\times 200}\doteqdot 398(rpm)$

42 정답 ①

연삭숫돌의 파괴원인
1. 숫돌의 회전속도가 너무 빠른 경우
2. 숫돌 자체에 균열 및 파손이 있는 경우
3. 숫돌에 과대한 충격을 준 경우
4. 숫돌의 측면을 사용하여 작업할 경우
5. 숫돌의 균형이나 베어링 마모에 의한 진동이 있을 경우
6. 숫돌 반경 방향의 온도변화가 심할 경우
7. 플렌지가 현저히 작을 경우
8. 작업에 부적당한 숫돌을 사용할 경우
9. 숫돌의 치수가 부적당할 경우

43 정답 ②

화물중량×화물의 무게중심까지의 최단거리=지게차의 중량×앞바퀴에서 지게차의 무게중심까지 최단거리

$200\times 1=400\times x$

$x=0.5$

44 정답 ④

동력식 수동대패기계에 사용되는 방호장치는 칼날접촉방지장치이다. 칼날접촉방지장치란 인체가 대패날에 접촉하지 않도록 덮어주는 것("덮개")을 말한다(방호장치 자율안전기준고시 제12조 제2호).

45 정답 ③

발생기실은 건물의 최상층에 위치하여야 하며, 화기를 사용하는 설비로부터 3미터를 초과하는 장소에 설치하여야 한다(안전보건규칙 제286조 제2항).

46 정답 ①

안전인증 파열판에는 규칙 제114조(안전인증의 표시)에 따른 표시 외에 다음의 내용을 추가로 표시해야 한다(방호장치 안전인증 고시 별표 4).
1. 호칭지름
2. 용도(요구성능)
3. 설정파열압력(MPa) 및 설정온도(℃)
4. 분출용량(kg/h) 또는 공칭분출계수
5. 파열판의 재질
6. 유체의 흐름방향 지시

47 정답 ②

와이어로프 호칭 : 꼬임(스트랜드)의 수×소선의 개수

48 정답 ④

선반 가공에서 칩(절삭분)이 길어지게 되면 회전하고 있는 공작물에 감겨 들어가서 가공이 어려워질 뿐 아니라 작업이 아주 위험하게 되는데 칩 브레이커는 가공할 때 나오는 칩을 잘라낼 목적으로 바이트의 날끝 부분에 마련되는 방호장치이다.

49 정답 ①

지게차의 전후 안정도는 주행시에는 18% 이내이어야 한다. 따라서 15%이면 안정도 기준을 만족한다.

50 정답 ③

압력방출장치는 매년 1회 이상 산업통상자원부장관의 지정을 받은 국가교정업무 전담기관에서 교정을 받은 압력계를 이용하여 설정압력에서 압력방출장치가 적정하게 작동하는지를 검사한 후 납으로 봉인하여 사용하여야 한다. 다만, 공정안전보고서 제출 대상으로서 고용노동부장관이 실시하는

공정안전보고서 이행상태 평가결과가 우수한 사업장은 압력방출장치에 대하여 4년마다 1회 이상 설정압력에서 압력방출장치가 적정하게 작동하는지를 검사할 수 있다(안전보건규칙 제116조 제2항).

51 정답 ②

거리$=1.6\times TM(ms)=1.6\times 200=320mm=32cm$

52 정답 ①

① 구동부 측면에 로울러 안내가이드 등의 이탈방지장치를 설치한다.
② 사업주는 컨베이어 등에 해당 근로자의 신체의 일부가 말려드는 등 근로자가 위험해질 우려가 있는 경우 및 비상시에는 즉시 컨베이어 등의 운전을 정지시킬 수 있는 장치를 설치하여야 한다(안전보건규칙 제192조).
③ 역전방지장치에 라쳇식, 로울러식, 밴드식, 전기브레이크식, 트러스트 브레이크식 등이 있다.
④ 롤러컨베이어의 롤 사이에 방호판을 설지할 때 롤과의 최대간격은 5mm이다.

53 정답 ③

선반작업 안전수칙
1. 작동전 기계의 모든 상태를 점검할 것
2. 절삭작업 중에는 반드시 보안경을 착용하여 눈을 보호할 것
3. 바이트는 가급적 짧고 단단히 조일 것
4. 가공물이나 척에 말리지 않도록 옷소매를 단정히 할 것
5. 작업중에는 칩이 많이 쌓여 치울시에는 반드시 기계작동을 멈춘 후 할 것
6. 긴 물체를 가공할 때는 반드시 방진구를 사용할 것
7. 칩을 제거할 때는 압축공기를 사용하지 말고 브러시를 사용할 것

54 정답 ④

사업주는 기계의 운전을 정지한 경우에 다른 사람이 그 기계를 운전하는 것을 방지하기 위하여 기계의 기동장치에 잠금장치를 하고 그 열쇠를 별도 관리하거나 표지판을 설치하는 등 필요한 방호 조치를 하여야 한다(안전보건규칙 제92조 제2항).

55 정답 ①

① **방진구** : 선반 작업에서 가늘고 긴 공작물을 절삭할 때 휘거나 진동을 방지하기 위하여 사용하는 기구
③ **칩 브레이커** : 절삭가공에서 절삭분 처리를 쉽게 하기 위해 긴 절삭분을 짧게 절단하거나 둥치기 위하여 공구 경사면에 설치한 홈이나 단
④ **실드** : 전류분포를 변화시키기 위하여 도금욕 중에 설치하는 비전도성의 장해물

56 정답 ③

발생기실은 건물의 최상층에 위치하여야 하며, 화기를 사용하는 설비로부터 3미터를 초과하는 장소에 설치하여야 한다(안전보건규칙 제286조 제2항).
발생기실을 옥외에 설치한 경우에는 그 개구부를 다른 건축물로부터 1.5미터 이상 떨어지도록 하여야 한다(안전보건규칙 제286조 제3항).

57 정답 ②

② **회전말림점** : 회전하는 물체에 작업복 등이 말려 들어가는 위험점
① **협착점** : 왕복운동을 하는 동작부분과 고정부분 사이에 형성되는 위험점
③ **절단점** : 회전하는 운동부분이나 운동하는 기계부분 자체의 위험에서 초래되는 위험점
④ **접선물림점** : 회전하는 부분의 접선방향으로 물려 들어가는 위험점

58 정답 ③

양수조작식 방호장치의 일반구조(방호장치 안전인증 고시 별표 1)
1. 정상동작표시등은 녹색, 위험표시등은 붉은색으로 하며, 쉽게 근로자가 볼 수 있는 곳에 설치해야 한다.
2. 슬라이드 하강 중 정전 또는 방호장치의 이상 시에 정지할 수 있는 구조이어야 한다.
3. 방호장치는 릴레이, 리미트스위치 등의 전기부품의 고장, 전원전압의 변동 및 정전에 의해 슬라이드가 불시에 동작하지 않아야 하며, 사용전원전압의 ±(100분의 20)의 변동에 대하여 정상으로 작동되어야 한다.
4. 1행정1정지 기구에 사용할 수 있어야 한다.
5. 누름버튼을 양손으로 동시에 조작하지 않으면 작동시킬

수 없는 구조이어야 하며, 양쪽버튼의 작동시간 차이는 최대 0.5초 이내일 때 프레스가 동작되도록 해야 한다.
6. 1행정마다 누름버튼에서 양손을 떼지 않으면 다음 작업의 동작을 할 수 없는 구조이어야 한다.
7. 램의 하행정중 버튼(레버)에서 손을 뗄 시 정지하는 구조이어야 한다.
8. 누름버튼의 상호간 내측거리는 300㎜ 이상이어야 한다.
9. 누름버튼(레버 포함)은 매립형의 구조로서 다음 각 세목에 적합해야 한다. 다만, 시험 콘으로 개구부에서 조작되지 않는 구조의 개방형 누름버튼(레버 포함)은 매립형으로 본다.
   ㉠ 누름버튼(레버 포함)의 전 구간(360°)에서 매립된 구조
   ㉡ 누름버튼(레버 포함)은 방호장치 상부표면 또는 버튼을 둘러싼 개방된 외함의 수평면으로부터 하단(2㎜ 이상)에 위치
10. 버튼 및 레버는 작업점에서 위험한계를 벗어나게 설치해야 한다.
11. 양수조작식 방호장치는 푸트스위치를 병행하여 사용할 수 없는 구조이어야 한다.

59 정답 ①

연삭숫돌의 파괴원인
1. 숫돌의 회전속도가 너무 빠른 경우
2. 숫돌 자체에 균열 및 파손이 있는 경우
3. 숫돌에 과대한 충격을 준 경우
4. 숫돌의 측면을 사용하여 작업할 경우
5. 숫돌의 균형이나 베어링 마모에 의한 진동이 있을 경우
6. 숫돌 반경 방향의 온도변화가 심할 경우
7. 플렌지가 현저히 작을 경우
8. 작업에 부적당한 숫돌을 사용할 경우
9. 숫돌의 치수가 부적당할 경우

60 정답 ③

$$안전율=\frac{인장강도}{허용응력}=\frac{420}{140}=3$$

4과목 전기설비 안전 관리

61 정답 ④

설비의 이상현상에 나타나는 아크(Arc)에는 단락, 지락, 차단기, 섬락에 의한 아크가 있다.

62 정답 ②

교류아크용접기용 자동전격방지기란 대상으로 하는 용접기의 주회로(변압기의 경우는 1차회로 또는 2차회로)를 제어하는 장치를 가지고 있어, 용접봉의 조작에 따라 용접할 때에만 용접기의 주회로를 형성하고, 그 외에는 용접기의 출력측의 무부하전압을 25볼트 이하로 저하시키도록 동작하는 장치를 말한다(방호장치 자율안전기준 고시 제4조 제1호). 따라서 용접작업 중단 직후부터 다음 아크 발생 시까지 기능이 발휘되어야 한다.

63 정답 ③

고감도고속형은 정격감도전류에서 0.1초 이내, 인체감전보호형은 0.03초 이내에 동작하여야 한다.

64 정답 ①

허용접촉전압

종별	접촉상태	허용접촉전압(V)
제1종	인체의 대부분이 수중에 있는 상태	2.5 이하
제2종	인체가 현저히 젖어 있는 상태	25 이하
제3종	제1종, 제2종 이외의 경우로 통상의 인체상태에서 접촉전압이 가해지면 위험성이 높은 상태	50 이하
제4종	제1종, 제2종 이외의 경우로 통상의 인체상태에서 접촉전압이 가해지면 위험성이 낮은 상태	제한없음

65 정답 ②

감전사고로 인한 적격사의 메카니즘
1. 흉부에 전류가 흘러 흉부수축에 의한 질식
2. 심실세동에 의한 혈액순환기능의 상실
3. 뇌의 호흡중추신경 마비에 따른 호흡기능 상실

66 정답 ③

누전차단기의 구성요소 : 누전검출부, 영상변류기, 차단장치

67 정답 ④

심실세동은 심장 전도계의 이상으로 인하여 심장이 불규칙적으로 박동하고 제대로 수축하지 못해 혈액을 전신으로 전달하지 못하는 상태를 말한다. 심장으로의 혈액 공급이 부족한 상황에서 발생하므로 심실의 수축 종료 후 심실의 휴식이 있을 때 위험하다.

68 정답 ①

가수전류(Let-go Current) : 인체가 자력으로 이탈할 수 있는 전류
불수전류(Freezing Current) : 자력으로 이탈할 수 없는 전류

69 정답 ③

③ **단락** : 전선이 서로 붙어버린 현상
① **절연** : 전기 또는 열을 통하지 않게 하는 것
② **누전** : 원하는 회로 외의 곳으로 전류가 흐르는 것
④ **접지** : 전기회로 또는 전기 장비의 한 부분을 도체를 이용하여 땅에 연결하는 것

70 정답 ②

전기기에 대한 정격표시는 사용상의 주의점을 표시한 것이고 감전사고를 방지하기 위한 방법이 아니다.

71 정답 ④

④ **감전보호용 누전차단기** : 0.03초
① **시연형 누전차단기** : 0.1초를 초과하고 2초 이내
② **반한시형 누전차단기** : 0.2초를 초과하고 1초 이내
③ **고속형 누전차단기** : 정격감도전류 0.1초, 인체감전보호형 0.03초

72 정답 ②

단락 접지기구의 철거는 작업 후에 조치할 사항이다.

73 정답 ③

저압 및 고압용 검전기
1. 보수작업 수행시 저압 또는 고압 충전 유무 확인
2. 고·저압회로의 기기 및 설비 등의 정전 확인
3. 지지물, 기타 기기의 부속 부위의 고·저압 충전 유무 확인

74 정답 ①

화학섬유는 정전기 발생이 쉬우므로 제전복을 착용하여야 한다. 정전기 예방대책은 접지, 습기부여, 도전성 재료사용, 대전방지제 사용, 유속 조절, 제전기 사용 등이 있다.

75 정답 ④

부도체는 전기 또는 열에 대한 저항이 매우 커 전기나 열을 잘 전달하지 못하는 물체로, 부도체를 사용하여 이중절연이 되어 있는 곳은 취약 개소가 아니다.

76 정답 ②

② 정전기는 발생을 억제하여야 재해를 방지할 수 있다.
① 정전기는 분진의 취급에서 가장 많이 발생한다.
③ 액체의 이송은 유속을 느리게 하여야 정전기의 발생을 억제한다.
④ 정전기 대책을 위한 접지는 $10^6\Omega$이나 충분한 안정을 위해서는 $10^3\Omega$ 미만으로 한다.

77 정답 ①

피뢰기가 구비하여야 할 조건
1. 충격방전 개시 전압이 낮을 것
2. 제한전압이 낮을 것
3. 상용주파 방전 개시 전압이 높을 것
4. 방전 내량이 클 것
5. 속류 차단능력이 좋을 것

78 정답 ③

정전기 방전의 종류 : 코로나 방전, 불꽃방전, 스트리머 방전, 연면방전, 낙뢰방전, 브러시 방전

79 정답 ②

㉠ Equipment Protection Level : 점화원이 될 수 있는 가능성에 기초하여 기기에 부여된 보호등급이다.
㉡ EPL Ga : '폭발성 가스 분위기'에 설치되는 기기로 정상 작동, 예상된 오작동 또는 드문 오작동 중에 점화원이 될 수 없는 "매우 높은" 보호 등급의 기기

80 정답 ④

전기시설의 직접 접촉에 의한 감전방지 방법(안전보건규칙 제301조 제1항)

1. 충전부가 노출되지 않도록 폐쇄형 외함이 있는 구조로 할 것
2. 충전부에 충분한 절연효과가 있는 방호망이나 절연덮개를 설치할 것
3. 충전부는 내구성이 있는 절연물로 완전히 덮어 감쌀 것
4. 발전소·변전소 및 개폐소 등 구획되어 있는 장소로서 관계 근로자가 아닌 사람의 출입이 금지되는 장소에 충전부를 설치하고, 위험표시 등의 방법으로 방호를 강화할 것
5. 전주 위 및 철탑 위 등 격리되어 있는 장소로서 관계 근로자가 아닌 사람이 접근할 우려가 없는 장소에 충전부를 설치할 것

5과목 화학설비 안전 관리

81 정답 ②

탄화칼슘은 생석회와 코크스나 무연탄 등의 탄소를 전기로 속에서 가열하여 제조한다. 물을 작용시키면 아세틸렌(C_2H_2)을 발생하며, 이때 발열한다.

$CaC_2 + 2H_2O \rightarrow Ca(OH)_2 + C_2H_2$

82 정답 ①

① **체크밸브** : 액체의 역류를 방지하기 위해 한 쪽 방향으로만 흐르게 하는 밸브
② **대기밸브** : 탱크 내의 압력을 대기압과 평행한 압력으로 유지하는 밸브
③ **게이트밸브** : 디스크가 유체의 통로를 수직으로 막아서 개폐하고 유체의 흐름이 일직선으로 유지되는 밸브
④ **글로브밸브** : 나사에 의해 밸브를 밸브 시트에 꽉 눌러 유체의 개폐를 실행하는 밸브

83 정답 ③

염소산나트륨은 강산성 물질과 반응하여 폭발성 물질인 이산화염소가 발생한다.

84 정답 ②

유기과산화물 : 과산화벤조일, 아세틸퍼옥사이드, 과산화초산, 호박산 퍼옥사이드, 과산화 메틸에틸케톤

85 정답 ④

니트로셀룰로오스는 제5류 위험물로 물과 접촉하였을 때의 위험성은 낮으나 건조 시 자연 분해되어 발화할 수 있으므로 에틸알코올 또는 이소프로필 알코올에 적신 상태로 보관한다.

86 정답 ③

가연성가스 및 독성가스의 용기(고압가스안전관리법 시행규칙 별표 24)

가스의 종류	도색의 구분	가스의 종류	도색의 구분
액화석유가스	밝은 회색	액화암모니아	백색
수소	주황색	액화염소	갈색
아세틸렌	황색	그 밖의 가스	회색

87 정답 ①

자연발화가 쉽게 일어나는 조건

1. 열발생 속도가 방산속도보다 큰 경우
2. 휘발성이 낮은 액체
3. 축적된 열량이 큰 경우
4. 공기와 접촉면이 큰 경우
5. 고온다습한 경우
6. 단열압축
7. 열전도율, 열의 축적, 발열량, 수분, 퇴적방법 등

88 정답 ②

분진이 발화 폭발하기 위한 조건

1. 가연성일 것
2. 분진상태

3. 점화원
4. 교반과 유동

89 정답 ①

피난기구 : 피난사다리, 피난용 트랩, 미끄럼대, 피난로프, 완강기, 구조대, 피난교 등
경보설비 : 비상경보설비(비상벨, 자동식사이렌설비, 단독경보형 감지기), 통합감지시설, 가스누설감지기, 누전감지기, 자동화재탐지설비, 자동화재속보설비, 비상방송설비 등

90 정답 ③

디에틸에테르의 연소범위는 1.9~48%이다.

91 정답 ②

② 공동현상(cavitation)은 빠른 속도로 액체가 운동할 때 액체의 압력이 증기압 이하로 낮아져서 액체 내에 증기 기포가 발생하는 현상이다.
① **수격작용(water hammering)** : 관로 안의 물의 운동상태를 급격히 변화시킴으로써 일어나는 압력파 현상이다.
③ **비말동반(entrainment)** : 증기 속에 존재하는 액체 방울의 일부가 증기와 함께 밖으로 배출되는 현상이다.
④ **서어징(surging)** : 펌프를 운전할 때 송출 압력과 송출 유량이 주기적으로 변동하여 펌프 입구 및 출구에 설치된 진공계, 압력계의 지침이 흔들리는 현상이다.

92 정답 ①

화학설비(안전보건규칙 별표 7)
1. 반응기·혼합조 등 화학물질 반응 또는 혼합장치
2. 증류탑·흡수탑·추출탑·감압탑 등 화학물질 분리장치
3. 저장탱크·계량탱크·호퍼·사일로 등 화학물질 저장설비 또는 계량설비
4. 응축기·냉각기·가열기·증발기 등 열교환기류
5. 고로 등 점화기를 직접 사용하는 열교환기류
6. 캘린더(calender)·혼합기·발포기·인쇄기·압출기 등 화학제품 가공설비
7. 분쇄기·분체분리기·용융기 등 분체화학물질 취급장치
8. 결정조·유동탑·탈습기·건조기 등 분체화학물질 분리장치
9. 펌프류·압축기·이젝터(ejector) 등의 화학물질 이송 또는 압축설비

93 정답 ③

사업주는 가스폭발 위험장소 또는 분진폭발 위험장소에 설치되는 건축물 등에 대해서는 다음에 해당하는 부분을 내화구조로 하여야 하며, 그 성능이 항상 유지될 수 있도록 점검·보수 등 적절한 조치를 하여야 한다. 다만, 건축물 등의 주변에 화재에 대비하여 물 분무시설 또는 폼 헤드(foam head) 설비 등의 자동소화설비를 설치하여 건축물 등이 화재시에 2시간 이상 그 안전성을 유지할 수 있도록 한 경우에는 내화구조로 하지 아니할 수 있다(안전보건규칙 제270조 제1항).
1. **건축물의 기둥 및 보** : 지상 1층(지상 1층의 높이가 6미터를 초과하는 경우에는 6미터)까지
2. **위험물 저장·취급용기의 지지대(높이가 30센티미터 이하인 것은 제외한다)** : 지상으로부터 지지대의 끝부분까지
3. **배관·전선관 등의 지지대** : 지상으로부터 1단(1단의 높이가 6미터를 초과하는 경우에는 6미터)까지

94 정답 ①

Burgess-Wheeler의 법칙 : 포화탄화수소계 가스에서는 폭발하한계의 농도 x(vol%)와 그의 연소열(kcal/mol) Q의 곱은 일정하다.

$x \cdot \frac{Q}{100} \fallingdotseq 11$일정

$x \cdot Q = 1,100$

95 정답 ④

연소속도에 영향을 주는 요인 : 온도, 촉매, 가연물의 종류, 산화성 물질의 종류, 산소와 혼합비 등

96 정답 ③

아세톤은 유기용매로서 다른 유기물질과 잘 섞이며, 폭발의 위험이 있다. 아세틸렌은 분해, 폭발의 위험을 방지하기 위하여 아세톤을 유기용매로 사용한다.

97 정답 ④

사업주는 유해하거나 위험한 설비의 설치·이전 또는 주요 구조부분의 변경공사의 착공일(기존 설비의 제조·취급·저장 물질이 변경되거나 제조량·취급량·저장량이 증가하여 유해·위험물질 규정량에 해당하게 된 경우에는 그 해당일을

말한다) 30일 전까지 공정안전보고서를 2부 작성하여 공단에 제출해야 한다(규칙 제51조).

98 정답 ①

① Steam trap : 증기가 배출되면 열효율이 나빠지기 때문에 되도록 드레인만을 자동적으로 배출하기 위한 장치이다.
② Vent stack : 탱크 내의 압력을 정상적 상태로 유지하기 위한 일종의 안전장치이다.
③ Blow down : 배기 밸브 또는 배기구가 열리기 시작하고 실린더 내의 가스가 뿜어 나오는 현상이다.
④ Relief valve : 압력용기나 보일러 등에서 압력이 소정 압력 이상이 되었을 때 가스를 탱크 외부로 분출하는 밸브이다.

99 정답 ②

안전거리(안전보건규칙 별표 8)

구분	안전거리
단위공정시설 및 설비로부터 다른 단위공정시설 및 설비의 사이	설비의 바깥 면으로부터 10미터 이상
플레어스택으로부터 단위공정시설 및 설비, 위험물질 저장탱크 또는 위험물질 하역설비의 사이	플레어스택으로부터 반경 20미터 이상. 다만, 단위공정시설 등이 불연재로 시공된 지붕 아래에 설치된 경우에는 그러하지 아니하다.
위험물질 저장탱크로부터 단위공정시설 및 설비, 보일러 또는 가열로의 사이	저장탱크의 바깥 면으로부터 20미터 이상. 다만, 저장탱크의 방호벽, 원격조종화설비 또는 살수설비를 설치한 경우에는 그러하지 아니하다.
사무실 · 연구실 · 실험실 · 정비실 또는 식당으로부터 단위공정시설 및 설비, 위험물질 저장탱크, 위험물질 하역설비, 보일러 또는 가열로의 사이	사무실 등의 바깥 면으로부터 20미터 이상. 다만, 난방용 보일러인 경우 또는 사무실 등의 벽을 방호구조로 설치한 경우에는 그러하지 아니하다.

100 정답 ④

불연성 가스는 스스로 연소가 불가능하고 다른 물질의 연소도 도와주지 못하는 가스로 이산화질소, 이산화탄소, 수분, 아르곤, 질소, 헬륨, 아산화질소 등이 있다.

6과목 건설공사 안전 관리

101 정답 ③

③ **헤드가드** : 지게차를 이용한 작업 중에 위쪽으로부터 떨어지는 물건에 의한 위험을 방지하기 위하여 운전자의 머리 위쪽에 설치하는 덮개를 말한다(위험기계 · 기구 방호장치 기준 제3조 제6호).
① 원심기에는 요건에 적합한 회전체 접촉 예방장치를 설치하여야 한다(위험기계 · 기구 방호장치 기준 제9조).
② **예초기 날접촉 예방장치** : 예초기의 절단날 또는 비산물로부터 작업자를 보호하기 위해 설치하는 보호덮개 등의 장치를 말한다(위험기계 · 기구 방호장치 기준 제3조 제2호).
④ 금속절단기의 톱날부위에는 고정식, 조절식 또는 연동식 날접촉 예방장치를 설치하여야 한다(위험기계 · 기구 방호장치 기준 제15조 제1호).

102 정답 ④

④ load cell(**하중계**) : 힘 또는 하중을 측정하기 위한 변환기로서, 출력을 전기적으로 꺼낼 수 있는 것을 말한다.
① water level meter : 저수지 · 배수지의 수심이나 하천의 수위를 나타내는 장치를 말한다.
② strain gauge : 물체가 외력으로 변형될 때 등의 변형을 측정하는 측정기를 말한다.
③ piezo meter : 지하수면이나 정수압면의 표고값을 관측하기 위해 설치하는 작은 직경의 비양수정이다.

103 정답 ①

동바리로 사용하는 파이프 서포트의 설치기준(안전보건규칙 제332조의2 제1호)

1. 파이프 서포트를 3개 이상 이어서 사용하지 않도록 할 것
2. 파이프 서포트를 이어서 사용하는 경우에는 4개 이상의 볼트 또는 전용철물을 사용하여 이을 것
3. 높이가 3.5미터를 초과하는 경우에는 높이 2미터 이내마다 수평연결재를 2개 방향으로 만들고 수평연결재의 변위를 방지할 것

104 정답 ②

건설업 안전관리자 수(영 별표 3)

공사금액 800억원 이상 1,500억원 미만 : 2명 이상. 다만, 전체 공사기간을 100으로 할 때 공사 시작에서 15에 해당하는 기간과 공사 종료 전의 15에 해당하는 기간("전체 공사기간 중 전·후 15에 해당하는 기간") 동안은 1명 이상으로 한다.

105 정답 ③

보일링(boiling) 현상은 모래지반을 굴착할 때 굴착부와 배면부의 지하수위의 수두차로 인해 굴착 바닥면으로 뒷면의 모래가 솟아오르는 현상이다. 수압이 흙의 유효중량보다 크면 지반의 지지력이 약해지고 모래입자가 마치 끓어오르듯이 지표면 위로 흘러나와 지반이 파괴되는 현상이다. 흙의 중량차이에 의해서 발생하는 것은 히빙(heaving) 현상이다.

106 정답 ①

내공변위 측정은 터널의 계측항목에 해당한다.

개착식 흙막이벽의 계측 내용 : 경사, 지하수위, 변형률 등

107 정답 ②

강관비계의 조립간격(안전보건규칙 별표 5)

강관비계의 종류	조립간격(단위: m)	
	수직방향	수평방향
단관비계	5	5
틀비계(높이가 5m 미만인 것은 제외한다)	6	8

108 정답 ②

고소작업의 감소를 위한 근본적인 대책은 지상에서 작업하여 고소에서의 작업을 줄이는 것이다.

109 정답 ③

방망사의 신품에 대한 인장강도(추락재해방지표준안전작업지침 표2)

그물코의 크기(단위 : cm)	방망의 종류(단위 : kg)	
	매듭없는 방망	매듭방망
10	240	200
5	–	110

110 정답 ②

철골건립준비를 할 때 준수하여야 할 사항(철골공사표준안전작업지침 제7조)

1. 지상 작업장에서 건립준비 및 기계기구를 배치할 경우에는 낙하물의 위험이 없는 평탄한 장소를 선정하여 정비하고 경사지에서는 작업대나 임시발판 등을 설치하는 등 안전하게 한 후 작업하여야 한다.
2. 건립작업에 지장이 되는 수목은 제거하거나 이설하여야 한다.
3. 인근에 건축물 또는 고압선 등이 있는 경우에는 이에 대한 방호조치 및 안전조치를 하여야 한다.
4. 사용 전에 기계기구에 대한 정비 및 보수를 철저히 실시하여야 한다.
5. 기계가 계획대로 배치되어 있는가, 윈치는 작업구역을 확인할 수 있는 곳에 위치하였는가, 기계에 부착된 앵카 등 고정장치와 기초구조 등을 확인하여야 한다.

111 정답 ④

권과방지장치 : 크레인, 이동식 크레인, 데릭에 설치된 권상용 와이어로프 또는 지브 등의 기복용 와이어로프의 권과, 즉 과다감기를 방지하는 장치를 말한다.

112 정답 ③

구조안전의 위험이 큰 다음의 철골구조물은 건립 중 강풍에 의한 풍압 등 외압에 대한 내력이 설계에 고려되었는지 확인하여야 한다(철골공사표준안전작업지침 제3조 제7호).

1. 높이 20m 이상의 구조물
2. 구조물의 폭과 높이의 비가 1:4 이상인 구조물
3. 단면구조에 현저한 차이가 있는 구조물
4. 연면적당 철골량이 50kg/㎡ 이하인 구조물
5. 기둥이 타이플레이트인 구조물
6. 이음부가 현장용접인 구조물

113 정답 ①

사다리식 통로 등을 설치하는 경우의 준수사항(안전보건규칙 제24조 제1항)

1. 견고한 구조로 할 것
2. 심한 손상·부식 등이 없는 재료를 사용할 것
3. 발판의 간격은 일정하게 할 것
4. 발판과 벽과의 사이는 15센티미터 이상의 간격을 유지할 것
5. 폭은 30센티미터 이상으로 할 것
6. 사다리가 넘어지거나 미끄러지는 것을 방지하기 위한 조치를 할 것
7. 사다리의 상단은 걸쳐놓은 지점으로부터 60센티미터 이상 올라가도록 할 것
8. 사다리식 통로의 길이가 10미터 이상인 경우에는 5미터 이내마다 계단참을 설치할 것
9. 사다리식 통로의 기울기는 75도 이하로 할 것. 다만, 고정식 사다리식 통로의 기울기는 90도 이하로 하고, 그 높이가 7미터 이상인 경우에는 바닥으로부터 높이가 2.5미터 되는 지점부터 등받이울을 설치할 것
10. 접이식 사다리 기둥은 사용 시 접혀지거나 펼쳐지지 않도록 철물 등을 사용하여 견고하게 조치할 것

114 정답 ②

이 고시는 「산업재해보상보험법」의 적용을 받는 공사 중 총 공사금액 2천만원 이상인 공사에 적용한다(건설업 산업안전보건관리비 계상 및 사용기준 제3조).

115 정답 ④

클램쉘(Clam shell)은 항만, 공장 등에서 석탄 등 벌크화물의 하역작업이나 토목공사에서 부드러운 토질에서 깊은 구멍을 파는 작업을 하기에 적합하다.

116 정답 ①

① **압성토공** : 비탈면 하단 흙쌓기 본체의 양측에 흙쌓기 하는 공법
② **배토공** : 활동하려는 토사를 제거하여 활동하중을 경감시켜 사면 안정을 도모하는 공법
④ **배수공** : 흙막이 옹벽 또는 석축 배면수를 빼내기 위하여 만든 구멍

117 정답 ③

모터 그레이더(motor grader)는 땅을 고르는 중장비로 긴 차체의 앞뒤의 차바퀴 사이에 토공판을 부착하고, 스스로 이동하면서 토공판으로 지면을 평평하게 깎으면서 고르게 한다.

118 정답 ②

비계의 부재 중 기둥과 기둥을 연결시키는 부재 : 띠장, 장선, 가새

119 정답 ①

철골용접부의 내부결함을 검사하는 방법 : 방사선 투과시험, 초음파 탐상시험, 자기분말 탐상시험, 침투 탐상시험, 와류 탐상시험

120 정답 ③

공극비는 토양의 전 부피가 아닌 고체입자의 부피에 대한 공극의 비이다. 공극비가 클수록 투수계수는 크다.

$$e=\frac{V_w+V_a}{V_s}$$

1과목 산업재해 예방 및 안전보건교육

01	④	02	②	03	①	04	②	05	③
06	②	07	④	08	②	09	④	10	②
11	①	12	③	13	④	14	③	15	①
16	②	17	④	18	②	19	③	20	④

2과목 인간공학 및 위험성 평가 · 관리

21	④	22	②	23	①	24	②	25	④
26	②	27	④	28	②	29	④	30	③
31	②	32	③	33	①	34	④	35	③
36	②	37	①	38	③	39	②	40	①

3과목 기계 · 기구 및 설비 안전 관리

41	④	42	①	43	②	44	④	45	②
46	③	47	④	48	①	49	②	50	④
51	①	52	②	53	①	54	④	55	②
56	①	57	③	58	④	59	③	60	①

4과목 전기설비 안전 관리

61	③	62	②	63	④	64	①	65	③
66	④	67	③	68	①	69	④	70	②
71	①	72	②	73	③	74	①	75	④
76	①	77	③	78	①	79	④	80	②

5과목 화학설비 안전 관리

81	④	82	②	83	①	84	④	85	②
86	①	87	③	88	②	89	④	90	①
91	②	92	④	93	④	94	③	95	④
96	②	97	①	98	②	99	①	100	②

6과목 건설공사 안전 관리

101	④	102	①	103	②	104	③	105	②
106	③	107	④	108	①	109	②	110	④
111	①	112	②	113	③	114	④	115	②
116	①	117	④	118	③	119	②	120	①

1과목 산업재해 예방 및 안전보건교육

01 정답 ④

건설업의 경우 공사금액 120억원 이상인 경우 산업안전보건위원회를 구성·운영해야 한다(영 별표 9).

02 정답 ②

안전·보건교육계획을 수립할 때 고려할 사항
1. 현장 의견의 충분히 반영
2. 안전교육 시행체계와 관련성 고려
3. 필요한 정보의 수집
4. 법규정에만 한정하지 않음

03 정답 ①

재해 발생할 경우 조치 순서 : 긴급처리 → 재해조사 → 원인분석 → 대책수립

04 정답 ②

사망만인율은 임금근로자수 10,000명당 발생하는 사망자수의 비율이다.

$$\text{사망만인율} = \frac{\text{사고사망자수}}{\text{상시근로자수}} \times 10{,}000$$
$$= \frac{1}{5{,}000} \times 10{,}000 = 2$$

05 정답 ③

하인리히 재해 코스트 평가방식 중 직접비와 간접비

1. **직접비** : 휴업보상비, 장해보상비, 요양보상비, 유족보상비, 장례비 등
2. **간접비** : 물적손실, 인적손실, 생산손실, 기타손실(병상위문금, 여비 및 통신비, 입원중의 잡비) 등

06 정답 ②

② **심포지엄(Symposium)** : 어떤 논제에 대하여 다양한 의견을 가진 전문가나 권위자들이 각각 강연식으로 의견을 발표한 후 청중에게 질문할 기회를 주는 토의 방식
① **포럼(Forum)** : 새로운 자료나 교재를 제시하여 문제점을 피교육자로 하여금 제기하게 하여 발표하고 토의하는 방법
③ **버즈세션(Buzz session)** : 6명씩 소집단으로 구분하고 6분씩 자유토의를 진행하여 의견을 종합하는 토의 방법
④ **자유토의법(Free discussion method)** : 특별한 조건 없이 자유로운 분위기에서 토의를 진행하는 방법

07 정답 ④

근로자 안전보건교육(규칙 별표 4)

교육과정	교육대상		교육시간
가. 정기교육	1) 사무직 종사 근로자		매반기 6시간 이상
	2) 그 밖의 근로자	가) 판매업무에 직접 종사하는 근로자	매반기 6시간 이상
		나) 판매업무에 직접 종사하는 근로자 외의 근로자	매반기 12시간 이상
나. 채용 시 교육	1) 일용근로자 및 근로계약기간이 1주일 이하인 기간제 근로자		1시간 이상
	2) 근로계약기간이 1주일 초과 1개월 이하인 기간제근로자		4시간 이상
	3) 그 밖의 근로자		8시간 이상
다. 작업내용 변경 시 교육	1) 일용근로자 및 근로계약기간이 1주일 이하인 기간제 근로자		1시간 이상
	2) 그 밖의 근로자		2시간 이상
라. 특별교육	1) 일용근로자 및 근로계약기간이 1주일 이하인 기간제 근로자 : 별표 5 제1호 라목(제39호는 제외한다)에 해당하는 작업에 종사하는 근로자에 한정한다.		2시간 이상
	2) 일용근로자 및 근로계약기간이 1주일 이하인 기간제 근로자 : 별표 5 제1호 라목 제39호에 해당하는 작업에 종사하는 근로자에 한정한다.		8시간 이상
	3) 일용근로자 및 근로계약기간이 1주일 이하인 기간제 근로자를 제외한 근로자: 별표 5 제1호 라목에 해당하는 작업에 종사하는 근로자에 한정한다.		가) 16시간 이상(최초 작업에 종사하기 전 4시간 이상 실시하고 12시간은 3개월 이내에서 분할하여 실시 가능) 나) 단기간 작업 또는 간헐적 작업인 경우에는 2시간 이상
마. 건설업 기초안전·보건교육	건설 일용근로자		4시간 이상

08 정답 ②

버드(Bird)의 사고 발생 도미노 이론

1단계 : 통제의 부족
2단계 : 기본원인(기원)
3단계 : 직접원인(징후)

4단계 : 사고
5단계 : 재해

09 정답 ④

사고의 원인분석방법 : 관리도, 클로즈 분석, 특성 요인도, 파레토도

10 정답 ②

② **임시점검** : 기계나 기구 등이 이상이 있을 경우 하는 점검
① **정기점검** : 일정 기간마다 정기적으로 하는 점검
③ **특별점검** : 강풍, 지진 등이 발생한 경우 하는 점검
④ **수시점검** : 매일 작업 전 또는 작업 중에 일상적으로 실시하는 안전점검

11 정답 ①

재해원인분석
기인물 : 선반
가해물 : 치차
사고유형 : 협착(절단)

12 정답 ③

의식수준 단계별 의식의 상태
Phase-0 : 무의식, 실신
Phase-1 : 의식몽롱
Phase-2 : 의식이완 상태, 정상
Phase-3 : 상쾌한 상태, 정상
Phase-4 : 과긴장, 초정상

13 정답 ④

보험급여의 종류(산업재해보상보험법 제36조 제1항) : 요양급여, 휴업급여, 장해급여, 간병급여, 유족급여, 상병(傷病)보상연금, 장례비, 직업재활급여

14 정답 ③

방어적 기제 : 동일시, 합리화, 승화, 보상
도피적 기제 : 고립, 억압, 퇴행, 백일몽

15 정답 ①

TWI의 교육내용
1. **작업을 가르치는 방법**(JI : Job Instruction)
2. **개선방법**(JM : Job Methods)
3. **사람을 다루는 방법**(JR : Job Relations)
4. **안전작업의 실시방법**(JS : Job Safety)

16 정답 ②

휴먼에러의 심리적 분류 : 생략오류, 시간오류, 불필요한 오류, 순서적 오류, 수행오류
휴먼에러의 단계적 분류 : 주과오, 2차 과오, 명령과오

17 정답 ④

위험예지훈련의 문제해결 4라운드
1단계 : 현상파악
2단계 : 요인조사(본질추구)
3단계 : 대책수립
4단계 : 행동목표설정(합의요약)

18 정답 ②

감성적 리듬은 28일을 주기로 반복하며 감정, 주의력, 창조력, 희로애락 등과 관련되어 있다.

19 정답 ③

재해예방의 4원칙 : 손실우연의 원칙, 원인계기의 원칙, 예방가능의 원칙, 대책선정의 원칙

20 정답 ④

방독마스크의 종류(보호구 안전인증 고시 별표 5)

종류	시험가스
유기화합물용	시클로헥산
	디메틸에테르
	이소부탄
할로겐용	염소가스 또는 증기
황화수소용	황화수소가스
시안화수소용	시안화수소가스
아황산용	아황산가스
암모니아용	암모니아가스

2과목 인간공학 및 위험성 평가 · 관리

21 정답 ④

④ **무오염성** : 측정하고자 하는 변수 외의 다른 변수들의 영향을 받아서는 안 된다.
② **신뢰성** : 반복 실험 시 재현성이 있어야 한다.
① **적절성** : 실제로 의도하는 것에 부합하여야 한다.

22 정답 ②

음의 크기 : phon, sone, 인식소음 수준

23 정답 ①

① FHA는 서브시스템 분석에 사용되는 기법이다.
② PHA(예비위험분석)는 최초 단계에서 실시하는 분석법이다.
③ FTA는 정성적 FT(fault tree)의 작성단계, FT의 정량화 단계, 재해방지대책 수립단계로 분류된다.
④ ETA(사건 수 분석)는 시스템의 안전도를 귀납적, 정량적으로 분석한다.

24 정답 ②

② 기초대사량은 생물체가 생명을 유지하는 데 필요한 최소한의 에너지의 양. 주로 체온 유지, 심장 박동, 호흡 운동, 근육의 긴장 따위에 쓰는 에너지이다.
① **작업대사량** : 운동이나 노동에 의해 소비되는 에너지량이다.

25 정답 ④

건조물, 공장 내 배치, 입지조건 등은 전체 설계관계의 대상이고 운전관계 대상은 석유설비의 운전과 관련된 항목으로 원재료, 중간제품, 재공품 등이 있다.

26 정답 ②

시스템 수명주기 단계
1단계 : 구상단계
2단계 : 정의단계
3단계 : 개발단계
4단계 : 생산단계
5단계 : 운전단계

27 정답 ④

인간공학의 목표 : 안전성 향상과 사고 방지, 기계조작의 능률성과 생산성 향상, 쾌적성

28 정답 ②

쾌적한 환경에서 추운환경으로 이동했을 경우 신체의 조절작용 : 피부온도 하강, 혈액이 몸 중심부를 순환, 직장온도 상승, 소름 및 몸 떨림

29 정답 ④

예비위험분석(PHA)에서 식별된 사고의 범주는 파국적(치명적), 위험(중대)적, 한계적, 무시가능이다.

30 정답 ③

$E=\frac{I}{r^2}$ (E: 조도, I: 광도, r: 거리)

$=\frac{5}{0.5^2}=20(\text{Lux})$

31 정답 ②

80dB인 경우 1000Hz에서 순음의 phon 값은 80dB이다.

32 정답 ③

근골격계부담작업(근골격계부담작업의 범위 및 유해요인조사 방법에 관한 고시 제3조)

1. 하루에 4시간 이상 집중적으로 자료입력 등을 위해 키보드 또는 마우스를 조작하는 작업
2. 하루에 총 2시간 이상 목, 어깨, 팔꿈치, 손목 또는 손을 사용하여 같은 동작을 반복하는 작업
3. 하루에 총 2시간 이상 머리 위에 손이 있거나, 팔꿈치가 어깨 위에 있거나, 팔꿈치를 몸통으로부터 들거나, 팔꿈치를 몸통 뒤쪽에 위치하도록 하는 상태에서 이루어지는 작업
4. 지지되지 않은 상태이거나 임의로 자세를 바꿀 수 없는 조건에서, 하루에 총 2시간 이상 목이나 허리를 구부리거나 트는 상태에서 이루어지는 작업
5. 하루에 총 2시간 이상 쪼그리고 앉거나 무릎을 굽힌 자세에서 이루어지는 작업
6. 하루에 총 2시간 이상 지지되지 않은 상태에서 1kg 이상의 물건을 한 손의 손가락으로 집어 옮기거나, 2kg 이상에 상응하는 힘을 가하여 한 손의 손가락으로 물건을 쥐는 작업
7. 하루에 총 2시간 이상 지지되지 않은 상태에서 4.5kg 이상의 물건을 한 손으로 들거나 동일한 힘으로 쥐는 작업
8. 하루에 10회 이상 25kg 이상의 물체를 드는 작업
9. 하루에 25회 이상 10kg 이상의 물체를 무릎 아래에서 들거나, 어깨 위에서 들거나, 팔을 뻗은 상태에서 드는 작업
10. 하루에 총 2시간 이상, 분당 2회 이상 4.5kg 이상의 물체를 드는 작업
11. 하루에 총 2시간 이상 시간당 10회 이상 손 또는 무릎을 사용하여 반복적으로 충격을 가하는 작업

33 정답 ①

$$가동률=\frac{MTBF}{MTBF-MTTR},$$

$$MTBF=\frac{가동률\times MTTR}{1-가동률}=\frac{0.8\times 3}{1-0.8}=12(시간)$$

34 정답 ④

④ **중요성의 원칙** : 부품을 작동하는 성능이 체계의 목표 달성에 긴요한 정도에 따라 우선순위를 결정한다는 원칙

① **기능별 배치의 원칙** : 기능적으로 관련된 부품들을 모아서 배치한다는 원칙

② **사용 빈도의 원칙** : 부품을 사용하는 빈도에 따라 우선순위를 결정한다는 원칙

③ **사용 순서의 원칙** : 사용순서에 따라 장치들을 가까이에 배치한다는 원칙

35 정답 ③

동작경제의 3원칙 : 인체 사용에 관한 원칙, 작업장 배치에 관한 원칙, 공구 및 설비의 설계에 관한 원칙

36 정답 ②

습구흑구 온도지수(WBGT)

1. **옥외, 햇빛이 내리쬐는 장소** : 0.7×자연습구온도+0.2+흑구온도
2. **옥내, 햇빛이 내리쬐지 않는 장소** : 0.7×자연습구온도+0.3×흑구온도

37 정답 ①

육체적·정신적 작업 부하에 관한 생리적 척도

1. **정신적 작업 부하에 관한 생리적 척도** : 부정맥 지수, 점멸융합주파수, 뇌전도, 주관적 척도, Cooper-Harper 축적, 주임무 및 부임무 수행에 소요된 시간 등
2. **육체적 작업 부하에 관한 생리적 척도** : 심전도, 심박수, 산소소비량, 근전도

38 정답 ③

③ fail - operational : 부품의 고장이 있어도 기계는 추후 보수가 될 때까지 안전한 기능을 유지할 수 있도록 하는 기능이다.

① fail - soft : 하나의 시스템에서 일부분에 장애가 생겨도 능률을 낮춰 가동할 수 있는 것으로 가능한 한 고장의 영향을 최소로 하며 시스템이 계속적으로 작동할 수 있도록 하는 작업이다.

② fail - active : 부품이 고장이 나면 기계는 경보를 울리는 가운데 짧은 시간 동안 운전이 가능하다.

④ fail - passive : 부품이 고장 나면 통상 기계는 정지하는 방향으로 이동한다.

39 정답 ②

사업주가 유해위험방지계획서를 제출할 때에는 사업장별로 제조업 등 유해위험방지계획서에 다음의 서류를 첨부하여 해당 작업 시작 15일 전까지 공단에 2부를 제출해야 한다. 이 경우 유해위험방지계획서의 작성기준, 작성자, 심사기준, 그 밖에 심사에 필요한 사항은 고용노동부장관이 정하여 고시한다(규칙 제42조 제1항).

1. 건축물 각 층의 평면도
2. 기계·설비의 개요를 나타내는 서류
3. 기계·설비의 배치도면
4. 원재료 및 제품의 취급, 제조 등의 작업방법의 개요
5. 그 밖에 고용노동부장관이 정하는 도면 및 서류

40 정답 ①

결함수분석법(FTA)에 의한 재해사례의 연구의 순서 : 톱(정상) 사상의 선정 → 각 사상의 재해원인의 규명 → FT도 작성 및 분석 → 개선 계획의 작성

3과목 기계 · 기구 및 설비 안전 관리

41 정답 ④

사업주는 근로자가 진동작업에 종사하는 경우에 다음의 사항을 근로자에게 충분히 알려야 한다(안전보건규칙 제519조).

1. 인체에 미치는 영향과 증상
2. 보호구의 선정과 착용방법
3. 진동 기계·기구 관리방법 및 사용방법
4. 진동 장해 예방방법

42 정답 ①

공기압축기의 방호장치 : 압력 스위치 장치, 자동 언로더 장치, 안전밸브, 역지밸브, 덮개 또는 울(위험기계·기구 방호조치 기준 제12조)

43 정답 ②

평형플랜지의 치수 : 평형플랜지의 직경은 설치하는 연삭 숫돌의 직경의 1/3 이상, 여유의 값은 1.5㎜ 이상이어야 한다(연삭기의 안전기준에 관한 기술상의 지침 제5조 제1항). 따라서 40mm 이상이어야 한다.

44 정답 ④

밀링작업의 안전수칙

1. 공작물 설치 시 절삭공구의 회전을 정지시킴
2. 테이블의 좌우로 이동하는 기계의 양단에는 재료나 가공품을 쌓아놓지 않음
3. 상하 이송용 핸들은 사용 후 반드시 벗겨 사용
4. 절삭공구에 절삭유 주유 시 커터 위부터 주유
5. 방호가드 설치 및 올바른 설치상태 확인
6. 절삭공구 교환 시에는 너트를 확실히 체결하고 1분간 공회전시켜 이상 유무를 점검
7. 모든 방호장치는 제 위치에 정상적으로 설치되도록 함
8. 연마작업 및 재료조각 등을 지지하기 위해 알맞은 위치에 단단히 조임
9. 절삭작업 테이블 정지장치 안전성 확보
10. 모든 이송장치의 손잡이는 중립에 둠
11. 축과 축 지지대는 정확히 설치
12. 작업테이블에 나사나 자석으로 가공물을 고정하고 적절한 수공구로 조정
13. 가공 중에는 얼굴을 기계 가까이 대지 않도록 하고 보안경 착용
14. 절삭공구 설치 시 시동레버와 접촉금지
15. 밀링 커터에 작업복의 소매나 작업모가 말려들어가지 않도록 복장 정리
16. 커터를 교환할 때는 반드시 테이블 위에 목재를 받쳐 놓고 함
17. 강력 절삭을 할 때는 일감을 바이스에 깊게 물림
18. 절삭 중에는 테이블에 손 등을 올려놓지 않음

45 정답 ②

사업주는 사다리식 통로 등을 설치하는 경우 다음의 사항을 준수하여야 한다(안전보건규칙 제24조 제1항).

1. 견고한 구조로 할 것
2. 심한 손상·부식 등이 없는 재료를 사용할 것
3. 발판의 간격은 일정하게 할 것
4. 발판과 벽과의 사이는 15센티미터 이상의 간격을 유지할 것
5. 폭은 30센티미터 이상으로 할 것
6. 사다리가 넘어지거나 미끄러지는 것을 방지하기 위한 조치를 할 것
7. 사다리의 상단은 걸쳐놓은 지점으로부터 60센티미터 이상 올라가도록 할 것
8. 사다리식 통로의 길이가 10미터 이상인 경우에는 5미터 이내마다 계단참을 설치할 것
9. 사다리식 통로의 기울기는 75도 이하로 할 것. 다만, 고정식 사다리식 통로의 기울기는 90도 이하로 하고, 그 높이가 7미터 이상인 경우에는 다음의 구분에 따른 조치를 할 것

㉠ **등받이울이 있어도 근로자 이동에 지장이 없는 경우** : 바닥으로부터 높이가 2.5미터 되는 지점부터 등받이울을 설치할 것
㉡ **등받이울이 있으면 근로자가 이동이 곤란한 경우** : 한국산업표준에서 정하는 기준에 적합한 개인용 추락 방지 시스템을 설치하고 근로자로 하여금 한국산업표준에서 정하는 기준에 적합한 전신안전대를 사용하도록 할 것

10. 접이식 사다리 기둥은 사용 시 접혀지거나 펼쳐지지 않도록 철물 등을 사용하여 견고하게 조치할 것

46 정답 ③

프레스 작업시작 전 점검해야 할 사항(안전보건규칙 별표 3)

1. 클러치 및 브레이크의 기능
2. 크랭크축·플라이휠·슬라이드·연결봉 및 연결 나사의 풀림 여부
3. 1행정 1정지기구·급정지장치 및 비상정지장치의 기능
4. 슬라이드 또는 칼날에 의한 위험방지 기구의 기능
5. 프레스의 금형 및 고정볼트 상태
6. 방호장치의 기능
7. 전단기의 칼날 및 테이블의 상태

47 정답 ④

④ **음향탐상 시험** : 재료가 파괴되는 과정에서의 미세한 결함의 응력파를 검출하여 결함의 유무 및 위치를 검출하는 방법
① **초음파 탐상 시험** : 초음파를 이용하여 구조물의 두께, 결함의 위치, 재료의 기계적 성질을 검출하는 방법
② **방사선투과 시험** : 방사선 투과량에 따른 불연속선부의 감광정도로 불연속의 크기 및 위치를 검출하는 방법
③ **와류탐상 시험** : 코일을 사용하여 도체에 시간적으로 변화하는 자장(교류 등)을 주어, 도체에 생긴 와전류가 결함에 따라서 변화하는 것을 검출하는 비파괴 시험방법

48 정답 ①

사업주는 작업대상물이 수동으로 공급되는 동력식 수동대패기계에 날접촉예방장치를 설치하여야 한다(안전보건규칙 제109조).

49 정답 ②

사업주는 바닥으로부터 짐 윗면까지의 높이가 2미터 이상인 화물자동차에 짐을 싣는 작업 또는 내리는 작업을 하는 경우에는 근로자의 추가 위험을 방지하기 위하여 해당 작업에 종사하는 근로자가 바닥과 적재함의 짐 윗면 간을 안전하게 오르내리기 위한 설비를 설치하여야 한다(안전보건규칙 제187조).

50 정답 ④

진동에 의한 설비진단법의 판단방법 : 상호판단, 비교판단, 절대판단

51 정답 ①

$$\text{급정지거리} = \frac{2\pi \times r}{3} = \frac{2\pi \times \frac{30}{2}}{3} \doteqdot 31.4(\text{cm})$$

롤러기 급정지장치의 정지거리

앞면 롤러의 표면속도(m/min)	급정지거리
30 미만	앞면 롤러 원주의 1/3
30 이상	앞면 롤러 원주의 1/2.5

52 정답 ②

사업주가 레버풀러(lever puller) 또는 체인블록(chain block)을 사용하는 경우 준수하여야 할 사항(안전보건규칙 제96조 제2항)

1. 정격하중을 초과하여 사용하지 말 것
2. 레버풀러 작업 중 훅이 빠져 튕길 우려가 있을 경우에는 훅을 대상물에 직접 걸지 말고 피벗클램프(pivot clamp)나 러그(lug)를 연결하여 사용할 것
3. 레버풀러의 레버에 파이프 등을 끼워서 사용하지 말 것
4. 체인블록의 상부 훅(top hook)은 인양하중에 충분히 견디는 강도를 갖고, 정확히 지탱될 수 있는 곳에 걸어서 사용할 것
5. 훅의 입구(hook mouth) 간격이 제조자가 제공하는 제품사양서 기준으로 10퍼센트 이상 벌어진 것은 폐기할 것
6. 체인블록은 체인이 꼬이거나 헝클어지지 않도록 할 것
7. 훅은 변형, 파손, 부식, 마모되거나 균열된 것을 사용하지 않도록 조치할 것

8. 다음의 어느 하나에 해당하는 체인을 사용하지 않도록 조치할 것
   ㉠ 변형, 파손, 부식, 마모되거나 균열된 것
   ㉡ 체인의 길이가 체인이 제조된 때의 길이의 5퍼센트를 초과한 것
   ㉢ 링의 단면지름이 체인이 제조된 때의 해당 링의 지름의 10퍼센트를 초과하여 감소한 것

53 정답 ①

압력방출장치는 매년 1회 이상 산업통상자원부장관의 지정을 받은 국가교정업무 전담기관에서 교정을 받은 압력계를 이용하여 설정압력에서 압력방출장치가 적정하게 작동하는지를 검사한 후 납으로 봉인하여 사용하여야 한다(안전보건규칙 제116조 제2항).

54 정답 ④

④ **가드식 방호장치** : 가드가 열려 있는 상태에서는 기계의 위험부분이 동작되지 않고 기계가 위험한 상태일 때에는 가드를 열 수 없도록 한 방호장치(방호장치 안전인증 고시 별표 1)

① **광전자식 방호장치** : 프레스 또는 전단기에서 일반적으로 많이 활용하고 있는 형태로서 투광부, 수광부, 컨트롤 부분으로 구성된 것으로서 신체의 일부가 광선을 차단하면 기계를 급정지시키는 방호장치(방호장치 안전인증 고시 별표 1)

② **양손조작식 방호장치** : 1행정 1정지식 프레스에 사용되는 것으로서 양손으로 동시에 조작하지 않으면 기계가 동작하지 않으며, 한 손이라도 떼어내면 기계를 정지시키는 방호장치(방호장치 안전인증 고시 별표 1)

③ **손쳐내기식 방호장치** : 슬라이드의 작동에 연동시켜 위험상태로 되기 전에 손을 위험 영역에서 밀어내거나 쳐내는 방호장치(방호장치 안전인증 고시 별표 1)

55 정답 ②

가설통로를 설치하는 경우 준수하여야 할 사항(안전보건규칙 제23조)

1. 견고한 구조로 할 것
2. 경사는 30도 이하로 할 것. 다만, 계단을 설치하거나 높이 2미터 미만의 가설통로로서 튼튼한 손잡이를 설치한 경우에는 그러하지 아니하다.
3. 경사가 15도를 초과하는 경우에는 미끄러지지 아니하는 구조로 할 것
4. 추락할 위험이 있는 장소에는 안전난간을 설치할 것. 다만, 작업상 부득이한 경우에는 필요한 부분만 임시로 해체할 수 있다.
5. 수직갱에 가설된 통로의 길이가 15미터 이상인 경우에는 10미터 이내마다 계단참을 설치할 것
6. 건설공사에 사용하는 높이 8미터 이상인 비계다리에는 7미터 이내마다 계단참을 설치할 것

56 정답 ①

사업주는 보일러의 폭발 사고를 예방하기 위하여 압력방출장치, 압력제한스위치, 고저수위 조절장치, 화염 검출기 등의 기능이 정상적으로 작동될 수 있도록 유지·관리하여야 한다(안전보건규칙 제119조).

57 정답 ③

분할날과 톱날 원주면과의 거리 : 12mm 이내

58 정답 ④

드릴작업의 안전수칙

1. 방호덮개의 뒷면을 180도 개방하여 가공작업 시 발생되는 칩 배출을 용이하게 함
2. 고정대에 안내홈을 만들고 바이스를 장착
3. 회전 드릴날의 회전정지장치 설치
4. 칩 제거 시 전용의 브러시를 사용하여 제거
5. 장갑착용 시 손에 밀착되는 가죽으로 된 재질의 안전장갑 착용
6. 척은 돌기가 없는 것을 사용하고 드릴에는 절삭점을 제외하고 덮개 설치
7. 공작물의 고정에는 지그, 바이스 등을 사용하여 작은 공작물에도 사용가능

59 정답 ③

기계식 역전방지장치 : 라쳇식, 밴드식, 롤러식

60 정답 ①

용접결함의 종류 : 언더컷, 피시아이, 오버랩, 블로홀, 크레이더, 슬래그 혼입, PIT용접, 용입부족

4과목 전기설비 안전 관리

61 정답 ③

전기화재의 발생원인 : 착화원, 발화원, 출화의 경과

62 정답 ②

피뢰기의 성능
1. 반복동작이 가능할 것
2. 구조가 견고하고 특성이 변하지 않을 것
3. 뇌전류의 방전능력이 크고, 속류의 차단이 확실할 것
4. 점검 및 보수가 간단할 것
5. 충격방전 개시전압과 제한 전압이 낮을 것

63 정답 ④

주접지단자에 접속하기 위한 등전위본딩 도체의 단면적은 구리 6㎟, 알루미늄 16㎟, 강철 50㎟ 이상이어야 한다.

64 정답 ①

누전차단기를 설치하여야 할 전기기계 및 기구
1. 대지전압이 150V를 초과하는 이동형 또는 휴대형 전기기계 및 기구
2. 물 등 도전성이 높은 액체가 있는 습윤장소에서 사용하는 전압용 전기기계 및 기구
3. 철판, 철골 위 등 도전성이 높은 장소에서 사용하는 이동형 또는 휴대형 전기기계 및 기구
4. 임시배선의 전로가 설치되는 장소에서 사용하는 이동형 또는 휴대형 전기기계 및 기구

65 정답 ③

전격의 위험을 결정하는 주된 인자
1. 통전전류의 크기
2. 통전시간
3. 통전경로
4. 전원의 종류
5. 주파수 및 파형
6. 전격 시 심장맥동위상
7. 인체의 저항 등

66 정답 ④

$$\text{허용사용률}(\%) = \frac{\text{정격2차전류}^2}{\text{실제용접전류}^2} \times \text{정격사용률}$$
$$= \frac{200^2}{100^2} \times 20 = 80(\%)$$

67 정답 ③

피뢰기 시설
1. 고압 및 특고압의 전로 중 다음에 열거하는 곳 또는 이에 근접한 곳에는 피뢰기를 시설하여야 한다.
   ㉠ 발전소·변전소 또는 이에 준하는 장소의 가공전선 인입구 및 인출구
   ㉡ 특고압 가공전선로에 접속하는 배전용 변압기의 고압측 및 특고압측
   ㉢ 고압 및 특고압 가공전선로로부터 공급을 받는 수용장소의 인입구
   ㉣ 가공전선로와 지중전선로가 접속되는 곳
2. 다음의 어느 하나에 해당하는 경우에는 1의 규정에 의하지 아니할 수 있다.
   ㉠ 1의 어느 하나에 해당되는 곳에 직접 접속하는 전선이 짧은 경우
   ㉡ 1의 어느 하나에 해당되는 경우 피보호기기가 보호범위 내에 위치하는 경우

68 정답 ①

전동기 운전 시 개폐기의 조작순서 : 메인 스위치 → 분전반 스위치 → 전동기용 개폐기

69 정답 ④

방폭구조와 관계있는 위험 특성 : 발화온도, 화염일주한계, 최소점화전류

70 정답 ②

전기기기에 대한 정격표시는 사용상의 주의점을 표시한 것이고 감전사고를 방지하기 위한 방법이 아니다.

감전사고를 방지하기 위한 방법
1. 전기기기 및 설비의 위험부에 위험표지
2. 전기설비에 대한 누전차단기 설치
3. 안전전압 이하의 전기기기 사용

4. 무자격자는 전기기계 및 기구에 전기적인 접촉 금지

71　정답 ①

전압의 구분(111.1)
1. **저압** : 교류는 1kV 이하, 직류는 1.5kV 이하인 것
2. **고압** : 교류는 1kV를, 직류는 1.5kV를 초과하고, 7kV 이하인 것
3. **특고압** : 7kV를 초과하는 것

72　정답 ②

금속관의 방폭형 부속품
1. 접합면 중 나사의 접합은 내압방폭구조의 폭발압력시험에 적합할 것
2. 재료는 아연도금을 하거나 녹이 스는 것을 방지하도록 한 강 또는 가단주철일 것
3. 안쪽 면 및 끝부분은 전선의 피복을 손상하지 않도록 매끈한 것일 것
4. 전선관과의 접속부분의 나사는 5턱 이상 완전히 나사결합이 될 수 있는 길이일 것
5. 완성품은 내압방폭구조의 폭발압력 측정 및 압력시험에 적합한 것일 것

73　정답 ③

사용전압이 고압 및 특고압인 전로(전기기계기구 안의 전로를 제외한다)의 전선으로 절연체가 폴리프로필렌 혼합물인 케이블을 사용하는 경우 다음에 적합하여야 한다.
1. 도체의 상시 최고 허용온도는 90℃ 이상일 것
2. 절연체의 인장 강도는 12.5N/㎟ 이상일 것
3. 절연체의 신장률은 350% 이상일 것
4. 절연체의 수분 흡습은 1mg/㎠ 이하일 것(단, 정격전압 30kV 초과 특고압 케이블은 제외한다.)

74　정답 ①

접지의 목적 : 감전방지, 대지전압의 저하, 보호계전기의 동작 확보, 이상전압의 억제

75　정답 ④

꽂음접속기의 설치·사용 시 준수사항(안전보건규칙 제316조)
1. 서로 다른 전압의 꽂음 접속기는 서로 접속되지 아니한 구조의 것을 사용할 것
2. 습윤한 장소에 사용되는 꽂음 접속기는 방수형 등 그 장소에 적합한 것을 사용할 것
3. 근로자가 해당 꽂음 접속기를 접속시킬 경우에는 땀 등의 젖은 손으로 취급하지 않도록 할 것
4. 해당 꽂음 접속기에 잠금장치가 있는 경우에는 접속 후 잠그고 사용할 것

76　정답 ①

피뢰기의 종류 : 저항형 피뢰기, 밸브형 피뢰기, 밸브 저항형 피뢰기, 방출형 피뢰기, 종이 피뢰기

77　정답 ③

옥외등에 전기를 공급하는 전로의 사용전압은 대지전압을 300V 이하로 하여야 한다.

78　정답 ①

에너지＝전압×전류＝전류^2×저항

심실세동 전류 $I=\frac{165}{\sqrt{T}}=165mA=0.165A$

에너지$=0.165^2\times0.5\times1,000\doteqdot13.6$

79　정답 ④

④ **내압방폭구조** : 점화원에 의해 용기 내부에서 폭발이 발생할 경우에 용기가 폭발압력에 견딜 수 있고, 화염이 용기 외부의 폭발성 분위기로 전파되지 않도록 한 방폭구조(방호장치 안전인증 고시 제14조)

① **안전증방폭구조** : 전기기기의 과도한 온도 상승, 아크 또는 불꽃 발생의 위험을 방지하기 위하여 추가적인 안전조치를 통한 안전도를 증가시킨 방폭구조(방호장치 안전인증 고시 제18조)

② **유입방폭구조** : 유체 상부 또는 용기 외부에 존재할 수 있는 폭발성 분위기가 발화할 수 없도록 전기설비 또는 전기설비의 부품을 보호액에 함침시키는 방폭구조의 형식(방호장치 안전인증 고시 제20조)

③ **비점화방폭구조** : 전기기기가 정상작동과 규정된 특정한 비정상상태에서 주위의 폭발성 가스 분위기를 점화시키지 못하도록 만든 방폭구조(방호장치 안전인증 고시 제24조)

80 정답 ②

유동대전은 액체류가 파이프 등을 통해서 유동할 때 액체 사이에서 정전기가 발생하는 현상으로 액체의 유속에 가장 큰 영향을 받는다.

5과목 화학설비 안전 관리

81 정답 ④

연소속도에 영향을 주는 요인 : 온도, 압력, 촉매, 가스조성, 용기의 형태나 크기 등

82 정답 ②

위험물이 아닌 물질을 가열·건조하는 경우로서 건조설비에 해당하는 용량(안전보건규칙 제280조 제2호)

1. 고체 또는 액체연료의 최대사용량이 시간당 10킬로그램 이상
2. 기체연료의 최대사용량이 시간당 1세제곱미터 이상
3. 전기사용 정격용량이 10킬로와트 이상

83 정답 ①

폭발범위는 압력 및 온도가 높아지면 넓어지므로 압력도 폭발범위를 결정하는 중요한 변수이다.

84 정답 ④

④ **질식소화** : 연소하고 있는 가연물이 존재하는 장소를 기계적으로 폐쇄하여 공기의 공급을 차단하는 소화
① **냉각소화** : 연료 탱크를 냉각하여 가연성 가스의 발생속도를 작게 하는 소화
② **억제소화** : 가연물의 연쇄반응을 차단하는 소화
③ **제거소화** : 가연물을 제거하여 소화

85 정답 ②

안전거리(안전보건규칙 별표 8)

구분	안전거리
단위공정시설 및 설비로부터 다른 단위공정시설 및 설비의 사이	설비의 바깥 면으로부터 10미터 이상
플레어스택으로부터 단위공정시설 및 설비, 위험물질 저장탱크 또는 위험물질 하역설비의 사이	플레어스택으로부터 반경 20미터 이상. 다만, 단위공정시설 등이 불연재로 시공된 지붕 아래에 설치된 경우에는 그러하지 아니하다.
위험물질 저장탱크로부터 단위공정시설 및 설비, 보일러 또는 가열로의 사이	저장탱크의 바깥 면으로부터 20미터 이상. 다만, 저장탱크의 방호벽, 원격조종소화설비 또는 살수설비를 설치한 경우에는 그러하지 아니하다.
사무실 · 연구실 · 실험실 · 정비실 또는 식당으로부터 단위공정시설 및 설비, 위험물질 저장탱크, 위험물질 하역설비, 보일러 또는 가열로의 사이	사무실 등의 바깥 면으로부터 20미터 이상. 다만, 난방용 보일러인 경우 또는 사무실 등의 벽을 방호구조로 설치한 경우에는 그러하지 아니하다.

86 정답 ①

사업주는 금속의 용접·용단 또는 가열에 사용되는 가스 등의 용기를 취급하는 경우에 용기의 온도를 섭씨 40도 이하로 유지하여야 한다(안전보건규칙 제234조 제2호).

87 정답 ③

인화성 가스 : 수소, 아세틸렌, 에틸렌, 메탄, 에탄, 프로판, 부탄(산업안전보건규칙 별표 1)

88 정답 ②

부식성 산류

1. 농도가 20퍼센트 이상인 염산, 황산, 질산, 그 밖에 이와 같은 정도 이상의 부식성을 가지는 물질
2. 농도가 60퍼센트 이상인 인산, 아세트산, 불산, 그 밖에 이

와 같은 정도 이상의 부식성을 가지는 물질

89 정답 ④

분진폭발은 분진 내의 수분농도가 작으면 정전기 발생 등의 위험으로부터 분진폭발 위험성이 커진다.

90 정답 ①

반응기를 설계할 때 고려하여야 할 요인 : 상의 형태, 조업온도 범위, 운전압력, 체류시간과 공간속도, 부식성, 열전달, 온도조절, 조작방법, 수율

91 정답 ②

독성가스 : 암모니아, 질소, 포스겐, 황화수소, 염소, 불소, 아황산가스, 일산화탄소, 시안화수소 등

92 정답 ④

물반응성 물질 및 인화성 고체 : 리튬, 칼륨·나트륨, 황, 황린, 황화인·적린, 셀룰로이드, 알킬알루미늄·알킬리튬, 마그네슘 분말, 금속분말, 알칼리금속, 유기 금속화합물, 금속의 수소화물, 금속의 인화물, 칼슘 탄화물, 알루미늄 탄화물 등

93 정답 ④

① **제1종** : 탄산수소나트륨 B, C
② **제2종** : 탄산수소칼륨 B, C
③ **제3종** : 제1인산암모늄 A, B, C
④ **제4종** : 탄산수소칼륨과 요소와의 반응물 B, C

94 정답 ③

입자상 물질 : 미스트, 더스트, 흄
가스상 물질 : 가스, 증기

95 정답 ④

메탄올은 녹는점 -97.8℃, 끓는점 64.7℃, 비중 0.79이고 가볍고 무색의 가연성이 있는 유독한 액체이다. 물에 잘 녹고 금속나트륨과 반응하여 수소를 발생한다.

96 정답 ②

자연발화의 방지대책
1. 저장온도를 낮출 것
2. 습기가 높지 않도록 할 것
3. 통풍이 잘 되도록 할 것
4. 열이 축적되지 않도록 할 것

97 정답 ①

고압가스 용기의 색상
산소 : 녹색

98 정답 ②

증발열은 흡열반응으로 온도가 내려가므로 자연발화를 어렵게 한다.

99 정답 ①

① Back Draft : 연소에 필요한 산소가 부족하여 훈소상태에 있는 실내에 산소가 갑자기 다량 공급될 때 연소가스가 순간적으로 발화하는 현상을 말한다.
② BLEVE : 인화점이나 비점이 낮은 인화성 액체가 가득 차 있지 않는 저장탱크 주위에 화재가 발생하여 저장탱크 벽면이 장시간 화염에 노출되면 윗부분의 온도가 상승하여 재질의 인장력이 저하되고 내부의 비등현상으로 인한 압력상승으로 저장탱크 벽면이 파열되는 현상을 말한다.
③ Flash Over : 화재로 발생한 가연성 분해가스가 천장 부근에 모이고 갑자기 불꽃이 폭발적으로 확산하여 창문이나 방문으로부터 연기나 불꽃이 뿜어나오는 상태를 말한다.
④ UVCE : 다량의 가연성가스가 급격히 방출되어 공기가 혼합되면서 증기운을 형성하고, 이때 착화원에 의해 화구를 형성하여 폭발하는 상태를 말한다.

100 정답 ②

적린, 마그네슘 : 격리

6과목 건설공사 안전 관리

101 정답 ④

유해위험방지계획서 첨부서류(규칙 별표 10)
1. 공사 개요서
2. 공사현장의 주변 현황 및 주변과의 관계를 나타내는 도면(매설물 현황을 포함한다)
3. 전체 공정표
4. 산업안전보건관리비 사용계획서
5. 안전관리 조직표
6. 재해 발생 위험 시 연락 및 대피방법

102 정답 ①

기둥·보·벽체·슬래브 등의 거푸집 및 동바리를 조립하거나 해체하는 작업을 하는 경우에 준수해야 할 사항(안전보건규칙 제333조 제1항)
1. 해당 작업을 하는 구역에는 관계 근로자가 아닌 사람의 출입을 금지할 것
2. 비, 눈, 그 밖의 기상상태의 불안정으로 날씨가 몹시 나쁜 경우에는 그 작업을 중지할 것
3. 재료, 기구 또는 공구 등을 올리거나 내리는 경우에는 근로자로 하여금 달줄·달포대 등을 사용하도록 할 것
4. 낙하·충격에 의한 돌발적 재해를 방지하기 위하여 버팀목을 설치하고 거푸집 및 동바리를 인양장비에 매단 후에 작업을 하도록 하는 등 필요한 조치를 할 것

103 정답 ②

사다리식 통로 등을 설치하는 경우 통로 구조(안전보건규칙 제24조 제1항)
1. 견고한 구조로 할 것
2. 심한 손상·부식 등이 없는 재료를 사용할 것
3. 발판의 간격은 일정하게 할 것
4. 발판과 벽과의 사이는 15센티미터 이상의 간격을 유지할 것
5. 폭은 30센티미터 이상으로 할 것
6. 사다리가 넘어지거나 미끄러지는 것을 방지하기 위한 조치를 할 것
7. 사다리의 상단은 걸쳐놓은 지점으로부터 60센티미터 이상 올라가도록 할 것
8. 사다리식 통로의 길이가 10미터 이상인 경우에는 5미터 이내마다 계단참을 설치할 것
9. 사다리식 통로의 기울기는 75도 이하로 할 것. 다만, 고정식 사다리식 통로의 기울기는 90도 이하로 하고, 그 높이가 7미터 이상인 경우에는 다음의 구분에 따른 조치를 할 것
   ㉠ **등받이울이 있어도 근로자 이동에 지장이 없는 경우** : 바닥으로부터 높이가 2.5미터 되는 지점부터 등받이울을 설치할 것
   ㉡ **등받이울이 있으면 근로자가 이동이 곤란한 경우** : 한국산업표준에서 정하는 기준에 적합한 개인용 추락 방지 시스템을 설치하고 근로자로 하여금 한국산업표준에서 정하는 기준에 적합한 전신안전대를 사용하도록 할 것
10. 접이식 사다리 기둥은 사용 시 접혀지거나 펼쳐지지 않도록 철물 등을 사용하여 견고하게 조치할 것

104 정답 ③

터널지보공 설치 시 수시점검사항
1. 부재의 긴압 정도
2. 부재의 손상, 변형, 부식, 변위 탈락의 유무 및 상태
3. 기둥침하의 유무 및 상태
4. 부재의 접속부 및 교차부의 상태

105 정답 ②

콘크리트 타설작업을 하는 경우에 준수해야 할 사항(안전보건규칙 제334조)
1. 당일의 작업을 시작하기 전에 해당 작업에 관한 거푸집 및 동바리의 변형·변위 및 지반의 침하 유무 등을 점검하고 이상이 있으면 보수할 것
2. 작업 중에는 거푸집 및 동바리의 변형·변위 및 침하 유무 등을 감시할 수 있는 감시자를 배치하여 이상이 있으면 작업을 중지하고 근로자를 대피시킬 것
3. 콘크리트 타설작업 시 거푸집 붕괴의 위험이 발생할 우려가 있으면 충분한 보강조치를 할 것
4. 설계도서상의 콘크리트 양생기간을 준수하여 거푸집 및 동바리를 해체할 것
5. 콘크리트를 타설하는 경우에는 편심이 발생하지 않도록 골고루 분산하여 타설할 것

106 정답 ③

강관비계를 조립하는 경우에 준수해야 할 사항(안전보건규칙 제59조)

1. 비계기둥에는 미끄러지거나 침하하는 것을 방지하기 위하여 밑받침철물을 사용하거나 깔판·받침목 등을 사용하여 밑둥잡이를 설치하는 등의 조치를 할 것
2. 강관의 접속부 또는 교차부는 적합한 부속철물을 사용하여 접속하거나 단단히 묶을 것
3. 교차 가새로 보강할 것
4. 외줄비계·쌍줄비계 또는 돌출비계에 대해서는 다음에서 정하는 바에 따라 벽이음 및 버팀을 설치할 것. 다만, 창틀의 부착 또는 벽면의 완성 등의 작업을 위하여 벽이음 또는 버팀을 제거하는 경우, 그 밖에 작업의 필요상 부득이한 경우로서 해당 벽이음 또는 버팀 대신 비계기둥 또는 띠장에 사재(斜材)를 설치하는 등 비계가 넘어지는 것을 방지하기 위한 조치를 한 경우에는 그러하지 아니하다.
   - ㉠ 강관비계의 조립 간격은 기준에 적합하도록 할 것
   - ㉡ 강관·통나무 등의 재료를 사용하여 견고한 것으로 할 것
   - ㉢ 인장재와 압축재로 구성된 경우에는 인장재와 압축재의 간격을 1미터 이내로 할 것
5. 가공전로에 근접하여 비계를 설치하는 경우에는 가공전로를 이설하거나 가공전로에 절연용 방호구를 장착하는 등 가공전로와의 접촉을 방지하기 위한 조치를 할 것

107 정답 ④

사업주는 굴착작업을 할 때에 굴착기계 등이 근로자의 작업장소로 후진하여 근로자에게 접근하거나 굴러 떨어질 우려가 있는 경우에는 유도자를 배치하여 굴착기계 등을 유도하도록 해야 한다(안전보건규칙 제344조 제1항).

108 정답 ①

① **액상화현상** : 토양이 응력을 받았을 때 강성과 전단강도를 상실하여 액체처럼 되는 현상
② **동결연화현상** : 동결한 지반이 융해할 때 흙 속의 수분이 과잉으로 존재하여 지반이 연화되는 현상
③ **용탈현상** : 해수에 퇴적된 점토가 담수에 의해 오랜 시간에 걸쳐 염분이 빠져나가 강도가 저하되는 현상
④ **동상현상** : 대기의 온도가 0℃ 이하로 내려가면 흙 속의 공극수가 동결하여 얼음층이 형성되어 체적이 증가하기 때문에 지표면이 부풀어 오르는 현상

109 정답 ②

사업주는 순간풍속이 초당 30미터를 초과하는 바람이 불어올 우려가 있는 경우 옥외에 설치되어 있는 주행 크레인에 대하여 이탈방지장치를 작동시키는 등 이탈 방지를 위한 조치를 하여야 한다(안전보건규칙 제140조).

110 정답 ④

굴착면의 기울기 기준(안전보건규칙 별표 11)

지반의 종류	굴착면의 기울기
모래	1 : 1.8
연암 및 풍화암	1 : 1.0
경암	1 : 0.5
그 밖의 흙	1 : 1.2

111 정답 ①

공사용 가설도로를 설치하는 경우에 준수하여야 할 사항(안전보건규칙 제379조)

1. 도로는 장비와 차량이 안전하게 운행할 수 있도록 견고하게 설치할 것
2. 도로와 작업장이 접하여 있을 경우에는 울타리 등을 설치할 것
3. 도로는 배수를 위하여 경사지게 설치하거나 배수시설을 설치할 것
4. 차량의 속도제한 표지를 부착할 것

112 정답 ②

히빙현상은 흙막이벽의 근입(밑둥넣기) 깊이가 부족할 경우 자주 발생한다. 흙막이 바깥에 있는 흙이 안으로 밀려들어 불룩하게 되는데 이런 현상을 히빙현상이라고 한다. 굴착 예정지역의 점성토 지반을 개량하여 점성토의 전단강도를 크게 하는 것이 중요하다.

113 정답 ③

양중기는 동력을 사용하여 화물, 사람 등을 운반하는 기계 설비로 크레인, 이동식 크레인, 리프트, 곤돌라, 승강기 등이 있다.

114 정답 ④

동바리로 사용하는 파이프 서포트의 설치기준(안전보건규칙 332조의2 제1호)

1. 파이프 서포트를 3개 이상 이어서 사용하지 않도록 할 것
2. 파이프 서포트를 이어서 사용하는 경우에는 4개 이상의 볼트 또는 전용철물을 사용하여 이을 것
3. 높이가 3.5미터를 초과하는 경우에는 높이 2미터 이내마다 수평연결재를 2개 방향으로 만들고 수평연결재의 변위를 방지할 것

115 정답 ②

강관틀비계를 조립하여 사용하는 경우 준수해야할 기준(안전보건규칙 제62조)

1. 비계기둥의 밑둥에는 밑받침 철물을 사용하여야 하며 밑받침에 고저차가 있는 경우에는 조절형 밑받침철물을 사용하여 각각의 강관틀비계가 항상 수평 및 수직을 유지하도록 할 것
2. 높이가 20미터를 초과하거나 중량물의 적재를 수반하는 작업을 할 경우에는 주틀 간의 간격을 1.8미터 이하로 할 것
3. 주틀 간에 교차 가새를 설치하고 최상층 및 5층 이내마다 수평재를 설치할 것
4. 수직방향으로 6미터, 수평방향으로 8미터 이내마다 벽이음을 할 것
5. 길이가 띠장 방향으로 4미터 이하이고 높이가 10미터를 초과하는 경우에는 10미터 이내마다 띠장 방향으로 버팀기둥을 설치할 것

116 정답 ①

$$안전계수 = \frac{절단하중}{최대사용하중}$$

$$최대사용하중 = \frac{절단하중}{안전계수} = \frac{100}{4} = 25(톤)$$

117 정답 ④

전단시험 : 1면 전단시험, 베인 테스트, 일축 압축시험, 삼축 압축시험

118 정답 ③

법면 붕괴에 의한 재해 예방조치에는 굴착면 기울기 준수, 경사면의 기울기가 차이가 발생할 경우 추가 안전조치, 활동 가능성 토석 제거, 경사면의 하단부에 압성토 등 보강공법으로 활동에 대한 저항 대책수립, 지반강도 강화, 지표수와 지하수의 침투방지 등이 있다.

119 정답 ②

전격 위험도 결정요인

1차적 감전위험요소(직접적인 요인) : 통전시간, 통전경로, 전원의 종류, 통전전류의 크기

2차적 감전위험요소(간접적인 요인) : 인체의 조건, 전압, 주파수, 계절

120 정답 ①

하역작업장의 조치기준(안전보건규칙 제390조)

1. 작업장 및 통로의 위험한 부분에는 안전하게 작업할 수 있는 조명을 유지할 것
2. 부두 또는 안벽의 선을 따라 통로를 설치하는 경우에는 폭을 90센티미터 이상으로 할 것
3. 육상에서의 통로 및 작업장소로서 다리 또는 선거 갑문을 넘는 보도 등의 위험한 부분에는 안전난간 또는 울타리 등을 설치할 것

1과목 산업재해 예방 및 안전보건교육

01	④	02	③	03	②	04	③	05	②
06	①	07	②	08	②	09	③	10	②
11	④	12	③	13	②	14	④	15	②
16	④	17	①	18	③	19	④	20	②

2과목 인간공학 및 위험성 평가 · 관리

21	①	22	③	23	④	24	①	25	③
26	②	27	③	28	②	29	④	30	②
31	④	32	④	33	①	34	③	35	④
36	④	37	②	38	①	39	②	40	③

3과목 기계 · 기구 및 설비 안전 관리

41	③	42	④	43	③	44	②	45	④
46	②	47	①	48	①	49	②	50	①
51	③	52	④	53	①	54	④	55	②
56	①	57	②	58	③	59	①	60	③

4과목 전기설비 안전 관리

61	①	62	③	63	②	64	①	65	④
66	③	67	②	68	④	69	①	70	②
71	①	72	③	73	②	74	④	75	①
76	②	77	④	78	②	79	③	80	④

5과목 화학설비 안전 관리

81	④	82	①	83	②	84	①	85	③
86	②	87	③	88	④	89	②	90	④
91	①	92	②	93	③	94	②	95	③
96	①	97	②	98	②	99	①	100	④

6과목 건설공사 안전 관리

101	①	102	②	103	③	104	②	105	④
106	③	107	②	108	①	109	②	110	④
111	③	112	①	113	②	114	③	115	②
116	④	117	②	118	①	119	③	120	④

1과목 산업재해 예방 및 안전보건교육

01 정답 ④

관계자외출입금지표지 : 허가대상물질 작업장, 석면취급 및 해체, 금지대상물질의 취급실험실 등

02 정답 ③

$$\text{강도율} = \frac{\text{근로손실일수}}{\text{연간총근로시간수}}$$

$$= \frac{(7,500\times3)+(600\times5)+(1,500\times\frac{300}{365})}{2,400\times500}\times1,000$$

$\fallingdotseq 22.28$

03 정답 ②

밀폐된 장소에서 하는 용접작업 또는 습한 장소에서 하는 전기용접 작업에 대한 교육 내용(규칙 별표 5)

1. 작업순서, 안전작업방법 및 수칙에 관한 사항
2. 환기설비에 관한 사항
3. 전격 방지 및 보호구 착용에 관한 사항
4. 질식 시 응급조치에 관한 사항
5. 작업환경 점검에 관한 사항
6. 그 밖에 안전·보건관리에 필요한 사항

04 정답 ③

③ **롤 플레잉(Role playing)** : 참가자에게 일정한 역할을 주어 실제적으로 연기를 시켜봄으로서 자기의 역할을 보다 확실히 인식시키는 방법
① **포럼(Forum)** : 새로운 자료나 교재를 제시하여 문제점을 피교육자로 하여금 제기하게 하여 발표하고 토의하는 방법
② **심포지엄(Symposium)** : 어떤 논제에 대하여 다양한 의견을 가진 전문가나 권위자들이 각각 강연식으로 의견을 발표한 후 청중에게 질문할 기회를 주는 토의 방식
④ **사례연구법(Case study method)** : 개인이나 집단, 또는 기관 등을 하나의 단위로 택하여 그 특수성을 정밀하게 연구·조사하는 연구방법

05 정답 ②

주요 구조 부분을 변경하는 경우 안전인증을 받아야 하는 기계 및 설비 : 프레스, 전단기 및 절곡기, 크레인, 리프트, 압력용기, 롤러기, 사출성형기, 고소작업대, 곤돌라(규칙 제107조 제2호)

06 정답 ①

① **관리도** : 어떤 일련의 표본에서 얻은 특성치의 경시적인 변화를 통계학적으로 설정된 관리한계선 및 중심선과 더불어 기입한 그래프
② **클로즈 분석** : 2개 이상의 관계를 분석하는데 이용되며 요인별 결과내역을 교차한 그림을 사용하여 분석
③ **파레토도** : 불량, 결점, 고장 등의 발생건수, 또는 손실금액을 항목별로 나누어 발생빈도의 순으로 나열하고 누적합도 표시한 그림
④ **특성 요인도** : 생산 공정에서 일어나는 문제의 원인과 결과와의 관계를 체계화하여 도식한 것

07 정답 ②

사고예방대책의 기본원리 5단계
1단계 : 조직
2단계 : 사실의 발견
3단계 : 분석평가
4단계 : 시정책 선정
5단계 : 시정책 적용

08 정답 ②

상해정보별 분류
1. **사망** : 안전사고로 사망하거나 부상의 결과로 사망한 것
2. **영구전노동불능** : 부상결과 근로기능을 완전히 잃은 부상(장애등급 1~3급)
3. **영구일부노동불능** : 부상결과 신체의 일부가 영구적으로 노동기능을 상실한 부상(장애등급 4~14급)
4. **일시전노동불능** : 의사의 진단으로 일정기간 정규노동에 종사할 수 없는 상해
5. **일시일부노동불능** : 근로시간 중에 일시 업무를 떠나 치료를 받는 정도의 상해
6. **구급처치상해** : 응급처치 또는 의료조치를 받은 후에 정상적으로 작업을 할 수 있는 정도의 상해

09 정답 ③

하인리히의 사고예방원리 5단계
1단계(안전관리조직) : 경영자의 안전목표 설정, 안전관리자 선임, 안전의 방침 및 계획수립, 안전관리조직을 통한 안전활동 전개
2단계(사실의 발견) : 사고조사, 작업분석, 점검, 검사, 사고 및 활동기록 검토, 각종 안전회의, 토의 및 근로자 제안
3단계(평가·분석) : 사고의 원인 및 사고기록 분석, 인적·물적·환경적 조건분석 및 작업공종분석, 교육훈련 및 적정배치 분석, 안전수칙 및 보호장구의 적부
4단계(시정책의 선정) : 기술적 개선 및 교육훈련의 개선, 인사조정 및 안전행정의 개선, 규정·규칙 등의 제도의 개선, 안전운동의 전개
5단계(시정책의 적용) : 목표설정, 3E(기술·교육·관리)대책 실시, 재평가 및 시정조치

10 정답 ②

특정과업에서 에너지 소비수준에 영향을 미치는 인자 : 작업속도, 작업방법, 작업도구

11 정답 ④

안전보건진단을 받아 안전보건개선계획의 수립 및 명령을 할 수 있는 대상(법 제49조 제1항, 영 제49조·제50조)
1. 산업재해율이 같은 업종의 규모별 평균 산업재해율보다 높은 사업장
2. 사업주가 필요한 안전조치 또는 보건조치를 이행하지 아니하여 중대재해가 발생한 사업장

3. 직업성 질병자가 연간 2명 이상 발생한 사업장
4. 유해인자의 노출기준을 초과한 사업장
5. 산업재해율이 같은 업종 평균 산업재해율의 2배 이상인 사업장
6. 사업주가 필요한 안전조치 또는 보건조치를 이행하지 아니하여 중대재해가 발생한 사업장
7. 직업성 질병자가 연간 2명 이상(상시근로자 1천명 이상 사업장의 경우 3명 이상) 발생한 사업장
8. 그 밖에 작업환경 불량, 화재·폭발 또는 누출 사고 등으로 사업장 주변까지 피해가 확산된 사업장으로서 고용노동부령으로 정하는 사업장

12 정답 ③

버드의 재해구성비율=1:10:30:600
(중상 또는 폐질:경상:무상해사고:무상해무사고)
(1:10:30:600)×3=3:30:90:1800
그러므로 무상해사고 발생 건수는 90건이다.

13 정답 ②

비계의 조립·해체 또는 변경작업(규칙 별표 5)
1. 비계의 조립순서 및 방법에 관한 사항
2. 비계작업의 재료 취급 및 설치에 관한 사항
3. 추락재해 방지에 관한 사항
4. 보호구 착용에 관한 사항
5. 비계상부 작업 시 최대 적재하중에 관한 사항
6. 그 밖에 안전·보건관리에 필요한 사항

14 정답 ④

안전모의 시험성능기준(보호구의 안전인증고시 별표 1)

항목	시험성능기준
내관통성	AE, ABE종 안전모는 관통거리가 9.5㎜ 이하이고, AB종 안전모는 관통거리가 11.1㎜ 이하이어야 한다.
충격흡수성	최고전달충격력이 4,450N을 초과해서는 안되며, 모체와 착장체의 기능이 상실되지 않아야 한다.
내전압성	AE, ABE종 안전모는 교류 20㎸ 에서 1분간 절연파괴 없이 견뎌야 하고, 이때 누설되는 충전전류는 10㎃ 이하이어야 한다.
내수성	AE, ABE종 안전모는 질량증가율이 1% 미만이어야 한다.
난연성	모체가 불꽃을 내며 5초 이상 연소되지 않아야 한다.
턱끈풀림	150N 이상 250N 이하에서 턱끈이 풀려야 한다.

15 정답 ②

학습정도(Level of learning)의 4단계 : 인지 → 지각 → 이해 → 적용

16 정답 ④

산업안전심리의 5대 요소 : 습관, 습성, 동기, 기질, 감정

17 정답 ①

레빈(Lewin. K)에 의하여 제시된 인간의 행동에 관한 식은 인간의 행동이 환경과 개체의 함수관계에 영향을 받는다는 것이다. $B=f(P \cdot E)$. B는 인간의 행동, P는 개체, E는 환경, f는 함수관계를 의미한다.

18 정답 ③

듀이(J. Dewey)의 사고과정 5단계
1. 시사를 받는다.
2. 머리로 생각한다.
3. 가설을 설정한다.
4. 추론한다.
5. 행동에 의하여 가설을 검토한다.

19 정답 ④

상황적 누발자의 재해유발원인 : 작업의 어려움, 기계설비의 결함, 환경상 주의력 집중곤란, 심신의 근심 등

20 정답 ②

리더십은 개인의 권위를 근거로 하는데 비해 헤드십은 계층제적 권위에 의존한다. 또한 헤드십은 일방적 강제성을 그 본질로 하는 데 비해 리더십은 상호성·자발성을 그 본질로 한다. 헤드십에 있어 상사의 권한 증거는 공식적이다.

2과목 인간공학 및 위험성 평가·관리

21 정답 ①

인간-기계시스템의 연구목적 : 안정성 향상 및 사고방지, 기계조작의 능률성과 생산성 향상, 쾌적성

22 정답 ③

③ **위반(Violation)** : 알고 있음에도 의도적으로 따르지 않거나 무시한 경우
① **실수(Slip)** : 의도는 올바르나 실행을 잘못한 경우
② **착오(Mistake)** : 상황해석이나 의도를 잘못 판단한 경우
④ **건망증(Lapse)** : 깜빡 잊어버린 경우

23 정답 ④

결함수분석의 기대효과 : 사고원인 규명의 간편화, 사고원인 분석의 일반화, 사고원인 분석의 정량화, 노력의 절감, 시스템의 결함진단, 안전점검표 작성

24 정답 ①

디버깅(Debugging) : 제품의 사용 초기에는 고장률이 많다가 사용시간이 경과함에 따라 점점 감소하여 일정 시간이 지나면 최저수준으로 떨어지는 구간이다.

25 정답 ③

착석식 작업대의 높이 설계를 할 경우 고려해야 할 사항 : 의자 높이, 대퇴 여유, 작업의 성격 등

26 정답 ②

고장형태와 영향분석(FMEA)에서 5가지 평가요소
C_1 : 기능적 고장 영향의 중요도
C_2 : 영향을 미치는 시스템의 범위
C_3 : 고장발생의 빈도
C_4 : 고방방지의 가능성
C_5 : 신규설계의 정도

27 정답 ③

HAZOP 용어 정리
NOT : 설계의도에 부적합
LESS : 정량적 감소
MORE : 정량적 증가
PART OF : 정성적 감소
AS WELL AS : 정성적 증가
REVERSE : 설계의도와 반대현상
OTHER THAN : 완전대체

28 정답 ②

실내 반사율
천정 : 80~90%
벽, 창문 : 40~60%
가구 : 25~45%
바닥 : 20~40%

29 정답 ④

경계 및 경보신호의 설계지침
1. 귀는 중역음에 민감하므로 500~3000Hz의 진동수를 사용한다.
2. 300m 이상 장거리용 신호는 1000Hz 이하의 진동수를 사용한다.
3. 장애물 및 칸막이 통과 시는 500Hz 이하의 진동수를 사용한다.
4. 주의를 끌기 위해서는 변조된 신호를 사용한다.
5. 배경 소음의 진동수와 구별되는 신호를 사용한다.

30 정답 ②

공정안전보고서의 제출 대상(영 제43조 제1항)

1. 원유 정제처리업
2. 기타 석유정제물 재처리업
3. 석유화학계 기초화학물질 제조업 또는 합성수지 및 기타 플라스틱물질 제조업(다만, 합성수지 및 기타 플라스틱물질 제조업은 인화성 가스 또는 인화성 액체에 해당하는 경우로 한정한다)
4. 질소 화합물, 질소·인산 및 칼리질 화학비료 제조업 중 질소질 비료 제조
5. 복합비료 및 기타 화학비료 제조업 중 복합비료 제조(단순혼합 또는 배합에 의한 경우는 제외한다)
6. 화학 살균·살충제 및 농업용 약제 제조업(농약 원제 제조만 해당한다)
7. 화약 및 불꽃제품 제조업

31 정답 ④

불(Bool) 대수의 정리

$A \cdot 0 = 0$

$A + 1 = 1$

$A \cdot \overline{A} = 0$

$A(A+B) = A$

32 정답 ④

종아리 근육의 수축작용에 대한 전기적 데이터를 이용하여 근육의 피로도와 활성도를 분석할 수 있다.

33 정답 ①

좌식작업이 가장 적합한 작업은 정밀작업, 경량 조립작업, 인력부하작업 등이다.

1. 좌식작업은 부품들이 작업자의 동작범위 내에 배치되어야 한다.
2. 손동작 범위는 작업대 위 작업면의 15cm 이내로 배치한다.
3. 힘 부하가 많은 작업은 제외한다.
4. 가변성이 좋은 의자를 제공한다.
5. 작업대 아래 다리와 발의 충분한 여유공간이 필요하다.
6. 어깨 높이 수준보다 높은 작업수행범위는 최소화 되어야 한다.

34 정답 ③

소음방지대책

1. **음원대책** : 소음원의 제거(근본적 대책), 소음원의 통제, 소음의 격리
2. **능동제어대책**
3. **수음자 대책** : 청각보호장비, 노출시간 감축
4. **전파경로대책** : 차폐장치, 흡음재료 사용, 소음기 사용, 소음원 이동

35 정답 ④

정량적 평가항목 : 온도, 취급물질, 용량, 압력, 조작

36 정답 ④

결함수분석은 연역적 해석이 가능하고 top-down 방식이다.

37 정답 ②

위험성평가란 유해·위험요인을 파악하고 해당 유해·위험요인에 의한 부상 또는 질병의 발생 가능성(빈도)과 중대성(강도)을 추정·결정하고 감소대책을 수립하여 실행하는 일련의 과정을 말한다(사업장 위험성평가에 관한 지침 제3조 제1호).

38 정답 ①

① **생략오류** : 필요한 업무 또는 절차를 수행하지 않아 발생한 오류

② **지연오류** : 필요한 업무 또는 절차를 수행지연으로 발생한 오류

③ **수행오류** : 필요한 업무 또는 절차의 불확실한 수행으로 발생한 오류

④ **순서오류** : 필요한 업무 또는 절차의 순서착오로 발생한 오류

39 정답 ②

② FTA는 복잡하고 대형화된 시스템의 신뢰성 분석 및 안정성 분석에 이용되는 기법이다.

① FTA의 순서는 정성적 FT(fault tree)의 작성단계, FT의 정량화 단계, 재해방지대책 수립단계이다.

③ FT에 동일한 사건이 중복되어 나타나는 경우 하향식(Bottom-down)으로 정상 사건 T의 발생 확률을 계산할 수 있다.
④ 기초사건과 생략사건의 확률 값이 주어지게 되더라도 정상 사건의 최종적인 발생확률을 계산할 수 있다.

40 정답 ③

표시장치

1. 청각장치
   ㉠ 전언이 짧고 간단
   ㉡ 전언이 재참조되지 않음
   ㉢ 전언이 즉각적인 행동을 요구하는 경우
   ㉣ 직무상 수신자가 움직이는 경우
   ㉤ 전언이 즉각적인 사상을 이룸
   ㉥ 수신장소가 너무 밝거나 어두운 경우
2. 시각장치
   ㉠ 전언이 복잡한 경우
   ㉡ 전언의 재참조
   ㉢ 전언이 즉각적인 행동을 요하지 않는 경우
   ㉣ 직무상 수신자가 한 곳에 머무르는 경우
   ㉤ 수신장소가 너무 시끄러운 경우
   ㉥ 수신자가 청각계통에 과부하일 경우

3과목 기계 · 기구 및 설비 안전 관리

41 정답 ③

소음원에 대한 대책 : 소음원의 격리, 차음벽 및 차폐장치 설치, 소음기 및 흡음장치 설치, 소음원 제거 및 통제

42 정답 ④

산업용 로봇에 의한 작업 시 안전조치 사항(안전보건규칙 제222조)

1. 다음의 사항에 관한 지침을 정하고 그 지침에 따라 작업을 시킬 것
   ㉠ 로봇의 조작방법 및 순서
   ㉡ 작업 중의 매니퓰레이터의 속도
   ㉢ 2명 이상의 근로자에게 작업을 시킬 경우의 신호방법
   ㉣ 이상을 발견한 경우의 조치
   ㉤ 이상을 발견하여 로봇의 운전을 정지시킨 후 이를 재가동시킬 경우의 조치
   ㉥ 그 밖에 로봇의 예기치 못한 작동 또는 오조작에 의한 위험을 방지하기 위하여 필요한 조치
2. 작업에 종사하고 있는 근로자 또는 그 근로자를 감시하는 사람은 이상을 발견하면 즉시 로봇의 운전을 정지시키기 위한 조치를 할 것
3. 작업을 하고 있는 동안 로봇의 기동스위치 등에 작업 중이라는 표시를 하는 등 작업에 종사하고 있는 근로자가 아닌 사람이 그 스위치 등을 조작할 수 없도록 필요한 조치를 할 것

43 정답 ③

완충시험 : 손쳐내기봉에 의한 과도한 충격이 없어야 한다(방호장치 안전인증고시 별표 1).

44 정답 ②

지게차 작업시의 안정도

구분	안정도
주행시의 전후안정도	18% 이내
주행시의 좌우안정도	(15+1.1v)% 이내 (v : 최고속도km/h)
하역작업시의 전후안정도	4% 이내
하역작업시의 좌우안정도	6% 이내

45 정답 ④

사업주는 물반응성 물질·인화성 고체를 취급하는 경우에는 물과의 접촉을 방지하기 위하여 완전 밀폐된 용기에 저장 또는 취급하거나 빗물 등이 스며들지 아니하는 건축물 내에 보관 또는 취급하여야 한다(안전보건규칙 제226조).

46 정답 ②

금형의 설치, 해체, 운반 시 안전사항(프레스 금형작업의 안전에 관한 기술지침)

1. 금형의 설치용구는 프레스의 구조에 적합한 형태로 한다.
2. 금형을 설치하는 프레스의 T홈 안길이는 설치 볼트 직경의 2배 이상으로 한다.
3. 고정볼트는 고정 후 가능하면 나사산을 3~4개 정도 짧게 남겨 슬라이드 면과의 사이에 협착이 발생하지 않도록 해야 한다.

4. 금형 고정용 브래킷(물림판)을 고정시킬 때 고정용 브래킷은 수평이 되게 하고 고정볼트는 수직이 되게 고정하여야 한다.
5. 부적합한 프레스에 금형을 설치하는 것을 방지하기 위하여 금형에 부품번호, 상형중량, 총중량, 다이하이트, 제품소재(재질) 등을 기록하여야 한다.

47 정답 ①

① **칩 브레이커** : 절삭가공에서 절삭분 처리를 쉽게 하기 위해 긴 절삭분을 짧게 절단하거나 둥치기 위하여 공구 경사면에 설치한 홈이나 단
④ **칩 쉴드** : 전류분포를 변화시키기 위하여 도금욕 중에 설치하는 비전도성의 장해물

48 정답 ①

안전인증대상 방호장치 : 프레스기 및 전단기 방호장치, 양중기용 과부하 방호장치, 보일러 또는 압력용기 압력방출용 안전밸브, 압력용기 압력방출용 파열판, 절연용 방호구 및 화선작업용 기구, 방폭구조 전기기계 기구 및 부품, 충돌협착 등의 위험방지에 필요한 산업용 로봇 방호장치

49 정답 ②

롤러기 급정지장치 조작부에 사용하는 로프의 성능기준 : 지름 4mm 이상의 와이어 로프

50 정답 ①

충격소음작업(안전보건규칙 제512조 제3호)
1. 120데시벨을 초과하는 소음이 1일 1만회 이상 발생하는 작업
2. 130데시벨을 초과하는 소음이 1일 1천회 이상 발생하는 작업
3. 140데시벨을 초과하는 소음이 1일 1백회 이상 발생하는 작업

51 정답 ③

광전자식 방호장치의 일반구조(방호장치 안전인증 고시 별표 1)
1. 정상동작표시램프는 녹색, 위험표시램프는 붉은색으로 하며, 쉽게 근로자가 볼 수 있는 곳에 설치해야 한다.
2. 슬라이드 하강 중 정전 또는 방호장치의 이상 시에 정지할 수 있는 구조이어야 한다.
3. 방호장치는 릴레이, 리미트 스위치 등의 전기부품의 고장, 전원전압의 변동 및 정전에 의해 슬라이드가 불시에 동작하지 않아야 하며, 사용전원전압의 ±(100분의 20)의 변동에 대하여 정상으로 작동되어야 한다.
4. 방호장치의 정상작동 중에 감지가 이루어지거나 공급전원이 중단되는 경우 적어도 두 개 이상의 독립된 출력신호 개폐장치가 꺼진 상태로 돼야 한다.
5. 방호장치의 감지기능은 규정한 검출영역 전체에 걸쳐 유효하여야 한다.(다만, 블랭킹 기능이 있는 경우 그렇지 않다)
6. 방호장치에 제어기(Controller)가 포함되는 경우에는 이를 연결한 상태에서 모든 시험을 한다.
7. 방호장치를 무효화하는 기능이 있어서는 안 된다.

52 정답 ④

진동작업에 해당하는 기계·기구(안전보건규칙 제512조 제4호)
1. 착암기
2. 동력을 이용한 해머
3. 체인톱
4. 엔진 커터(engine cutter)
5. 동력을 이용한 연삭기
6. 임팩트 렌치(impact wrench)
7. 그 밖에 진동으로 인하여 건강장해를 유발할 수 있는 기계·기구

53 정답 ①

① **협착점** : 왕복운동을 하는 동작부분과 고정부분 사이에 형성되는 위험점
② **끼임점** : 고정부와 회전하는 동작부분 사이에 형성되는 위험점
③ **절단점** : 회전하는 운동부분이나 운동하는 기계부분 자체의 위험에서 초래되는 위험점
④ **물림점** : 기계의 롤러와 롤러가 만나 물리는 위험점

54 정답 ④

사업주는 양중기에 과부하방지장치, 권과방지장치, 비상정지장치 및 제동장치, 그 밖의 방호장치[승강기의 파이널 리미트 스위치(final limit switch), 속도조절기, 출입문 인터 록(inter lock) 등을 말한다]가 정상적으로 작동될 수 있도록 미리 조정해 두어야 한다(안전보건규칙 제134조 제1항).
1. 크레인
2. 이동식 크레인
3. 리프트
4. 곤돌라
5. 승강기

55 정답 ②

지게차 작업시작 전 점검해야 할 사항(안전보건규칙 별표 3)
1. 제동장치 및 조종장치 기능의 이상 유무
2. 하역장치 및 유압장치 기능의 이상 유무
3. 바퀴의 이상 유무
4. 전조등·후미등·방향지시기 및 경보장치 기능의 이상 유무

56 정답 ①

열간가공과 냉간가공
1. **냉간가공** : 재결정온도 이하에서 작업하는 가공
2. **열간가공** : 재결정온도 이상에서 작업하는 가공

57 정답 ②

② **인장시험** : 재료에서 인장시편을 깎아내어 인장시험기에 고정시켜서 하는 시험으로 서서히 인장하중을 가해서 재료의 항복점, 내력, 인장강도, 신장, 드로잉(drawing) 등 기계적인 여러 성질을 측정한다.
① **피로시험** : 재료의 피로에 대한 저항력을 시험하는 것이다.
③ **비파괴시험** : 재료 혹은 제품 등을 파괴하지 않고 강도, 결함의 유무 등을 검사하는 방법이다.
④ **충격시험** : 점성강도 메짐성을 알기 위한 시험이다.

58 정답 ③

유해·위험기계·기구 중에서 진동과 소음을 동시에 수반하는 기계설비 : 컨베이어, 사출성형기, 공기압축기

59 정답 ①

예초기에 설치하는 예초기날접촉 예방장치의 요건(위험기계·기구 방호조치 기준 제6조)
1. 두께 2밀리미터 이상일 것
2. 절단날의 회전범위를 100분의 25(90°) 이상 방호할 수 있고, 절단날의 밑면에서 날접촉 예방장치의 끝단까지의 거리가 3밀리미터 이상인 구조로서 조작자 쪽에 설치할 것
3. 충격에도 쉽게 파손되지 않는 재질일 것

60 정답 ③

아세틸렌 발생기실을 설치하는 경우 준수하여야 하는 사항(안전보건규칙 제287조)
1. 벽은 불연성 재료로 하고 철근 콘크리트 또는 그 밖에 이와 같은 수준이거나 그 이상의 강도를 가진 구조로 할 것
2. 지붕과 천장에는 얇은 철판이나 가벼운 불연성 재료를 사용할 것
3. 바닥면적의 16분의 1 이상의 단면적을 가진 배기통을 옥상으로 돌출시키고 그 개구부를 창이나 출입구로부터 1.5미터 이상 떨어지도록 할 것
4. 출입구의 문은 불연성 재료로 하고 두께 1.5밀리미터 이상의 철판이나 그 밖에 그 이상의 강도를 가진 구조로 할 것
5. 벽과 발생기 사이에는 발생기의 조정 또는 카바이드 공급 등의 작업을 방해하지 않도록 간격을 확보할 것

4과목 전기설비 안전 관리

61 정답 ①

아크를 발생하는 기구 시설 시 간격

기구 등의 구분	간 격
고압용의 것	1m 이상
특고압용의 것	2m 이상(사용전압이 35kV 이하의 특고압용의 기구 등으로서 동작할 때에 생기는 아크의 방향과 길이를 화재가 발생할 우려가 없도록 제한하는 경우에는 1m 이상)

62 정답 ③

정전기 방지대책
1. 접지
2. 가습
3. 보호구 착용
4. 대전방지제 사용
5. 배관 내 유속제한 및 정치시간 확보
6. 도전성 재료사용
7. 제전장치 사용

63 정답 ②

설비의 이상현상에 나타나는 아크(Arc)에는 단락, 지락, 차단기, 섬락에 의한 아크가 있다.

64 정답 ①

접지도체의 단면적은 큰 고장전류가 접지도체를 통하여 흐르지 않을 경우 접지도체의 최소 단면적은 다음과 같다.
1. **구리** : 6㎟ 이상
2. **철제** : 50㎟ 이상

65 정답 ④

접지의 종류와 목적
1. **등전위 접지** : 병원에 있어서의 의료기기 사용시의 안전도모
2. **기기접지** : 누전되고 있는 기기에 접촉되었을 때의 감전방지
3. **정전기 접지** : 정전기의 축적에 의한 폭발재해방지
4. **지락검출용접지** : 누전차단기의 동작을 확실하게 하기 위한 접지
5. **계통접지** : 고압전류와 저압전류가 혼촉되었을 때의 감전이나 화재방지
6. **피뢰기 접지** : 낙뢰로부터 전기기기의 손상방지

66 정답 ③

전기화재가 가장 많이 발생하는 발화원은 전기배선 또는 배선기구이다.

67 정답 ②

자동전격방지장치의 사용조건
1. 주위 온도가 20도 이상 45도를 넘지 않는 상태
2. 먼지가 많은 장소
3. 습기가 많은 장소
4. 기름의 증발이 많은 장소
5. 유해한 부식성 가스가 존재하는 장소

68 정답 ④

저압 및 고압용 검전기
1. **사용범위** : 보수작업 수행시 저압 또는 고압 충전 유무 확인, 고·저압회로의 기기 및 설비 등의 정전 확인, 지지물, 기타 기기의 부속 부위의 고·저압 충전 유무 확인
2. **사용시 주의사항** : 검전기의 사용 직전 기능 확인, 충전부에 접속될 우려가 있거나 습기로 위험이 예상시에는 고압 고무장갑 착용

69 정답 ①

피뢰기의 구성요소
1. **특성요소** : 뇌전류 방전 시 피뢰기 자신의 전위 상승을 억제하여 자신의 절연 파괴를 방지하는 역할을 한다.
2. **직렬갭** : 정상일 때에는 방전을 하지 않고 절연상태를 유지하고, 이상 과전압 발생 시에는 신속히 이상전업을 대지로 방전하고 속류를 차단하는 역할을 한다.

70 정답 ②

접지시스템 요구사항
1. 전기설비의 보호 요구사항을 충족하여야 한다.
2. 지락전류와 보호도체전류를 대지에 전달할 것(다만, 열적, 열·기계적, 전기·기계적 응력 및 이러한 전류로 인한 감전 위험이 없어야 한다.)
3. 전기설비의 기능적 요구사항을 충족하여야 한다.

71 정답 ①

용접에 사용된 전력 = 아크전압 × 아크전력 = 30×100
$= 3{,}000\text{W}$
무부하전력 $4\text{kW} = 4{,}000\text{W}$

총전력＝용접에 사용된 전력＋무부하 전력

$=3,000+4,000=7,000\text{W}$

효율$=\dfrac{\text{용접에 사용된 전력}}{\text{총전력}}=\dfrac{3,000}{7,000}\times 100 \div 42.9\%$

72 정답 ③

접지시스템은 주접지단자를 설치하고, 다음의 도체들을 접속하여야 한다.

1. 등전위본딩도체
2. 접지도체
3. 보호도체
4. 관련이 있는 경우, 기능성 접지도체

73 정답 ②

특고압을 직접 저압으로 변성하는 변압기는 다음 어느 하나에 해당하는 경우에 시설할 수 있다(전기설비기준 제11조).

1. 발전소 등 공중이 출입하지 않는 장소에 시설하는 경우
2. 혼촉 방지 조치가 되어 있는 등 위험의 우려가 없는 경우
3. 특고압측의 권선과 저압측의 권선이 혼촉하였을 경우 자동적으로 전로가 차단되는 장치의 시설 및 그 밖의 적절한 안전조치가 되어 있는 경우

74 정답 ④

감전방지용 누전차단기 설치장소(안전보건규칙 제304조 제1항)

1. 대지전압이 150볼트를 초과하는 이동형 또는 휴대형 전기기계·기구
2. 물 등 도전성이 높은 액체가 있는 습윤장소에서 사용하는 저압(1.5천볼트 이하 직류전압이나 1천볼트 이하의 교류전압을 말한다)용 전기기계·기구
3. 철판·철골 위 등 도전성이 높은 장소에서 사용하는 이동형 또는 휴대형 전기기계·기구
4. 임시배선의 전로가 설치되는 장소에서 사용하는 이동형 또는 휴대형 전기기계·기구

75 정답 ①

① **흑연화현상** : 목재가 보통화염을 받아 탄화한 경우에는 무정형 탄소로 되어 전류가 흐르지 않으나 스파크 등에 의해 고열을 받는 경우 또는 화염뿐인 산소결핍의 환경에 있는 경우 무정형 탄소가 흑연화(Graphite) 되는 현상을 말한다.

② **트래킹현상** : 전자제품 등에 묻어 있는 습기, 수분, 먼지, 기타 오염물질이 부착된 표면을 따라서 전류가 흘러 주변의 절연물질을 탄화시키는 것을 말한다.

③ **반단선현상** : 전선의 소선 중 일부가 끊어져있는 상태를 말한다.

④ **열적파괴** : 어느 온도 이상의 고온에서 절연파괴강도(V)가 감소해서 절연이 파괴되는 현상을 말한다.

76 정답 ②

방폭구조의 종류 : 내압방폭구조, 압력방폭구조, 안전증방폭구조, 유입방폭구조, 본질안전 방폭구조 및 특수 방폭구조

77 정답 ④

④는 스털링엔진에 대한 설명이다.

소수력발전설비 : 물의 위치에너지 및 운동에너지를 변환시켜 전력을 생산하는 설비로 시설용량 5,000kW 이하를 말한다(전기설비기술기준 제3조 제2항 제32호).

78 정답 ②

이동중이나 휴대장비 등을 사용하는 작업에서 조치할 사항(안전보건규칙 제317조 제1항)

1. 근로자가 착용하거나 취급하고 있는 도전성 공구·장비 등이 노출 충전부에 닿지 않도록 할 것
2. 근로자가 사다리를 노출 충전부가 있는 곳에서 사용하는 경우에는 도전성 재질의 사다리를 사용하지 않도록 할 것
3. 근로자가 젖은 손으로 전기기계·기구의 플러그를 꽂거나 제거하지 않도록 할 것
4. 근로자가 전기회로를 개방, 변환 또는 투입하는 경우에는 전기 차단용으로 특별히 설계된 스위치, 차단기 등을 사용하도록 할 것
5. 차단기 등의 과전류 차단장치에 의하여 자동 차단된 후에는 전기회로 또는 전기기계·기구가 안전하다는 것이 증명되기 전까지는 과전류 차단장치를 재투입하지 않도록 할 것

79 정답 ③

정전작업 시 조치사항(안전보건규칙 제319조 제2항)

1. 전기기기 등에 공급되는 모든 전원을 관련 도면, 배선도 등으로 확인할 것

2. 전원을 차단한 후 각 단로기 등을 개방하고 확인할 것
3. 차단장치나 단로기 등에 잠금장치 및 꼬리표를 부착할 것
4. 개로된 전로에서 유도전압 또는 전기에너지가 축적되어 근로자에게 전기위험을 끼칠 수 있는 전기기기 등은 접촉하기 전에 잔류전하를 완전히 방전시킬 것
5. 검전기를 이용하여 작업 대상 기기가 충전되었는지를 확인할 것
6. 전기기기 등이 다른 노출 충전부와의 접촉, 유도 또는 예비동력원의 역송전 등으로 전압이 발생할 우려가 있는 경우에는 충분한 용량을 가진 단락 접지기구를 이용하여 접지할 것

80 정답 ④

금속분진을 발생시키는 물질에는 알루미늄, 청동, 철카보닐, 마그네슘, 아연 등이 있다.

5과목 화학설비 안전 관리

81 정답 ④

계측장치를 설치하여야 하는 대상(안전보건규칙 제273조)
1. 발열반응이 일어나는 반응장치
2. 증류·정류·증발·추출 등 분리를 하는 장치
3. 가열시켜 주는 물질의 온도가 가열되는 위험물질의 분해온도 또는 발화점보다 높은 상태에서 운전되는 설비
4. 반응폭주 등 이상 화학반응에 의하여 위험물질이 발생할 우려가 있는 설비
5. 온도가 섭씨 350도 이상이거나 게이지 압력이 980킬로파스칼 이상인 상태에서 운전되는 설비
6. 가열로 또는 가열기

82 정답 ①

물반응성 물질(금수성 물질) : 칼륨, 나트륨, 리튬

83 정답 ②

고체의 연소형태 : 표면연소, 분해연소, 증발연소, 자기연소

84 정답 ①

① **A급 화재** : 일반화재로 목재, 종이, 섬유 등의 화재이다. (냉각소화)
② **B급 화재** : 유류화재로 가연성 액체에 의한 화재이다. (질식소화)
③ **C급 화재** : 전기화재로 절연성을 갖는 소화제를 사용한다. (질식소화)
④ **D급 화재** : 금속에 의한 화재로 모래, 팽창진주암으로 소화한다. (피복에 의한 질식)

85 정답 ③

불활성화는 화재방호대책에 속한다.
폭발 방호 대책 : 공기 중의 누설·누출방지, 밀폐 용기내 공기혼합방지, 폭발하한계 이하로 희석, 불활성 물질의 사용, 착화원관리, 정전기 제거 등

86 정답 ②

반응기
1. **조작방식에 따른 반응기** : 회분식 반응기, 반회분식 반응기, 연속기 반응기
2. **구조방식에 따른 반응기** : 교반조형 반응기, 관형 반응기, 탑형 반응기, 유동층형 반응기

87 정답 ③

이산화탄소 소화약제의 특성
1. 주된 소화는 질식소화이다.
2. 전기 절연성이 우수하다.
3. 사용 후에 오염의 영향이 거의 없다.
4. 액체상태에서 부식성이 매우 강하다.
5. 저장에 변질이 없고 장기간 저장이 가능하다.
6. 액체로 저장할 경우 자체 압력으로 방사할 수 있다.

88 정답 ④

연소 범위는 1.9~48%이다.

89 정답 ②

사업주는 인화성 액체 및 인화성 가스를 저장 취급하는 화학설비에서 증기나 가스를 대기로 방출하는 경우에는 외부로부터의 화염을 방지하기 위하여 화염방지기를 그 설비 상단에 설치하여야 한다. 다만, 대기로 연결된 통기관에 통기밸브가 설치되어 있거나, 인화점이 섭씨 38도 이상 60도 이하인 인화성 액체를 저장·취급할 때에 화염방지 기능을 가지는 인화방지망을 설치한 경우에는 그렇지 않다(안전보건규칙 제269조 제1항).

90 정답 ④

위험물 또는 가스에 의한 화재를 경보하는 기구에 필요한 설비 : 단독경보형감지기, 비상경보설비(비상벨설비, 자동식사이렌설비), 시각경보기, 자동화재탐지설비, 비상방송설비, 자동화재속보설비, 누전경보기, 가스누설경보기

91 정답 ①

고압가스 : 압축가스, 액화가스, 냉동액화가스, 용해가스

92 정답 ②

② **인화점** : 기체 또는 휘발성 액체에서 발생하는 증기가 공기와 섞여서 가연성 또는 완폭발성 혼합기체를 형성하고, 여기에 불꽃을 가까이 댔을 때 순간적으로 섬광을 내면서 연소하는, 즉 인화되는 최저의 온도
① **비등점** : 액체가 표면과 내부에서 기포가 발생하면서 끓기 시작하는 온도
③ **연소점** : 시료가 클리블랜드 인화점 측정장치 내에서 인화점에 달한 후 다시 가열을 계속해, 연소가 5초간 계속되었을 때의 최초의 온도
④ **발화온도** : 공기나 산소 속에서 물질을 가열할 때 스스로 발화하여 연소를 시작하는 최저 온도

93 정답 ③

③ **가압증류** : 대기압보다 높은 압력을 가하는 증류법
① **공비증류** : 벤젠과 같은 물질을 첨가하여 수분을 제거하는 증류 방법
② **추출증류** : 두 성분의 분리를 허용하기 위해 이원혼합물에서 세 번째 성분을 첨가하는 방법
④ **감압증류** : 끓는점이 비교적 높은 액체 혼합물을 분리하기 위하여 액체에 작용하는 압력을 감소시켜 증류 속도를 빠르게 하는 방법

94 정답 ②

열교환기 일상점검항목
1. 기초볼트의 체결 정도
2. 도장의 노후상황
3. 보온재, 보냉재의 파손 여부
4. 배관 등과의 접속부 상태
5. 계기 상태

95 정답 ③

③ **일산화탄소** : 가연성, 독성가스
① **수소** : 가연성 가스
② **프로판** : 가연성 가스
④ **산소** : 조연성 가스

96 정답 ①

사업주는 위험물을 기준량 이상으로 제조하거나 취급하는 다음의 어느 하나에 해당하는 화학설비를 설치하는 경우에는 내부의 이상 상태를 조기에 파악하기 위하여 필요한 온도계·유량계·압력계 등의 계측장치를 설치하여야 한다.
1. 발열반응이 일어나는 반응장치
2. 증류·정류·증발·추출 등 분리를 하는 장치
3. 가열시켜 주는 물질의 온도가 가열되는 위험물질의 분해온도 또는 발화점보다 높은 상태에서 운전되는 설비
4. 반응폭주 등 이상 화학반응에 의하여 위험물질이 발생할 우려가 있는 설비
5. 온도가 섭씨 350도 이상이거나 게이지 압력이 980킬로파스칼 이상인 상태에서 운전되는 설비
6. 가열로 또는 가열기

97 정답 ②

공정안전보고서의 내용 : 공정안전자료, 공정위험성평가서, 안전운전계획, 비상조치계획

98 정답 ②

$Al+H_2O=AlOH+0.5H_2$
알루미늄분은 고온의 물과 반응하여 수소를 발생시킨다.

99 정답 ①

① **공동현상** : 물이 관속을 흐를 때 유동하는 물속의 어느 부분의 정압이 그 때 물의 증기압보다 낮을 경우 물이 증발하여 부분적으로 증기가 발생되어 배관의 부식을 초래하는 현상을 말한다.
② **서어징(surging) 현상** : 터빈펌프, 압축기, 송풍기 등을 저유량 영역에서 사용하면 압력, 유량이 주기적으로 변동하여 정상적인 운전이 불가능하게 되는 것을 말한다.
③ **수격작용** : 물 또는 유동적 물체의 움직임을 갑자기 멈추게 하거나 방향이 바뀌게 될 때 순간적인 압력이 발생하는 현상이다.
④ **비말동반** : 액체가 비말 모양의 미소한 액체 방울이 되어 증기나 가스와 함께 운반되는 현상을 말한다.

100 정답 ④

제6류 산화성 액체 : 과염소산, 과산화수소, 질산

6과목 건설공사 안전 관리

101 정답 ①

사업주는 갑판의 윗면에서 선창 밑바닥까지의 깊이가 1.5미터를 초과하는 선창의 내부에서 화물취급작업을 하는 경우에 그 작업에 종사하는 근로자가 안전하게 통행할 수 있는 설비를 설치하여야 한다. 다만, 안전하게 통행할 수 있는 설비가 선박에 설치되어 있는 경우에는 그러하지 아니하다(안전보건규칙 제394조).

102 정답 ②

고소작업대를 설치하는 경우에 준수하여야 할 사항(안전보건규칙 제186조 제1항)

1. 작업대를 와이어로프 또는 체인으로 올리거나 내릴 경우에는 와이어로프 또는 체인이 끊어져 작업대가 떨어지지 아니하는 구조여야 하며, 와이어로프 또는 체인의 안전율은 5 이상일 것
2. 작업대를 유압에 의해 올리거나 내릴 경우에는 작업대를 일정한 위치에 유지할 수 있는 장치를 갖추고 압력의 이상저하를 방지할 수 있는 구조일 것
3. 권과방지장치를 갖추거나 압력의 이상상승을 방지할 수 있는 구조일 것
4. 붐의 최대 지면경사각을 초과 운전하여 전도되지 않도록 할 것
5. 작업대에 정격하중(안전율 5 이상)을 표시할 것
6. 작업대에 끼임·충돌 등 재해를 예방하기 위한 가드 또는 과상승방지장치를 설치할 것
7. 조작반의 스위치는 눈으로 확인할 수 있도록 명칭 및 방향표시를 유지할 것

103 정답 ③

다음의 어느 하나에 해당하는 와이어로프를 달비계에 사용해서는 아니 된다(안전보건규칙 제63조 제1항 제1호).

1. 이음매가 있는 것
2. 와이어로프의 한 꼬임(스트랜드)에서 끊어진 소선(필러선은 제외)의 수가 10퍼센트 이상(비자전로프의 경우에는 끊어진 소선의 수가 와이어로프 호칭지름의 6배 길이 이내에서 4개 이상이거나 호칭지름 30배 길이 이내에서 8개 이상)인 것
3. 지름의 감소가 공칭지름의 7퍼센트를 초과하는 것
4. 꼬인 것
5. 심하게 변형되거나 부식된 것
6. 열과 전기충격에 의해 손상된 것

104 정답 ②

철골건립준비를 할 때 준수하여야 할 사항(철공공사표준안전작업지침 제7조)

1. 지상 작업장에서 건립준비 및 기계기구를 배치할 경우에는 낙하물의 위험이 없는 평탄한 장소를 선정하여 정비하고 경사지에서는 작업대나 임시발판 등을 설치하는 등 안전하게 한 후 작업하여야 한다.
2. 건립작업에 지장이 되는 수목은 제거하거나 이설하여야 한다.
3. 인근에 건축물 또는 고압선 등이 있는 경우에는 이에 대한 방호조치 및 안전조치를 하여야 한다.
4. 사용 전에 기계기구에 대한 정비 및 보수를 철저히 실시하여야 한다.
5. 기계가 계획대로 배치되어 있는가, 윈치는 작업구역을 확인할 수 있는 곳에 위치하였는가, 기계에 부착된 앵카 등 고정장치와 기초구조 등을 확인하여야 한다.

105 정답 ④

방망사의 신품에 대한 인장강도

그물코의 크기 (cm)	방망의 종류	
	매듭없는 방망	매듭방망
10 5	2.4kN —	2.0kN 1.0kN

방망사의 폐기시 인장강도

그물코의 크기 (cm)	방망의 종류	
	매듭없는 방망	매듭방망
10 5	1.5kN —	1.35kN 0.60kN

106 정답 ③

사업주는 굴착기 퀵커플러(quick coupler)에 버킷, 브레이커(breaker), 크램셸(clamshell) 등 작업장치를 장착 또는 교환하는 경우에는 안전핀 등 잠금장치를 체결하고 이를 확인해야 한다(안전보건규칙 제221조의4).

107 정답 ②

안전난간 : 상부 난간대, 중간 난간대, 발끝막이판 및 난간기둥으로 구성할 것. 다만, 중간 난간대, 발끝막이판 및 난간기둥은 이와 비슷한 구조와 성능을 가진 것으로 대체할 수 있다(안전보건규칙 제13조 제1호).

108 정답 ①

근로자가 상시 작업하는 장소의 작업면 조도를 다음의 기준에 맞도록 하여야 한다. 다만, 갱내 작업장과 감광재료를 취급하는 작업장은 그러하지 아니하다(안전보건규칙 제8조).
1. **초정밀작업** : 750럭스 이상
2. **정밀작업** : 300럭스 이상
3. **보통작업** : 150럭스 이상
4. **그 밖의 작업** : 75럭스 이상

109 정답 ②

방망의 표시사항 : 제조자명, 제조연월일, 재봉치수, 그물코, 신품인 때의 방망의 강도

110 정답 ④

와이어로프 등 달기구의 안전계수(안전보건규칙 제163조 제1항)
1. **근로자가 탑승하는 운반구를 지지하는 달기와이어로프 또는 달기체인의 경우** : 10 이상
2. **화물의 하중을 직접 지지하는 달기와이어로프 또는 달기체인의 경우** : 5 이상
3. **훅, 샤클, 클램프, 리프팅 빔의 경우** : 3 이상
4. **그 밖의 경우** : 4 이상

111 정답 ③

사업주는 순간풍속이 초당 30미터를 초과하는 바람이 불어올 우려가 있는 경우 옥외에 설치되어 있는 주행 크레인에 대하여 이탈방지장치를 작동시키는 등 이탈 방지를 위한 조치를 하여야 한다(안전보건규칙 제140조).

112 정답 ①

중량물을 운반할 때의 안전수칙
1. 무거운 물건은 공동으로 실시하고 보조기구를 사용할 것
2. 팔과 무릎을 이용하여 척추는 곧은 자세로 물건을 들어올릴 것
3. 길이가 긴 물건은 앞쪽을 높여 운반할 것
4. 중량은 체중의 40% 정도로 할 것
5. 어깨보다 높이 들어올리지 말 것
6. 화물에 최대한 접근하고 중심을 낮게 할 것
7. 무리한 자세를 장시간 지속하지 말 것

113 정답 ②

가설구조물의 특징
1. 연결재가 적은 구조로 되기 쉽다.
2. 부재 결합이 간략하여 불안전 결합이 많다.
3. 구조물이라는 개념이 확고하지 않아 조립의 정밀도가 낮다.
4. 사용부재는 과소단면이거나 결함재가 되기 쉽다.
5. 전체 구조에 대한 구조계산 기준이 부족하여 구조적으로 문제점이 있다.

114 정답 ③

작업발판의 폭은 40cm 이상으로 하고, 발판재료 간의 틈은 3cm 이하로 할 것. 다만, 외줄비계의 경우에는 고용노동부장관이 별도로 정하는 기준에 따른다(안전보건규칙 제56조 제2호).

115 정답 ②

안전대의 종류
1. **벨트식** : 1개 걸이용, U자 걸이용
2. **안전그네식** : 추락방지대, 안전블록

116 정답 ④

터널공사에서 발파작업 시 안전대책
1. 다이너마이트 장진 전에 동력선을 15m 후방으로 이동
2. 장진 조명은 15m 후방에서 집중조명
3. 폭파용 점화회선은 다른 동력선으로부터 분리
4. 작업원이 모두 나온 후 발파
5. 피해 예상지점에 진도계 설치
6. 발파 후 암석표면을 검사하고 필요시 망·록볼트로 조임
7. 발파 책임자는 나오면서 구간 스위치 조작

117 정답 ②

② **정격하중** : 크레인, 이동식 크레인, 데릭의 리프팅 하중에서 후크, 그래브 버킷 등의 리프팅 용구의 중량을 공제한 하중을 말한다.
① **적재하중** : 적재할 수 있는 화물 또는 적재물의 최대 중량을 말한다.
③ **작업하중** : 과하중 계수 또는 안전 계수를 제외한, 지정된 예상 하중으로부터 유도된 하중이다.
④ **이동하중** : 구조물이나 부재에 이동하면서 작용하는 하중을 말한다.

118 정답 ①

사업주는 다음의 작업을 하는 경우 일정한 신호방법을 정하여 신호하도록 하여야 하며, 운전자는 그 신호에 따라야 한다(안전보건규칙 제40조 제1항).
1. 양중기를 사용하는 작업
2. 유도자를 배치하는 작업
3. 항타기 또는 항발기의 운전작업
4. 중량물을 2명 이상의 근로자가 취급하거나 운반하는 작업
5. 양화장치를 사용하는 작업
6. 입환작업

119 정답 ③

거푸집 동바리의 침하를 방지하기 위한 직접적인 조치 : 깔목의 사용, 콘크리트의 타설, 말뚝박기
파이프서포터를 설치한 지반침하를 방지하기 위한 조치 : 깔목의 사용, 깔판사용, 밑받침철물 사용

120 정답 ④

구축물 등에 대한 구조검토, 안전진단 등의 안전성 평가를 하여 근로자에게 미칠 위험성을 미리 제거해야 할 경우(안전보건규칙 제52조)
1. 구축물 등의 인근에서 굴착·항타작업 등으로 침하·균열 등이 발생하여 붕괴의 위험이 예상될 경우
2. 구축물 등에 지진, 동해, 부동침하 등으로 균열·비틀림 등이 발생했을 경우
3. 구축물 등이 그 자체의 무게·적설·풍압 또는 그 밖에 부가되는 하중 등으로 붕괴 등의 위험이 있을 경우
4. 화재 등으로 구축물 등의 내력이 심하게 저하됐을 경우
5. 오랜 기간 사용하지 않던 구축물 등을 재사용하게 되어 안전성을 검토해야 하는 경우
6. 구축물 등의 주요구조부에 대한 설계 및 시공 방법의 전부 또는 일부를 변경하는 경우
7. 그 밖의 잠재위험이 예상될 경우

ILiberty without learning is always in peril,
learning without liberty is always in vain.

배움이 없는 자유는 언제나 위험하며
자유가 없는 배움은 언제나 헛된 일이다.

– 존F. 케네디 –

ILiberty without learning is always in peril,
learning without liberty is always in vain.

배움이 없는 자유는 언제나 위험하며
자유가 없는 배움은 언제나 헛된 일이다.

– 존F. 케네디 –